编写委员会　主编

国家野外科学观测研究站观测技术规范

第　四　卷

地球物理与地表动力灾害

固体地球物理

陈　石　贾路路　卢红艳　任　佳等

科学出版社

北　京

内 容 简 介

开展长期的、规范化的科学观测是国家野外科学观测研究站的首要任务，也是获取高质量科学数据和开展联网研究的基础与保障。本系列规范以国家战略需求和长期地球物理与地表动力灾害研究为导向，指出了地球物理与地表动力灾害领域野外站观测技术规范的基本任务与内容，提出了野外站长期观测与专项观测相结合的技术体系，明确了本领域不同类型野外站的观测指标体系、观测技术方法和观测场地建设要求，制定了明确的数据汇交与管理要求，以保证观测数据的长期性、稳定性和可比性，从而推动开展全国和区域尺度的联网观测与研究。本系列规范适用于指导地球物理与地表动力灾害领域国家野外科学观测研究站以及相关行业部门野外站开展观测研究工作。

本系列规范可供地球物理学、空间物理学、天文学、灾害学、水文学、水力学、水土保持学、地貌学、自然地理学、工程地质学等学科领域科研人员开展野外观测研究工作参考使用。

图书在版编目（CIP）数据

国家野外科学观测研究站观测技术规范. 第四卷，地球物理与地表动力灾害 / 编写委员会主编. -- 北京：科学出版社，2025.5.
ISBN 978-7-03-081962-8

Ⅰ．N24-65；P3-65；P694-65

中国国家版本馆 CIP 数据核字第 2025DV1099 号

责任编辑：韦　沁　徐诗颖 / 责任校对：何艳萍
责任印制：肖　兴 / 封面设计：北京美光设计制版有限公司

科 学 出 版 社 出版

北京东黄城根北街 16 号
邮政编码：100717
http://www.sciencep.com

北京市金木堂数码科技有限公司印刷
科学出版社发行　各地新华书店经销

*

2025 年 5 月第 一 版　开本：720×1000　1/16
2025 年 5 月第一次印刷　印张：39 1/2
字数：8 000 000

定价：498.00 元（全五册）
（如有印装质量问题，我社负责调换）

"国家野外科学观测研究站观测技术规范"丛书

指导委员会

科学委员会

编写委员会

主　任：于贵瑞

副主任：葛剑平　何洪林

成　员（按姓氏笔画排序）：

于秀波	马　力	马伟强	马志强	王　凡	王　扬
王　霄	王飞腾	王天明	王兰民	王旭东	王志强
王克林	王君波	王彦林	王艳芬	王铁军	王效科
王辉民	卢红艳	白永飞	朱广伟	朱立平	任　佳
任玉芬	邬光剑	刘文德	刘世荣	刘丛强	刘立波
米湘成	孙晓霞	买买提艾力·买买提依明		苏　文	
杜文涛	杜翠薇	李　新	李久乐	李发东	李庆康
李国主	李晓刚	李新荣	杨　鹏	杨朝晖	肖　倩
吴　军	吴俊升	吴通华	辛晓平	宋长春	张　伟
张　琳	张文菊	张达威	张劲泉	张雷明	张锦鹏
陈　石	陈　继	陈　磊	陈洪松	罗为群	周　莉
周广胜	周公旦	周伟奇	周益林	郑　珊	赵秀宽
赵新全	郝晓华	胡国铮	秦伯强	聂　玮	聂永刚
贾路路	夏少霞	高　源	高天明	高连明	高清竹
郭学兵	唐辉明	黄　辉	崔　鹏	康世昌	彭　韬
斯确多吉		韩广轩	程学群	谢　平	谭会娟
潘颜霞	戴晓琴				

第四卷 地球物理与地表动力灾害
编写委员会

主　任：崔　鹏

副主任：陈　石　刘立波　唐辉明　王兰民　郑粉莉　贾路路

　　　　赵秀宽　周公旦　张国涛

成　员（按姓氏笔画排序）：

　　　　王　霄　王海刚　卢红艳　任　佳　刘清秉　安张辉

　　　　许建东　李国主　张国栋　郝　臻　蒲小武

固体地球物理编写组

　　　　陈　石　贾路路　卢红艳　任　佳　韩建成　侍　文

　　　　王林海　陈　杰　徐伟民　毛　宁　李泽瑞

序 一

国家野外科学观测研究站作为"分布式野外实验室",是国家科技创新体系组成部分,也是重要的国家科技创新基地之一。国家野外科学观测研究站面向社会经济和科技发展战略需求,依据我国自然条件与人为活动的地理分布规律进行科学布局,开展野外长期定位观测和科学试验研究,实现理论突破、技术创新和人才培养,通过开放共享服务,为科技创新提供支撑和条件保障。

2005年,受科技部的委托,我作为"科技部野外科学观测研究站专家组"副组长参与了国家野外科学观测研究站的建设工作,见证了国家野外科学观测研究站的快速发展。截至2021年底,我国已建成167个国家野外科学观测研究站,在长期基础数据获取、自然现象和规律认知、技术研发应用等方面发挥了重要作用,为国家生态安全、粮食安全、国土安全和装备安全等方面做出了突出贡献,一大批中青年科学家依托国家野外科学观测研究站得以茁壮成长,有力提升了我国野外科学观测研究的国际地位。

通过长期野外定位观测获取科学数据,是国家野外站的重要职能。建立规范化的观测技术体系则是保障野外站获取高质量、长期连续科学数据、开展联网研究的根本。科技部高度重视国家野外站的标准化建设工作,并成立了全国科技平台标准化技术委员会野外科学观测研究标准专家组,启动了国家野外站观测技术规范的研究编制工作。我全程参加了技术规范的高水平专家研讨评审会,欣慰地看到通过不同领域的野外台站站长、一线监测人员和科研人员的共同努力,目前国家野外站五大领域的观测技术规范已经基本编制完成,将以丛书形式分领域出版。

面对国家社会经济发展的科技需求,国家野外站也亟须从顶层设计、基础能力和运行管理等方面,进一步加强体系化建设,才能更有效实现国家重大需求的科技支撑。我相信,"国家野外科学观测研究站观测技术规范"丛书的出版一方面将促进国家野外站管理的规范化,另一方面将有效推动国家野外站观测研究工作的长期稳定发展,并取得更高水平研究成果,更有效地支撑国家重大科技需求。

中国科学院院士 陈宜瑜

序　二

当前我国经济已由高速增长阶段转向高质量发展阶段，资源环境约束日渐增大。推动经济社会绿色化、低碳化发展是生态文明建设的核心，是实现高质量发展的关键。依托野外站开展长期观测与研究，推动生态系统与生物多样性、地球物理与地表动力灾害、材料腐蚀降解与基础设施安全等五大领域的学科发展，是支撑国家社会经济高质量发展和助力新质生产力的重要基础性保障。

标准化和规范化的观测技术体系是国家野外站开展协同观测，并获取高质量联网观测数据的前提与基础。国家野外站由来自于不同行业部门的观测站组成，在台站定位、主要任务和领域方向等方面存在不同程度的差异，对野外站规范化协同观测和标准化数据积累的影响日益明显。目前国家野外站存在观测体系不统一、部分野外站类型规范化技术体系缺乏的突出问题，亟须在现有野外站观测技术体系基础上，制定标准化的观测技术规范，以保障国家野外站长期观测和研究的科学性，观测任务实施的统一性与规范性，更有效地服务于国家重大科技需求和学科建设发展。

2021年6月，科技部基础司和国家科技基础条件平台中心启动了国家野外站观测技术规范的研究编制工作，并成立了全国科技平台标准化技术委员会"野外科学观测研究标准专家组"，组织不同领域技术骨干开展野外站观测技术规范的编写工作。两年多来，数百名野外站一线科研人员开展全力协作，围绕技术规范的编制进行了百余次不同规模的研讨和修改。作为野外科学观测研究标准专家组组长，我参与了技术规范编制工作的整个过程，也见证了野外站科研精神的传承，很欣慰地看到一支甘心扎根野外、勇于奉献和致力于野外科学观测研究科技队伍的成长。随着国家野外站五大领域的观测技术规范编制工作的完成，该成果将以丛书形式陆续出版，并将很快开展相应的野外站宣贯工作，从而有效推动国家野外科学观测研究站的规范化建设与运行管理，为更好地发挥国家野外站科技平台作用，助力实现我国高水平科技自立自强提供基础性支撑。

中国科学院院士　于贵瑞

前　　言

　　地球是人类赖以生存的家园,然而自然灾害的频发与复杂的地球系统动态变化息息相关。固体地球物理、日地空间环境、水力型灾害、重力型灾害和地震灾害等多领域的观测研究,不仅是人类探索地球系统演化规律、理解自然灾害成因和机制的关键基础,而且是服务于国家防灾减灾战略需求、保障社会经济可持续发展的重要支撑。近年来,随着全球气候变化、极端自然事件频发以及人类活动的加剧,自然灾害的发生呈现出更为复杂的态势。这不仅对科学研究提出了更高的要求,也对灾害观测和预警体系建设提出了更大的挑战。

　　国家野外科学观测研究站作为长期定位观测和科学研究的基础平台,在推动科学认知突破、服务国家重大科技任务以及满足防灾减灾重大需求等方面发挥了不可替代的作用。近年来,我国在固体地球物理、日地空间环境、水力型灾害、重力型灾害及地震灾害等领域已建成一批国家级和省部级野外科学观测研究站。这些站点通过长期监测和科学研究,积累了大量宝贵的数据与经验。然而,观测技术与方法的快速发展,以及不同站点间监测目标和任务的多样性,也带来了数据标准不一、规范化不足等问题,亟须制定系统化、规范化的观测指标体系和技术规范,以实现观测数据的高质量、可比性和共享性,为深入研究灾害成因、演化规律及风险防控提供科学依据。

　　为此,本系列规范围绕固体地球物理、日地空间环境、水力型灾害、重力型灾害和地震灾害五大领域,系统梳理了相关领域长期科学观测的目标、任务与内容,结合国家不同发展阶段的重大需求,构建了统一的观测指标体系和技术方法,制定了规范化的观测流程与数据管理标准。本系列规范的编写遵循系统性、科学性、先进性和可操作性的原则,充分参考国内外已有技术规范和研究成果,结合我国野外观测研究的实际需求,力求为未来的联网观测与数据共享提供科学指导,支撑国家防灾减灾战略目标的实施。

　　固体地球物理分册着眼于固体地球物理学的长期定位观测,探索地球系统的动力学过程及其物质组成和演化规律,为能源资源开发和固体地球灾害防控提供科学支撑。

　　日地空间环境分册聚焦地球空间环境的状态及其变化规律,服务于"子午工程""北斗导航""载人航天"等重大科技任务,为空间活动安全和高技术系统运行提供保障。

水力型灾害分册立足于受全球气候变化和人类活动影响的地表水力型灾害,研究其成因、演化规律及防控策略,为山洪、泥石流、水土流失等灾害的监测预警与防治提供技术支持。

重力型灾害分册针对滑坡、崩塌、地面沉降、雪崩等灾害,构建孕灾环境与成灾机制的观测指标体系,为区域灾害风险评估与防控提供科学依据。

地震灾害分册重点研究强震孕育、地震动效应及次生灾害机理,服务于国家地震安全需求,提升地震灾害风险防控能力。

本系列规范的编写得到了科技部国家科技基础条件平台中心以及各领域专家的支持与指导,凝聚了科研机构、高等院校和相关行业部门的集体智慧。各分册在编写过程中,广泛征求了业内专家意见,经过反复讨论和修改,力求内容科学严谨、体系规范完整。但由于各领域的复杂性和规范化建设的长期性,不可避免地存在不足之处。我们真诚希望在实际应用中得到反馈和建议,以便在后续修订中不断完善,为我国自然灾害观测与科学研究提供更为有力的支撑。

我们相信,本系列规范的发布与推广,将有助于提升我国自然灾害观测研究的科学化、规范化水平,推动灾害风险防控能力的全面提升,为建设安全、韧性、可持续发展的社会提供重要保障。

编　者

2025 年 1 月

目　　录

1 引　言

　　地球物理学是人类了解地球系统结构、系统演化和各圈层之间相互作用的重要学科，分为固体地球物理学和空间物理学两个学科方向。固体地球物理学基于物理学的原理和方法，通过先进的观测技术对各种地球物理场进行观测，来探索固体地球圈层的运动、物理状态、物质组成、作用力和各种物理过程，研究与其相关的各种自然现象及其变化规律，并在此基础上优化和改善人类生存活动的环境，预防及减轻固体地球灾害对人类的影响，探测和开发国民经济中急需的能源及资源。

　　近年来，全国固体地球物理观测研究站点的数量逐步增加。中国地震局、中国科学院、自然资源部、教育部等部委的所属单位已建立多个固体地球物理领域的观测台站。在现有国家野外科学观测研究站的 167 个站点中，地球物理与地表动力灾害领域归口的站点共有 23 个，其中固体地球物理领域国家野外科学观测研究站 11 个，主要服务于固体地球物理学科发展，以及地震灾害监测、研究。与此同时，新的观测技术和观测方法不断涌现，仪器设备也在大量更新，亟须构建系统的、统一的观测指标体系和观测规范来指导相关观测和研究工作。根据科技部对国家野外科学观测研究站标准化建设的总体任务要求，为更好发挥国家野外科学观测研究站在观测、研究、示范、服务方面的引领作用，推动新时期固体地球物理领域国家野外科学观测研究站的规范化建设和运行，提高观测数据的质量，实现联网观测和数据共享，特制订本规范。

　　本规范参考现有国家和行业相关标准和规范，以及地震观测站网运行管理要求（中震测函〔2015〕127 号、中震测函〔2022〕19 号、震台网函〔2023〕38 号）等资料，依据《国家科技创新基地优化整合方案》（国科发基〔2017〕250 号）、《国家野外科学观测研究站建设发展方案（2019—2025）》（国科办基〔2019〕55 号）、《国家野外科学观测研究站管理办法》等相关要求，以及在固体地球物理观测现状调研的基础上，结合各相关国家野外科学观测研究站的特点制定。

　　本规范主要起草单位：中国地震局地球物理研究所、河北省地震局、中国地震局地质研究所。

　　本规范主要起草人：陈石、贾路路、卢红艳、任佳、韩建成、侍文、王林海、陈杰、徐伟民、毛宁、李泽瑞。

本规范的资助项目及单位主要包括科技部四司科技工作委托任务"国家野外站观测技术规范研究"、国家生态科学数据中心（NESDC）以及国家重点研发计划项目"高精度超导重力仪工程化研发"课题：超导重力仪评估及示范应用（2023YFF0713505）。

本规范将指导固体地球物理领域国家野外科学观测研究站观测实践，并在此基础上修改完善。

2 范　围

本规范规定了固体地球物理领域国家野外科学观测研究站的观测任务与内容、观测指标、观测场地布设与观测站建设、观测技术方法和数据质量管理等。

本规范适用于固体地球物理领域国家野外科学观测研究站的建设和观测业务。

3 规范性引用文件

本规范的制定参考了下述规范性文件，文件中的条款通过本规范的引用而成为本规范的条款。凡是标注日期的引用文件，仅所注日期的版本适用于本规范；凡是未标注日期的引用文件，其最新版本（包括所有的修改单）适用于本规范。

GB 50007—2011 建筑地基基础设计规范

GB 50021—2001 岩土工程勘察规范

GB 50057—2010 建筑物防雷设计规范

GB 50169—2016 电气装置安装工程接地装置施工及验收规范

GB 50343—2012 建筑物电子信息系统防雷技术规范

GB/T 6107—2000 使用串行二进制数据交换的数据终端设备和数据电路终接设备之间的接口

GB/T 12897—2006 国家一、二等水准测量规范

GB/T 17159—2009 大地测量术语

GB/T 18207.1—2008 防震减灾术语 第1部分：基本术语

GB/T 18207.2—2005 防震减灾术语 第2部分：专业术语

GB/T 18314—2024 全球导航卫星系统（GNSS）测量规范

GB/T 19531.1—2004 地震台站观测环境技术要求 第1部分：测震

GB/T 19531.2—2004 地震台站观测环境技术要求 第2部分：电磁观测

GB/T 19531.3—2004 地震台站观测环境技术要求 第3部分：地壳形变观测

GB/T 19531.4—2004 地震台站观测环境技术要求 第4部分：地下流体观测

GB/T 20256—2019 国家重力控制测量规范

GB/T 50011—2010 建筑抗震设计规范

JGJ 52—92 普通混凝土用砂质量标准及检验方法

JGJ 53—92 普通混凝土用碎石或卵石质量标准及检验方法

JGJ 55—2000 普通混凝土配合比设计规程

DB/T 3—2003 地震及地震前兆测项分类与代码

DB/T 3—2011 地震测项分类与代码

DB/T 7—2003 地震台站建设规范 重力台站

DB/T 8.1—2003 地震台站建设规范 地形变台站 第1部分：洞室地倾斜和地应变台站

DB/T 8.2—2020 地震台站建设规范 地形变台站 第 2 部分：钻孔地倾斜和地应变台站

DB/T 8.3—2003 地震台站建设规范 地形变台站 第 3 部分：断层形变台站

DB/T 9—2004 地震台站建设规范 地磁台站

DB/T 11.1—2007 地震数据分类与代码 第 1 部分：基本类别

DB/T 11.2—2007 地震数据分类与代码 第 2 部分：观测数据

DB/T 11.3—2012 地震数据分类与代码 第 3 部分：探测数据

DB/T 16—2006 地震台站建设规范 测震台站

DB/T 18.1—2006 地震台站建设规范 地电台站 第 1 部分：地电阻率台站

DB/T 18.2—2006 地震台站建设规范 地电台站 第 2 部分：地电场台站

DB/T 19—2020 地震台站建设规范 全球导航卫星系统基准站

DB/T 20.1—2006 地震台站建设规范 地下流体台站 第 1 部分：水位和水温台站

DB/T 22—2020 地震观测仪器进网技术要求 地震仪

DB/T 23—2007 地震观测仪器进网技术要求 重力仪

DB/T 25—2008 地震观测量和单位

DB/T 29.1—2008 地震观测仪器进网技术要求 地电观测仪 第 1 部分：直流地电阻率仪

DB/T 29.2—2008 地震观测仪器进网技术要求 地电观测仪 第 2 部分：地电场仪

DB/T 30.1—2008 地震观测仪器进网技术要求 地磁观测仪 第 1 部分：磁通门磁力仪

DB/T 30.2—2008 地震观测仪器进网技术要求 地磁观测仪 第 2 部分：质子矢量磁力仪

DB/T 31.1—2008 地震观测仪器进网技术要求 地壳形变观测仪 第 1 部分：倾斜仪

DB/T 31.2—2008 地震观测仪器进网技术要求 地壳形变观测仪 第 2 部分：应变仪

DB/T 32.1—2020 地震观测仪器进网技术要求 地下流体观测仪 第 1 部分：压力式水位仪

DB/T 32.2—2008 地震观测仪器进网技术要求 地下流体观测仪 第 2 部分：测温仪

DB/T 33.1—2009 地震地电观测方法 地电阻率观测 第 1 部分：单极距观测

DB/T 33.2—2009 地震地电观测方法 地电阻率观测 第 2 部分：多极距

观测

DB/T 33.3—2009 地震地电观测方法　地电阻率观测　第 3 部分：大地电磁重复测量

DB/T 34—2009 地震地电观测方法　地电场观测

DB/T 35—2009 地震地电观测方法　电磁扰动观测

DB/T 36—2010 地震台网设计技术要求　地电观测网

DB/T 37—2010 地震台网设计技术要求　地磁观测网

DB/T 38—2010 地震台网设计技术要求　地下流体观测网

DB/T 39—2010 地震台网设计技术要求　重力观测网

DB/T 40.1—2010 地震台网设计技术要求 地壳形变观测网　第 1 部分：固定站形变观测网

DB/T 40.2—2010 地震台网设计技术要求 地壳形变观测网　第 2 部分：流动形变观测网

DB/T 45—2012 地震地壳形变观测方法　地倾斜观测

DB/T 46—2012 地震地壳形变观测方法　洞体应变观测

DB/T 47—2012 地震地壳形变观测方法　跨断层位移测量

DB/T 48—2012 地震地下流体观测方法　井水位观测

DB/T 49—2012 地震地下流体观测方法　井水和泉水温度观测

DB/T 54—2013 地震地壳形变观测方法　钻孔应变观测

DB/T 62—2015 全球导航卫星系统基准站运行监控

DB/T 88—2022 地震台网运行规范　地倾斜和地应变观测

4　术语和定义

下列术语和定义适用于本规范。

4.1　固体地球物理观测

固体地球物理观测（solid earth geophysical observation）指对重力、地震动、电磁和地壳形变等地球物理场信号或参数的观察与测量。

4.2　观测指标

观测指标（observation index）指在固体地球物理观测中，用于定义特定物理量或过程的名称。

4.3　观测方法

观测方法（observation method）指在固体地球物理观测中，用于获得观测指标的技术方法。

4.4　绝对测量

绝对测量（absolute measurement）指对固体地球物理场参数绝对量的测量。

4.5　相对测量

相对测量（relative measurement）指对固体地球物理场参数时空相对变化量的测量。

4.6　重力观测站

重力观测站（gravity station）指用于监测重力变化的站点。

4.7 地磁观测站

地磁观测站（geomagnetic station）指测定地磁要素及其变化的站点。

4.8 地电观测站

地电观测站（geoelectric station）指布设有固定装置系统和信息监测系统，连续从事地电场、地电阻率观测的站点。

4.9 地震动观测站

地震动观测站（seismograph station）指布设固定观测的地震仪，用于连续观测地面运动的站点。

4.10 形变观测站

形变观测站（crustal deformation station）指用于监测地壳形变的站点。

4.11 地下流体观测站

地下流体观测站（observation station of subsurface fluid）指观测地下流体动态的站点。

4.12 观测站

观测站（observation station）指设置监测设施并开展监测的基层机构。

4.13 观测场地

观测场地（site of observation）指安装有观测仪器，用于固体地球物理观测的场地。

4.14 观测环境

观测环境（observation environment）指对固体地球物理观测特定场地空间构成直接、间接影响的各种自然与人为因素的总和。

4.15 观测干扰

观测干扰（observation interferences）指影响固体地球物理观测装置、测量设备、技术系统发挥正常观测功能，降低观测精度，使观测数据产生显著偏离正常值的现象。

4.16 观测室

观测室（observation house）指安放固体地球物理观测设备和记录处理设备的建（构）筑物。

4.17 观测墩

观测墩（observation pier）指用于安置固体地球物理观测仪器传感器的墩体。

4.18 地震灾害

地震灾害（earthquake disaster）指地震造成的人员伤亡、财产损失、环境和社会功能的破坏。

［来源：《防震减灾术语　第 1 部分：基本术语》（GB/T 18207.1—2008），5.1］。

4.19 地震观测数据

地震观测数据（seismological observation data）指由永久性或临时性地震观测台（网）获得的原始记录，对这些记录进行分析处理得到的次生数据以及为使用这些数据所需要的基础数据和辅助数据。

［来源：《防震减灾术语　第 2 部分：专业术语》（GB/T 18207.2—2005），5.3.2］。

5 观测任务与内容

5.1 观测任务

固体地球物理领域国家野外科学观测研究站（简称固体地球物理野外站）应以地面固定观测为主，通过在固定站点架设观测设备开展各种地球物理场的长期连续观测。通常为剔除近观测场地干扰信号，或者分离深部地球物理场源信号，还需根据不同地球物理场观测内容的类型，开展气象要素、降雨、地表水文环境等相关辅助观测。

固体地球物理野外站开展观测应以监测、研究、试验、示范为主要核心任务。构建观测内容的基本原则应以陆地固定台站探测目标为导向，基于探测目标确定观测内容和观测指标体系。

地震科学研究作为固体地球物理野外站重要的观测和研究对象之一，主要关注地震在孕育、发生和传播过程中的地球物理场变化特征。通过在地面台站布设连续运行的监测设施来探测多种地球物理场的时变过程，通过组网观测获取可以用于研究地球内部场源特征及其参数的高精度地球物理观测数据。

固体地球物理野外站观测内容可为中国地震台网提供数据服务，在特定地理位置或区域为地球科学研究和地震科学观测技术发展提供服务。

固体地球物理野外站观测获得的数据一般符合地震观测数据属性，需要按照相关要求进行记录、存储和共享。

5.2 观测内容

固体地球物理野外站观测目标包括两个方面：一是长期观测科学目标，探索固体地球系统结构、系统演化和各圈层之间相互作用，研究与其相关的各种自然现象及其变化规律；二是专项观测目标，服务于国家和区域科技发展的阶段性重大需求。其中，长期观测科学目标坚持长期不变，专项观测目标根据阶段性国家和区域需求结合各野外站特点确定。

据此，固体地球物理野外站观测内容分为长期观测和专项观测。长期观测通常是台站操作层面的长期连续观测，专项观测包括在区域范围内开展的定期、不定期加密观测以及具有野外站特色观测。专项观测可视为长期观测的补充观测，通常用于区域精细内部场源特征及参数的研究，为区域地球物理场特征提供综合评估。

　　按照固体地球物理场的类型划分，长期观测和专项观测内容主要包括重力、地震动、电磁、形变、地下流体五大类型。固体地球物理观测内容框架如图1所示。

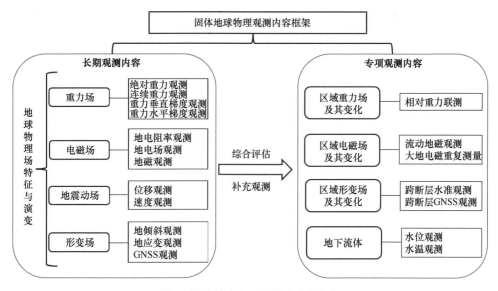

图1　固体地球物理观测内容框架图

GNSS. 全球导航卫星系统（global navigation satellite system）

6　观测指标体系

根据观测内容分类,固体地球物理野外站观测指标体系可以划分为重力观测指标体系、电磁观测指标体系、地震动观测指标体系、形变观测指标体系和地下流体观测指标体系。

6.1　重力观测指标体系

重力观测指标、观测设备与观测频度技术规范,如表1所示。

表1　重力观测指标、观测设备与观测频度技术规范

指标类别	观测指标	观测设备	单位	观测频度
重力观测	连续重力变化	连续重力仪	m/s^2	连续观测
	重力水平梯度	相对重力仪	s^{-2}	定期观测
	重力垂直梯度	相对重力仪	s^{-2}	定期观测
	绝对重力值	绝对重力仪	m/s^2	定期观测
	相对重力值*	相对重力仪	m/s^2	定期观测

*表示专项观测指标。

6.2　电磁观测指标体系

电磁观测指标、观测设备与观测频度技术规范,如表2所示。

表2　电磁观测指标、观测设备与观测频度与技术规范

指标类别	观测指标	观测设备	单位	观测频度
地电观测	地电场强度	地电场仪	mV/km	连续观测
	地电阻率	地电阻率仪	$\Omega \cdot m$	连续观测
	自然电位	地电阻率仪	mV	连续观测
地磁场绝对观测	地磁场总强度	质子磁力仪	nT	连续观测
	磁倾角	经纬仪	″	定期观测
	磁偏角	经纬仪	″	定期观测
地磁场相对记录	地磁 F、H、D 三分量	FHD 型质子矢量磁力仪	nT,″	连续观测
	地磁 X、Y、Z 三分量	磁通门磁力仪	nT	连续观测
流动地磁观测*	地磁总强度	质子旋进磁力仪、Overhauser（欧沃豪斯）磁力仪	nT	定期观测
	磁偏角	经纬仪	″	定期观测
	磁倾角	经纬仪	″	定期观测

*表示专项观测指标。

6.3 地震动观测指标体系

地震动观测指标、观测设备与观测频度技术规范，如表 3 所示。

表 3　地震动观测指标、观测设备与观测频度技术规范

指标类别	观测指标	观测设备	单位	观测频度
地震动观测	位移	超宽频带地震仪	m	连续观测
	速度	短周期地震仪、宽频带地震仪、甚宽频带地震仪	m/s	连续观测

6.4 形变观测指标体系

形变观测指标、观测设备与观测频度技术规范，如表 4 所示。

表 4　形变观测指标、观测设备与观测频度指标技术规范

指标类别	观测指标	观测设备	单位	观测频度
地倾斜观测	地倾斜	垂直摆倾斜仪	°	连续观测
		水管仪	°	连续观测
		钻孔倾斜仪	°	连续观测
地应变观测	体应变	钻孔体应变仪		连续观测
	线应变	伸缩仪		连续观测
	水平面应变	钻孔应变仪		连续观测
GNSS 观测	坐标	GNSS 接收机	°，mm	连续观测
	时间	GNSS 接收机	s	连续观测
跨断层水准观测*	相对高差	水准仪	mm	定期观测
跨断层 GNSS 观测*	坐标	GNSS 接收机	°，mm	定期观测

*表示专项观测指标。

6.5 地下流体观测指标体系

地下流体观测指标、观测设备与观测频度技术规范，如表 5 所示。

表 5　地下流体观测指标、观测设备与观测频度技术规范

指标类别	观测指标	观测设备	单位	观测频度
地下流体观测*	水位	浮子式水位仪、压力式水位仪	mm	连续观测
	水温	水温仪	℃	连续观测

*表示专项观测指标。

7 观测场地布设与观测站建设

7.1 观测场地选取基本原则与观测站建设基本要求

7.1.1 观测场地选取基本原则

1）固体地球物理野外站观测场地周边地形地貌稳定，地质灾害风险小，水文地质条件稳定。

2）观测场地需根据观测指标的要求，选择满足背景噪声低、环境与人为因素干扰小的场址，确保监测设备正常运行过程中，周边环境的影响满足观测对象最低信噪比要求，不影响数据连续获取的准确性。

3）观测场地宜适于进行重力、电磁、地震动、形变和地下流体同址观测，应在观测场地配备气象三要素辅助观测，开展固体地球物理综合观测。

4）观测场地布设后，还要考虑连续、稳定和长期运行过程中，周边环境的变化，主要包括影响监测设备运行的温度、湿度、空气、电磁辐射、震动等条件。

5）观测场地应考虑当地国民经济建设和社会发展的长远规划，以及其可能对观测环境造成的影响。

6）观测场地应具备正常开展地球物理观测工作所需的电力（配备 198～242 V、49.5～50.5 Hz 的交流电源）、通信和交通等条件要求。

7）观测场地宜设计有标定或测试功能，宜选在环境温度变化小、周围无振动干扰、地基较稳定的室内。

8）下列地点不应设站：断层破碎带内或地质构造不稳定的地点；易于发生滑坡、沉陷、隆起等地面局部变形的地点（如采矿区、油气开采区、地下水漏斗沉降区等）；易受水淹、潮湿或地下水位变化较大的地点；受强烈振动的地点；已经或即将规划建设，可能毁掉观测墩或阻碍观测的地点；不便观测的地点。

7.1.2 观测室及装置建设基本要求

1）观测室抗震设计应符合《建筑抗震设计规范》（GB/T 50011—2010）中对乙类建筑物的要求，并应具有防雷、防火、防水和防盗等措施。观测室防雷应按《建筑物防雷设计规范》（GB 50057—2010）中第二类防雷建筑物设防，观测室电子信息系统防雷应参照《建筑物电子信息系统防雷技术规范》（GB 50343—2012）的规定设防。

2）观测室内仪器和照明用电线路应互相独立，应有配电箱和在线式不间断电源（uninterrupted power supply，UPS）220V 交流电源插座，电气装置接地应参照《电气装置安装工程接地装置施工及验收规范》（GB 50169—2016）的规定进行。

7.1.3　观测站资料归档基本要求

1）观测场地堪选和建设工作完成后，应整理有关资料和数据，完成观测站观测场地堪选和建设报告，按照野外站主管部门的档案管理要求，以纸质和电子介质归档保存，并报送主管部门备案。

2）归档应包括下列内容，

① 观测站建设任务书或文件。

② 观测场地勘选报告，主要内容包括：

◆ 基准站地理位置及所在行政区；

◆ 基准站周围自然地理、地震地质概况；

◆ 已有台站和其他站点利用情况；

◆ 实地测试过程与计算结果（包括数据和报告）；

◆ 观测场地现场规划情况；

◆ 建站工作建议；

◆ 勘选过程中收集的其他有关资料；

◆ 场地堪选点之记（参见附录 A）。

③ 设计报告，包括观测墩（井、钻孔）、观测室、电气、防雷施工图及其设计说明。

④ 施工（竣工）报告和监理报告。

⑤ 建站工作技术总结，其主要内容包括：

◆ 扼要说明建站工作情况、建站中的特殊问题以及对观测运行工作的建议等；

◆ 观测站施工过程中关键环节现场施工照片，每个环节至少 1 张；

◆ 观测站设备安装记录和安装完成后的照片；

◆ 测点点之记（参见附录 B）。

⑥ 测量标志委托保管书（参见附录 C）及批准使用土地文件。

⑦ 上报文件及批复文件。

7.2　长期观测场地布设与观测站建设

7.2.1　连续重力和绝对重力观测场地与观测站

7.2.1.1　观测场地条件

1）重力观测场地指用于安装重力观测仪器的场地，其布设应符合《地震台站

建设规范 重力台站》（DB/T 7—2003）的要求，宜选在环境温度变化小、振动干扰小的区域，长期连续重力观测宜选择地基较稳定的地点。

2）重力观测场地优先选址在布格重力异常梯级带，以及具有发震构造特征的地质活动断层附近。

3）重力观测场地分为三种类型，可按以下顺序优先选址：

① 洞体型，进深不小于 20 m、岩土覆盖厚度不小于 20 m 的山洞。地形地貌条件宜选择在有植被或黏土覆盖、顶部地形平缓对称的山体，洞口宜位于下陡上缓的山坡下部，高于最高洪水位和最高地下水位面处；不宜选择在风口、山洪汇流处，以及移动沙丘、滑坡体、塌陷体等附近。

② 地下室型，顶部岩土覆盖厚度不小于 3 m。地形地貌条件宜选择在地形平缓对称、高于最高地下水位面处；不宜选择在风口或山脊处。

③ 地表型，顶部无岩土覆盖。适宜和不宜选址的地形地貌条件与地下室型相同。

4）观测场地按岩土类型可分为基岩场地和黏性土场地两种类型，可按以下顺序优先选址：

① 基岩场地，可按优先级分为结晶岩类（如花岗岩等）场地和细粒沉积岩类（如灰岩等）场地。基岩场地宜选择岩体完整、岩性致密均匀、岩层倾角不大于 40° 的岩体上；不宜选择在孔隙度大、吸水率高、松散破碎的砂岩、砾岩、砂页岩以及砂质岩等岩体上。

② 黏性土场地，应选择在无明显垂向位移与破裂的密实黏土地段；不宜选择在含有淤泥质土层、膨胀土或湿陷性土地段。

5）观测场地外部环境应避开各种干扰源和雷击区，连续重力观测站距干扰源最小距离应符合表 6 的规定。

表 6　连续重力观测站距干扰源最小距离一览表（以重力仪观测墩中心点为起算点）

干扰源	干扰或影响因素类型	距干扰源最小距离/km	备注
震动	飞机场、铁路编组站	5.00	
	铁路、冲压、粉碎作业场地	1.00	
	主干公路、搅拌机、重型车辆	0.30	仪器墩建于黏性土层时
载荷	大水库、大湖泊、大河流、深层抽水注水区	3.00	
	大型建筑、仓库、工厂等载荷变化区	0.30	
爆破	采石、采矿等人工爆破	3.00	
海浪	海潮、海啸	10.00	距海岸的距离

7.2.1.2　观测设施建设

1）连续重力观测墩面规格为长 1.0～1.8 m、宽 1.0 m，墩面平整度优于 3 mm，墩面宜高出观测室地面 0.1 m；绝对重力观测墩面规格不小于 1.2 m×1.2 m，墩面平整度优于 3 mm，墩面应与观测地面持平。

2）基岩场地的观测墩应直接建在基岩上，且与基岩连成整体。若基岩出露完整，可直接利用基岩作墩，但应将基岩打磨平整；基岩面较深时，应在开掘出的基岩上现场浇筑混凝土墩面。

3）黏性土场地的仪器墩采用混凝土现场浇筑，其整体高度应在 2～2.3 m 范围。

4）仪器墩上应设置水准点、重力点和指北标志，水准点、指北标志可设置于仪器墩表面的任意一角上，重力点标志应设置于仪器墩面中心点处。

5）采用混凝土制作仪器墩时，混凝土强度不低于 C25。

6）在拟建仪器墩的地点，应先通过钻探或人工开挖选择符合仪器墩岩土结构要求的点位建设仪器墩；再根据仪器墩的位置开挖仪器室地基，不可用爆破方式建造仪器墩及开挖仪器室地基。

7）基岩基础的仪器墩周围应设置宽度不小于 50 mm、深度不小于 300 mm 的隔振槽；黏性土层基础的仪器墩周围应设置宽度不小于 50 mm、深度不小于 1000 mm 的隔振槽。隔振槽应用细砂充填，并用沥青覆盖。

8）具有重力标定或者测试场地的功能台站宜选择低背景噪声山洞或室内环境，应具备不少于两个观测墩，可以容纳多台仪器同时观测，且场地周边具备气象要素、GNSS 等辅助观测设施。

7.2.1.3 观测室建设

连续重力和绝对重力观测场地选好后，需要建立永久性观测室。绝对重力观测室面积应不小于 3 m×5 m，天花板离观测墩面应高于 2 m，供电功率应不小于 3 kW。

连续重力观测室由仪器室、记录室和辅助设施组成。

（1）观测室布局

a. 洞体型观测室布局

1）宜采用开凿的专用山洞，并由引洞和观测室两部分组成；

2）洞体的坑道宜建成"L"形，观测室与洞口之间应设置不少于三道密封门（船舱门或冰库门）；

3）宜建造高 2.6 m、宽 2.8 m，上部为半圆形、下部为平整地面的拱形洞室；

4）洞体底面应内高外低，坡度宜平缓；

5）洞壁两侧地面下应设排水暗沟并采取密封措施；

6）墙面及地面采取防水措施；

7）电源及信号线缆通道应采取密封措施；

8）记录室宜建在洞体内，面积不能满足时，可建在洞外。

b. 地下室型观测室布局

1）仪器室应为四周均有走廊式间隔的房中房结构；

2）四壁厚度应不小于 0.24 m；

3）四壁和顶部应充填 0.10 m 厚度的隔热防火材料；

4）地下室入口到观测室之间应设置不少于三道密封门（船舱门或冰库门）；

5）墙面及地面采取防水措施；

6）观测室应设集水井，并设自动抽水装置，观测墩至集水井应设排水暗沟；

7）观测室应设换气装置；

8）电源及信号线缆通道、排水及换气通道应采取密封措施，电源及信号线缆通道、换气通道穿墙处应采用发泡剂填充，排水通道穿墙处应采用"U"形管道注水密封。

c. 地表型仪器室布局

1）除无覆盖层外，结构与地下室型相同；

2）以地下室型或地表型建筑作为仪器室时，记录室不宜直接建在仪器室上部，不能满足时，可采用平顶式建筑，净高不宜超过 3.2 m。

（2）仪器室环境条件

1）仪器室宽度应大于 2.8 m，使用面积应不小于 9 m²，宜不大于 15 m²。

2）温度应在 5～40 ℃范围；日温差应小于 0.1 ℃，年温差应小于 1 ℃；相对湿度应不大于 90%；防潮，不应使用除湿机。

（3）记录室

重力仪与记录设备之间的信号传输距离不宜超过 20 m；超过 20 m 时，应在重力仪信号输出端加装有源信号放大器；记录室可与 GNSS 记录室共用；网络传输型重力仪可不设记录室，记录室改为网络及供电设备的设备间。

（4）辅助设施

包括供电、接地与防雷装置，应满足：

1）具备 220±20 V、30 A 市电或太阳能供电的交流电源，并按维持 8 h 运行配置 UPS 及蓄电池组；

2）强、弱电路线应分开布设；

3）重力观测系统所使用的市电电源应设避雷装置；

4）信号线两端应设防雷装置；

5）交流电接地应与设备外壳接地分开，并不得和避雷地线相连，且间距应大于 5 m，避雷地线接地电阻应不大于 4 Ω。

7.2.1.4　设备配置

1）绝对重力观测站测量设备配置见表 7（以 FG5 型绝对重力仪为例）。

2）连续重力观测站测量设备配置见表 8。

表 7　绝对重力观测站测量设备配置

设备类别	设备名称	数量	主要技术指标	功能与用途
主观测仪器	FG5 型绝对重力仪	1 台	分辨力：0.1×10^{-8} m/s^2； 系统重复性：2.0×10^{-8} m/s^2； 准确度：5.0×10^{-8} m/s^2； 测程范围：全球适用； 计算机自动数字采集	绝对重力值测定
	相对重力仪（含三脚架）	2 台	仪器标称精度：优于 10×10^{-8} m/s^2； 系统重复性：10×10^{-8} m/s^2； 系统准确度：优于 20×10^{-8} m/s^2； 测程范围：可调测程 7000×10^{-5} m/s^2； 静态零漂：非线性度优于 20×10^{-8} m/(s^2·d)； 分辨力：优于 10×10^{-8} m/s^2； 具有仪器格值标定结果，其标定结果可以检定	重力垂直梯度、重力水平梯度测定
辅助设备	汽车	1 台	减震性能较好、能容纳仪器和观测人员	运载
	便携式计算机	2 台	内存 2 GB 以上，硬盘 200 GB 以上，双核 CPU	1 台数据备份与处理；1 台授时与通信
	无线通信卡	1 个	3 GB	授时与通信
	手持导航仪	1 台	定位精度 10 m 以内	找点与导航
	数码相机	1 台	1000 万像素，广角	图像信息采集
	气压计	1 个	优于 1 hPa	获取观测气压
	温度计	1 个	0.1 ℃	获取观测温度
	PDA	2 套	支持 Windows CE 5.0 以上，内存 512 MB，SD 卡容量 2 GB 以上	记录测量数据
	罗盘	1 个	专业地质罗盘	指北定向

注：PDA.个人数字助理，personal digital assistant；CPU.中央处理器，central processing unit；GB. 吉字节，gigabyte；MB. 兆字节，megabyte。

表 8　连续重力观测站测量设备配置

设备名称	数量	主要技术指标	功能与用途
连续重力仪	1 台	分辨力：优于 0.1×10^{-8} m/s^2； 系统精度：1.0×10^{-8} m/s^2； 测程范围：直接测程 100×10^{-5} m/s^2，全球可调； 频率范围：1 Hz，直流； 仪器零漂：小于 1000×10^{-8} m/(s^2·月)； 仪器标定：仪器具有计算机远程标定放大与记录系统部分常数功能，标定精度优于 0.1%，具有外部标定电压注入功能，具备分段格值表； 数据采集：采样率不小于 1 次/s； 数据传输：专线传输； 数据存储：大于 45 d	定点连续重力观测

设备名称	数量	主要技术指标	功能与用途
GNSS 授时天线	1 套	优于 100 ns	用于数据采集器的精密授时
UPS	1 台	8 h	
室外气象观测仪（含雨量计）	1 台	−40～50 ℃，分辨率 0.1 ℃；湿度分辨率 1%；气压分辨率 0.1 hPa，降雨量分辨率 10 mm	观测室外温度、测湿度、测气压及降雨量，用于精密重力改正
太阳能供电系统	1 套	最大负载功率：500 W；负载工作电压和频率：交流 220 V，50 Hz	用于无稳定市电地区

7.2.2 电磁观测场地与观测站

7.2.2.1 地电阻率观测场地与观测站

（1）观测场地条件

1）观测场地宜选在地震活动带内或在活动断裂带附近。

2）布极区内不应有沟壑、崖坎、河流等，应地形开阔、地势平坦，至少在两个正交方向可以布设电极距大于 1000 m 的供电电极，地形高差不宜大于电极距的 5%。

3）布极区表层不应为卵石层和砾石层，土层、砂土层以及由卵石、砾石组成的第四系松散覆盖层的厚度不宜超过 200 m。

4）供电电极距为 10m 时测得的视电阻率宜在 10～50 Ω·m，表层影响系数（S）的绝对值宜小于 0.2，S 的计算方法参考《地震台站建设规范　地电台站　第 1 部分：地电阻率台站》（DB/T 18.1—2006）。

5）布极区不宜选在抽水漏斗区内；布极区边缘避开大型水库、湖泊，距离不宜小于 3000 m。

6）非工频人工电磁源在地电阻率观测场地测量极间产生的附加干扰电压（V_d）应不大于 45 μV，工频人工电磁源在地电阻率观测场地测量极间产生的工频干扰电压（V_{ind}）应不大于 500 mV（峰值），金属管道（线）设施类干扰源引起的地电阻率观测值变化应不大于 0.3%。V_d 和 V_{ind} 测试方法参见《地震台站观测环境技术要求　第 2 部分：电磁观测》（GT/B 19531.2—2004）。

（2）观测装置建设

地电阻率观测装置是指在地电阻率观测中，由电极系按一定的几何规则布设在地表，以及电极系与测量仪器连接的线路组成的设施。

a. 布极

1）单极距观测，应选择不少于两个方位布设装置系统，其中应有两个方位互相正交；方位数超过两个的，其余方位在两个正交方位之间成相等角度分布；台站位于活动断层附近的，其两个正交方位宜分别选在沿断层走向和倾向方位上；各方位定向误差应小于2°。宜采用对称四极装置布设测量电极、供电电极；测量电极对的中心点与供电电极对的中心点间距值不大于供电电极距的1%，测量电极连线方位与供电电极连线方位之间应小于2°；不同方位布设的装置，其中心点宜重合。供电电极距 $\overline{AB}$ 不宜小于 1000 m，测量电极距 $\overline{MN}$ 应满足 $\overline{AB}/5 \leqslant \overline{MN} \geqslant \overline{AB}/3$。

2）多极距观测，在一条测线上布设的装置数目 m 应满足 $m \geqslant n+2$，其中 n 为一维等效模型层数。应沿选定方位，中心对称布设；各装置中心点距离最大装置（供电电极距最大的装置）中心点的距离不应大于最大电极距的5%；且两个相邻装置中心点的距离不应大于较大装置供电电极距的5%。最大装置供电电极距宜不小于 1000 m，不同装置的测量电极距 $\overline{M_iN_i}$ 应满足 $\overline{A_iB_i}/30 \leqslant \overline{M_iN_i} \geqslant \overline{A_iB_i}/3$ $(i=1,2,\cdots,m)$；若布设两条及两条以上测线的装置，其两条测线的方位应互相正交。

b. 电极

1）供电电极应采用铅板电极，铅板尺寸和接地电极应符合以下要求：
① 铅板面积应不小于 800 mm×800 mm，厚度应不小于 3 mm；
② 单电极接地电阻应不大于 30 Ω。
2）测量电极宜采用铅板电极，铅板尺寸和接地电极应符合以下要求：
① 铅板面积应不小于 500 mm×500 mm，厚度应不小于 3 mm；
② 单电极接地电阻应不大于 100 Ω。
3）电极埋设方法如下：
① 电极埋设前应清除铅板表面杂质；
② 南方潮湿地区电极埋深应大于 1.5 m，北方干旱地区电极埋深应大于 2 m；
③ 电极应水平放置在电极坑底部；
④ 电极埋设部位应避开污水、腐殖土壤、腐烂植被和杂物充填区域；
⑤ 电极坑回填土的土质应均匀，同一对测量电极的电极坑回填土应为同一种土质；
⑥ 增大铅板电极的几何尺寸，和（或）添加降电阻剂，和（或）在与测道正交的方向上埋设数个铅板并联构成组合电极，铅板之间的距离为1~5 m，组合电极的排列长度应小于供电电极距的1%等方法可减小供电电极接地电阻。
4）建极引线与铅板的连接应采用下列方法之一：
① 在浇铸铅板时将引线直接浇铸在铅板一角，用沥青或绝缘胶灌注浇铸角；
② 去除铅板一角的表面氧化膜后焊接电极引线，密封焊接部位，折叠、包裹

焊接角后用沥青或绝缘胶灌注焊接角。

5）电极引线与外线路的连接宜采用下列方法之一：

① 在引线处的线杆上安装接线盘，盒内用闸刀连接引线与外线路，连接处应防雨；

② 用插拔式接线器连接引线与外线路，接线器安装在接线盒内或固定在线杆上，接线器应防雨。

c. 外线路

1）外线路绝缘应符合以下要求：

① 供电导线漏电电流与供电电流的比值应不大于 0.1%，供电导线漏电电位差绝对值与人工电位差的比值应不大于 0.5%；

② 测量导线对地绝缘电阻应不小于 5 MΩ。

2）使用抗老化绝缘导线，电阻应不大于 20 Ω/km，拉断力宜不小于 2000 N。

3）采用架空或埋地方法敷设外线路，敷设方法参考《地震台站建设规范 地电台站 第 1 部分：地电阻率台站》（DB/T 18.1—2006）。

d. 室内线路

1）室内线路布线应符合以下要求：

① 供电导线、测量导线和电源线应分开走线，布线整齐、标志明显；

② 每条供电导线、测量导线应安装无间隙封闭式避雷器或有间隙放电式避雷器，安装方法参考《地震台站建设规范 地电台站 第 1 部分：地电阻率台站》（DB/T 18.1—2006）。避雷器主要技术指标如表 9 所示：

表 9 避雷器技术指标

避雷器类型	主要技术指标	主要技术指标值
无间隙封闭式避雷器	额定电压（有效值）	0.22 kV
	动作电压（直流）	560 V
	2 ms 方波电流	≥75 A
	8/20 μs 冲击电流	≥5000 A
	泄漏直流电流	≤30 mA
	泄漏交流电流	≤120 mA
有间隙放电式避雷器	放电电压（直流）	250±25 V
	放电容量	5 A×5 s
	容量试验后恢复电压（直流）	250±50 V

2）引入室内的供电导线、测量导线应安装室内配线盘。采用金属材料制作配线盘的底板，底板的平面尺寸宜为 900 mm×800 mm，厚度应不小于 1.5 mm。配

线盘结构和安装参考《地震台站建设规范　地电台站　第1部分：地电阻率台站》（DB/T 18.1—2006）。

（3）观测室建设

a. 建筑设计

1）观测室距布极区中心的距离宜小于500 m，与任一电极间的距离应不小于30 m；

2）室内日温差应不大于5 ℃，年室温范围为10～30 ℃，相对湿度应不大于80%；

3）室内使用面积应不小于15 m²，与地电场观测使用同一观测室时，面积应不小于20 m²，室内净高度应大于2.8 m；

4）室内应具备通信接口。

b. 配电

1）配备198～242 V、49.5～50.5 Hz的交流电源；

2）电源配线应采用单相三线制；

3）交流电源应安装避雷装置，避雷器主要技术指标见表9。

c. 接地

1）观测室应有专用接地导线，接地电阻应小于4 Ω；

2）接地导线截面积应不小于10 mm²。

（4）设备配置

a. 测量设备

测量设备主要技术指标见表10。

表10　测量设备主要技术指标

设备名称	单位	数量	主要技术指标	功能与用途
数字地电仪	台	2	电压分辨力：不低于0.01 mV；电流分辨力：不低于0.1 mA；电阻率测量最大允许误差：±（0.1%读数＋0.02 Ω·m）；电压测量动态范围：大于100 dB；输入电阻：大于10 MΩ；工频交流串模抑制比：大于80 dB；工频交流共模抑制比：大于140 dB；直流共模抑制比：大于140 dB；通道数：不小于3	数据采集和存储
稳流电源	台	2	输出电流：0.5～2.5 A；电流稳定度：优于0.5%；纹波因数：小于0.5%	供电电流

b. 检定设备

检定设备由电压测量检定设备和装置稳定性检查设备组成，检定设备主要技术指标见表11。

表 11　检定设备主要技术指标

设备名称	单位	数量	主要技术指标
电位差计	台	1	0.01 级
饱和标准电池	个	1	0.01 级
标准电阻	个	1	0.01 Ω，2 A，0.01 级
可变电阻	个	1	100 Ω，2 A
接地电阻测试仪	台	1	精度不小于 0.1 Ω
数字多用表	个	1	三位半

c. 辅助设备

辅助设备主要技术指标见表 12。

表 12　辅助设备主要技术指标

设备名称	单位	数量	主要技术指标
交流稳压器	台	1	标称额定输出功率不小于 3 kV·A，频率 50±0.5 Hz
交流发电机	台	1	电压 220±22 V，频率 50±0.5 Hz，标称额定输出功率不小于 5 kV·A
UPS	台	1	标称额定输出功率不小于 3 kV·A，频率 50±0.5 Hz，正弦波输出
计算机	台	1	内存 512 MB 以上，CPU 量程主频 1 GHz 以上，硬盘 40 GB 以上
打印机	台	1	激光打印
接地电阻测试仪	个	1	精度不小于 0.1 Ω
兆欧表	个	1	量程 1000 MΩ，测试电压 500 V
温度仪	个	1	−20～60 ℃，分辨力 0.1 ℃。
湿度仪	个	1	分辨力 1%
对讲机	个	3	通信距离不小于 5 km
数字多用表	个	1	四位半
望远镜	个	1	双筒

7.2.2.2　地电场观测场地与观测站

（1）观测场地条件

1）用于观测区域性地球电场变化的地电场观测场地宜选择在构造稳定地区，用于监测构造活动的地电场观测场地宜选择在地震活动带内或活动断裂附近；

2）布极区不宜选在重盐碱地、沼泽地和沙漠中，布极区内不应有沟壑、崖坎、河流等，应地形开阔，地势平坦，地形高差宜不大于电极距的 5%；

3）布极区不宜选在抽水漏斗区内，边缘避开大型水库、湖泊，距离不宜小于 3000 m；

4）布极区深度 10m 以内表层介质的电阻率宜大于 10 Ω·m；

5）非工频人工电磁源在地电场观测场地测量极间产生的附加电场强度（E_d）应不大于 0.5 mV/km，工频人工电磁源在地电场观测场地测量极间产生的工频电场强度（E_{ind}）应不大于 1250 mV/km（峰值），E_d 和 E_{ind} 测试方法参考《地震台站观测环境技术要求 第 2 部分：电磁观测》（GB/T 19531.2—2004）。

（2）观测装置建设

a. 布极

1）布极方式宜按照具体的场地条件和观测环境，采用十字形布极、"L"形布极或多电极布极等方式布设地电场观测装置；

2）应在至少两个正交方向上布设测道，两个正交方向宜分别平行、垂直地理南北方向，在活动断裂附近，可沿断裂走向和倾向；

3）在每个方位按长、短测量电极距布极，长、短电极距的比值宜不小于 1.5，短电极距应不小于 150 m；

4）宜在每个方向布设两种或两种以上不同电极距的测道，最小电极距宜不小于 150 m，最大与最小电极距比值宜不小于 1.5；

5）方位角测量误差宜不大于 1°，电极距的测量误差宜不大于 1%。

b. 电极

1）在电极测试条件下，电极稳定性应符合下列技术指标：

① 一对电极间的极化电位差应不大于 1 mV；

② 24 h 内一对电极间的极差漂移应不大于 1 mV；

③ 30 d 内一对电极间的极差变化应不大于 5 mV。

2）电极引线的长度应不小于 6 m，拉断力应不小于 200 N。

3）电极埋设方法（以柱状铅电极为例）：

① 电极埋设深度宜大于 3 m，埋设部位应避开污水区、腐殖土壤、腐烂植被和杂物充填部位，电极坑回填土的土质应均匀，同一测道内一对电极的电极坑回填土的土质宜相同。

② 在泥土、沙土层中埋设时，在电极坑底部的中心挖一个直径 200 mm、深 600 mm 的圆形小坑；把调配好的稳定剂灌入圆形小坑；把电极垂直插入小坑中心，使稳定剂全部包裹电极；将原位土逐层填回坑中并夯实，夯实回填土后的极坑表面略高于地表。

③ 在砂石、砾石层中埋设时，在电极坑底部的中心挖一个直径 50 mm、深 800 mm 的圆形小坑，在圆形小坑中填入优质细土并夯实；在填入细土的中心挖一个直径 200 mm、深 600 mm 的圆形小坑，把调配好的稳定剂灌入小坑；把电极垂

直插入小坑中心，使稳定剂全部包裹电极；埋好电极后，上面再垫一层 500 mm 厚的优质细土并夯实；最后，将原位土逐层回填坑中并夯实，夯实回填土后的电极坑表面略高于地表。

4）电极引线与外线路的连接宜采用下列方法之一：

① 在引线与外线路之间安装插拔式接线器，接线器安装在接线盒内，接线盒固定在线杆上并采取防雨措施；

② 在引线处的线杆上安装接线盒，盒内用闸刀连接引线与外线路，连接处应防雨。

c. 外线路

外线路绝缘和敷设方式等同 7.2.2.1 节中地电阻率观测站的相关要求。

d. 室内线路

室内线路的布线和避雷器等同 7.2.2.1 节中地电阻率观测站的相关要求。

（3）观测室建设

观测室的建筑设计、配电和接地等同 7.2.2.1 节中地电阻率观测站的相关要求。

（4）设备配置

a. 检定设备

检定设备主要技术指标同 7.2.2.1 节中地电阻率观测站的相关要求。

b. 测量设备

测量设备主要技术指标见表 13。

表 13　测量设备主要技术指标

设备名称	单位	数量	主要技术指标
数字地电场仪	台	1	电压分辨力：0.01 mV；最大允许误差：±（0.1%读数＋0.1%满度值）；电压测量动态范围：大于 100 dB；输入电阻：大于 10 MΩ；工频交流串模抑制比：不小于 80 dB；工频交流共模抑制比：不小于 146 dB；通频带：0～0.005 Hz；通道数：不小于 6

c. 辅助设备

辅助设备主要技术指标见表 14。

表 14　辅助设备主要技术指标

设备名称	单位	数量	主要技术指标
UPS	台	1	标称额定输出功率不小于 3 kV·A，频率 50±0.5 Hz，正弦波输出
计算机	台	1	CPU 主频 1 GHz 以上，硬盘 40 GB 以上，内存 512 MB 以上

设备名称	单位	数量	主要技术指标
打印机	台	1	激光打印
接地电阻测试仪	个	1	精度不小于 0.1 Ω
兆欧表	个	1	量程 1000 MΩ，测试电压 500 V
温度仪	个	1	−20～60 ℃，分辨力 0.1 ℃。
湿度仪	个	1	分辨力 1%
数字多用表	个	1	四位半

7.2.2.3 地磁观测场地与观测站

（1）观测场地条件

1）应避开分布范围小于 1000 km² 的磁异常区。

2）宜选择在航磁图上磁场等值线变化宽缓均匀的区域，观测场地 100 m× 100 m 范围内地磁场总强度的水平梯度应不大于 1 nT/m。

3）宜选择在底层接近水平、土层覆盖较厚或以灰岩、白云岩等弱磁性岩石为基底的区域。几种常见岩石的磁化率参见表 15。

4）宜选择地势相对较高，排水顺畅，并且周围 300 m 范围内可建立方位标的区域。

5）静态磁干扰强度应不大于 0.5 nT，事件型磁干扰强度应不大于 0.1 nT，短周期磁干扰强度应不大于 0.1 nT，测试方法参考《地震台站观测环境技术要求 第 2 部分：电磁观测》（GB/T 19531.2—2004）。

6）人为电磁干扰背景条件应符合《地震台站观测环境技术要求 第 2 部分：电磁观测》（GB/T 19531.2—2004）的要求。

表 15 几种常见岩石的磁化率（χ）一览表

岩石类型	岩石名称	$\chi/4\pi\times10^{-6}$（SI 单位制）
岩浆岩	花岗岩	50～2800
	闪长岩	50～10000
	玄武岩	100～50000
	橄榄岩	760～16000
变质岩	石英岩	0～40
	大理岩	−2～5
	片麻岩	10～3000
沉积岩	砂岩	40～60
	页岩	20～70
	石灰岩	0～25

（2）观测设施建设

a. 观测墩

1）观测墩主体建设要求：

① 应使用磁化率（χ）绝对值不大于 $4\pi \times 10^{-6}$（SI 单位制）的材料，尺寸（长×宽×高）宜为 0.4 m×0.4 m×1.5 m。

② 底部宜深于室内地板 0.3 m，并应与室内地板保持不小于 0.03 m 宽的防振缓冲槽。

③ 观测应建在基座上，嵌入基座的深度应不小于 0.2 m。

④ 观测墩主体建设完成后，墩面总强度（F）的水平梯度（ΔF_h）和垂直梯度（ΔF_v）均应不大于 1 nT/m。

2）基座建设要求：

① 应使用磁化率（χ）绝对值不大于 $4\pi \times 10^{-5}$（SI 单位制）的材料，长、宽均宜为 0.8 m。

② 可挖至基岩时，基座应直接建在基岩上，嵌入基岩的深度度不小于 0.2 m；不能挖至基岩时，应建设墩基础，基座与墩基础应连为一体。

③ 基座四周宜加回填土，基座上顶面低于室内地面的距离宜不小于 0.1 m。

④ 基座建设完成后，周围 1 m 范围内 F 的水平梯度（ΔF_h）和垂直梯度（ΔF_v）均应不大于 1.5 nT/m。

3）墩基础建设的要求：

① 应使用磁化率绝对值不大于 $4\pi \times 10^{-5}$（SI 单位制）的材料，厚度宜不小于 0.5 m。

② 底面应置于较坚硬的天然土层冻结深度以下，并以在天然地平线 1 m 以下为宜；不能挖至较坚硬的天然土层时，应打桩加固。

③ 墩基础应与墙体基础分离，并应深于墙基。

④ 当同一观测室内建有两个以上的观测墩时，各墩基础宜连为一体。

b. 记录墩

1）主体尺寸宜为 0.4 m×0.4 m×1.1 m。

2）墩基础宜与墙体基础分离，并宜深于墙基。

3）其他按观测墩的要求执行。

c. 方位标

1）至少应建设两个方位标。

2）方位标应能与绝对观测室内和比测亭内的观测墩水平通视，与绝对观测室和比测亭的距离以 150～300 m 为宜。

3）方位标应结实稳固，基座和基础建设要求参照观测墩基座建设和墩基础建设的要求。

4）方位标上的标志符号应牢固、醒目，并易于瞄准。

d. 监测桩

1）台站应设立至少 1 个监测桩，最好在 2～3 个不同方向上分别设立监测桩。

2）监测桩与台站的距离应不小于 500 m。

3）未设绝对观测室的台站，还应在距相对记录室或质子矢量磁力仪室 30～100 m 范围内设立 1 个监测桩。

4）监测桩应建在人为地磁骚扰背景条件符合《地震台站观测环境技术要求 第 2 部分：电磁观测》（GB/T 19531.2—2004）规定的地点。

5）监测桩周围 10m 范围内 F 的水平梯度（ΔF_{h}）应不大于 1.5 nT/m，上方 2 m 范围内 F 的垂直梯度（ΔF_{v}）应不大于 1.5 nT/m。

6）监测桩应使用磁化率绝对值不大于 $4\pi \times 10^{-5}$（SI 单位制）的材料。

7）监测桩的尺寸宜为 0.2 m×0.2 m×0.7 m，宜埋入地下 0.6 m，出露地面 0.1 m。

8）监测桩的顶面应刻有用于仪器安装置中的十字形标志。

（3）观测室建设

a. 基本要求

1）建设观测室使用的各种建筑材料，其磁化率（χ）绝对值均应不大于 $4\pi \times 10^{-5}$（SI 单位制）。

2）建设完成后，各观测室内 F 的水平梯度（ΔF_{h}）和垂直梯度（ΔF_{v}）均应不大于 1.5 nT/m。

b. 绝对观测室建设

1）室内应建设至少四个观测墩，墩主体中心点间距应不小于 3m，与墙壁距离应不小于 1.5 m。

2）至少应有两个观测墩可通视两个方位标，通视效果应不受其他观测墩上安装仪器的影响。

3）观测墩周围 2 m 以外应有放置仪器主机的位置。

4）室内地面宜高出天然地平线 0.5 m 以上。

5）室内应有交流供电，线路应双向布设，与观测墩的最小距离为 1.5 m。

c. 相对记录室建设

1）室内应建设至少两个记录墩，墩主体中心点间距应不小于 3 m，与墙壁距离应不小于 1.5 m。

2）记录墩周围 3 m 以外应有放置仪器模拟电路装置的位置。

3）日温差宜不大于 0.3 ℃，年温差宜不大于 10 ℃，相对湿度宜不大于 85%。

4）室内应有交流供电，线路与记录墩的最小距离为 1.5 m。

5）距离记录墩 15～40 m 范围内应有放置仪器主机的位置，主机安放位置应有交流、直流供电和通信线路，供电和通信线路均应采取避雷措施。

d. 质子矢量磁力仪室建设

1）室内设一个记录域。

2）墩主体中心点与墙壁距离应不小于 1.5 m。

3）室内应有交流供电，线路与记录墩的最小距离为 1.5 m。

4）距离记录墩 15～90 m 范围内应有放置仪器主机的位置，主机安放位置应有交、直流供电和通信线路，供电和通信线路均应采取避雷措施。

e. 比测亭建设

1）亭内设一个观测墩。

2）观测墩应能通视方位标、北极星及绝对观测室内的观测墩。

f. 场地布局

1）以最接近墙体之间的距离计算，观测室间的距离应满足以下要求：

① 质子矢量磁力仪室距绝对观测室、相对记录室、比测亭的距离不小于 30 m；

② 相对记录仪和质子矢量磁力仪的主机安放位置距所有观测室的距离不小于 15 m。

2）台站内部生活、办公等用房及其他观测项目在建设时，应以建设过程和建设结果对地磁观测和记录的影响量不超过 0.5 nT 的指标进行设计和实施。

（4）建筑物磁性跟踪控制

在地磁观测设施和观测室建筑施工过程中，为及时发现和排除混入建筑物体内的磁性物质，应由地磁专业技术人员对建筑物的基础、墙体、地面、墩体等的磁性进行跟踪式控制，跟踪控制方法可参考《地震台站建设规范 地磁台站》（DB/T 9—2004）。测试结果应满足：墩面总强度（F）的水平梯度（ΔF_h）和垂直梯度（ΔF_v）均不大于 1 nT/m，各观测室内水平梯度（ΔF_h）和垂直梯度（ΔF_v）均不大于 1.5 nT/m。

（5）设备配置

可供地磁观测站选用的各种设备及其主要技术指标见表 16，观测站可根据承担的任务和功能对设备进行选择。

表 16 可供选用设备及其主要技术指标

设备类型	设备名称	主要技术指标
绝对观测设备	偏角倾角磁力仪	精密度：$\delta D \leq 0.1'$，$\delta I \leq 0.1'$； 最大允许误差：0.3′； 检零传感器分辨力：不大于 0.1 nT； 工作温度：−10～40 ℃
	总强度磁力仪	测量范围：20000～70000 nT； 精密度：$\delta F \leq 0.3$ nT； 最大允许误差：0.5 nT； 分辨力：不大于 0.1 nT； 采样间隔：不大于 6 s； 工作温度：−10～40 ℃； 时间服务最大允许误差：0.1 s
相对记录设备	地磁 D、H、Z 三分量记录仪	测量范围：0～70000 nT； 动态范围：不小于±2000 nT； 分辨力：不大于 0.1 nT； 温度系数：不大于 1 nT/℃； 采样间隔：不大于 1 s； 时间服务最大允许误差：0.1 s； 工作温度：−10～40 ℃
质子矢量磁力仪	质子矢量磁力仪	精密度：$\delta F \leq 0.5$ nT，$\delta H（\delta Z）\leq 1.0$ nT，$\delta D \leq 0.15'$； 分辨力：不大于 0.1 nT； 采样间隔：不大于 5 min； 时间服务最大允许误差：0.1 s
辅助设备	电瓶	输出电压：15 V； 容量：大于 100 Ah
	基准频率校准源	频率：2.441 kHz； 频率稳定度：1×10^{-7}
	数字温度计	温度范围：−20～50 ℃； 最大允许误差：0.1 ℃； 分辨力：不大于 0.1 ℃

注：δD、δI、δF、δH、δZ 分别为在同一天内用仪器测量获得数据确定的地磁场连续记录数据基线值的均方误差。当天连续记录数据的实际基线值应不变，参与计算的基线值数据个数应不少于六个。

7.2.3 地震动观测场地与观测站

7.2.3.1 观测场地条件

1）观测场地应避开断层带，测震井中安放地震计处的岩层应避开溶洞、夹层、裂隙和液化层。

2）地震计房应选在坚硬、完整、未风化的基岩岩体上，岩体的质量要求应符合《岩土工程勘察规范》（GB 50021—2001）的规定。

3）设在基岩地层的测震井，应深入基岩 50 m 以下，设在非基岩地层的测震井，井深应大于 250 m，测震井中安放地震计处的岩层应坚硬、完整。

4）观测场地应避开陡坡、风口或河滩等地区，山洞观测室的位置应建在山体的下方。

5）地震计安放位置与主要干扰源之间的最小距离应符合表 17 的要求。

表 17　地震计安放位置与主要干扰源之间的最小距离

干扰源	最小距离/km		最小距离比例系数			
	Ⅱ级环境地噪声台站		其他级别环境地噪声台站			
	硬土和沙砾土	基岩	Ⅰ	Ⅱ	Ⅲ	Ⅳ
Ⅲ级（含Ⅲ级）以上铁路	2.00	2.50	2.00	0.80	0.60	0.40
县级以上（含县级）公路	1.30	1.70	2.00	0.80	0.60	0.40
飞机场	3.00	5.00	2.00	0.80	0.60	0.40
大型水库、湖泊	10.00	15.00	3.00	0.10	0.04	0.02
海浪	20.00	20.00	8.00	0.20	0.10	0.05
采石场、矿山	2.50	3.00	2.00	0.80	0.60	0.40
重型机械厂、岩石破碎机、火力发电站、水泥厂	2.50	3.00	2.00	0.80	0.60	0.40
一般工厂、较大村落、旅游景点	0.40	0.40	2.00	0.80	0.60	0.40
大河流、江、瀑布	2.50	3.00	4.00	0.60	0.40	0.20
大型输油、输气管道	10.00	10.00	2.00	0.80	0.60	0.20
14 层（含）以上的高大建筑物	0.20	0.20	2.00	0.50	0.30	0.10
6 层以下（含 6 层）低建筑物、高大树木	0.03	0.04	2.00	0.80	0.60	0.40
高围栏、低树木、高灌木	0.02	0.03	2.00	0.80	0.60	0.40

注：①N 级台站与干扰源之间最小距离=Ⅱ级台站与干扰源之间最小距离×N 级台站最小距离比例系数；
②大型水库、湖泊：指库容量不小于 $1×10^{10}$ m^3 的水库、湖泊；
③重型机械厂：指有大型机械、往复运动机械的工厂；
④一般工厂：不产生明显振动感的工厂；
⑤地震台站与 7～13 层建筑物的最小距离根据地震台站与 6 层和 14 层建筑物的最小距离按层数内插。

6）环境地噪声在拟安装地震仪的工作频带范围内应满足地球新高噪声模型（new high noise model，NHNM）和地球新低噪声模型（new low noise medel，NLNM）（Peterson，1993）。用速度功率谱密度表示的新高噪声模型和新低噪声模型显示在表 18 中。

7）安放短周期地震仪的台站的环境地噪声水平，在 A 类地区应不大于Ⅱ级环境地噪声水平，即 $Enl_{dB}<-140$ dB；在 B 类和 C 类地区应不大于Ⅲ级环境地噪声水平，即 $Enl_{dB}<-130$ dB；在 D 类地区应不大于Ⅳ级环境地噪声水平，即 $Enl_{dB}<-120$ dB；在 E 类地区应不大于 V 级环境地噪声水平，即 $Enl_{dB}<-110$ dB。

8）安放宽频带地震仪的台站的环境地噪声水平，在 A 类和 B 类地区应不大于Ⅱ级环境地噪声水平，即 $Enl_{dB}<-140$ dB；在 C 类和 D 类地区应不大于Ⅲ级环境地噪声水平，即 $Enl_{dB}<-130$ dB；在 E 类地区应不大于Ⅳ级环境地噪声水平，即 $Enl_{dB}<-120$ dB。

表 18　用速度功率谱密度表示的新高噪声模型和新低噪声模型

新高噪声模型（NHNM）			新低噪声模型（NLNM）		
周期 （T）/s	速度功率谱密度 （P_v）/dB	加速度功率谱密度 （P_a）/dB	周期 （T）/s	速度功率谱密度 （P_v）/dB	加速度功率谱密度 （P_a）/dB
0.01	−127.463	−91.500	0.10	−203.963	−168.000
0.22	−136.520	−97.405	0.17	−198.054	−166.700
0.32	−136.358	−110.498	0.40	−190.619	−166.697
0.80	−137.903	−120.001	0.80	−187.103	−169.201
3.80	−102.366	−97.998	1.24	−177.792	−163.697
4.60	−99.206	−96.498	2.40	−157.005	−148.646
6.30	−100.999	−101.000	4.30	−144.394	−141.100
7.90	−111.506	−113.495	5.00	−143.080	−141.096
15.40	−112.215	−120.002	6.00	−149.399	−148.999
20.00	−128.440	−138.497	10.00	−159.713	−163.750
354.80	−90.968	−126.004	12.00	−160.627	−166.247
10000.00	−16.064	−80.100	15.60	−154.230	−162.129
100000.00	35.536	−48.500	21.90	−166.659	−177.505
			31.60	−170.964	−184.995
			45.00	−170.399	−187.500
			70.00	−166.561	−187.500
			101.00	−160.877	−185.000
			154.00	−157.200	−184.987
			328.00	−153.137	−187.491
			600.00	−144.781	−184.381
			10000.00	−87.843	−151.880
			100000.00	−19.064	−103.100

9）安放甚宽频带地震仪的台站的环境地噪声水平，在 A 类和 B 类地区应不大于Ⅰ级环境地噪声水平，即 $Enl_{dB}<-150$dB；在 C 类和 D 类地区应不大于Ⅱ级环境地噪声水平，即 $Enl_{dB}<-140$ dB；在 E 类地区应不大于Ⅲ级环境地噪声水平，即 $Enl_{dB}<-130$ dB。

10）对于井下台站，地震计所安放位置的环境地噪声水平应符合相应地噪声背景分区中该类型地震计观测环境地噪声水平的要求。

11）中国大陆背景地噪声区域划分见表 19。

表19 中国大陆背景地噪声区域划分表

区域分类	地理位置
A 类地区	西藏、新疆、青海、内蒙古、宁夏、黑龙江、甘肃西部
B 类地区	四川、云南、贵州、湖南、湖北、江西、山西、陕西、河南、甘肃东部、吉林、广西
C 类地区	北京市的郊区县、重庆市的郊区县、安徽，以及天津、河北、山东、辽宁、广东、福建、江苏、浙江距海大于 100 km 范围地区
D 类地区	城市市区、上海，以及天津、海南、河北、广东、福建、江苏、浙江、辽宁、山东、广西距海 10～100 km 范围的沿海地区
E 类地区	海岛、港湾、距海小于 10 km 范围的沿海地区

注：台湾地区暂缺。

12）同时具有两种以上地震仪的台站，环境地噪声水平应符合台站所具有的全部地震仪的最优环境地噪声水平要求。

7.2.3.2 观测设施建设

（1）地震计墩建设

1）对于地震计墩面中心的地理参数测定，经纬度测量精度应为 0.1″，海拔测量精度应为 0.5 m，地理子午线测量精度应为 0.1°。

2）地震计墩制作应符合下列规定：

① 墩基凿制过程不应采用爆破作业。

② 墩面的四边宜与地理东、南、西、北方位一致，不应与任何建筑体相连。

③ 宜直接建在基岩上，基岩表面应粗糙，其风化层、碎石、泥沙等应清除干净。

④ 安放三分向甚宽频带地震计（最大外形尺寸为 0.6 m× 0.6 m）的地震计墩，长×宽为 2.5 m×1.3 m，高出房内地面 0.6 m，误差 5%；安放三位一体甚宽频带地震计的地震计墩，长×宽为 1.2 m×1.0 m，高出房内地面 0.6 m，误差 5%；安放三位一体宽频带和短周期地震计的地震计墩，长×宽为 1.0 m×0.8 m，高出房内地面 0.6 m，误差 5%。

⑤ 地震计墩应一次性浇筑混凝土，振捣密实后抹平，表面不应有裂缝、蜂窝和麻面，墩面应平整并在中心刻有地理子午线，误差 0.1°。

⑥ 地震计墩四周应有隔震槽，隔震槽宽不超过 0.1 m、深不超过 0.3 m，槽底及四周应采取防潮措施，有渗水现象的应采取抗渗措施，槽内应充填松散材料。

3）地震计墩材料：

① 地震计墩应采用强度等级不低于 C30 的素混凝土；有渗水现象的基岩，其地震计墩应采用强度等级不低于 C30 的防渗素混凝土。混凝土其他原材料的质量和混凝土配合比设计应符合《普通混凝土用砂质量标准及检验方法》（JGJ 52—92）、《普通混凝土用碎石或卵石质量标准及检验方法》（JGJ 53—92）和《普

通混凝土配合比设计规程》（JGJ 55—2000）的规定。

② 无渗水现象的基岩，可直接凿制成地震计墩，其制作要求可参照 2）中的有关规定执行。

（2）测震井建设

1）使用陀螺仪定向的测震井，应在井口正南（或正北）方向具有长度不小于 15 m 的开阔区域，开阔区域宽度不小于 3 m；使用磁法定位仪定向的测震井，应在正对井口的任一个方向具有长度不小于 15 m 的开阔区域，开阔区域宽度不小于 3 m；测震井井斜度应小于 4°。

2）测震井应采用无缝钢管护井，钢管内径以 136～158 mm 为宜，钢管壁厚不小于 5mm；使用磁法定位仪定向的测震井，距井底 10 m 段应采用无磁性不锈钢管。

3）测震井应固井，套管与井壁间的固井材料应采用强度等级不低于 M7.5 的水泥砂浆。

4）干井型测震井套管丝扣应密封，井底应采用强度等级不低于 M7.5 的防渗水泥砂浆封堵，封堵厚度应大于 1 m，应抽干井水、清洗管壁及井底残留物；水井型测震井应清洗管壁并洗井。

5）测震井套管宜露出地面 0.4～0.5 m，井口应采取罩盖防护措施。

7.2.3.3 观测室建设

（1）基本要求

1）观测室四周应设排水沟。
2）观测室的过道（不包括密封门内的过道）应设空气交换通气口。
3）交流电源线不应呈环状架设。

（2）地震计房建设

1）地震计房建设应在地震计墩建造完成并完成墩面中心的地理参数测定后进行。

2）年温差在 48 ℃以上地区，宜在山洞或地下观测室内建设地震计房，房上方不应有任何建筑物。

3）地震计房距记录室宜大于 30 m，距配电室应大于 50 m。遥测台站的地震计房距台站围墙（沿）应大于 3 m，其他台站的宜大于 30 m。

4）国家级测震台站地震计房宜建两间，每间安放一套地震计；地震计房应具有过渡间，房内净高应不低于 2.5 m，其地震计墩四周与内墙壁的间距最窄处应不小于 0.5 m，其平面布置参见《地震台站建设规范 测震台站》（DB/T 16—2006）。

5）地震计房墙壁、顶壁和地面应采取防潮和防尘措施，有渗水现象的应采取抗渗措施。

6）安放甚宽频带地震计的地震计房内年温差应小于 10 ℃，日温差应小于 1 ℃，相对湿度应保持在 20%～85%；安放其他地震计的地震计房内年温差应小于 12 ℃，日温差应小于 1.5 ℃，相对湿度应保持在 20%～90%。

7）地震计房外间应采用密封门，房门应向外开启；里间宜用推拉门，房门不应直接对着地震计墩。

8）地震计房内应采用发热量小、亮度好的灯具。

（3）山洞观测室建设

1）山洞观测室应具有过渡间和辅助间，室内净高不超过 2.5 m，过道宽度应大于 1.2m，外墙和顶壁宜采用夹墙结构，夹墙空间宽度应不大于 0.5 m，其平面布置参见《地震台站建设规范　测震台站》（DB/T 16—2006）。

2）安放甚宽频带地震计的山洞观测室应设不少于二道密封门。

3）山洞观测室内的墙壁、顶壁和地面应采取防潮措施，有渗水现象的应采取抗渗措施。

4）年温差在 48 ℃以上地区的山洞观测室进深应大于 12 m，平均覆盖层厚度应大于 5 m，宜采用"拱式"洞体结构。

5）安放甚宽频带地震计的山洞观测室内（不包括地震计房）年温差应小于 15 ℃，日温差应小于 5 ℃，相对湿度应保持在 20%～90%；安放其他地震计的山洞观测室内（不包括地震计房）年温差应小于 18 ℃，日温差应小于 7 ℃，相对湿度应保持在 20%～90%。

（4）地下观测室建设

1）年温差在 48 ℃以上地区的地下观测室地基离地面垂直深度应大于 7 m，覆盖层厚度应大于 3 m。

2）地下观测室建设的其他要求应满足山洞观测室建设的相关规定。

（5）地面观测室建设

1）地面观测室应具有过渡间和辅助间，室内净高应不低于 2.5 m，其平面布置参见《地震台站建设规范　测震台站》（DB/T 16—2006）。

2）地面观测室建设的其他要求应满足山洞观测室的相关规定。

（6）井房建设

1）测震井可设在井房外或井房内。井房面积不超过 20 m²。测震井设在井房外时，井房距井口的距离应大于 3 m，井房内净高应不低于 2.5 m；测震井设在井房内时，井房内墙壁距井口的距离应不小于 1.5 m，井房内净高应不低于 3.5 m，井房门宽应不小于 1 m，房门应正对井口，门外环境应满足测震井建设的第一条要求。

2）井房内常年温度应保持在 0～30 ℃，相对湿度应保持在 20%～90%，其防潮、保温措施可参考地面观测室建设。

3）井房内宜加设三相交流配电箱和插座，负荷功率不小于 5 kW。

（7）记录室建设

1）记录室距配电室的距离应大于 30 m，室内净高应不小于 2.8 m，总使用面积不超过 50 m²。

2）记录室应采取防尘和防静电措施。

3）微型计算机房内温度应保持在 25±5 ℃，相对湿度应保持在 20%～80%。

（8）线缆敷设

1）观测室内线缆应采用套管穿引后暗装或明装敷设。

2）传输电缆线宜采用镀锌钢管穿引，可在地下或地面敷设，室外地下敷设深度应大于 0.3 m，寒冷地区敷设深度应在本地区冻土层以下。

3）室外交流供电线宜选用铠装电缆地下敷设，敷设深度应大于 0.3 m，寒冷地区敷设深度应在本地区冻土层以下。

4）线缆地下敷设时，在地面上应设路由标志；传输电缆线与交流电源线不宜平行敷设，当不得不平行敷设时，敷设距离应大于 1.2 m；穿越观测室墙壁敷设时，线缆应采用绝热材料封堵。

7.2.3.4　设备配置

表 20 和表 21 给出了测震台站需要的观测设备和辅助设备的主要技术指标。

表 20　观测设备主要技术指标

设备名称	主要技术指标					数量/套	主要功能
	频带宽度	灵敏度	动态范围	线性	最大输出电压范围		
甚宽频带地震仪	0.025（或 0.05）～120 s 或 0.025（或 0.05）～360 s，速度输出平坦	1000 V·s/m（单端输出）；2000 V·s/m（差分输出）	大于 140dB	大于 1%	±10 V（p-p，单端）	1（备选）	1. 应具有地震信息资料的采集、记录、分析和处理功能； 2. 应具有时间服务功能； 3. 应具有地震仪标定功能； 4. 应具有地震警报功能
宽频带地震仪	0.025（或 0.05）～40（或 60）s，速度输出平坦	1000 V·s/m（单端输出）；2000 V·s/m（差分输出）	大于 140 dB	大于 1%	±10 V（p-p，单端）		
短周期地震仪	0.025（或 0.05）～1 s，速度输出平坦	1000 V·s/m（单端输出）；2000 V·s/m（差分输出）	大于 120 dB	大于 1%	±10 V（p-p，单端）		

注：p-p 表示峰峰值。

表 21 辅助设备主要技术指标

设备名称		主要技术指标	数量
电源设备	UPS	1000～2000 V·A	1～2套
	发电机	3～30 kW（备选）	1台
其他设备	数字温度计	温度 0～40 ℃；精度 1%；分辨率 0.1 ℃	3～4台
	湿度计	分辨率 1%	3～4台
	空调机	制冷量不小于 3000 W；制热量不小于 4000 W	1台

7.2.4 形变观测场地与观测站

7.2.4.1 洞室地倾斜和地应变观测场地和观测站

（1）观测场地条件

1）观测场地宜选在活动断裂带两侧，但距断层破碎带的距离应不小于 500 m；不宜选在风口、山洪汇流处，移动沙丘、泥石流、滑坡易发地段，岩溶发育和易遭雷击区。

2）拟建洞室的山体顶部地形平缓、对称，宜有植被或黄土覆盖；地基岩体坚硬完整、致密均匀，岩层倾角应不大于 40°。

3）洞室底面应高于当地洪水最高水位面和地下水最高水位面，距江河、湖泊、水库岸边的距离应大于 3000 m，距大型建筑、大型仓库（物资集散地）和列车编组站的距离应大于 2000 m，距采矿、爆破点的距离应大于 2000 m，距抽、注地下水泵站的距离应大于 1000 m，距冲、压设备作业场地的距离应大于 300 m，距输变电站、无线发射台的距离应大于 200 m。

（2）观测设施建设

a. 基本要求

1）仪器墩由花岗岩、大理岩、灰岩加工而成，用水泥砂浆将其与墩基平面接触粘接，仪器墩布设参考《地震台站建设规范 地形变台站 第 1 部分：洞室地倾斜和地应变台站》（DB/T 8.1—2003）。

2）应建倾斜、应变观测仪器整体密封小腔体。

b. 基线式仪器墩

1）倾斜、应变仪器共墩设置时，仪器墩面尺寸为长 0.65 m、宽 0.40 m，仪器单独设置时，墩面尺寸为长 0.40 m、0.40 m；墩面平整，高差不大于 2 mm；仪器墩高出地面的距离应不大于 0.30 m，同分量两仪器间高差不大于 3 mm。

2）仪器墩周围设隔振槽，槽深 0.30 m，槽内填细砂，槽面沥青覆盖。

c. 基线式仪器支墩

1）仪器墩之间按 1.50 m 间隔设置支墩，但第 1 号支墩与仪器墩间距应不大于 1.00 m。

2）仪器支墩面尺寸为长 0.40 m、宽 0.20 m，支墩与仪器墩间高差应不大于 5 mm。

3）应变仪支墩由岩石或混凝土构成，周围设隔振槽，槽深 0.30 m，槽内填细砂，槽面沥青覆盖；倾斜仪支墩可用砖砌，可不设隔振槽。

d. 摆式仪器墩

1）仪器墩面尺寸为长 1.60 m、宽 1.0 m；墩面平整光滑，高差不大于 5 mm；仪器墩高出地面的距离应不大于 0.30 m。

2）仪器墩周围设隔振槽，槽深 0.30 m，槽内填细砂，槽面沥青覆盖。

（3）观测室建设

a. 洞室结构

1）洞室应是开凿的专用山洞，也可利用现成的山洞，由引洞和仪器室两部分组成，洞室平面布局可参考《地震台站建设规范 地形变台站 第 1 部分：洞室地倾斜和地应变台站》（DB/T 8.1—2003）。

2）洞室截面尺寸为高不小于 2.6 m、宽不小于 2.2 m，顶部呈半圆形。

3）洞室的地面应内高外低，坡度应在 1/500～1/200。

4）洞壁应完整、无剥落或落石，否则应被覆盖，洞壁两侧应设排水暗沟。

5）宜用四道以上船舱密封门密封观测室。

b. 仪器室

1）基线式仪器室长不小于 10 m、宽 2 m、高 2.5 m；摆式仪器室长不小于 3 m、宽 2 m、高 2.5 m。

2）倾斜观测按南北、东西两分量布设，若受场地限制，两分量夹角可在 60°～120°；应变观测按南北、东西两分量布设，若受场地限制，两分量夹角可在 60°～120°，应变观测宜布设第三分量。

3）仪器室顶部覆盖厚度应不小于 40 m，若地表有黄土覆盖层，顶部覆盖厚度应不小于 20 m，仪器室的旁侧覆盖厚度应不小于 30 m；根据上覆岩石类别、室、内外温度年变幅，已有洞室最小覆盖厚度（Z）可按下式计算：

$$Z = -0.5642(\ln a_* - \ln a_0)\sqrt{T \cdot K_S}$$

式中，a_* 为室内温度年变幅，℃；a_0 为室外温度年变幅，℃；T 为气温变化周期，

s；K_S 为覆盖岩石热扩散率，cm²/s。

4）仪器室温度日变幅应不大于 0.03 ℃，温度年变幅应不大于 0.5 ℃。

5）交流电网线与仪器信号电缆应分开布线。

c. 记录室

1）记录室宜建在洞口或引洞内，距仪器室的距离应小于 200 m，洞口记录室建筑面积应大于 40 m²。

2）记录室温度为 5～30 ℃，相对湿度不大于 80%，应防尘。

3）需要不间断 220±22 V 交流供电。

d. 辅助设施

1）在记录室外开阔地埋设一个综合观测墩，尺寸为长 0.4 m、宽 0.4 m、高 1.2 m，在冻土区需埋深至冻土层以下 0.5 m；综合观测墩用钢筋混凝土浇筑，混凝土强度不低于 C25；墩面设置强制归心盘，靠近地平处设置水准标志。

2）台站应设置气象观测百叶箱、量雨桶等气象要素观测装置。

（4）设备配置

a. 观测设备

1）水管倾斜仪配置及主要技术指标见表 22。

表 22　水管倾斜仪配置及主要技术指标

设备名称	主要技术指标	单位	数量	备注
水管倾斜仪	测量范围：±20"； 分辨率：不大于 0.001"； 日漂移：不大于 0.005"； 灵敏度系数：不大于 0.1 mV/0.001"； 非线性度：不大于 1% F.S.； 零漂：不大于 5"/a； 标定精度：优于 1%	套	1	含两个或三个分量，包括自动标定装置、标定遥测仪（数字显示）等部件
数据采集传输装置	分辨率：100 μV； 动态范围：不小于 90 dB； 准确度：±（0.02% F.S.+1）； （0～40 ℃，六个月）； 采样间隔：不大于 1 min； 时间服务精度：不大于 1 s/d	套	1	0.02% F.S.+1 是指在 0.02% F.S. 的末位数上加 1，如 0.02% F.S. 分别为 1、0.1、0.01，则 0.02% F.S.+1 分别为 2、0.2、0.02，以此类推
电源装置	—	个	1	
自动扩展测微仪	—	台	1	模拟记录时配置
时号钟	—	个	1	模拟记录时配置
模拟记录器	—	台	1	模拟记录时配置

注：表中 F.S. 为全量程（full scale），下同。

2）摆式倾斜仪配置及主要技术指标见表23。

3）地应变观测设备（伸缩仪）配备及主要技术指标见表24。

表 23 摆式（垂直摆、水平摆）倾斜仪配置及主要技术指标

设备名称	主要技术指标	单位	数量	备注
摆式倾斜仪	测量范围：不小于 2″； 日漂移：不大于 0.005″； 灵敏度：不大于 0.001″； 非线性度：不大于 1% F.S.； 零漂：不大于 5″/a； 标定精度：优于 2%	套	1	含两个分量,包括自动标定装置、电源调零机箱等部件
数据采集传输装置	分辨率：100 μV； 动态范围：不小于 90 dB； 准确度：±（0.02% F.S.+1）； （0～40 ℃，六个月）； 采样间隔：不大于 1 min； 时间服务精度：不大于 1 s/d	个	1	0.02% F.S.+1 是指在 0.02% F.S.的末位数上加1,如 0.02% F.S.分别为 1、0.1、0.01，则 0.02% F.S.+1 分别为 2、0.2、0.02，以此类推
时号钟		个	1	模拟记录时配置

表 24 伸缩仪配置及主要技术指标

设备名称	主要技术指标	单位	数量	备注
伸缩仪	测量范围：不小于 $2×10^{-5}$； 分辨率：不大于 $1×10^{-9}$； 漂移：不大于 $4×10^{-6}$/a； 灵敏度：不小于 0.1 mV/10^{-9}； 非线性度：不大于 1% F.S.； 温度系数：不大于 $8×10^{-7}$/℃； 标定精度：优于 1%	套	1	含两个分量或三个分量,包括标定装置、应变数控仪、观测信号接口装置、传输装置等部件
数据采集装置	分辨率：100 μV； 动态范围：不小于 90 dB； 准确度：±（0.02% F.S.+1） （0～40 ℃，六个月）； 采样间隔：不大于 1 min； 时间服务精度：不大于 1 s/d	个	1	0.02% F.S.+1 是指在 0.02% F.S.的末位数上加1,如 0.02% F.S.分别为 1、0.1、0.01，则 0.02% F.S.+1 分别为 2、0.2、0.02，以此类推
电源装置	—	个	1	
自动调零器	—	台	1	需要模拟记录时配置
时号钟	—	个	1	模拟记录时配置
模拟记录器	—	台	1	模拟记录时配置

b. 辅助设备

地倾斜观测辅助设备配置见表25。

表 25 地倾斜观测辅助设备配置

设备名称	主要技术指标	单位	数量
数字多用表	直流电压挡优于 0.1% F.S.，四位半	个	1
精密数字测温仪	温度：–20～50 ℃； 精度：1% F.S.； 分辨力：0.1 ℃	台	1

设备名称	主要技术指标	单位	数量
精密数字气压计	—	个	1
量雨桶	—	个	1

7.2.4.2　钻孔地倾斜和地应变观测场地与观测站

（1）观测场地条件

1）观测场地宜选在活动断裂带两侧，但应避开断层破碎带；地层倾角不宜大于40°，岩体完整，岩石结构均匀、致密；应避开地热异常高温区、地下水强径流区及地下岩溶发育区。

2）观测场地应避开冲积扇、洪积扇、山洪通道、风口、易遭雷击区域。

3）荷载、水文地质环境变化源在观测台站产生的地倾斜畸变量每日应不大于0.003″，当 M_2 波月潮汐因子误差应不大于0.02；振动源在观测台站产生的地倾斜突发性变化量应不大于0.005″；水库、湖泊蓄水涨落1 m，在观测场地产生的地倾斜畸变量应不大于0.008″。

4）荷载、水文地质环境变化源在观测台站产生的地应变畸变量每日应不大于 3×10^{-9}，每月应不大于 3×10^{-8}，当 M_2 波月潮汐因子误差应不大于0.04；振动源在观测台站产生的地应变突发性变化量应不大于 3×10^{-9}。

5）观测场地距各种干扰源的距离参考7.2.4.1节观测场地条件中的相关规定。

（2）钻孔建设

1）钻孔的斜度应不大于1°，钻孔深度宜不小于30 m，孔径不大于150 mm，钻孔的整体设计参见《地震台站建设规范　地形变台站　第2部分：钻孔地倾斜和地应变台站》（DB/T 8.2—2020）。

2）全孔岩心的采心率宜不小于70%，宜对钻孔进行密闭性测试。

3）应保证安装探头的测量段基岩完整，避开岩石裂隙段、岩脉、透镜体、富含水层；应连续采心，对测量段的岩心进行岩石压缩变形试验，测算岩石弹性模量、泊松比等参数。

4）从地表到基岩应安装标准密封套管，套管嵌入基岩宜不小于1 m；套管与孔壁间应灌注水泥浆，并做翻浆处理。

5）钻孔口套管周围应砌水泥井台，并加带锁井盖，井盖尺寸为长900 mm、宽900 mm、厚120 mm，井盖应标有钻孔和仪器信息。

6）钻孔上方不得修建建筑物，钻孔口周围地面应做不透水处理，处理面积宜不小于4 m×4 m。

（3）记录室建设

1）应在钻孔附近建设记录室，也可利用已有建筑物做记录室，记录室距钻孔宜小于 20 m，面积宜不小于 6 m²。

2）记录室宜安装视频监控设备。

3）记录室温度应保持在-20～45 ℃，相对湿度应在 20%～90%。

（4）设备配置

a. 主要观测设备

1）钻孔地倾斜仪的技术指标和功能要求应符合《地震观测仪器进网技术要求 地磁观测仪 第 1 部分：磁通门磁力仪》（DB/T 31.1—2008）中第 4 章和《地震地壳形变观测方法 地倾斜观测》（DB/T 45—2012）中第 4 章的规定。数据采集器的数据吐出率应不低于 1 sps（sample per second，每秒采样次数）；仪器探头内部应有防雷措施。

2）钻孔地应变仪的技术指标和功能要求应符合《地震观测仪器进网技术要求 地壳形变观测仪 第 2 部分：应变仪》（DB/T 31.2—2008）中第 4 章和《地震地壳形变观测方法 钻孔应变观测》（DB/T 54—2013）中第 4 章的规定；数据采集器数据吐出率应不低于 1 sps；仪器探头内部应有防雷措施；宜配置备用传感器。

b. 钻孔内辅助观测设备

钻孔内应按表 26 的规定配置气压计、温度计和水位计。

表 26 钻孔内辅助观测设备配置及主要技术指标

仪器名称	主要技术指标	数量/套
气压计	分辨力应不大于 0.1 hPa，采样率应不小于 1 次/min	1
温度计	分辨力应不大于 0.01 ℃，采样率应不小于 1 次/min	1
水位计	分辨力应不大于 0.001 m，采样率应不小于 1 次/min	1

7.2.4.3 GNSS 观测场地与观测站

（1）观测场地条件

1）连续观测站应选择在利于观测墩长期保存和使用的地点建设，可建在已有的地震台、气象站、验潮站和地球物理观测站。

2）观测墩宜建在稳固的基岩上，拟选站址无基岩，宜扩大在项目容许调整范围内勘选合适的基岩站址；无基岩地区，观测墩可建在稳定的非基岩地层上。非基岩站址，宜查明站址范围内岩土层的类型、深度、分布、工程特性，分析和评价地基的稳定性、均匀性和承载力。

3）站址应避开下列地点：断层破碎带内；易发生沉陷、隆起等地面局部变形强烈的地点，如采矿区、油气开采区、地下水开采引起的地面沉降漏斗区、回填土区、沼泽地等；易受滑坡、泥石流、水淹影响或地下水位较高的地点；距铁路200 m、距主干公路 50 m 以内的区域；短期内将因建设可能毁坏观测墩或阻碍观测的地点；距 35 kV 及以上电压的高压输电线或变压器 200 m 以内的区域。

4）观测墩顶部环视高度角 15°以上应无障碍物遮挡，遇不可回避永久障碍物遮挡（如山体、建筑物、构筑物等），环视高度角可放宽至 25°，但遮挡水平视角范围累计应不超过 60°，观测墩距离环视高度角超过 15°的永久建筑物的距离应大于 50 m。高山峡谷等特殊地貌地区，环视高度角可放宽至 40°，但环视高度角大于 25°、小于 40°的遮挡水平视角范围累计应不超过 45°。

5）使用双频大地测量型 GNSS 接收机在拟选站址上进行实地测试，连续观测时间应不少于 24 h。应在现场进行 GNSS 观测数据质量检查，卫星系统主要载波频率信号多路径误差（MP）应小于 0.5 m，平原地区观测数据有效率应不少于 90%，多山地区观测数据有效率应不少于 80%。实地测试观测数据质量不符合上述要求时，在检查确认接收机和天线均正常后，应再进行不少于 48 h 的连续观测。数据质量仍不符合要求时，应放弃该站址，另选新址。

（2）观测设施建设

a. GNSS 观测墩建设

1）观测墩宜采用钢筋混凝土结构，其强度等级应不低于 C25 等级，应现场整体浇筑，垂直度偏差应小于 0.5%。

2）墩基应与地基牢固结合，观测墩的整体重心应位于地面以下，地面以上部分宜采用直圆柱体结构，高度以 2～3.5 m 为宜，应不大于 5 m；按直径尺寸分为中心线重合的上下两部分，下部分直径应不小于 500 mm，高度应不小于观测墩总高度的 2/3，上部分直径为 380 mm。

3）采用开挖方式施工的基岩 GNSS 观测墩，应首先清理基岩表面的风化层，然后向下开凿 500 mm，开凿宽度不小于 1000 mm，并在开凿后的基岩面上再打八个 400 mm 深的钻眼，让钢筋笼下部插入基岩中，使之与基岩紧密接触；若基岩覆盖层厚度超过 10 m 的测站宜采用钻孔方式施工，应首先钻掉基岩表面的覆盖层和风化层，然后再向下钻 500 mm，钻孔直径应大于 500 mm，直接从开凿后的基岩面上浇注，观测墩地下覆盖层部分的直径应不小于 760 mm。

4）非基岩观测墩，若开展了岩土工程勘察或已有前期岩土工程勘察资料，应根据站址岩土工程勘察结果，按照《建筑地基基础设计规范》（GB 50007—2011）规定的地基基础设计甲级等级设计观测墩基础；未开展站址岩土工程勘察的土层观测墩，观测墩基底深度应大于 20 m。宜采用钻孔方式施工，钻孔孔径应大于 500 mm。若采用地面水准标志，观测墩地下部分的直径应不小于 760 mm。当钻孔至 20 m 深度遇到软土、流砂、涌水等不良地层时，应继续向下开挖或钻孔直至穿过该种地层，进入良好受力土层不小于 500 mm，保证观测墩基底坐落在良好受力土层上；如采用人工竖井开挖的施工方式，应做护壁。钻孔或开挖完成并放置钢筋笼后，应采用整体浇注方式，让混凝土充满整个钻孔或竖井，不应采用模板浇注再进行回填土的方式。

5）观测墩地面四周应有宽度为 40~60 mm 的隔振槽，隔振槽应穿透地面的混凝土浇灌层，内填粗砂。

6）观测墩宜建于观测室内，应先完成观测墩建设，再建观测室，建于室内的观测墩位于地面以上总高度以 2.5~3.5 m 为宜。观测墩顶面应高于观测室顶面 350 mm 以上，观测墩直径 500 mm 的部分与观测室内顶面应有不小于 50 mm 的空隙供天线电缆穿过；观测墩上部直径 380 mm 部分与观测室屋顶应有 50~60 mm 的空隙，空隙应有防雨防尘密封措施（防雨罩），不应采用硬连接。观测墩与观测室顶面的位置关系和观测墩空隙防雨罩设计加工及安装应符合《地震台站建设规范 全球导航卫星系统基准站》（DB/T 19—2020）的要求。

① 防雨罩为 GNSS 观测墩与观测室顶部缝隙的软连接密封罩，以防止风雨和沙尘从缝隙进入观测室；防雨罩应采用耐久性强的轻质材料制作，宜采用厚度为 5~8 mm 的玻璃钢材料制作。

② 防雨罩上部内径应大于观测墩顶部直径（380 mm），中间开孔直径约 160 mm，做一个向上 2~3 mm 翻边防水；下部内径应大于观测室屋顶防水护圈尺寸（800~900 mm），做一个向下 30~80 mm 的翻边。

③ 防雨罩上部应与观测墩固定，宜在顶部往下约 100 mm 处打小孔用螺丝固定，可用玻璃胶固定；下部应完全覆盖住 GNSS 观测墩与观测室顶部之间的空隙，不应与观测室建筑固定。

7）建在室外的钢筋混凝土观测墩地面以上总高度以 2~3 m 为宜，出露地面部分应设保温层，保温系数应符合当地民用建筑规范的要求。

8）基准站 GNSS 观测墩应有强制归心盘，应采用不锈钢或同等强度及以上的不易锈蚀材料加工，结构尺寸应符合《地震台站建设规范 全球导航卫星系统基准站》（DB/T 19—2020）要求。强制归心盘应在观测墩浇筑至顶部时安置于顶部中央，与观测墩整体固结，安置时应使用水准器辅助置平；强制归心盘中心与观测墩面几何中心的偏差应小于 10 mm；强制归心盘顶面与观测墩面宜保持同一水平面，应不低于观测墩面，高出观测墩面应小于 1 mm；强制归心盘的水平倾斜度应小于 8′；应用地质罗盘或满足定向精度要求的其他仪器确定正北方向，定向误差不超过±5°，并在观测墩顶面北侧刻注指北线。应在测点点之记备注栏中注明归心孔的深度和孔径。

9）当站址为完整基岩出露时，室外观测墩可采用锚标观测墩。锚标观测墩由三个均匀分布的倾斜金属杆和一个垂直金属杆（中心杆）焊接构成。金属杆应使用线膨胀系数小于 $12×10^{-6}/℃$（20 ℃）的金属材料，直径不小于 25 mm。锚标观测墩建设安装的步骤与基本要求如下：

① 仅有完整基岩出露的站址适合安装锚标，且基岩出露面积不小于 2 m×2 m；

② 在出露的基岩上，确定一个中心点，在距中心点约 0.9 m 处确定三个倾斜金属杆的安装点，角度间隔 120°形成正三角形，三个安装点间距离均为约 1.5 m，均应在出露基岩上；

③ 在每个倾斜金属杆安装位置用冲击钻打一个直径为 40 mm、深度不小于 800 mm 的钻孔，倾斜角约 55°（根据拟观测墩的高度调节），中心点钻孔垂直深度不小于 800 mm；

④ 中心杆确定后，根据实际需要，裁截其他三个锚标钢筋的长度；

⑤ 清理钻孔内粉尘后注入植筋胶，注满后将钢筋插入孔中，并分别与中心杆焊接在一起；

⑥ 中心杆焊接好后，根据实际需要裁截中心杆高度，并在中心杆上焊接可调平的强制归心组件，以便安装接收机天线。

b. 水准标志和重力观测墩建设

GNSS 基准站应埋设联测用水准标志和重力观测墩。

1）水准标志。

① 钢筋混凝土 GNSS 观测墩浇筑时应在墩体地面部分均匀分布埋设四个水准标志，宜分别位于东、西、南、北方向。

② 当 GNSS 观测墩地下部分直径大于 760 mm 时，应在观测墩地面埋设地面水准标志。地面水准标志应采用不锈钢或同等强度及以上的不易锈蚀材料加工。地面水准标志应高出 GNSS 观测墩地平 15±5 mm，与 GNSS 观测墩地上部分侧面的距离应不小于 50 mm，与 GNSS 观测墩地下基础外侧面边缘的距离应不小于 80 mm。

③ 当 GNSS 观测墩地下部分直径小于 760 mm 时，应在 GNSS 观测墩体侧面埋设墙上水准标志。墙上水准标志应采用不锈钢或同等强度及以上的不易锈蚀材料加工。对建在观测室内的 GNSS 观测墩，墙上水准标志应高于观测室地平但不大于 100 mm，突出观测墩侧面不小于 50 mm，埋入墩体部分的长度不小于 100 mm。对建在观测室外的 GNSS 观测墩，墙上水准标志应低于观测墩地平 100 mm 以上，突出观测墩侧面 50 mm，埋入墩体部分的长度不小于 100 mm。

2）重力观测墩。

① 重力观测墩应满足绝对重力的观测要求,规格与建设参考 7.2.1.2 节的要求。

② 建于室内的重力观测墩墩面宜与 GNSS 观测墩地面保持水平。

（3）观测室和工作室建设

1）基准站宜建观测室和工作室,观测室与工作室宜一体化建设,建筑面积应满足 GNSS 观测墩、重力观测墩建设以及观测设备布置的需求,宜大于 16 m²;工作室面积可根据场地条件和使用需求综合设计。观测室的室内净空高度应便于在水准标志上垂直立放 2 m 长度的水准尺,宜大于 2.2 m。基准站已有可长期利用的房屋安放观测设备时,可改造利用,并新建室外 GNSS 观测墩。

2）新建观测室和工作室的抗震设防应比当地地震设防烈度高 I 度;建筑承重框架宜延伸至屋顶,以利于屋顶观测墩建设;应按照当地建筑标准采取保温措施。

3）室外避雷针顶和 GNSS 天线的连线与水平方向夹角应大于 45°。

（4）设备配置

a. GNSS 接收机

1）GNSS 接收机主机基本技术指标要求如下。

① 观测信号:宜能同时跟踪接收北斗卫星导航系统（BeiDou navigation satellite system，BDS）、全球定位系统（global positioning system，GPS）、格洛纳斯导航卫星系统（global navigation satellite system，GLONASS）和伽利略导航卫星系统（Galileo navigation satellite system，简称 Galileo 系统）等所有公开的卫星载波信号;

② 观测值:码伪距、全周载波相位和多普勒频移;

③ 载波相位测量精度:数据 1 Hz 带宽的精度优于 1 mm;

④ 接收机晶振稳定性:不低于 1×10^{-7};

⑤ 采样率:最高采样率应不低于 20 Hz,采样间隔应可选择设置为 30 s、1 s 和接收机最高采样率;

⑥ 输入、输出端口:至少应具备以太网口、电源输入口、USB 接口、外接频标端口、天线馈线端口各一个,符合《使用串行二进制数据交换的数据终端设备和数据电路终接设备之间的接口》（GB/T 6107—2000）标准的串口两个;

⑦ 数据存储能力:接收机内存不小于 32 GB;能够连接不小于 1 TB（太字节，terabyte）的外部存储;

⑧ 工作环境:应能在温度-30～55 ℃和相对湿度 0～100%环境中长期连续正常工作。

2）GNSS 接收机天线基本技术指标要求如下,

① 观测信号:宜能同时跟踪接收 BDS、GPS、GLONASS、Galileo 系统等所

有公开的卫星伪距和载波信号；

② 抗多路径效应：天线应配备扼流圈或其他抑制多路径信号设备；

③ 天线相位中心偏差：小于 1 mm；

④ 工作环境温度：应能在温度 -45～65 ℃和相对湿度 0～100%的环境中长期连续正常工作；

⑤ 当接收机和天线的距离超过设备供应商提供的标准天线电缆长度时，应选用与该型号接收机匹配的加长天线电缆。

b. 气象仪器

GNSS 基准站气象观测应采用数字气象仪实时测量温度、湿度和气压三个气象参数。气象探测传感器应安置在 GNSS 天线附近 10 m 范围内，安置高度与 GNSS 天线高度差应不超 ±0.2 m。数字气象仪基本技术指标要求如下：

1）温度测量范围为 -45～65 ℃，测量准确度为 ±0.2 ℃；湿度测量范围为 0～100%，测量准确度为 ±5%；气压测量范围为 53329～106658 Pa，测量准确度为 ±50 Pa；

2）温度、湿度和气压自动测量记录采样率应不小于 0.2 Hz，具备与 GNSS 接收机连接自动传输数据功能。

c. 外部存储设备

GNSS 基准站使用的外部存储设备为可选设备，其性能宜满足下列要求：

1）存储容量应不小于 1 TB；具有支持网络唤醒的以太网卡；具有四个以上串口；

2）适应在温度 -30～55 ℃和相对湿度 0～100%的环境中长期连续正常工作。

d. 通信设施

基准站数据传输信道应保证采样间隔为 30 s 和 1 s 观测数据实时传输，宜采用通信数据专线，可采用无线通信或卫星通信，数据传输速率应不小于 2×10^6 bit/s。

e. 电源

1）GNSS 接收机、气象仪器和通信设备应采用直流 UPS 供电系统；其他设备宜采用直流 UPS 供电系统，可采用交流 UPS 供电；供电保障不足的基准站应配置太阳能充电系统。

2）应根据 GNSS 接收机、气象仪器、外部存储设备、通信设施、监控设备的标称功率（或输入电压与输入电流）计算基准站设备每日总耗电量。根据设备耗电量配置 UPS 电池容量，直流 UPS 供电系统电池容量应保证 GNSS 接收机、气象设备和通信设备持续观测 30 d 以上；交流 UPS 供电系统电池容量应保证其他设备满负载延时 8 h 以上。

3）UPS 应具有远程通信和远程控制开关机功能。

4）UPS 应具有自动稳压、输入–输出过压保护、电池欠压保护、过流保护、突波保护、防电磁干扰、开机自动检测、防雷击保护功能。

f. 监控设备

基准站应对 GNSS 接收机、气象设备和电源的运行状态进行监控，宜配置监控数据采集器、温度传感器、湿度传感器、水浸传感器、烟雾传感器、红外传感器和视频监控设备，实现对基准站运行状态的远程监控。监控设备配置应符合《全球导航卫星系统基准站运行监控》（DB/T 62—2015）的要求。

g. 设备安装

1）安装 GNSS 天线应采用天线连接器将天线与强制归心盘牢固连接，天线指北标志应指向正北方向，偏差不大于±5°。天线连接器是 GNSS 天线与强制归心盘的连接装置，应采用不锈钢或同等强度及以上的不易锈蚀材料加工。天线连接器圆柱体直径以 45～60 mm 为宜，应不小于 38 mm；圆柱体高度以 100～120 mm 为宜，应不大于 150 mm。天线连接器应具有旋转和锁止功能，以保证 GNSS 天线自由定向。天线连接器下部螺纹的外径与螺距应与强制归心盘螺纹的内径与螺距匹配，上部螺纹的外径与螺距应与 GNSS 天线底盘螺纹的内径与螺距匹配。

2）基准站设备应采用一体化机柜合理集成布置，蓄电池可另配专用电池柜，机柜与电池柜应用螺栓固定于地面。

3）基准站设备安装与集成过程中，应填写基准站设备安装记录。

7.3 专项观测场地与站网布设

7.3.1 相对重力联测场地与联测网

相对重力联测网（亦称流动重力观测网）是以相对重力观测为主、以捕捉特定区域内重力场及其变化信息为目标布设的重力观测网。在观测网中进行重复观测，可得到观测网范围内的重力场特征及其时空变化，并获得网内重力扰动事件信息。

7.3.1.1 观测场地条件

1）观测场地应覆盖地质构造带、地震活动带和地震重点防御地区等特定监测区域；

2）重力点应选在基础稳固且振动及其他干扰源影响小的地方，并应避开地面沉降漏斗、冰川及地下水位剧烈变化的地区；

3）交通便利；

4）观测点可长期保存；

5）便于观测点平面坐标和高程的测量。

7.3.1.2 联测网布设

1）联测网联测路线宜以公路为主，并根据联测路线将重力点串联成网状，并与一级流动重力观测网观测的重复测量连接；因交通原因不能构成网状时，可采用支线形式。

2）加设重力联测点时，按如下顺序优先利用已有测点：陆态网络区域站、国家重力基本网、中国地震重力基本网和区域网的重力点；如无已有点，则新建重力点。

3）以公路作为联测路线时，重力点间距宜为 20～50 km。

4）均匀设置两个以上的绝对重力点，并进行绝对重力测定；或均匀选择两个及以上重力点与绝对重力点进行联测。

5）在地震重点监测防御区，相对重力联测的重复测量周期应不大于 0.5 年；绝对重力观测的重复测量周期应不大于 2 年。

7.3.2.3 观测墩建设

1）观测墩使用混凝土现场浇筑，应在选定的点位上埋设。

2）重力点观测墩墩面为四边形时，短边应不小于 600 mm；墩面为圆形时，半径应不小于 250 mm，墩面宜高于地面 200 mm，条件不允许时可与地面持平，墩面平整度应优于 6 mm。

3）指北方向用钢钉标记，钢钉位置在标石表面中心与北部边沿连线上距北部边沿 50 mm 处；指北方向标记用磁北针标定，其方向偏离磁北不得超过 10°。

4）基岩地基观测点观测墩必须选在没有明显风化的基岩上，墩基埋深应不小于 200 mm。

7.3.2.4 设备配置

相对重力联测设备配置见表 27。

7.3.2 流动地磁观测场地与观测网

流动地磁观测网可由地磁复测网和临时地磁观测网组成。地磁复测网可由地磁长期变化复测网和地磁总强度复测网组成。地磁长期变化复测网的功能是监测

表 27 重力相对联测设备配置

设备名称	数量	主要技术指标	功能与用途
相对重力仪	2 台	仪器标称精度：优于 10×10^{-8} m/s²； 系统重复性：10×10^{-8} m/s²； 系统准确度：优于 20×10^{-8} m/s²； 测程范围：可调测程 7000×10^{-5} m/s²； 静态零漂：非线性度优于 20×10^{-8} m/(s²·d)； 分辨力：优于 10×10^{-8} m/s²； 具有仪器格值标定结果，其标定结果可以检定	重力野外联测
汽车	1 台及以上	越野及减震性能较好	联测运输工具
便携式计算机	1 台	内存 2 GB 以上，硬盘 200 GB 以上，双核 CPU	数据处理、通信
无线通信卡	1 个	3 GB 及以上	计算机通信
手持导航仪	1 台	定位精度 10 m 以内	找点与导航
数码相机	1 台	1000 万像素，广角	图像信息采集
气压计	1 个	优于 1 hPa	获取观测气压
温度计	1 个	0.1 ℃	获取观测温度
PDA	2 套	支持 Windows CE 5.0 以上，内存 512 MB，SD 卡容量 2 GB 以上	记录测量数据
罗盘	1 个	专业地质罗盘	指北定向

我国境内地磁场的长期变化，地磁总强度复测网的功能是监测地震多发地区和危险区地磁场总强度的空间分布及时间变化，临时地磁观测网的主要功能是监测目标研究区域或者地震短临强化监测区和震后强化监测区的地磁场的时间变化及时间变化的精细空间分布。

7.3.2.1 观测场地条件

（1）地磁复测场地条件

1）地磁长期变化复测场地应避开分布范围小于 1000 km² 的磁异常区；

2）地磁长期变化复测场地和地磁总强度复测场地内，以复测桩为中心，沿东西、南北方向各 10 m 的十字测线上，总强度（F）的水平梯度分布均匀，并不大于 5 nT/m；

3）地磁长期变化复测场地和地磁总强度复测场地内，复测桩上方 2 m 范围内总强度（F）的垂直梯度不大于 5 nT/m。

（2）临时地磁观测场地条件

1）观测场地应充分考虑测量与研究对象的区域或局部地磁分布特征，宜分布在我国活动构造带、地震多发地区和地震危险区，优选地震短临强化监测区和震后强化监测区；

2）观测场地要求 10 m×10 m 范围内地磁总强度（F）分布均匀，且水平梯度

（ΔF_h）不大于 5 nT/m。

7.3.2.2 观测网布设

（1）地磁长期变化复测网布设

1）按照地理经纬网准均匀布设；
2）复测点间距宜为 200±50 km；
3）复测点宜与二级固定地磁观测网的观测站共同建设。

（2）地磁总强度复测网布设

1）布设在活动构造带及其周围地区；
2）中强地震多发区与地震重点监视区内相邻复测点间的距离宜为 5～10 km；
3）其他地区相邻复测点间的距离宜为 20～30 km。

（3）临时地磁观测网布设

1）在局部地区对一级固定地磁观测网和二级固定地磁观测网准均匀加密；
2）按照地理经纬网准均匀布设；
3）考虑与其他学科观测网的综合布局；
4）观测站间距宜为 100±25 km；
5）观测站可分为单站型和台阵型两种模式；
6）台阵型观测站布设在地震危险性相对更高的位置，并由不少于三个子站组成，子站间距宜为 5～10 km。

7.3.2.3 复测桩建设

（1）地磁长期变化复测桩建设

1）复测点应设立两个复测桩，复测桩间距应不小于 200 m；
2）复测桩应使用磁化率绝对值不大于 $4\pi \times 10^{-5}$（SI 单位制）的材料；
3）复测桩应结实稳固，尺寸为 20 cm×20 cm×70 cm；
4）复测桩上顶面应刻有用于仪器架设置中的十字形标志。

（2）地磁总强度复测桩建设

1）复测站设立两个复测桩，复测桩间距应不小于 20 m；
2）复测桩应使用磁化率绝对值不大于 $4\pi \times 10^{-5}$（SI 单位制）的材料；
3）复测桩应结实稳固，尺寸为 20 cm×20 cm×70cm；
4）复测桩上顶面应刻有用于仪器架设置中的十字形标志。

（3）临时地磁观测桩建设

参考 7.2.2.3 节相关规定。

7.3.2.4 设备配置

根据测量目的和测量内容，应选配以下仪器设备，

1）总强度观测仪器用于地磁总强度的测量，如质子旋进磁力仪或 Overhauser 磁力仪，其主要技术指标：

① 测量范围为 20000～70000 nT；

② 分辨力不大于 0.1 nT；

③ 观测一致性不大于 0.3 nT；

④ 最小采样间隔不大于 6 s；

⑤ 工作温度为-5～40 ℃；

⑥ 传感器和主机的连接电缆线长度不小于 20 m。

2）磁通门经纬仪用于磁偏角和磁倾角的测量，其主要技术指标：

① 磁方位角和磁倾角的观测重复性不大于 0.1′；

② 转向差不大于 10′；

③ 工作温度为-5～40 ℃；

④ 传感器与主机之间的电缆长度大于 2 m；

⑤ 检零传感器输出技术指标为

◆ 零偏不大于 1nT，

◆ 噪声小于 0.2 nT（p-p，峰峰值），

◆ 分辨力不大于 0.1 nT；

3）磁通门磁力仪主要用于日变化观测站，其主要技术指标：

① 动态范围不小于±2000 nT；

② 分辨力不大于 0.1 nT；

③ 噪声小于 0.2 nT（p-p）；

④ 温度系数不大于 1 nT/℃；

⑤ 采样间隔 1 s、60 s 可选；

⑥时间服务精度不大于±5 s/30 d；

⑦ 工作温度为-10～40 ℃；

⑧ 传感器与主机的连接电缆线长度不小于 25 m。

4）差分 GNSS 仪器主要用于测点地理坐标和地理方位角的观测，其主要技术指标：

① 初始化时间小于 5 min；

② 水平坐标相对测量精度优于 5 mm；

③ 垂直坐标相对测量精度优于 10 mm；

④ 水平坐标和垂直坐标的绝对测量精度优于 10 m；

⑤ 测量时要求设备能够显示测量时间和测量距离。

7.3.3 大地电磁重复测量场地与系统

7.3.3.1 重复测量场地条件

大地电磁重复测量场地条件参考 7.2.2.1 节的相关规定。

7.3.3.2 观测点间距

观测区内观测点间距宜为 30～60 km。

7.3.3.3 重复测量系统

大地电磁重复测量系统由观测装置和测量仪器组成。

（1）观测装置

a. 电极技术指标

1）电场测量宜采用固体不极化电极；

2）工作频率范围应包含 1000～0.0001 Hz；

3）噪声应不大于 1×10^{-3} mV。

b. 电极布设

1）应布设两个分别平行和垂直于磁南北方向的正交测道，布极方式可采用十字形、"T" 形或 "L" 形，两个测量方位的定向误差应不大于 1°；

2）电极距宜为 50～100 m，测量电极距的相对误差不大于 1%；

3）任意两个电极之间的地形高差不宜大于电极距的 5%。

c. 电极埋设

1）电极埋设前应进行电极的配对和挑选，并对挑选出的电极清除其表面的杂质，用蒸馏水冲洗干净。

2）电极埋设部位应避开污水区、腐殖土壤、腐烂植被和杂物充填部位。

3）电极不宜埋在沟里、坎边、树根处、流水旁和繁忙公路边。

4）电极坑回填土的土质应均匀，同一对测量电极的极坑回填土宜为同一种土质。

5）在沙漠、戈壁、高阻岩石露头和砂土地区，电极埋深应大于 80 cm，电极坑底面宜添加钻井泥粉浆以防渗漏，并用泥浆袋夹裹固体不极化电极后垂直埋设；在沼泽、草原、农田等其他地区，固体不极化电极宜直接垂直埋设，埋深大于 40 cm。

6）观测点每次测量之前，宜提前一天埋设好电极。

d. 磁传感器埋设

1）两个水平磁传感器应分别沿磁南北方向和磁东西方向水平布设，方位误差应小于 1°；水平磁传感器埋深应不小于 40 cm，对地平面倾斜应不大于 1°。

2）竖直磁传感器应用土埋实，埋深应大于磁棒长度的 2/3，对铅直方向倾斜应不大于 2°。

3）任意两个磁传感器间的距离应不小于 5 m。

e. 电极和磁传感器引线

1）电极和磁传感器引出到仪器的电缆线均不应悬空和并行放置；
2）电极和磁传感器引出到仪器的电缆线对地绝缘电阻应不小于 20 MΩ。

（2）测量仪器

a. 磁传感器技术要求
1）频带应包含 0.25～4096 s；
2）灵敏度应不小于 0.4 V/(nT·Hz)；
3）灵敏度的温度漂移应不大于 0.01%/℃；
4）噪声电平应不大于 10^{-4} nT/$\text{Hz}^{1/2}$（$f=1$ Hz）；
5）在环境温度在-40～65 ℃应能正常工作。

b. 大地电磁测量数据采集系统要求
1）观测频率范围应包含 0.25～4096 s；
2）测量通道共五个，包含三个磁场通道、两个电场通道；
3）动态范围宜为 120 dB；
4）电压分辨力应小于 0.1×10^{-3} mV。

c. 设备配置

大地电磁重复测量设备配置见表 28。

表 28　大地电磁重复测量设备配置

设备名称		单位	数量	备注
大地电磁测量数据采集系统		套	1	专用
磁传感器		个	3	专用
观测装置	电场测量固体不极化电极	个	4	—
	外线路	套	1	—
大地电磁处理和分析系统（含计算机）		套	1	专用（含硬、软件），具有现场处理功能

7.3.4　跨断层形变观测场地与观测网

本规范约定跨断层形变观测包括跨断层 GNSS 观测、跨断层水准观测及综合观测。

7.3.4.1　观测场地条件

1）观测场地应布设在活动构造带的端部、拐折、分叉或交汇部位，且应跨越活动构造带的主断层。

2）基岩出露地区，观测场地基岩应坚硬、完整。

3）无基岩出露地区，观测场地覆盖层（包括风化岩石层）厚度应不大于 50 m，且地表土坚实。

4）观测点位宜选在地形平坦、视野开阔处，并应考虑利于观测点位长期保存和观测。

5）综合观测墩位置视线高度角 15°以上应无阻挡物，特殊地区允许局部（累积水平视角≤60°）水平视线高度角 25°以上无阻挡物。

5）观测场地环境应满足下列要求：

① 距矿区、油气开采区最近点的距离应大于 5000 m；

② 观测场地不应建在填方区上；

③ 距大型抽注水站、大工厂、大型仓库及大型建筑物等的距离应大于 500 m；

④ 距铁路的距离应大于 50 m，距公路的距离应大于 30 m；

⑤ 距大树的距离应大于 10 m。

6）综合观测场地的观测点位还应保证在观测点上能接收到 CHSS 卫星的信号，可参考 7.2.4.3 节的相关要求。

7.3.4.2　观测场地布设

（1）布设原则

1）跨断层观测场地应以活动块体边界带为单元进行整体规划；

2）跨断层观测场地应布设在晚第四纪以来有活动的断层上；

3）跨断层观测场地应根据活动块体特点、形变类型、测区条件，进行监测网的优化设计；

4）地震重点监视区内跨断层观测场地的间距宜不大于 100 km；一般监视区内跨断层观测场地的间距宜在 100～200 km。

（2）测线布设

1）跨断层测线应构成环线，断层两盘或断裂带各盘上应至少布设两个以上同一观测类型的标石；

2）跨断层测线应与断层走向构成正交（90°±10°）或构成交角不小于 30°的斜交；

3）水准测线总长度宜不大于 1.5 km（断裂破碎带较宽时，可适当延长），综合观测墩间距应不小于 300m。

（3）观测站布设

1）每条水准测线的观测站数应为偶数；

2）每个观测站的视距应不大于 30m；

3）每个观测站的两标志间高差应不大于 2.5 m。

7.3.4.3　观测标石建设

（1）观测标石分类与要求

观测标石分为固定标石和过渡标石两类，固定标石又分为水准标石和综合观测墩两种。

1）水准标石的要求如下：

① 水准标石分为普通基岩水准标石和套管基岩水准标石两种，设计要求参考《地震台站建设规范　地形变台站　第 3 部分：断层形变台站》（DB/T 8.3—2003）；

② 普通基岩水准标石在标石表面中央嵌入上标志，在距上标志 0.5 m 处设下标志；

③ 套管基岩水准标石在标杆管上焊接主标志，在保护管上焊接副标志。

2）综合观测墩的要求如下：

① 综合观测墩分为 I 型、II 型和 III 型，设计要求参考《地震台站建设规范　地形变台站　第 3 部分：断层形变台站》（DB/T 8.3—2003）；

② 综合观测墩的墩面设置强制归心盘作为 GNSS 观测标志，墩体底部两对称侧面离墩体 10 cm 处各设立一个水准观测标志，水准点位置可根据测线方向及保护房的房门口位置确定。

3）水准测线应在过渡立尺位置埋设过渡标石，过渡标石分为基岩过渡标石和土层过渡标石，设计要求参考《地震台站建设规范　地形变台站　第 3 部分：断层形变台站》（DB/T 8.3—2003）。

（2）观测标石选择与埋设

1）水准标石选择要求如下：

① 在基岩出露或覆盖层厚度不超过 2 m 的地方，可选择普通基岩水准标石；

② 在覆盖层厚度为 2～5 m 的地方，可选择普通基岩水准标石，也可选择套管基岩水准标石；

③ 在覆盖层厚度为 5～50 m 的地方，应选择套管基岩水准标石。

2）综合观测墩埋设要求如下：

① 在覆盖层厚度超过 4 m 的地方，应埋设 I 型综合观测墩；

② 在覆盖层厚度为 0.5～4 m 的地方，可埋设 II 型综合观测墩；

③ 在覆盖层厚度不超过 0.5 m 的地方，可埋设 III 型综合观测墩。

3）过渡标石埋设要求如下：

① 在基岩出露或覆盖层厚度不超过 1.5 m 的地方，可埋设基岩过渡水准标石；

② 在覆盖层厚度超过 1.5 m 的地方，应埋设土层过渡水准标石。

4）套管基岩水准标石埋设要求如下：

① 标杆管置于套管内，标杆管与基岩应牢固连接，标杆管上的滑轮扶正器应焊接固定；

② 套管与基岩固结可靠、不渗水，套管外壁要采取防腐措施，用水泥砂浆回填，使之与孔壁固结；

③ 标杆管与套管间应采取隔温措施；

④ 施工应使用钻探设备，钻孔要求圆直，斜度不大于 1°；

⑤ 钻孔过程要取样，并保存地质分层资料。

7.3.4.4　辅助设施建设

1）观测标石应设有排水设施，固定标石应建立保护房，具体要求如下：

① 保护房的长、宽均应不小于 2.0 m，室内净高应不小于 3.2 m；

② 综合观测墩墩面应出露于保护房房顶，且侧面与保护房墙面平行。

2）在水准测线安置仪器处可设立混凝土观测平台，平台尺寸为 1.2 m×0.2 m×0.2 m，平台中心至相邻两观测标志的距离差应不大于 0.1 m。

7.3.4.5　设备配置

跨断层形变观测设备配置见表 29。

表 29 跨断层形变测量设备配置

设备名称	数量	主要技术指标	附件
自动安平水准仪 （光学或数字水准仪）	1 台	标称精度优于±0.45 mm；光学水准仪测微器最小读数 0.05 mm；数字水准仪测高读数最小显示优于 0.01 mm	脚架、仪器箱，以下仅对数字水准仪：电池、充电器、记录卡和传输电线
水准标尺	2 套（4 个）	铟钢尺带，尺长 3 m，与水准仪配套	尺箱
温度计	1 个	测量范围：−30～50 ℃	—
GNSS 接收机（仅综合观测站）	4 台	双频，标称观测精度达到或优于 ±（5+S×10^{-6}）mm（S 为基线长度）	仪器箱、基座、对中杆、传输电缆，以及相关预处理、后处理程序
掌上计算机或便携式计算机 （用于自动安平水准仪或数字水准仪非自动记录）	1 台	便于野外作业	—

7.3.5 地下流体观测场地与观测站

7.3.5.1 观测场地条件

1）水位和水温观测台站选址应进行地质-水文地质勘查，查明台站所在地区的地形地貌、气象水文、地层岩性、地质构造、含水层与隔水层、地下水物理化学特性等。地质与水文地质资料齐全的地区，可通过收集与分析已有资料，查明台站所在地区的地质与水文地质条件。

2）台站宜选在活动断裂带及其附近，台站距主干断裂的距离不宜超过 10 km；优先选择在断裂带的端点、拐点及与其他断裂交汇的部位，深大断裂带上以及地热异常区内。

3）观测层应为封闭性好的承压含水层，渗透系数应大于 0.01 m/d，地下水矿化度宜小于 3 g/L，不应对金属有腐蚀性。

4）台站观测环境，对水位观测的允许干扰度为 10%，对水温观测的允许干扰度为 50%；台站距降雨入渗补给区边界的距离，在平原区宜大于 10 km，在山间盆地或河谷地区宜大于 3 km；台站应远离各类干扰源，观测井与各类干扰源的最小距离参见表 30，其中水文地质条件分类、观测含水层岩性分类及透水性分级参考《地震台站观测环境技术要求 第 4 部分：地下流体观测》（GB/T 19531.4—2004）。

7.3.5.2 观测井建设

1）一般按观测井所属的台网级别与观测层类型，参照表 31 的要求确定深度，应避开当地现今与未来地下水主要开采层；在地热异常区，井水自流时，观测井深度宜大于 50 m。

表 30 各类干扰源与观测井的最小距离

干扰源	观测场地区域分类	最小距离/km	备注
地表水体（江、河、湖、海、水渠、水库等）	含水层为弱透水层地区	1	地表水体与观测含水层有水力联系，并有观测含水层的透水性资料
	含水层为透水层地区	5	
	含水层为强透水层地区	10	
	水文地质条件简单地区	1	地表水体与观测含水层有水力联系，但缺少观测含水层透水性资料
	水文地质条件中等地区	5	
	水文地质条件复杂地区	10	
	沿海地区	10	地表水体与观测含水层无水力联系，但观测含水层顶板埋深小于 500 m
	大型水库区	6	
	观测含水层岩性为粉砂和细砂的江河岸边区	1	
	观测含水层岩性为中砂的江河岸边区	3	
	观测含水层岩性为粗砂和砾石的江河岸边区	5	
地下水开采井或注水井	观测含水层岩性为粉砂地区	1	没有条件进行抽水试验的松散砂质孔隙含水层区，开采层或注水层与观测含水层同属一个含水层
	观测含水层岩性为细砂地区	1.5	
	观测含水层岩性为中砂地区	2.5	
	观测含水层岩性为粗砂地区	3	
	观测含水层岩性为砾石地区	6	
	水文地质条件简单地区	1	没有条件进行抽水试验的基岩裂隙含水层区或碳酸盐岩溶含水层区，开采层或注水层与观测含水层同属一个含水层
	水文地质条件中等地区	5	
	水文地质条件复杂地区	10	
	观测层有同层注水井地区	1	—
	开采层或注水层与观测层不属于同一个含水层，其间发育有厚度大于 20 m 且分布均匀的不透水层地区	无要求	—
矿区作业	有爆破作业的矿区	5	—
	有矿震（冲击地压、岩爆）活动的矿区	2	—
	观测含水层为弱透水层的矿区	1	矿井疏干排水，疏干层与观测层有水力联系
	观测含水层为透水层的矿区	5	
	观测含水层为强透水层的矿区	10	
其他干扰源	观测井区范围内有铁路通过且观测含水层的顶板埋深小于 100 m 的地区	0.5	—
	有滑坡与泥石流等现今地质动力作用活动区	1	—
	有垃圾或污水存放与处理的地区	0.5	—

表 31 观测井深度的一般要求

观测井所属的合网级别	国家级台网	区域台网
观测层为基岩含水层时	≥200 m	≥100 m
观测层为砂砾石含水层时	≥300 m	≥150 m

2）观测井内径宜为 100～200 mm，井内变径次数不宜超过三次。

3）观测井内应下设套管，套管在地面以下的长度应满足封闭全部非观测层的要求，在地面以上的高度宜大于 0.5 m，变径处应采取止水措施，与井壁围岩间隙应采用充填物固定套管。

4）观测层为松散砂砾石层或断层破碎带等，井壁岩土体不稳定时，观测井的过水断面使用滤水管；观测层为古近系、新近系半胶结的砂砾岩层，且其顶板埋深大于 500 m 时，观测井的过水断面使用射孔管；观测层为基岩裂隙含水层或岩溶含水层等，井壁岩体稳定时，观测井的过水断面使用裸孔。滤水管与射孔管下端应设置沉砂管，其长度宜大于 5 m。

5）钻井过程中，应按实际岩性变化进行记录与采样，对揭露出的各含水层应详细记录其分布深度、厚度和岩性等特征，测量其静止水位、出水量、井水温度等基本参数。完钻之后，应洗井。

6）成井之后，应按《地震台站观测环境技术要求 第 4 部分：地下流体观测》（GB/T 19531.4—2004）的要求进行抽水试验，同时参考《地震台站建设规范 地下流体台站 第 1 部分：水位和水温台站》（DB/T 20.1—2006）计算观测层渗透系数，并记录观测井基本情况；抽水试验时，应取水样并进行水质简分析，发现井水具有侵蚀性与有害气体时，还应另取专用水样并进行相关测试。

7）不同类型观测井根据井水温度，应按表 32 的要求设置井口装置。观测动水位的自流井，应在泄流管上设置测压管。井口装置的构成和技术要求参考《地震台站建设规范 地下流体台站 第 1 部分：水位和水温台站》（DB/T 20.1—2006）。

表 32 不同类型观测井的井口装置选配表

井口装置	非自流井		自流井			说明
	<20 ℃	20～60 ℃	<20 ℃	20～60 ℃	>60 ℃	
传感器固定装置	●	●	●	●	●	
泄流装置	×	×	●	●	●	井口水头大于 3 m 的自流井宜安装
测压管	×	×	●	●	●	
副井管	×	×	×	○	●	

注：●表示需要安装；○表示井水温度不大于 40 ℃时安装；×表示不需要安装。

7.3.5.3 观测室建设

1）观测井为自流高温热水井或井中逸出腐蚀性气体时，井房与仪器室应分为二室，其他情况下井房与仪器室可合并为一室。

2）观测室的使用面积，二室合一时应大于 9 m，二室分开时应大于 18 m^2；井房的净高应大于 2 m。

3）观测室内常年湿度应低于 80%，温度应保持在 0～40 ℃。

4）仪器设备应建专用防雷地网，其接地电阻应不大于 4 Ω。

5）观测室内应有交流电源，电压范围应稳定在 220±22 V。

6）观测室内应有专用程控电话线路与网线。

7.3.5.4 设备配置

（1）测量设备配置

水位和水温观测台站应配置水位仪与水温仪，其技术指标和数量应符合表 33 的规定。

表 33　水位和水温观测台站测量设备配置

仪器名称	主要技术指标	数量	备注
水位仪	测量范围：0～10 m； 分辨力：不大于 1 mm； 最大允许误差：±20 mm； 年漂移量：不大于 20 mm； 采样率：不小于 1 次/h	1 台	每五个观测台应另配备用 水位仪 1 台
水温仪	测量范围：0～100 ℃； 分辨力：不大于 0.0001 ℃； 最大允许误差：不大于 0.05 ℃； 年漂移量：不大于 0.01 ℃； 采样率：不小于 1 次/h	1 台	每五个观测台应另配备用 水温仪 1 台

（2）检查设备配置

水位和水温观测台站应配置检查设备，其要求应符合表 34 的规定。

表 34　水位和水温观测台站检查设备配置

设备名称	技术要求	数量	备注
测钟	测钟接触井水面时，必须发出清脆响声	1 个	用于井水位检查，可用半导体 水位仪、探针式水位仪等替代
测绳	材质刚度大，至少每 1 m 有固定标记	1 根	
钢卷尺	刻度不大于 1 mm，长度不小于 1 m	1 条	
温度计	刻度 0.01 ℃	1 个	用于自流井水温检查

（3）辅助设备配置

水位和水温观测台站一般应配置雨量计与气压计，在自流井上还宜配置流量计等辅助设备主要技术指标与数量应符合表35的规定。

表35 水位和水温观测台站辅助设备配置

仪器名称	主要技术指标	数量	备注
雨量计	测量范围：0~100 mm/h； 分辨力：不大于 0.1 mm； 最大允许误差：不大于 0.5 mm； 采样率：不小于 1 次/h	1 个	当台站间距小于 50 km 时， 可每两个台站配置 1 个
气压计	测量范围：500~1100 hPa； 分辨力：不大于 0.1 hPa； 最大允许误差：±0.2% F.S.； 采样率：不小于 1 次/h	1 个	当台站间距小于 100 km 时， 可每两个台站配置 1 个
流量计	测量范围：0~1000 m³/d； 最大允许误差：±0.25% F.S.； 长期稳定性：优于±1%； 采样率：不小于 1 次/h	1 个	自流井中使用

8 观测技术方法

固体地球物理领域观测根据观测指标的不同，总体上可分为绝对观测和相对观测两大类，按照重力、电磁、地震动和形变等需要观测的不同要素，可选取不同原理的观测方法和观测设备。一般连续观测仪器可以实现自动化采样和记录，但对其观测指标多采用相对观测方法，需要定期采用绝对观测方法对仪器观测量进行矫止，去除仪器漂移等的影响。

绝对观测需要人工手动操作仪器设备进行测量，需要根据不同的精度要求，按照一定规范定期重复测量。在固体地球物理观测指标体系中，记录的长期连续重力场、地磁场变化特征，都需要定期绝对测量。但对于地震动、形变相对测量基本可以满足所观测物理量的科学研究需求。

随着地球物理仪器技术的进步，新型传感器和成套设备不断出现，如可以实现连续绝对观测的量子重力仪、自动化绝对地磁仪相继出现，通过对野外站仪器装备的更新换代，可实现不同指标观测方法的升级与优化。

固体地球物理野外站不同类型观测指标对应的观测方法和观测设备如表 36 所示。

表 36 固体地球物理野外站不同类型观测指标对应的观测方法和观测设备

指标类型	观测方法	观测设备	可观测指标
重力观测	绝对观测、人工测量	绝对重力仪	绝对重力值
	相对观测、自动测量	连续重力仪	连续重力变化
	相对联测、人工测量	相对重力仪	相对重力值、重力垂直梯度、重力水平梯度
地磁观测	绝对观测、自动测量	质子旋进磁力仪	地磁场总强度
	绝对观测、自动测量	Overhauser 磁力仪	地磁场总强度
	绝对观测、自动测量	光泵磁力仪	地磁场总强度
	绝对观测、人工测量	地磁经纬仪	磁偏角、磁倾角
	绝对观测、相对观测、自动测量	FHD 型质子矢量磁力仪	地磁场总强度、地磁矢量
	相对观测、自动测量	磁通门磁力仪	地磁矢量
	流动观测、人工测量	Overhauser 磁力仪、磁通门经纬仪	地磁场总强度、地磁矢量
地电观测	相对观测、自动测量	地电场仪	大地电场强度
	绝对观测、自动测量	地电阻率仪	地电阻率
	相对观测、自动测量	大地电磁仪	地电阻率
地震动观测	相对观测、自动测量	地震仪	地震动位移、速度

续表

指标类型	观测方法	观测设备	可观测指标
形变观测	相对观测、自动测量	水平摆倾斜仪	地倾斜
	相对观测、自动测量	垂直摆倾斜仪	地倾斜
	相对观测、自动测量	水管倾斜仪	地倾斜
	相对观测、自动测量	钻孔应变仪	面应变、体应变
	相对观测、人工测量	水准仪	垂向位移
	相对观测、自动测量	GNSS 接收机	三维位移
地下流体观测	相对观测、自动测量	水位仪	井水水位
	绝对观测、自动测量	水温仪	井水、泉水水温

8.1 长期观测指标的观测方法

8.1.1 重力观测

重力是地球作用于单位质量体的引力与离心力的矢量和,重力长期观测指标见图 2。

图 2 重力长期观测指标图

8.1.1.1 连续重力观测

（1）观测对象与要求

1）连续重力观测使用台站式弹簧相对重力仪或超导重力仪自动观测、记录测测点的连续重力变化,采样率为 1 Hz。

2）弹簧重力仪每天定时远程对倾斜读数、内温及内压等主要参数进行检查,并做好记录;横水准和纵水准电子读数绝对值大于 500 时,应锁摆后重新调整倾斜读数到±50 以内。

3）地震发生后,应及时检查弹簧重力仪是否黏摆,如果黏摆应尽快恢复仪器的正常观测。

3）仪器正常观测期间，尽量避免进出观测室，以免干扰仪器。

（2）日常观测

1）仪器要有单独的工作日志，记录台站名称、仪器型号、观测日期和观测值班人员姓名；记录标定过程；记录气象、中强地震等干扰因素的影响时段及强弱过程（准确至小时）；记录造成观测中断、畸变的干扰原因。因停电、雷害、标定、改造洞室、人为干扰等引起记录中断、畸变时均应在工作日志中记载。

2）台站应每天对仪器的工作状况进行监测，对出现故障的台站及时协调相关部门予以解决，并将解决过程及结果进行记录。

（3）组网观测

1）连续重力观测站的分布应基本均匀。
2）连续重力观测站应尽量与 GNSS 基准站并置。

8.1.1.2 绝对重力观测

（1）观测对象与要求

1）绝对重力测量对象为观测点的重力值及其随时间的变化，可为相对重力测量数据平差提供统一参考。

2）绝对重力值重复测量周期不宜超过 2～3 年，绝对重力值测定的精度应优于 5.0×10^{-8} m/s^2。

（2）观测原理与方法

1）绝对重力测定是指根据自由落体运动原理，精密测定质量块下落的距离和时间，计算观测点的重力（加速度）值。

2）实际测量中，利用绝对重力仪在观测点上按设定的下落次数进行分组测量，对组内有效落体值进行加权平均计算得到组重力值，然后对组重力值进行加权平均计算得到仪器在该测点上架设高度（仪器有效高度）处的绝对重力值。

3）将仪器有效高度处的绝对重力值归算到观测墩面处或其他指定高度处，需要同步进行重力垂直梯度测量（详见 8.1.1.3 节）。

以目前使用最广泛且观测精度最高的 FG5 型绝对重力仪为例，观测要点如下，

1）仪器安装完成后，运行实时数据采集观测程序。设置有关参数，包括运行命令、测点参数、仪器参数等；测点参数包括点号、点名、经纬度、高程、参考高度、观测高度、重力垂直梯度、正常大气压力、气压变化对重力影响的系数和极移坐标；仪器参数包括：仪器类型、仪器号码、仪器出厂高度、铷钟频率、激光器各频段峰值及调制频率等；绝对重力仪自动运行后，开始采集数据；解算出

落体下落初始位置高度处的观测重力值以及精度。

2）按每 1 h 观测一组，每组的观测起始时间设置在整点或整 30 分时刻，每组观测的下落次数设置为 100 次。

3）利用数据采集观测程序计算每次下落有效高度处的重力观测值，并进行固体潮、气压、光速有限和极移等的改正；对每组有效下落观测值计算组均值及其组内标准差，按三倍标准偏差迭代剔除的下落次数不大于 25%时，该组有效；对所有有效组结果计算平均值及标准差，即为观测点的绝对重力值。

4）标准差不大于 $5×10^{-8}$ m/s^2 的有效组数不少于 25 组；若标准差大于 $5×10^{-8}$ m/s^2，应补测；补测的有效组数达到五组以后仍不能满足指标要求时，可以结束观测工作。

5）仪器停止观测 10 h 以内，可直接补测；停止观测 10 h 以上、24 h 以内，并且有效组数达到 18 组及以上，可补测，否则重新开始观测。近海站点仪器停止观测 4 h 以内，可直接补测；停止观测 4 h 以上、24 h 以内，并且有效组数达到 22 组及以上；可补测。重新开始测量两次后仍不能满足要求的，可补测到足够有效组数。

6）测量过程中，应根据观测点环境的稳定程度适时查看仪器的运行情况，发现问题时（如气泡偏移、激光波段电压偏离、光束垂直度和平行度偏离等）应及时调整、改正，并认真、详细地填写绝对重力测量观测记录表（参见附录 D）。在测量过程中，如果有明显的降雨或天气异常，需要补充测量前后两天的降雨量日均值，并在备注中加以说明。

7）整理绝对重力值测定和重力垂直梯度测定（详见 8.1.1.3 节）的观测数据，经数据处理，汇总为绝对重力成果汇总表（参见附录 E）

8）多台绝对重力仪参与同一任务时，应在参考点进行测前比对工作，若各台仪器的偏差在 $5×10^{-8}$ m/s^2 以内，属于无明显系统偏差；若绝对重力值偏离参考值 $5×10^{-8}$ m/s^2 以上，且参考点周围无明显地下水、环境等因素干扰，需在具有计量资质的单位对激光器、铷钟等部件分别进行波长、频率的标定（建议每年标定一次）。

（3）组网观测

1）绝对重力测量在相对重力网联测中用于控制重力测量误差在空间上的积累，绝对重力点的数量应为相对重力网测点数的 10%～20%；绝对重力值还用于约束连续重力观测站观测误差随时间的积累。连续重力观测站的绝对重力值可用绝对重力仪直接测定，也可用相对重力联测传递。

2）绝对重力点的分布应基本均匀，局部重点区域适当加密。

3）绝对重力点应布设在观测室内。

8.1.1.3 重力垂直梯度观测

1）重力垂直梯度是重力沿铅锤方向的导数，表示重力场在垂直方向上的变化率。

2）重力垂直梯度测定是指在墩面标志点与指定高度处，利用两台相对重力仪按设定次数进行重力段差的往返观测，根据高度换算成重力垂直梯度。

3）重力垂直梯度测定的精度应优于 0.03×10^{-8} (m·s^{-2})/cm。

4）每次测量绝对重力值时，应测定重力垂直梯度，用以将绝对重力仪有效高度处（FG5 型绝对重力仪有效高度约为 130 cm）的绝对重力值归算到观测墩面。

5）每次测量时，气压和气温在测前、测后各测定一次，两次测量平均值作为改正参数使用。

6）重力垂直梯度在墩面和离墩面约 1.3 m 度处的两点之间进行测定，在离墩面 1.3 m 处安置观测仪器平板，测量平板面和墩面的距离，读数至 0.1 cm。

7）按低点—高点—低点或高点—低点—高点进行往返观测，为一独立测回；每次往返测量经格值表和格值一次项，潮汐和零漂改正计算一个重力段差，各成果间独立。

8）每台仪器测定重力段差的合格成果应不少于五个；对所有独立观测结果计算重力段差的平均值和中误差，段差均值中误差不超过 3×10^{-8} m/s^2；如果出现一台仪器坏了，完全不能工作的情况，可用另一台仪器补足总测回数。

9）计算重力垂直梯度，即重力段差平均值与平板-墩面距离的比值。

8.1.1.4 重力水平梯度观测

1）重力水平梯度是重力沿水平方向的导数，表示重力场在水平方向上的变化率。

2）连续重力或绝对重力观测点 10 年内未进行过水平梯度测量的需测定重力水平梯度，测量使用两台相对重力仪。

3）每次测量时，气压和气温在测前、测后各测定一次，两次测量平均值作为改正参数使用。

4）重力水平梯度在墩面标志点和四个角点之间进行测定，测量各角点到标志点的距离，读至 0.1 cm。

5）墩面标志点采用基准点点名和代码 0，标石的东北角点、东南角点、西南角点和西北角点采用基准点点名加"NE"、"SE"、"SW"和"NW"，代码分别为 1、2、3 和 4。

6）用每台仪器对标志点与各角点组成的测线按 0—1—0—2—0—3—0—4—0—1—0—2—0……的顺序进行往返测量，每次往返测量经格值表和格值一次项，潮汐和零漂改正计算一个重力差成果，每条测线的各成果间独立；各角点的重力水平梯度测量应保证每回合在同一位置。

7）独立计算每条测线所有成果的平均值及中误差，中误差不得大于 $5 \times 10^{-8} \, \mathrm{m/s^2}$；每台仪器达到精度要求的有效独立成果不得少于三个，如果出现一台仪器坏了，完全不能工作的情况，可用另一台仪器补足总测回数。

8）用标志点与每个角点间的重力段差平均值和距离，计算相应测线的水平梯度。

8.1.2　电磁观测

电磁观测指对地电场、地磁场以及地球介质电学性质变化的观测。电磁观测分为地电观测和地磁观测，地电观测包括地电阻率观测和地电场观测；地磁观测包括地磁场绝对观测和地磁场相对记录。具体观测指标如图 3 所示。

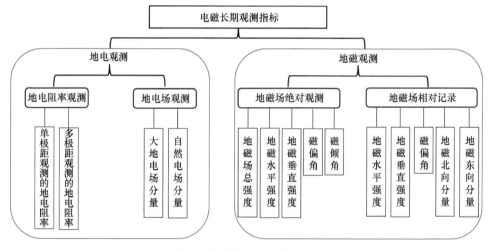

图 3　电磁长期观测指标图

8.1.2.1　地电阻率观测

地电阻率表征观测点位地下某一特定探测范围内介质综合导电能力的物理量，其量纲与电阻率相同，又称视电阻率。地电阻率观测，按照观测技术的差异可以分为三类：单极距观测、多极距观测和大地电磁重复测量，分别源于物探电法中的视电阻率法、垂向电测深法以及大地电磁测深法，并且经历了移植、改造、继承和创新的长期发展历程。

"地电阻率"，即物探电法中的"视电阻率"，重在标识地震监测预报中的视电阻率观测包含有随时间变化的特点，从而与物探电法中视电阻率观测主要用于介质电性结构空间分布的特点在名义上有所区别。"大地电磁重复测量"是采用天然电磁场为场源观测介质电性结构的技术，所获取的目标物理量仍然是视电阻率，在观测中不仅测量电场，还要测量磁场；在观测区的多个观测点上进行重复测量，不仅涉及剖面视电阻率的空间变化，而且涉及各个观测点视电阻率随时间的变化，因此被列入地电阻率专项观测的范畴。

（1）单极距观测

a. 观测对象与要求

1）观测对象为地电阻率及其随时间的变化。

2）观测要求分辨率应不大于 0.01 Ω·m；在分辨率为 0.01 Ω·m 情况下，最大允许误差宜为 0.3%观测值+0.02 Ω·m；宜采用定时观测，两次观测时间间隔宜不大于 1 h。

b. 观测原理与方法

1）单极距观测是在一个方位上仅采用一组由正负供电电极和正负测量电极组成的观测装置进行直流地电阻率观测。使用数字地电仪观测地电阻率及其随时间的变化。

2）单极距地电阻率测量的基本原理为勘选确定观测场地，确定布极区，在布极区内选定若干个方位，并在每个方位上设置呈线状排列的固定装置系统 A、M、N、B，其中 A、B 标识一对供电电极的位置，M、N 标识一对测量电极的位置，通过与该装置系统相连接的电压和电流检测仪器，测量地电阻率，并比较不同时间（时刻）地电阻率的差异，确认其随时间的变化。

3）单极距地电阻率测量方法如下：在电闸接通电路时，电源通过供电电极 A、B 向大地供电，在大地中建立稳定的人工电场，其后通过电流和电压检测仪器分别测量供电电流 I 和测量电极 M、N 之间由供电引起的附加电位差 ΔV，并按式（8.1）计算地电阻率（ρ_s）。

$$\rho_s = K \frac{\Delta V}{I} \tag{8.1}$$

式中，I 为人工电场稳定后，通过 A、B 流经大地的电流；ΔV 为供电电流在 M、N 间产生的附加电位差；K 为装置系数，按式（8.2）计算，

$$K = \frac{2\pi}{\dfrac{1}{\overline{AM}} - \dfrac{1}{\overline{BM}} - \dfrac{1}{\overline{AN}} + \dfrac{1}{\overline{BN}}} \tag{8.2}$$

式中：$\overline{AM}$ 为供电电极 A 到测量电极 M 的距离；$\overline{BM}$ 为供电电极 B 到测量电极 M 的距离；$\overline{AN}$ 为供电电极 A 到测量电极 N 的距离；$\overline{BN}$ 为供电电极 B 到测量电极 N 的距离。

4）宜采用定时观测，两次观测时间间隔不宜大于 1 h。观测技术要求为分辨

力应不大于 0.01 Ω·m；在分辨力为 0.01 Ω·m 情况下，最大允许误差宜为 0.3%观测值+0.02 Ω·m。

c. 组网观测

1）组网原则：

地电阻率单极距观测宜采用组网方式进行，即在地震活动区、地震监测区或需要加密观测的地区，由多个地电阻率观测站以及相应的观测网中心组成观测网开展地震监测活动。

2）组网要求：

① 网内宜采取均匀布局模式，在活动断层附近可采取非均匀布局模式，并沿断层两侧布网；

② 宜与地震电磁观测网其他测项同网观测；

③ 每个观测网内应不少于三个观测站，网内观测站间距宜不大于 150 km。

3）观测网运行：

① 网内各观测站宜采用同步观测，观测周期宜不大于 1 h；

② 观测网运行期间，观测网中心应承担网内观测站数据管理、处理和服务功能。

（2）多极距观测

a. 观测对象与要求

1）多极距观测是在一个方位上，使用多组呈线性排列的、具有不同装置参数的电极观测地电阻率。其观测对象是场地下方一定深度范围内，等效水平层状介质中各层地电阻率随时间的变化。

2）观测要求各层地电阻率最大允许误差不大于 0.5%，各层地电阻率的分辨力不低于 0.01 Ω·m，数据产出周期应不小于 1 次/d。

b. 观测原理与方法

1）选择一个符合一维等效电性结构条件的观测场地，在地表设置多极距观测装置系统（可视为由多个单极距观测装置组成，即有多个供电电极对 A_i、B_i，以及测电电极对 M_i、N_i），观测所有装置的地电阻率随时间的变化，通过反演获得介质内部等效水平层状介质各层地电阻率随时间的变化。各个装置上的地电阻率测量方法与单极距对称四极装置的地电阻率测量方法相同，可参考单极距观测方法的相关要求。

2）一维电性结构地电阻率电极距观测原理如下，

① 对有 n 层的电阻率水平分层均匀结构,并假定只考虑各层电阻率($\rho_1, \rho_2, \cdots, \rho_n$)发生变化,而各层厚度($h_1, h_2, \cdots, h_{n-1}$)不变。设有 m（m 满足 $m \geqslant n+2$）个对称四极装置用于多极距观测,则对于第 i 个装置（$i=1,2,\cdots,m$）,有下式关系:

$$\rho_{si} = f(\rho_1, \rho_2, \cdots, \rho_n, k_i) \tag{8.3}$$

式中, ρ_{si} 、 k_i 分别为第 i 个装置观测到的视电阻率和第 i 个装置的装置系数。

② 对式（8.3）取对数且微分得

$$
\begin{aligned}
\frac{\mathrm{d}\rho_{si}}{\rho_{si}} &= \frac{1}{\rho_{si}}(\frac{\partial f}{\partial \rho_1}\mathrm{d}\rho_1 + \frac{\partial f}{\partial \rho_2}\mathrm{d}\rho_2 + \cdots + \frac{\partial f}{\partial \rho_n}\mathrm{d}\rho_n) \\
&= S_{i1}\frac{\mathrm{d}\rho_1}{\rho_1} + S_{i2}\frac{\mathrm{d}\rho_2}{\rho_2} + \cdots + S_{in}\frac{\mathrm{d}\rho_n}{\rho n} \\
&= \sum_{j=1}^{n} S_{ij}\frac{\mathrm{d}\rho_i}{\rho_i}
\end{aligned}
\tag{8.4}
$$

式中, S_{ij} 表征第 j 层介质真电阻率变化对第 i 个装置观测得到的视电阻率变化的影响,称为"影响系数", S_{ij} 为

$$S_{ij} = \frac{\partial \rho_{si}}{\partial \rho_j}\frac{\rho_j}{\rho_{si}} = \frac{\mathrm{d}\rho_{si}}{\rho_{si}} \bigg/ \frac{\mathrm{d}\rho_j}{\rho_j} \tag{8.5}$$

③ 由一组视电阻率观测的变化量 $\dfrac{\mathrm{d}\rho_{si}}{\rho_{si}}$,从式（8.4）求解一组介质真电阻率变化量 $\dfrac{\mathrm{d}\rho_i}{\rho_i}$ （$i=1,2,\cdots,n$）,这就是多极距观测原理的数学表述。

3）介质真电阻率随时间变化的反演方法。

① 对所有装置（即 $i=1,2,\cdots,m$）写出式（8.4）,构成线性方程组为

$$\boldsymbol{Y} = \boldsymbol{A}\boldsymbol{X} \tag{8.6}$$

式中, $\boldsymbol{Y}$ 为多极距装置上测得的地电阻率组成的一维向量; $\boldsymbol{A}$ 为由式（8.6）计算结果构成的影响系数矩阵; $\boldsymbol{X}$ 为待求解的各层地电阻率组成的一维向量,则

$$\boldsymbol{Y} = \left(\frac{\mathrm{d}\rho_{s1}}{\rho_{s1}}, \frac{\mathrm{d}\rho_{s2}}{\rho_{s2}}, \cdots, \frac{\mathrm{d}\rho_{sm}}{\rho_{sm}}\right)^{\mathrm{T}} \tag{8.7}$$

$$
\boldsymbol{A} = \begin{pmatrix}
S_{11}, & S_{12}, & \cdots, & S_{1n} \\
S_{21}, & S_{22}, & \cdots, & S_{2n} \\
\vdots & & \ddots & \vdots \\
S_{m1}, & S_{m2}, & \cdots, & S_{mn}
\end{pmatrix}
\tag{8.8}
$$

$$X = \left(\frac{\mathrm{d}\rho_1}{\rho_1}, \ \frac{\mathrm{d}\rho_2}{\rho_2}, \ \cdots, \ \frac{\mathrm{d}\rho_\mathrm{m}}{\rho_\mathrm{m}} \right)^{\mathrm{T}} \tag{8.9}$$

② m 应满足 $m \geqslant n+2$,故可以采用最小二乘法求解线性方程组式(8.6),求得各层地电阻率的变化率,并由各层地电阻率的上次观测值求得当前值。

4)多极距观测各装置供电电极距的选择方法如下,

① 最大与最小装置分别指地电阻率多极距观测各装置中供电电极距最大与最小的装置。最小装置供电电极距的选择,应使最大与最小装置的影响系数满足:

$$\begin{cases} \left| \dfrac{S_{m1}}{S_{11}} \right| < \dfrac{1}{3} \\ \left| \dfrac{S_{mn}}{S_{1n}} \right| \geqslant 20 \end{cases} \tag{8.10}$$

式中,下标 m 为第 m 个装置,其中第 1 个装置为最小装置(供电电极距最小),第 m 个装置为最大装置(供电电极距最大);S_{m1} 为第 1 层介质对最大装置的影响系数;S_{11} 为第 1 层介质对最小装置的影响系数;S_{mn} 为第 n 层介质对最大装置的影响系数;S_{1n} 为第 n 层介质对最小装置的影响系数。

② 其他装置供电电极距选择的原则是应使装置系统的影响系数矩阵,即式(8.8)矩阵 A 的任意相邻两行之间的相关程度尽可能小。最大和最小电极距之外的其他供电电极距选择的具体做法是在电测深曲线平缓段少选,而在其变化较快段多选。

5)观测场地电性结构探查方法包含十字电测深法和高密度电法。

① 十字电测深法。

◆ 在布极区做十字电测深工作,电测深最大电极距应不小于预计观测装置供电电极距的最大值,每个方向选择 2~4 个点作为电测深中心,分别做电测深剖面,相邻两个中心点的间距宜不大于 500 m;电测深装置应采用对称四极装置;实测电测深曲线应完整,无严重畸变,主要电性层在曲线上分层明显。

◆ 结合收集到的布极区或附近的地质、物探、化探、钻探等资料对电测深资料进行综合分析和研究,建立布极区地电断面类型和地质分界面的初步概念,并在此基础上进行层参数一维反演计算,定量确定电测深曲线所反映的各电性层厚度、电阻率等。

◆ 取得上述电测深剖面上各测深点的地电断面、地质分界面的定性和定量描述,了解布极区的岩性结构。

② 高密度电法。

◆ 在布极区沿十字电测深测线做平面上互相垂直的高密度电法勘探,高密度电法勘探深度宜为 150～300 m，道距宜不小于 5 m；高密度电法勘探装置应采用 Wenner 装置；原始数据在 50 m 以下应平稳、无严重畸变。

◆ 数据反演方法采用高密度电法仪器厂家提供的商业反演软件。

◆ 取得互相垂直的两条剖面电阻率值并给出剖面电阻率分布彩色图。

6）场地下方一维等效电性结构的判定方法。

① 建立初始模型：初始模型为水平层状结构模型，采用 Zohdy 方法确定各层厚度与电阻率值，由此确定的初始模型的层数与测深曲线的点数相同。

② 初始模型的调整和等效模型层数 n 的确定：由 Zohdy 方法确定的初始模型，通过正演给出相应理论电测深曲线，结合可能收集到的钻探及电阻率测井结果等地质信息，按照物探电法给定的方法，对初始模型参数进行调整，削减层数，并从最终结果中提取等效层层数 n。

③ 一维反演和等效模型电性结构参数的确定：以调整后的初始模型（n 层）为基础，并将调整后结构的各层厚度作为模型的各层厚度，做一维电测深反演，确定最终模型的各层电阻率。

④ 一维等效模型电性结构的判定：对一维反演所确定的最终模型进行正演，其理论测深曲线与实际测深曲线在各个测点上所得的视电阻率之差的绝对值，如果其中最大者与相应实测值之比小于 25%，可认为该最终模型为满足本标准电性结构要求的一维等效电性结构。

7）误差分析方法。

反演结果的误差分析应与观测区地下电性结构相结合，具体方法步骤：

① 依据观测装置和观测区地下电性结构特点，确定一维或二维正、反演方法，确定使用一维或二维正、反演软件；

② 依据观测区各分区实际电阻率（由电性结构调查获得），经正演计算得到与各装置相应的视电阻率数据；

③ 在正演视电阻率数据中加入±0.3%的误差，得到模拟的多极距观测数据，然后对其做反演，得到各分区电阻率的反演结果；

④ 将各分区实际电阻率与反演结果做比较，得出以百分比表示的每一个分区的电阻率反演误差。

c. 组网观测

地电阻率多极距观测的组网观测可参考单极距观测的相关要求。

8.1.2.2 地电场观测

（1）观测对象与要求

1）地电场观测对象为地电场的水平分量，通过测量地表每个测向的两点之间的电位差，获取大地电场（与磁层和电离层中的电流体系的运动有关的地电场）和自然电场（地壳内部各类物理化学作用引起的正负电荷分离产生的地电场）分量及其随时间的变化。

2）大地电场观测要求：

① 频率范围应包含 0～0.005 Hz，宜包含 0～0.1 Hz；

② 观测误差应不大于 1%测量值+0.5 mV/km；

③ 观测范围应不小于 2000 mV/km；

④ 分辨力应不大于 0.5 mV/km；

⑤ 采样率应不大于 1 次/min；

⑥ 时间精度误差宜不大于 1 s。

3）自然电场观测要求：

① 观测误差应不大于 1%测量值+2 mV；

② 观测范围应不小于 1000 mV；

③ 分辨力宜不大于 0.1 mV；

④ 采样率宜不大于 1 次/h。

（2）观测原理与方法

a. 地电场测量原理

在两个以上正交方向布设测道，测量各方向（以 x、y 标识）地电场的分量 E_x、E_y 及其随时间变化，按照式（8.11）和式（8.12），计算大地电场强度幅值（E）和方位角补角（α），

$$E = \sqrt{E_x^2 + E_y^2} \tag{8.11}$$

$$\alpha = \tan^{-1} \frac{E_x}{E_y} \tag{8.12}$$

b. 地电场分量测量

1）地表两点之间电位差测量。

在地表按照指定的方向埋设一对电极（即电极 A 和电极 B）形成一个测道，测量这两个电极（点）之间的电位差 V_{AB} 为

$$V_{AB} = V_T + V_{SP} + V_P \tag{8.13}$$

式中，V_T 为由大地电场在两电极之间产生的电位差；V_{SP} 为由自然电场在两电极之间产生的电位差值；V_P 为电极 A 和电极 B 产生的极化电位差，$V_P = U_A - U_B$，当电极参数满足 7.2.2.2 节中的技术要求时，V_P 可以忽略不计。

2）自然电场分量。

自然电场分量电位差的计算值 V_{SP} 采用测量电位差 V_{AB} 的日时间尺度滑动平均值表示，

$$V_{SP}^{i} = \frac{1}{n} \sum_{n=N-i}^{0} (V_{AB})_i \qquad (8.14)$$

式中，N 为参与计算的数据总数。自然电场分量可选择日均值或五日均值。

3）大地电场强度分量。

大地电场强度分量 E_{AB} 可以按式（8.15）计算得到，单位为 mV/km。

$$E_{AB} = \frac{V_{AB} - V_{SP}}{\overline{AB}} \qquad (8.15)$$

式中，$\overline{AB}$ 为两点（电极）之间的距离，"—"表征大地电场的方向，由高电位指向低电位。

（3）组网观测

a. 组网布局

1）在全国范围内布设大地电场观测网，宜按照准均匀模式布设观测站（点）。

2）在地震活动区、重点监视区及加密观测地区布设区域性地电场观测网，可按照非均匀模式布设观测站（点）。

b. 组网规模

1）大地电场观测网中相邻观测站（点）之间的距离宜不大于 200 km。

2）区域性地电场观测网内的观测点应不少于三个，相邻间距宜不大于 50 km。

8.1.2.3 地磁场观测

（1）观测对象与要求

1）地磁观测的对象是台站所在位置地磁场矢量及其随时间的变化，观测内容包括绝对观测和相对记录。

2）绝对观测的观测对象是地磁场总强度（F）、磁偏角（D）、磁倾角（I）、水平强度（H）和垂直强度（Z），F、H、Z 的单位是纳特（nT），D、I 的单位是度（°）、分（′）。

3）绝对观测要求：

① F 的观测精密度不大于 0.3 nT；

② D 和 I 的观测精密度不大于 0.1′；

③ H 和 Z 的观测精密度不大于 1 nT；

④ 总强度连续记录要求在信噪比（S/N）为 1 时分辨力不大于 0.1 nT，采样率不小于 1 次/min。

4）相对记录是记录地磁场 H、Z 和 D［或北向分量（X）、东向分量（Y）和 Z］相对基线值的变化量，单位是 nT。

5）相对记录要求：

① 在信噪比（S/N）为 1 时分辨力不大于 0.2 nT；

② 标度值相对误差不大于 1%；

③ 采样率不小于 1 次/s；

④ 相对记录产出的分均值，由秒采样数据经高斯数字滤波产生。

（2）观测原理与方法

a. 绝对观测

1）绝对观测要素组合。

① 地磁场是矢量场，如要描述地面上某一点的地磁场，根据使用坐标系（球坐标、柱坐标或直角坐标）的不同至少需要测出 D、I、F、H、X、Y、Z 七要素中的任意三个彼此独立的物理量（D 不可缺），即地磁三要素。在中低纬地区，地磁绝对观测的最佳组合是用 DI 仪测量 D 和 I，用质子旋进磁力仪测量 F。

② 利用 DI 仪对 D 的绝对观测可以直接确定磁偏角（D）记录仪基线值 D_B，DI 仪对 I 的观测与质子旋进磁力仪对 F 观测的组合计算可以确定 H、Z 记录仪的基线值 H_B、Z_B。I 与 F 的组合计算方式有两种：

◆ 对于有 F 连续记录的台站，用台站标准 F 观测仪确定 F 记录的基线值，将 F 记录值进行基线值校正通化到 DI 仪观测墩上，与同时间 I 的观测值组合计算 H 和 Z 的绝对值，确定 H_B、Z_B。

◆ 对于无 F 连续记录的台站，同时观测 F 和 I，将 F 观测值经墩差改正通化到 DI 仪观测墩上，与同时间 I 的观测值组合计算 H 和 Z 的绝对值，确定 H_B、Z_B。

2）绝对观测工作要求。

① 台站每周一、周四用近零法进行绝对观测，每月初的第一个周一或周四用指零法进行绝对观测，每次观测至少测两组数据。

② 观测完毕应立即计算基线值和 DI 仪参数，点绘基线值曲线，比较近零法与指零法的差别，若基线值变化异常，则须立即加密观测。

③ 观测前的准备工作：

◆ 查看记录曲线以确认地磁场是否平静，如遇磁场扰动，可推迟 1～2 天补测；如不能推迟或推迟后地磁场仍不平静，则须照常进行测量，但应在日志中注明地磁场扰动情况。

◆ 将绝对观测用计时表与记录仪器时钟对钟，务必保证绝对观测时间与相对记录时间同步。

◆ 检查检测器的电能，不足时须立即充电。

◆ 确认补偿器锁紧手轮处于打开状态。

◆ 观测人员须清除身体上任何磁性物体，如眼镜、发卡、硬币、大额纸币、钥匙、金属笔、手表、义齿、带金属扣或链的腰带和衣物等。在测量之前观测人员将手、头部、身体分别逐渐移近 DI 仪的磁通门传感器，观察磁通门检测器读数的变化，以读数变化不大于 0.2 nT 为宜。

◆ 检查经纬仪的水平，方法是将垂直度盘读数准确地置于 90°00′ 旋转经纬仪照准部 90°、180°、270°、360°，在各个位置上检查垂直度盘读数，如有改变，则说明仪器水平需重新调整；重调水平后仍须按此方法进行验证。

◆ 调整反光镜的位置，使得在任何观测位置都可以从目镜中得到清晰的读数，避免在观测过程中再调反光镜。

④ 观测工作注意事项：

◆ 避免用手、肘扶压观测墩，以免因墩体或墩面不稳影响仪器正常工作状态。

◆ 不得随意涂改和丢弃观测数据。

◆ 不得凭印象读数。

◆ 不能沿同一方向连续旋转仪器，如已沿顺时针方向将仪器旋转 180°，则需将仪器再旋转 180°时，必须沿逆时针方向进行。

◆ 切忌接反仪器的正、负极电源和探头线。

◆ 应用近零法观测时，为节约电能，整分钟读数完毕可关闭检测器电源，在整分钟前 10 s 时再打开电源观测。

◆ 观测完毕及时关闭 DI 仪检测器电源。

b. 相对记录

1）每天检查仪器工作状况，包括观测曲线变化是否正常、GNSS 接收是否正常、噪声水平等，遇雷雨等破坏性天气时，应及时复查。

2）每月初进行一次仪器灵敏度检验。

3）每月初检查一次探头水平状况。

4）定期维护备用电瓶。

5）上述检查情况及有关现象和数据应及时记录在观测日志中。

8.1.3　地震动观测

（1）观测对象与任务

地震动观测的观测对象是地面震动产生的位移、速度和加速度，基本任务是真实、连续地记录地震时产生地面运动的整个过程，为监视、预报地震和开展各项研究工作提供连续、可靠、完整的基础资料。

（2）观测要求

1）台站观测系统的安装包括地震计、数据采集器、计算机、供电设备、通信设备及其他辅助设备的安装，各种设备的安装应严格按照使用说明书进行。

2）两水平向地震计的基准方位线应分别与过台站的纬线、经线平行，偏差角度小于 0.5°。

3）利用地震计上的水准器置平地震计。

4）地震计与数据采集器之间的连线长度应小于 100 m，并采用多芯屏蔽电缆，使系统噪声与干扰保持在较低水平。

5）仪器参数设置：实时传输采样率 100 sps；打包时间 0.5 s；抽取滤波器应选择最小相位有限冲激响应（finite impulse response，FIR）滤波器；加速度计本地存储 200 sps 采样，线性相位滤波；GNSS 授时。

6）观测系统安装后，应进行检查与测试，确认信号极性无误，保证系统正常运行。

7）观测系统安装后，或更换仪器中影响仪器响应特性的元器件、电路板时，要进行系统标定。

8）地震仪器要定期进行系统标定，在正常情况下，每年标定一次，特殊任务的台站可不受此规定的限制。

9）标定方法见仪器的使用说明书。

10）标定结果要以零点、极点的形式给出，报野外站管理部门存档后，提供给用户使用。

11）因标定仪器造成的停记时间不得超过 24 h。

12）日常观测和记录：对地震观测数据要进行认真分析、计算、整理和校核；对所记录的地震读取准确的震相到时、周期、振幅等数据，要认真做好单台地震观测报告，防止数据被破坏。

8.1.4　形变观测

形变长期观测指标如图 4 所示。

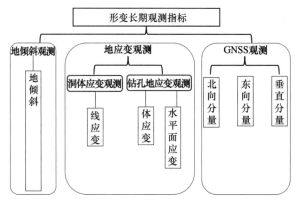

图 4　形变长期观测指标图

8.1.4.1　地倾斜观测

（1）观测对象与要求

1）地倾斜观测使用基线式倾斜仪或摆式倾斜仪在洞室或钻孔内测量观测点地平面垂线与法线之间的夹角随时间的变化。

2）地倾斜观测应符合基本要求如下：

① 分辨力应优于 0.0002″；

② 固体潮频段的最大允许误差为 0.003″；

③ 观测资料应能长期、连续、清晰地记录固体潮汐。

3）地倾斜观测频率应符合下列要求：

① 倾斜仪器的通频带应包含 120 s（0.0083 Hz）～1 年，观测频率范围宜包含 1 Hz（1 s）-DC（直流）；

② 基线式倾斜仪器的通频带应包含 60 s（0.0167 Hz）～1 年，观测频率范围宜包含 2 Hz（0.5 s）-DC；

③ 宽频带摆式倾斜仪器的通频带应包含 10 s（0.1 Hz）～1 年，观测频率范围宜包含 10 Hz（0.1 s）-DC。

4）观测数据采样率与吐出率应符合下列要求：

① 采样率应根据仪器观测频率范围确定；

② 基线式倾斜仪器的采样率应不低于 8 Hz，数据吐出率应不低于 1 次/min；

③ 宽频带摆式倾斜仪器的采样率应不低于 40 Hz，数据吐出率应不低于 1 次/s；

④ 分钟采样的倾斜仪器的截止频率应不高于 0.0083 Hz（120 s），应在数据采集器前加一个截止频率不高于 0.0083 Hz（120 s）的高阶低通滤波器。

5）观测数据精度：

① 固体潮汐参数 M_2 波月潮汐因子中误差应不大于 0.02；

② 日均值的连均方差（或五日均值契氏拟合）计算年度噪声水平应不大于 0.02″。

6）辅助观测：

① 设置气压、降水量、气温、洞室温度等辅助观测项；

② 在水库、河流、湖泊、海洋附近进行观测时，宜增设库、河、湖、海等的水位辅助观测项，或收集主要干扰源的水位变化数据序列；

③ 当观测站附近有抽（注）水井工作时，应建立抽（注）水记录，有条件时宜观测抽水井抽水时的地下水位变化；

④ 洞室温度观测分辨力为 0.01 ℃；

⑤ 气压观测分辨力为 0.1 hPa；

⑥ 降水量观测分辨力为 1 mm；

⑦ 辅助观测数据吐出率宜与主测项一致。

（2）观测原理与方法

a. 基线式倾斜仪测量原理

记 A、B 分别为倾斜仪水平基线的两个端点，两个端点间的基线长度为 L。当地面上升或下降运动时，引起基线方向 A、B 两个端点的高差变化量为 Δh，则该方向的倾斜（φ）为

$$\varphi = \arctan\left(\frac{\Delta h}{L}\right) \tag{8.16}$$

b. 摆式倾斜仪测量原理

1）垂直摆倾斜仪测量原理。

令 A 点为倾斜仪摆系的固定点，B 点为摆锤质心初始位置，AB 折合摆杆长度为 L，倾斜仪器安置于基岩墩上。当地面上升或下降运动时，受重力作用，摆锤将由 B 点移动至新平衡位置 B′点，变化距离为 Δd，产生的倾斜（φ）为

$$\varphi = \arctan\left(\frac{\Delta d}{L}\right) \tag{8.17}$$

φ 表示了地面垂直运动在 ABB′平而上产生的倾斜量。

2）水平摆倾斜仪测量原理。

令测点 O 上摆系的初始转轴 OO′与地面铅垂线 OA 间的夹角为 i，i 所在的平面为初始平衡面。当地平面相对 i 平面发生倾斜 φ 时，摆杆绕铅垂线在水平面偏转 α 至新平衡位置，考虑摆杆吊丝扭力作用产生的附加角 ε，则地面倾斜（φ）为

$$\varphi = (i + \varepsilon)\alpha / \rho \qquad (8.18)$$

式中，$\rho = 206265''$。

c. 地倾斜计算

1）二分量观测值计算。

观测分量为 α_1、α_2 两个方向，测得地倾斜变化分别为 φ_1 和 φ_2，对应的地倾斜（φ）与方位 α 为

$$\varphi = \frac{1}{\left|\sin(\alpha_2 - \alpha_1)\right|} \left[\left(\varphi_1\sin\alpha_2 - \varphi_2\sin\alpha_1\right)^2 + \left(\varphi_2\cos\alpha_1 - \varphi_1\cos\alpha_2\right)^2\right]^{1/2} \quad (8.19)$$

$$\alpha = \arctan\frac{\varphi_2\cos\alpha_1 - \varphi_1\cos\alpha_2}{\varphi_1\sin\alpha_2 - \varphi_2\sin\alpha_1} \qquad (8.20)$$

2）北南和东西分量观测值计算。

观测分量的 α_1、α_2 两个方向为正北南与正东西方向，即 $\alpha_1 = 0°$、$\alpha_2 = 90°$，则地倾斜（φ）与方位（α）为

$$\varphi = \sqrt{\varphi_1^2 + \varphi_2^2} \qquad (8.21)$$

$$\alpha = \arctan(\varphi_2 / \varphi_1) \qquad (8.22)$$

（3）观测分量布设

在观测点应设置两个分量的地倾斜观测仪，分量布设应符合下列要求：

1）按正北南（地理方位角 0°）、正东西（地理方位角 90°）两个方向分别安装北南、东西分量倾斜仪；

2）当洞室条件允许时，可与北南、东西两个分量成 45° 夹角布设第三分量的倾斜仪；

3）若受洞室条件限制，北南、东西分量的倾斜仪不能按地理方位角 0°、90° 布设，可放宽条件，但两个分量间的夹角应在 60°～120°。

（4）组网观测

a. 观测网构成

地倾斜观测网由一定空间范围内分布的若干个地倾斜观测站组成。根据地倾斜观测网的作用和技术指标可分为 I 级地倾斜观测网和 II 级地倾斜观测网。

b. 断裂带观测组网

1）监测断裂带的地倾斜观测站布设应满足地质、地貌地形条件，避开断层穿

过观测站，距断裂破碎带的距离宜不小于 0.5 km。

2）观测站沿断裂带布设时，宜布设于断裂两侧。

c. 火山、大型水库观测组网

1）火山、大型水库等专用地倾斜观测站布设，应综合空间范围、变形敏感点等因素。

2）布设两个及其以上地倾斜观测站时，宜根据监测区域分布、构造条件等对称布设。

d. 沿海观测组网

1）沿海岸观测组网。

① 在沿海岸布设地倾斜观测站时，应规避海潮影响显著的区域与位置；在观测过程中，应同时收集观测站附近的检潮站观测数据。

② 沿海岸地倾斜观测站应选择在海面宽阔、海底平坦的区域附近，避开狭窄海湾和复杂海底地形的区域。

2）海潮观测剖面组网。

① 应布设多条从沿海延伸至内陆的地倾斜观测剖面，剖面由若干个地倾斜观测站组成。

② 地倾斜观测站选址应在地质构造简单和地形平坦的地区，避开地形复杂和地下构造非各向同性较强的地区。

8.1.4.2 地应变观测

在地球内力和外力作用下，地壳中两点间会产生距离的伸缩（线应变）或体积与面积的膨胀和压缩（体应变或面应变）。地应变观测包括洞体应变观测（使用伸缩仪测量线应变）和钻孔地应变观测，钻孔地应变观测分为钻孔体应变观测和钻孔分量应变（水平面应变）观测，分别使用体积式应变仪和分量式钻孔应变仪测量。

（1）洞体应变观测

a. 观测对象与要求

1）洞体应变观测是在洞体（水平坑道或平洞）内对地应变随时间变化进行的连续观测，观测对象为线应变。

2）观测要求如下：

① 分辨力应不大于 $5×10^{-10}$；

② 固体潮频段最大允许误差应不大于 $8×10^{-9}$；

③ 观测范围应不小于 $5×10^{-6}$，可具备扩展量程；

④ 观测频带范围应包含 120 s（0.0083 Hz）～1 年，宜包含 2 Hz-DC；

⑤ 观测采样率宜根据仪器的最高频率来确定，数据吐出率应不低于 1 次/min；

⑥ 观测资料应能长期、连续、清楚地识别固体潮；

⑦ 观测资料固体潮 M_2 波月潮汐因子相对中误差应不大于 0.05，年度相对噪声水平应不大于 $0.05×10^{-6}$。

3）辅助观测配置与要求如下：

① 洞体应变观测站应设置气压、降水量、气温、洞室温度等辅助观测；

② 温度观测分辨力为 0.01 ℃；

③ 气压观测分辨力为 0.1 hPa；

④ 降水量观测分辨力为 1 mm；

⑤ 辅助观测数据采样率宜与主测项一致；

⑥ 在江河、期泊、水库附近进行观测时，宜增加对江河、湖泊、水库水位变化的观测，在沿海观测时，应收集测点附近验潮站的观测数据；

⑦ 当观测站附近有抽（注）水井工作时，应建立抽（注）水记录，有条件时宜记录地下水位变化。

b. 观测原理和方法

1）在洞室中按照指定方向在水平面上 A、B 两点间设置长度为 L 的测量基线，通过观测 A、B 两点间距离的变化量 ΔL，确定其水平线应变为

$$\varepsilon = \frac{\Delta L}{L} \tag{8.23}$$

式中：ε 为线应变，即单位长度的相对变化量，岩体压缩为负值，反之为正值；L 为基线长度，即 A、B 两点间起始距离；ΔL 为 L 的变化量，$\Delta L = L'-L$，L' 为发生变化后的 A、B 两点间距离。

2）伸缩仪的基本工作方法。

洞体应变观测采用伸缩仪测量两点间距离的相对变化。以线膨胀系数极小的材料做测量基线，基线一端（固定端 B）固定安装在仪器墩上（称为固定墩），另一端（测量端 A）与位移传感器一起置于另一个仪器墩上（称为测量墩）。在洞体密封较好、温度变化限制在特定范围的条件下，视基线长度不变；当地壳岩石发生压缩或拉伸，反映为固定墩与测量墩之间距离发生变化时，位移传感器将此间距变化转换为电信号输出，通过式（8.23）计算可得到地壳表面 A、B 两点间的相对变化量即水平线应变。

3）主应变及其方向与剪应变计算。

在任一正交曲线坐标 (ξ,η) 中，地球的自由表面上任一点处的平面应变张量矩

阵 e 可以表示为 $\begin{pmatrix} \varepsilon_{\xi\xi} & \varphi_{\xi\eta} \\ \varepsilon_{\xi\eta} & \varepsilon_{\eta\eta} \end{pmatrix}$，其中，$\varepsilon_{\xi\xi}$ 和 $\varepsilon_{\eta\eta}$ 分别为坐标轴 ξ 与 η 方向的线应变。由该应变张量矩阵可以计算任意方向上的线应变。在平面应变张量矩阵中只有三个独立分量，而线应变为其中两个。当在平面上有三个不同方向的线应变测量值时，可以确定主应变及其方向，并由此计算出应变张量中的剪应变分量。三分量洞体应变观测确定主应变及其方向与剪应变的计算方法参考《地震地壳形变观测方法 洞体应变观测》（DB/T 46—2012）。

c. 观测仪器布设

1）洞体应变测量基线布设应符合下列要求：

① 测量基线不应跨断层安装；

② 测量基线按正北南（地理方位角 0°）、正东西（地理方位角 90°）两个方向互相垂直布设；

③ 若受洞室条件限制，测量基线的方位可适当放宽要求，但两个分量夹角应在 60°～120°；

④ 在洞室条件允许时，应布设第三分量观测，第三分量宜与北南、东西分量成 45°夹角，使观测结果可解算平面应变三分量。

2）洞体应变观测与其他形变观测手段组合观测时应符合下列要求：

① 观测站宜有倾斜、GHSS 观测手段，以获得宽频域、多参量的形变观测信息；

② 宜与钻孔应变仪器同地点或近距离（观测点间距不大于 1 km）布设观测，以获取对比观测数据；

③ 同台或近距离布设时，分量式钻孔应变仪器的观测分量宜与洞体应变仪器的观测分量方位角一致。

d. 组网观测

1）观测网构成。

洞体应变观测网由一定空间范围内分布的若干个洞体应变观测站组成。根据洞体应变观测网的作用和技术指标可分为 I 级洞体应变观测网和 II 级洞体应变观测网。

2）断层附近观测组网。

洞体应变观测网在断层附近的布局要求如下：

① 断层、断裂带、地震带、地震断裂带等附近的洞体应变观测站，应考虑满足地质、地貌地形条件，沿断裂带布设，避免断层穿过观测站；

② 观测站宜展布在断层两侧布设，距断层破碎带的距离宜不小于 0.5 km。

3）火山、水库观测组网。

火山、大型水库等专用洞体应变观测网的布局要求如下：

① 火山、大型水库等专用洞体应变观测站布设，应综合考虑空间范围、变形敏感点等因素；

② 布设两个及以上的观测站时，宜根据监测区域的范围、构造环境等采用对称布设模式。

4）沿海和海潮观测组网。

沿海和海潮观测组网布局要求如下：

① 在我国沿海的近海岸布设洞体应变观测站，应规避海潮影响大的区域；

② 沿海观测站应避开狭窄海湾和复杂海底地形附近的地点；

③ 应布设从沿海至内陆延伸的用于研究海洋潮汐负荷影响的多条应变观测剖面站；

④ 剖面观测站应选在地质构造简单和地形平坦的地区，避开表面地形复杂和地下构造非各向同性较强的地区。

（2）钻孔体应变观测

a. 观测对象与要求

1）钻孔体应变观测是通过钻孔用钻孔应变仪对地下某处体应变随时间变化的观测。

2）钻孔体应变观测要求：

① 分辨力应优于 1×10^{-9}；

② 固体潮频段最大允许误差应不大于 8×10^{-9}；

③ 观测频带范围应包含 120 s（0.0083 Hz）～1 年，宜包含 2 Hz-DC；

④ 观测采样率应根据仪器的最高频率来确定，数据吐出率应不低于 1 次/min；

⑤ 观测资料应能长期、连续、清楚地识别固体潮；

⑥ 观测资料固体潮 M_2 波月潮汐因子相对中误差应不大于 0.05。

3）辅助观测配置与要求

① 应设置气压、钻孔水位、钻孔（水位）温度、降水量等辅助观测，要求气压观测分辨力为 0.1 hPa，水位观测分辨力为 1 mm，温度观测分辨力为 0.01 ℃，降水量观测分辨力为 1 mm；

② 在水库、河流、湖泊、海洋附近进行观测时，宜增设库、河、湖、海等水位辅助观测，或收集主要干扰源的数据序列；

③ 当观测站附近有抽（注）水井工作时，应建立抽（注）水记录，有条件时宜观测抽水井的地下水位变化；

④ 辅助观测数据吐出率宜与主测项一致。

b. 观测原理与方法

1）观测原理。

在钻孔内安装一个长圆形的弹性筒，筒内充满特殊的液体，通过观测液压的增大或减小，求得液体体应变，弹性筒内液体压力的变化为

$$P = kS \tag{8.24}$$

式中，S 为液体体应变；k 为体压缩模量。

2）体应变观测应变换算方法。

钻孔体应变观测数据的处理应使用增量，即某一时刻的观测值对观测之前某一时刻观测值的变化量。

岩石体应变（ε）与观测液体体应变（S）的换算公式为

$$\varepsilon = S / C \tag{8.25}$$

式中，C 为耦合系数。

3）耦合系数求解方法。

记 S 为钻孔体应变观测值，并设 ε 为已知岩石体应变（一般借助理论应变固体潮），可用下列公式确定耦合系数（C）。

$$C = S / \varepsilon \tag{8.26}$$

c. 组网观测

1）断裂带观测组网。

① 监测断裂带的钻孔地应变观测站布设，应满足地质、地貌地形条件，避开断层穿过观测站，距断裂破碎带的距离宜不小于 0.5 km；

② 观测站沿断裂带布设时，宜布设于断裂两侧。

2）火山、大型水库观测组网。

① 火山、大型水库等专用钻孔地应变观测站布没，应综合空间范围、变形敏感点等因素；

② 布设两个及其以上钻孔地应变观测站时，根据监测区域分布、构造条件等，宜对称设置观测站。

3）沿海观测组网。

① 在沿海布设钻孔地应变观测站时，应规避海潮影响显著的区域与位置，在观测过程中，应同时收集观测站附近验潮站的观测数据；

② 沿海观测台站应选择在海面宽阔、海底平坦的区域附近，应避开狭窄海湾和复杂海底地形的区域。

4）海潮观测剖面组网。

① 应布设多条从沿海延伸至内陆的钻孔地应变观测剖面，剖面由若干个钻孔应变观测站组成；

② 剖面观测站选址应在地质构造简单和地形平坦的地区，避开表面地形复杂和地下构造非各向同性较强的地区。

5）强震带观测组网。

① 钻孔地应变观测站应沿强震带主要断裂布设，重点布设在断层端部或断层交会处；

② 根据区域地震活动情况，设计观测站密度，观测站间距宜不大于 50km，强震发生时，宜有一个以上观测站位于震中区内；

③ 应与其他观测项共用场地，同步观测。

6）科研对比观测组网。

① 同站对比观测，两台或以上同型号仪器的对比，间距不宜超过 100 m；

② 异站对比观测，与对比观测站之间的距离应小于 10 km。

（3）钻孔分量应变观测

a. 观测对象与要求

1）钻孔分量应变观测对象为水平面应变状态的变化。

2）钻孔分量应变观测要求参考钻孔体应变观测要求及其辅助观测配置要求。

b. 观测原理与方法

1）观测原理。

分量钻孔应变仪直接测量的是探头套筒内壁某方位直径的相对变化。其基本假设是当远处有均匀水平主应变（最大主应变，ε_1）和最小主应变（ε_2）时，方位 θ 的探头套筒内壁直径相对变化（S_θ）可表达为

$$S_\theta = A(\varepsilon_1 + \varepsilon_2) + B(\varepsilon_1 - \varepsilon_2)\cos(\theta - \phi) \tag{8.27}$$

式中，ϕ 为主方向（ε_1 的方位）；A、B 为耦合系数。

钻孔四分量应变观测在仪器探头套筒中装有四个位移观测元件，分别测量间隔为 45° 的四个方位的套筒内壁直径变化 S_i（i=1，2，3，4）。在理想情况下，四分量测值满足自洽方程：

$$S_1 + S_3 = S_2 + S_4 \tag{8.28}$$

当四分量原始测值显著偏离自洽方程时，应对元件灵敏度进行相对矫正。此时，应记原始测值为 R_i（i=1，2，3，4），采用矫正值 $S_i = K_i R_i$，其中 K_i 为元件灵敏度矫正系数。

钻孔四分量应变观测数据的处理应使用增量，即某一时刻的观测值对观测之前某一时刻观测值的变化量。

2）分量应变观测的应变换算方法。

① 四个元件都正常工作的应变换算。

按顺时针次序，记观测值（变化量）为 S_i（i=1，2，3，4），并记 θ_1 为第一个元件的方位角（单位为弧度），则有

$$\begin{cases} s_{13} = S_1 - S_3 \\ s_{24} = S_2 - S_4 \\ s_a = \dfrac{1}{2}(S_1 + S_2 + S_3 + S_4) \end{cases} \tag{8.29}$$

主方向应变状态（ε_1，ε_2，ϕ）为

$$\begin{cases} \phi = \dfrac{1}{2}\arctan(\dfrac{s_{24}}{s_{13}}) + \theta_1 \\ \varepsilon_1 = \dfrac{1}{4A} s_a + \dfrac{1}{4B}\sqrt{s_{13}^2 + s_{24}^2} \\ \varepsilon_2 = \dfrac{1}{4A} s_a - \dfrac{1}{4B}\sqrt{s_{13}^2 + s_{24}^2} \end{cases} \tag{8.30}$$

式中，ε_1 为最大主应变；ε_2 为最小主应变；ϕ 表示最大主应变的方位角，亦即主方向。

地理坐标应变状态（ε_N，ε_E，ε_{NE}）为

$$\begin{cases} \varepsilon_N = \dfrac{1}{4A} s_a + \dfrac{1}{4B}(s_{13}\cos 2\theta_1 - s_{24}\sin 2\theta_1) \\ \varepsilon_E = \dfrac{1}{4A} s_a - \dfrac{1}{4B}(s_{13}\cos 2\theta_1 - s_{24}\sin 2\theta_1) \\ \varepsilon_{NE} = \dfrac{1}{4B}(s_{13}\sin 2\theta_1 + s_{24}\cos 2\theta_1) \end{cases} \tag{8.31}$$

式中，ε_N 为正北方位的正应变；ε_E 为正东方位的正应变；ε_{NE} 为剪应变。

② 只剩三个元件正常工作的应变换算。

当四分量钻孔应变仪的一个元件发生故障，只剩三个元件正常工作时，可根据故障元件不同，分别采用下列公式换算最大主应变（ε_1）、最小主应变（ε_2）和主方向（ϕ）。

若 1# 元件故障，剩下 2#、3#、4# 元件正常工作，有

$$\begin{cases} \phi = \dfrac{1}{2}\arctan\left(\dfrac{S_2 - S_4}{S_2 + S_4 - 2S_3}\right) + \theta_1 \\[2mm] \varepsilon_1 = \dfrac{1}{4A}(S_2 + S_4) + \dfrac{1}{4B}\sqrt{(S_2 - S_4)^2 + (S_2 + S_4 - 2S_3)^2} \\[2mm] \varepsilon_2 = \dfrac{1}{4A}(S_2 + S_4) - \dfrac{1}{4B}\sqrt{(S_2 - S_4)^2 + (S_2 + S_4 - 2S_3)^2} \end{cases} \quad (8.32)$$

若 $2^{\#}$ 元件故障，剩下 $1^{\#}$、$3^{\#}$、$4^{\#}$ 元件正常工作，有

$$\begin{cases} \phi = \dfrac{1}{2}\arctan\left(\dfrac{S_1 + S_3 - 2S_4}{S_1 - S_3}\right) + \theta_1 \\[2mm] \varepsilon_1 = \dfrac{1}{4A}(S_1 + S_3) + \dfrac{1}{4B}\sqrt{(S_1 - S_3)^2 + (S_1 + S_3 - 2S_4)^2} \\[2mm] \varepsilon_2 = \dfrac{1}{4A}(S_1 + S_3) - \dfrac{1}{4B}\sqrt{(S_1 - S_3)^2 + (S_1 + S_3 - 2S_4)^2} \end{cases} \quad (8.33)$$

若 $3^{\#}$ 元件故障，剩下 $1^{\#}$、$2^{\#}$、$4^{\#}$ 元件正常工作，有

$$\begin{cases} \phi = \dfrac{1}{2}\arctan\left(\dfrac{2S_2 - S_4}{2S_1 - S_2 - S_4}\right) + \theta_1 \\[2mm] \varepsilon_1 = \dfrac{1}{4A}(S_2 + S_4) + \dfrac{1}{4B}\sqrt{(2S_1 - S_2 - S_4)^2 + (S_2 - S_4)^2} \\[2mm] \varepsilon_2 = \dfrac{1}{4A}(S_2 + S_4) - \dfrac{1}{4B}\sqrt{(2S_1 - S_2 - S_4)^2 + (S_2 - S_4)^2} \end{cases} \quad (8.34)$$

若 $4^{\#}$ 元件故障，剩下 $1^{\#}$、$2^{\#}$、$3^{\#}$ 元件正常工作，有

$$\begin{cases} \phi = \dfrac{1}{2}\arctan\left(\dfrac{2S_2 - S_1 - S_3}{S_1 - S_3}\right) + \theta_1 \\[2mm] \varepsilon_1 = \dfrac{1}{4A}(S_1 + S_3) + \dfrac{1}{4B}\sqrt{(S_1 - S_3)^2 + (2S_2 - S_1 - S_3)^2} \\[2mm] \varepsilon_2 = \dfrac{1}{4A}(S_1 + S_3) - \dfrac{1}{4B}\sqrt{(S_1 - S_3)^2 + (2S_2 - S_1 - S_3)^2} \end{cases} \quad (8.35)$$

3）四分量应变观测的相关参数求解方法。

① 元件灵敏度相对矫正系数的求解方法。

记任意一个元件的原始测值（变化量）为 R_1，依次顺时针转动 $45°$，有各元件原始测值 R_2、R_3 和 R_4。当原始测值 R_i（$i=1$，2，3，4）显著偏离自洽方程时，令 $S_i = k_i R_i$，可假设它们满足自洽方程：

$$k_1 R_1 + k_3 R_3 = k_2 R_2 + k_4 R_4 \quad (8.36)$$

给定任意一个 k_i 为 1，将大量实际测值代入，用最小二乘法可求解得到其他 k_i。分别给定所有 k_i 为 1，可得到四组值 k_{ij}（i，$j=1$，2，3，4），对这四组值取

平均值作为最终结果：

$$K_i = \frac{1}{4}\sum_{j=1}^{4}k_{ij} \qquad\qquad (8.37)$$

这样得到的 K_i 称为元件灵敏度矫正系数，可用来对四分量原始测值（变化量）进行矫正。实际计算元件灵敏度矫正系数，应使用长期的、曲线变化平稳时期的小时差分数据。

② 耦合系数 A 和 B 的求解方法。

在 xy 坐标系中，记（ε_1，ε_2，ϕ）或（ε_{xx}，ε_{yy}，ε_{xy}）为已知应变状态变化（一般借助理论应变固体潮），可用下列公式确定换算耦合系数 A 和 B。

可用下式确定 A：

$$s_{\mathrm{a}} = 4A(\varepsilon_1+\varepsilon_2) = 4A(\varepsilon_{xx}+\varepsilon_{yy}) \qquad\qquad (8.38)$$

可用下式确定 B：

$$\sqrt{s_{13}^2+s_{24}^2} = 2B(\varepsilon_1-\varepsilon_2) = 2B\sqrt{2\varepsilon_{xy}^2+(\varepsilon_{xx}-\varepsilon_{yy})^2} \qquad (8.39)$$

实际计算耦合系数 A 和 B，应使用长期的、曲线变化平稳时期的大量小时差分数据，用最小二乘法求解最佳估计值。

c. 组网观测

钻孔分量应变组网观测要求同钻孔体应变组网观测要求。

8.1.4.3　GNSS 形变观测

（1）观测要求

连续 GNSS 台站定位坐标年变化率测定，水平中误差优于 2 mm/a、垂直中误差优于 3 mm/a。

（2）观测原理

GNSS 定位的基本原理来源于常规测量中的距离交会法。观测站的 GNSS 接收机（含天线）在某一时刻同时接收不少于四颗的 GNSS 卫星信号，测量出 GNSS 接收机到 GNSS 卫星之间的距离，根据空间距离后方交会的方法求出观测站的位置。接收机连续跟踪 GNSS 卫星，可得到观测站位置随时间的变化。

（3）数据采集

a. GNSS 观测

1）天线应稳固地架设在观测墩上，天线定向线应经磁偏角改正后指向正北，定向误差不大于+5°。正式观测前应精确量取天线高度，读数精确至 1 mm。要详细记录天线高度量取的位置（前置放大器底部，天线盘的盘底、盘中、盘顶等）和量测方式（垂高、斜高）。天线应加天线保护罩。

2）仪器的集成柜应平稳地放在观测室中合适的地方。

3）要逐项检查各电缆的连接，确认无误后方可开机。

4）GNSS 数据记录参数设定：

① 观测站名为四字符规定代码；

② 观测采样间隔分别为 30 s、1 s、0.02 s；

③ 截止高度角为 5°；

④ 最小卫星数量为 4；

⑤ 循环记录缓冲区 30 s 采样间隔存储空间为 500 MB，1 s 采样间隔存储空间为 550 MB，0.02 s 采样间隔存储空间为 2200 MB；

⑥ GNSS 数据记录方式为压缩方式。

5）接收机开始工作后，观测人员应每天查看一次接收机的工作状态，确保仪器安全。

6）观测人员要细心操作仪器，要防止他人或其他物体碰动天线或阻挡卫星信号。

7）雷雨期间要注意防止雷击，雷雨过境时可暂时关机。

8）观测过程中发生意外情况（如仪器发生故障）应及时向数据中心报告，并采取必要措施。

9）观测人员应每天认真填写观测日志，严禁事后补记、涂改与编造。

b. 气象观测

1）气象观测采用经检验合格的数字气象仪器，数据采用自动下载或人工下载，随测数据存储和传输。

2）气象数据采样间隔为 30 s。观测内容包括干温（℃）、相对湿度（%）和气压（hPa）。

3）气象记录不正常时应对气象仪器参数进行重新设置，设置方法见仪器说明书。

（4）数据下载与处理

a. GNSS 数据下载

1）数据下载软件为接收机随机软件或 FTP 客户端；

2）下载文件为接收机原始文件；

3）以 1 h［协调世界时（universal time coordinated，UTC）每小时的 00：00～59：59］为一个时段；

4）30 s 及 1 s 采样观测数据下载时间为 UTC 每整点时；

5）首选自动下载方式，备选手动下载方式。

b. 气象数据下载

气象数据采用自动或人工方式随同接收机 GNSS 原始数据文件下载。

c. 数据转换

原始数据文件在数据下载后应立即采用 GNSS 接收机随机软件自动或手动转换为 RINEX 格式文件；首选方式自动转换，备选方式手动转换。

d. 数据存储

1）数据存储文件：GNSS 原始数据文件、气象数据文件、RINEX 数据文件或 RINEX 数据压缩文件。

2）数据压缩：RINEX 文件可采用数据无损压缩存储，压缩方式及程序由数据中心指定。

3）数据文件存储于计算机指定目录。

4）数据文件存储目录结构：X（盘符）:\采样频率\RefData.年份（两位）\Month.月（三位）\Day.天（两位）\站点名（四位）\。

5）接收机数据存储：同时设置三种时段的采样数据，30 s 采样间隔数据以 1 h 为一个文件，1 Hz 和 50 Hz 采样率数据以 15 min 为一个文件。

6）数据文件保存：30 s 采样间隔观测 GNSS 原始数据文件、气象数据文件、RINEX 数据文件或 RINEX 数据压缩文件保存五年（如在接收机内保存，30 s 采样间隔数据在接收机里分配 500 MB 空间能保存一年，1 Hz 采样率数据分配 550 MB 空间能存 30 d，50 Hz 采样率数据分配 2200 MB 空间能存 7 d）。

7）应急观测（50 Hz 采样率观测）GNSS 数据文件保存 7 d。

（5）数据传输

1）观测数据下载后应及时传输到指定位置，延时不超过 3 min（即 UTC 每整点时下载，不迟于 UTC 该小时的 03：00）；

2）数据通信手段首选方式为数据专线通信，备选方式为数据卫星通信；

3）数据传输方式首选方式为主取（数据中心主动获取基准站数据），备选方式为主送（由基准站向远程指定的计算机传送数据）；

4）数据通信协议、软件、传输数据类型及数据传输方式由数据中心指定；

5）数据通信时间表由数据中心拟定。

8.2 专项观测指标的观测方法

8.2.1 地球物理场观测

8.2.1.1 相对重力联测

（1）观测对象与要求

1）相对重力联测是使用相对重力仪在观测区域内测量各观测点之间的重力差（段差），当对观测点进行重复测量时，还可得到观测点重力的时间变化，其主要目的是通过加密重力测量测定区域或局部地球重力场的精细分布；

2）利用与绝对重力观测点的联测结果时，测段单程联测精度应不大于 10×10^{-8} m/s²，观测点观测值的平均标准偏差应不大于 10×10^{-8} m/s²；

3）相对重力联测在重力联测网平差后，测段单程联测精度应不大于 15×10^{-8} m/s²，重力观测点平差值的平均标准差应不大于 15×10^{-8} m/s²。

（2）观测方法

1）宜使用两台及以上的相对重力仪，采用串式对称观测，即测点 A→测点 B→测点 C→……→测点 C→测点 B→测点 A；需联测到至少两个绝对重力控制点数据。

2）每个观测点需读三次合格读数，三次读数的互差不得大于 5×10^{-8} m/s²；若超过限差可补测一次，仍超限时需重新整平仪器后重复测量；一组读数的时间不得超过 8 min。

3）一条测线（由两个以上测点构成的重力联测线路）应在 60 h 内闭合（由起始观测点开始，联测数个观测点后，返回起始观测点），观测困难地区可延长至 84 h。

4）一条测线中仪器静置超过 2 h，应在静止点重复测量，以消除仪器的静态零漂。

5）同一测段往返观测经固体潮、零漂和格值等改正得到每台仪器重力段差；单台相对重力仪往返测量结果之差（自差）要求不超过 25×10^{-8} m/s²；对多台仪器而言，各仪器在同一测段上所测段差之差（互差，反映了各台仪器之间的一致性），应不超过 40×10^{-8} m/s²。高原、沙漠及交通不便的特殊困难地区等可放宽到 1.5 倍。

6）重力观测点均需测定平面坐标和高程，可用卫星定位系统测定；平面坐标和高程测定中误差不超过 1 m。

8.2.1.2 流动地磁观测

（1）观测对象与要求

1）根据测量的地磁要素，流动地磁测量包括对地磁总强度的测量和对地磁矢量的测量。流动地磁测量分为普通测量和重复测量两种模式，普通测量模式指在空间点进行一次性测量；重复测量模式指依照相对固定时间间隔在确定的空间位置点上进行多次测量。

2）地磁总强度的重复观测周期宜为 1～3 个月，日变化通化均方误差 $\delta F \leqslant$ 1 nT。

3）地磁矢量的重复观测周期宜为 1～5 年，日变化通化均方误差 $\delta D \leqslant 0.5'$、$\delta I \leqslant 0.3'$、$\delta F \leqslant 1$ nT。

（2）观测方法

a. 地磁总强度梯度测量

地磁总强度测量中，在普通测点设置时，应进行地磁总强度梯度测量，在重复测点设置时，应在主测点和辅助测点上进行地磁总强度梯度测量；地磁矢量测量中，在普通测点设置时，应进行地磁总强度梯度测量，在重复测点设置时，应在地磁总强度测点与磁偏角、磁倾角测点上进行地磁总强度梯度测量，在重复测点进行重复测量时，应在磁偏角、磁倾角测点上进行地磁总强度梯度重复测量。测点位置地磁总强度梯度测量需完成如下程序，并符合相应技术要求。

1）水平梯度测量位置设置如下：以主测点或磁偏角磁倾角测点为中心，在近东西及近南北方向上布设两条长 10 m 的正交测线，每个方向以 1 m 为间隔布设五个测量位置，共 21 个测量位置。测线方向使用 1°地质罗盘测定，布设测量位置时应使用标准测绳，并在地磁测点点之记上做准确记录。

2）垂直梯度测量位置设置如下：分别设定在测点正上方的 0.5 m、1.0 m、1.5 m 与 2.0 m 高度处。

3）地磁总强度梯度测量位置的编号如下：以近东向测线最东处测量位置为 1 号，由东向西依次为 1～11 号，以近南向测线最南处测量位置为 12 号，由南向北依次为 12～22 号，测点正上方 0.5 m 处为 23 号观测位置，由下而上依次为 23～26 号；其中 6 号、17 号和 24 号位置为测点正上方位置。

4）在辅助测点或地磁总强度测点处架设一台测量仪器作为日变化观测仪器，与梯度测量仪器进行同步观测。

5）在进行水平梯度测量时，探头必须置于距地面三节探杆（所使用测量仪器为 GSM-19T 型质子旋进磁力仪时）或两节探杆（所使用测量仪器为 G-856 型质子旋进磁力仪时）的高度位置上。

6）在每个梯度测量位置上，用测量仪器读取地磁场总强度的三个测量数，数据间隔不大于 6 s。在此时间段内，在日变化观测仪器上读取一个地磁总强度数值，以便进行地磁总强度的日变化通化。

7）对每个梯度测量位置上的观测数据求取平均得到均值 F_i，减去同时段日变观测值 F_t，得到差值 ΔF_i，使用 6 号、17 号和 24 号位置 ΔF_i 的均值 $\Delta F_{6,17,24}$ 作为中心参考值，每个梯度测量位置的 ΔF_i 减去中心参考值，既得到测点周边梯度分布情况；记录地磁测点地磁总强度梯度测量结果，计算测点所处场地地磁总强度水平梯度和垂直梯度，绘制地磁测点地磁总强度梯度分布图。

b. 地磁总强度测量

在测点上使用两台测量仪器，在主测点和辅助测点进行地磁总强度测量，主测点和辅助测点的间距为 30～50 m。采用交换同步测量方法进行地磁总强度测量，在主测点和辅助测点上共同步进行六组地磁总强度测量，每组地磁总强度测量读数的起始时间须为整分，每组测量应在 1 min 之内均匀完成，具体测量方法如下：

1）地磁总强度测量应在磁情较好的日期进行，尽量避开日变化较大的正午时段，或磁扰、磁暴时段，若遇到突发强磁扰和磁暴等特殊情况应停止测量。

2）测量时间采用"世界时"。每天测量前应进行校时，以 GNSS 时间或中央广播电视台时间为准，校时时差不大于 2 s。

3）在开始重复性地磁测量前应检查、核实测点处及周边人工电磁环境未发生明显变化，包括各种人工建筑及附属物的位置、形式、性质、用途等，尤其注意各种电力输送线路和各种无线电发射塔的变化情形。

4）在开始重复性地磁测量前应检查、核实测点位置未发生明显变化，如检查、核实测桩、标石或参考标志等的完好性、准确性。

5）将仪器 1 置于主测点，将仪器 2 置于辅助测点；仪器 1 与仪器 2 同步进行测量，各读取三组、每组 10 个有效观测数据；每组观测数据分别求组均值，依次记为 $F_{1A\text{-}1}$、$F_{1A\text{-}2}$、$F_{1A\text{-}3}$ 和 $F_{2B\text{-}1}$、$F_{2B\text{-}2}$、$F_{2B\text{-}3}$；最后，求取均值 F_{1A} 和 F_{2B}。

6）将仪器 1 置于辅助测点，将仪器 2 置于主测点；重复上一步的测量过程，并求取均值 F_{2A} 和 F_{1B}。

7）在进行地磁总强度测量时应严格按顺序记录每一个有效读数，不得随意挑选或跳过读数出现较大变化的测量数据；在确认观测受到干扰（如车辆经过、人员走动等）时，应及时排除、回避干扰，并重新测量。

8）每组测量应均匀读取 10 个测量数据，并在 1 min 之内结束；相邻两组测量的开始时间间隔不少于 2 min；交换仪器测量位置的时间不超过 5 min。

9）每组测量数据的组内差不得大于 2 nT，相邻两组测量数据的组均值差一般不得大于 3 nT；若出现某组测量数据组内差较大时，该组测量数据作废，及时进行补测；相邻两组测量数据的组均值差较大时，应重新进行测量。

10）使用 G-856 型质子旋进磁力仪时，测量过程中探头方向应严格指北；使用 GSM-19T 型质子旋进磁力仪时，其探头无方向性要求，但测量过程中探头方向应保持统一。

11）测量结束后应及时计算每组点位差 X、仪器差 Y，计算公式如下：

$$\begin{cases} X = \left[(F_{1A} - F_{2B}) + (F_{2A} - F_{1B}) \right] / 2 \\ Y = \left[(F_{1A} - F_{2B}) - (F_{2A} - F_{1B}) \right] / 2 \end{cases} \tag{8.40}$$

12）计算三组点位差、仪器差的平均值作为本次测量的点位差、仪器差的测量值。

13）重复测量点本次测量的点位差与已知点位差的差值不大于 1.5 nT，否则必须及时在主测点和辅助测点上进行总强度水平梯度及垂直梯度的重复测量。

14）测量过程中必须准确记录地磁总强度测量结果。结束全部测量后，必须在测量现场完成所有相关计算，并由非记录者对全部地磁总强度测量结果的填写和计算进行检查、复核。

c. 地磁矢量及相关辅助测量

地磁矢量及其辅助测量包括测点点位差测量、仪器差测量、地理方位角测量以及地磁矢量测量，测点进行重复测量时还应在磁偏角、磁倾角测点上进行地磁总强度梯度测量（可参考 "a. 地磁总强度梯度测量"）。

1）测点点位差和仪器差测量。

在进行地磁矢量测量时，地磁总强度和磁倾角的测量应同步完成，为避免测量仪器的相互干扰，地磁总强度测量仪器与磁通门经纬仪的安置位置须相隔 30～50 m，由此带来的地磁总强度测点与磁偏角–磁倾角测点位置之间地磁总强度空间分布的差异（即点位差），必须从地磁总强度测点处地磁总强度测量数据中消除。因此，在地磁矢量测量开始之前，应进行地磁总强度测点与磁偏角磁倾角测点的地磁总强度点位差测量。点位差测量所使用的仪器为质子旋进磁力仪或 Overhauser 磁力仪，其测量程序及技术要求参考 "b. 地磁总强度测量"，但测量仪器交换测量位置前后仅各进行一组测量。

2）地理方位角测量。

在进行地磁矢量测量时，若测量要素包括磁偏角，则需要确定测量基线的地理方位角。地理方位角可采用天文观测法或差分 GNSS 观测法等方法测量，本规范约定使用差分 GNSS 观测法，该方法的测量程序和相应技术要求如下：

① 在磁偏角–磁倾角测点位置和方位标志点位置上分别架设测量三脚架，其中磁偏角磁倾角测点位置上所架设的必须是无磁三脚架。

② 将 GNSS 接收天线基座放置在测量三脚架测量平台上, 利用水平器和光学

对中系统进行严格的调平和对中,其中在磁偏角–磁倾角测点位置上的对中误差不超过 1 mm。

③ 完成调平和对中后,紧固 GNSS 接收天线基座与测量三脚架测量平台的连接,确认三脚架的稳定、牢固。

④ 正确完成 GNSS 测量仪天线与主机的安置与连接;之后打开主机电源,确认主机电池具有足够的电量;正确输入测点代码和本次测量数据文件名。

⑤ 当确认当前磁偏角–磁倾角测点位置和方位标志点位置上的 GNSS 测量仪均接收到五颗以上 GNSS 卫星的信号,磁偏角–磁倾角测点位置和方位标志点位置上的 GNSS 测量仪同步开始进入测量状态。

⑥ 当磁偏角–磁倾角测点位置和方位标志点位置上的 GNSS 测量仪均显示等效测量基线长度大于 5 km 后,且所使用的测量仪观测时间不少于 20 min 时,结束测量状态。

⑦ 上述测量过程在地磁矢量测量开始之前和结束之后各进行一次。

⑧ 全部测量结束后,应立即进行 GNSS 测量数据文件的下载和两次地理方位角测量值的解算。

⑨ GNSS 数据处理与方位角解算时,下载测量数据,根据所用的 GNSS 卫星系统,选择相应的后处理软件解算测点经度、纬度和高程,使用真北方位角来计算地理方位角。

⑩ 每个测点的 GNSS 测量数据文件和地理方位角测量值的解算结果文件应建立独立的文件夹进行保存。

3)地磁矢量测量。

本规范约定地磁矢量测量的地磁要素为地磁总强度、磁偏角和磁倾角,地磁总强度测量使用质子旋进磁力仪或 Overhauser 磁力仪,磁偏角–磁倾角测量使用磁通门经纬仪。测点地磁总强度、磁偏角、磁倾角统一分组测量,一般应顺序进行六组测量,如遇特殊情况,测量组数可减少,但不得少于四组。每组测量顺序为开始标志方位测量、磁偏角独立测量、磁倾角与地磁总强度同步测量、终止标志方位测量,前一组的终止标志方位测量即为后一组的开始标志方位测量。每组磁偏角独立测量以及地磁总强度与磁倾角同步测量读数的起始时间必须为整分,均应在 4 min 内完成。相邻两组磁偏角独立测量的起始时间应留适当时间间隔,该时间间隔一般不小于 5 min 或大于 9 min。

重复测点本次测量地磁总强度测点和磁偏角–磁倾角测点的点位差与已知点位差的差值大于 1.5 nT 时,则必须及时在地磁总强度测点和磁偏角–磁倾角测点上根据建点时的地磁测点点之记进行总强度水平梯度及垂直梯度的重复测量。

具体地磁矢量测量方法如下,

① 测量应在磁情较好的日期进行,尽量避开日变化较大的正午时段,或磁扰、

磁暴时段，若遇到突发磁暴等特殊情况应停止测量。

② 测量时间采用"世界时"，每天测量前应进行校时，以 GNSS 时间或中央广播电视台时间为准，校时时差不大于 2 s。

③ 在开始重复性地磁测量前应检查、核实测点处及周边人工电磁环境变化未发生明显变化。所谓"人工电磁环境"包括各种人工建筑及附属物的位置、形式、性质、用途等，尤其注意各种电力输送线路和无线电发射塔的变化情形。

④ 在开始重复性地磁测量前应检查、核实测点位置未发生明显变化，如检查、核实测桩、标石或参考标志等的完好性、准确性。

⑤ 在进行 GNSS 测量的同时，将磁通门地磁经纬仪的仪器箱打开，使仪器和外界温度保持均衡，以利于测量数据的稳定。

⑥ 第一次 GNSS 测量结束后，将磁偏角–磁倾角测点位置上的 GNSS 测量仪取下，并记住 GNSS 接收天线基座方位，以便进行随后的第二次 GNSS 方位角测量时的仪器置中与第一次测量时保持一致。

⑦ 将磁通门经纬仪架设在三脚架上，利用水平器和光学对中系统进行严格的调平和对中，使经纬仪置中到标石十字交叉点或临时置中标志点上，并保持底座方位朝北。

⑧ 调平和对中的正确步骤：首先，旋转经纬仪的照准器，使长水准器平行于两螺旋中心连线，且保持仪器大概居中；其次，同时相向旋转两个脚螺旋（水泡移动方向和左手大拇指方向一致），使长水准器居中；然后，将仪器照准部旋转 90°，再旋转第三个脚螺旋（保持其他两个螺旋不变），使长水准器居中；最后，轻轻移动仪器用照准器将仪器置中。按上述程序反复操作，使长水准器在任意位置时水泡的偏离刻度都保持不变，且仪器严格居中。如果发现长水准器中的水泡位置超限，则可根据需要通过调节长水准器一端两个带孔的螺钉进行校正。将垂直度盘读数严格地置在 90°00.0′，分别旋转经纬仪照准部 90°、180°、270°、360°，在各个位置上检查垂直度盘读数，如有改变，则说明仪器水平和置中需重新调整，调整方法同上。重调水平后仍须按此方法进行验证，直到垂直度盘读数在 90°00.0′严格保持不变。

⑨ 完成调平和对中后，紧固经纬仪基座与测量三脚架测量平台的连接，确认三脚架的稳定、牢固。

⑩ 将磁通门经纬仪的显示器放置在背离太阳光方向的、距离测量三脚架 2 m 左右处。记录人员确保点检记录表格、记录工具和计时器完备无误；观测者清除所有随身铁磁性物体；所有杂物放置在距离测点 10 m 以外，交通车辆工具停放在距离测点 100 m 以外。

⑪ 打开磁通门经纬仪电源，确认工作电压稳定正常，将当前测量输出值调整到接近为零。观测者紧靠仪器，绕仪器周围走动一圈，同时注意磁通门经纬仪测量值的变化，如整体变化不大于 0.3 nT，则证明观测者"去磁"完全。

⑫ 磁偏角测量过程。

◆ 第一次标志观测：将磁通门经纬仪望远镜在正镜（探头向上）状态下瞄准标志，使望远镜十字丝与标志中心重合，读取水平度盘读数，并报记录人员记录读数到专用观测表格相应空格内，同时记录人员反报记录数据给观测人员，以确保记录数据无误。然后，将望远镜十字丝人为调离标志中心，再调到望远镜十字丝和标志中心重合，读水平度盘读数，报记录人员记录。将水平度盘旋转 180°，进行倒镜观测（探头向下），观测方法与正镜完全相同。

◆ 磁北观测：第一步，将磁通门经纬仪望远镜指东，探头向上，调节垂直度盘，使垂直度盘读数精确到 90°00.0′，旋转经纬仪水平度盘，使电子监测器输出读数接近零，然后旋转水平微调螺栓（保持中间位置操作），使磁通门经纬仪的显示器输出精确为零（在观测中注意 +0 和–0 的区别，始终保持一种状态），再检查垂直度盘读数是否严格保持在 90°00.0′。若是，读取水平读盘读数 D_1，报记录人员记录，同时，记录人员记录磁偏角观测开始时间，记录方法同标志观测；若否，则调整垂直微调螺栓使垂直度盘读数精确到 90°00.0′，然后再调整水平微调螺栓，直到磁通门经纬仪的显示器读数为零，读水平度盘读数记录 D_1 及观测开始时间。第二步，将经纬仪水平旋转 180°，望远镜指西，探头向上，保证垂直度盘读数精确到 90°00.0′，调节水平微调螺栓，使磁通门经纬仪的显示器输出精确为零，读取水平度盘读数记录 D_2。第三步，保持水平度盘不变，将仪器垂直度盘旋转 180°，望远镜指东，探头向下，使垂直读盘读数精确到 270°00.0′，调节水平微调螺栓，至磁通门经纬仪的显示器输出精确为零，读取并记录水平度盘读数 D_3。第四步，旋转水平度盘 180°，望远镜指西，探头向下，调整垂直度盘读数精确到 270°00.0′，调节水平微调螺栓，至磁通门经纬仪的显示器读数精确为零，读取并记录水平度盘读数 D_4 及观测结束时间。

◆ 第二次标志观测：在完成上面所规定的磁倾角和地磁场总强度测量后，进行第二次标志观测，测量步骤与第一次标准观测完全相同。

◆ 各测点每次测量所获得的所有磁方位角标志观测值的差一般不大于 0.4′。

⑬ 磁倾角测量过程。

◆ 根据磁偏角测量时磁北观测的四个读数 D_1、D_2、D_3、D_4，计算磁子午面度数 D_0，计算公式为

$$D_0 = D_1^d + (D_1^m + D_2^m + D_3^m + D_4^m)/4 + 90° \tag{8.41}$$

式中，上标 d 表示以"°"为单位的读数；上标 m 表示以"′"为单位的读数平均值。

◆ 第一位置测量：将磁通门经纬仪水平度盘读数调整到 D_0，使经纬仪望远镜在磁子午面内指南向下、探头向上。旋转垂直度盘使电子监测器输出接近零，

再调节垂直微调螺栓使电子监测器读数精确为零。读取垂直度盘读数记录为 I_1。读取当前时间，记为磁倾角（I）和地磁总强度（F）观测开始时间。

◆ 第二位置测量：将经纬仪垂直度盘内旋转 180°，即接近 180°+I_1，使经纬仪望远镜指北向上、探头向下，保持磁子午面读数不变，调节垂直微调螺栓，使磁通门经纬仪的显示器读数精确为零，读取垂直度盘读数并记录为 I_2。

◆ 第三位置测量：将水平度盘旋转 180°，即水平度盘读数为 D_0–180°，将垂直读盘读数旋转至约 360°–I_1，望远镜指南向下、探头向下，调节垂直微调螺栓，使磁通门经纬仪的显示器读数精确为零，读取垂直度盘读数记录为 I_3。

◆ 第四位置测量：将经纬仪望远镜垂直旋转 180°，即约为 I_3–180°，望远镜指北向上、探头向上，保持水平度盘读数不变，调整垂直微调螺栓，使磁通门经纬仪的显示器读数精确为零，读取垂直度盘读数记录为 I_4。读取当前时间，记为磁倾角（I）和地磁总强度（F）观测结束时间。

⑭ 地磁总强度测量在磁倾角测量过程中进行，记录人员需根据磁倾角（I）的观测进度，通过自动或手动方式操作质子旋进磁力仪或 Overhauser 磁力仪进行地磁总强度测量，准均匀获取并记录 10 个地磁总强度测量值。

⑮ 若在测量过程中，测量三脚架和标志发生位移，或地理方位角的两次测量值之差大于 10′时，则应重复上述的全部测量过程。

⑯ 测点重复测量时，本次测量地磁总强度测点和磁偏角–磁倾角测点的点位差与已知点位差的差值大于 1.5 nT 时，则应及时在地磁总强度测点和磁偏角–磁倾角测点上进行总强度水平梯度及垂直梯度的重复测量。

⑰ 测量过程中必须准确记录地磁总强度、磁偏角和磁倾角测量结果。结束全部测量后，应在测量现场完成所有相关计算，并由非记录者对全部地磁总强度、磁偏角和磁倾角测量结果的填写和计算进行检查、复核。

8.2.1.3 大地电磁重复测量

（1）观测对象与要求

1）大地电磁重复测量方法是在观测区固定测点上，为获取测点不同时间大地电磁响应函数的变化所进行的地电阻率重复测量。其观测对象是每个测点多次重复测量中沿测量坐标轴方向（磁南北、磁东西方向）上不同频率的视电阻率 ρ_{xy} 和 ρ_{yx}。

2）要求观测频带应包含 0.25～512 s，频带中每个量级的频点数应不少于六个，观测频带内视电阻率的平均相对偏差应不大于 8%，相邻两次观测视电阻率相对变化的分辨力应小于 10%，重复测量的时间间隔宜不大于三个月。

（2）观测原理与方法

1）在观测区的多个测点上，通过观测天然电磁场源与地球介质相互作用产生的电场和磁场，获取不同频率点的视电阻率；比较不同时间观测结果的差异，以识别测点下方介质电性随时间变化的信息。

2）观测方法是从观测电场和磁场获取剖面各测点不同频点视电阻率的方法。利用天然场源观测地球介质电性结构，而介质的电性结构由测点上观测的各个频段的电场与磁场所确定的介质波阻抗张量所表征。依据地电方法理论，确定频率下（周期为 T）的电场、磁场与相应频率的波阻抗之间满足下列理论公式：

$$\begin{pmatrix} E_x \\ E_y \end{pmatrix} = \mathbf{Z} \cdot \begin{pmatrix} H_x \\ H_y \end{pmatrix} \tag{8.42}$$

式中，$\begin{pmatrix} E_x \\ E_y \end{pmatrix}$、$\begin{pmatrix} H_x \\ H_y \end{pmatrix}$ 以及 $\mathbf{Z}$ 分别表征某确定频率的电场、磁场和波阻抗张量，其中波阻抗张量为

$$\mathbf{Z} = \begin{pmatrix} Z_{xx} & Z_{xy} \\ Z_{yx} & Z_{yy} \end{pmatrix} \tag{8.43}$$

① 在一维介质结构条件下，有

$$Z_{xx} = Z_{yy} = 0 \tag{8.44}$$

$$Z_{xy} = \frac{E_x}{H_y}, \quad Z_{yx} = \frac{E_y}{H_x} \tag{8.45}$$

$$Z_{xy} = -Z_{yx} \tag{8.46}$$

将阻抗张量的分量用视电阻率表示，有

$$\rho_{xy} = \rho_{yx} = 0.2 \times T \left| Z_{xy} \right|^2 = 0.2 \times T \left| Z_{yx} \right|^2 \tag{8.47}$$

式中，ρ_{xy}、ρ_{yx} 分别为周期为 T 的测量坐标轴 ox、oy 方向的视电阻率。

② 在二维介质结构条件下，式（8.43）和式（8.44）仍然成立，但式（8.45）不能成立，ρ_{xy}、ρ_{yx} 分别为

$$\rho_{xy} = 0.2 \times T \left| Z_{xy} \right|^2 \tag{8.48}$$

$$\rho_{yx} = 0.2 \times T \left| Z_{yx} \right|^2 \tag{8.49}$$

上述各式中，电场的单位为 mV/km；磁场的单位为 nT；周期（T）的单位为 s；视电阻率 ρ_{xy}、ρ_{yx} 的单位为 $\Omega \cdot m$。

3）在地电阻率大地电磁剖面重复测量方法中，视电阻率曲线的量值和形态包

含着地下不同深度介质地电阻率分布的结构信息。通过比较不同时间的剖面各测点视电阻率的观测（计算）结果，获取反映剖面介质电性结构的视电阻率曲线随时间的动态变化，研究它们的时空物理特征，从中提取可能与地震孕育过程相关联的异常信息。

8.2.1.4 跨断层形变观测

（1）观测对象与要求

a. 跨断层水准观测对象与要求

1）利用水准仪提供的水平视线，借助于带有分划的水准标尺，直接测定地面上两点间的高差，然后根据已知点高程和测得高差，推算出未知点高程。对于跨断层水准观测，其观测对象为断层两侧的高程变化。

2）观测精度为每千米高差偶然中误差不大于 0.45 mm，每千米高差全中误差不大于 1 mm。

b. 跨断层 GNSS 观测对象与要求

1）观测原理与对象参见 8.1.4.3 节。

2）观测精度水平分量优于 5 mm，垂直分量优于 10 mm。

（2）观测方法

a. 水准观测方法

1）水准观测应符合《国家一、二等水准测量规范》（GB/T 12897—2006）中第 7 章的要求。

2）水准测量采用往返测量，往测和返测可同光段观测，但不应设间歇点。

3）断层形变台站水准观测，应同时进行气温、气压和降水量的辅助观测，有条件的还应进行地温和地下水位的观测。

4）用于辅助观测的温度计、气压计等应送国家技术监督管理部门授权的计量单位进行检定和校准。

b. GNSS 观测方法

1）每天按协调世界时（UTC）00：15～23：45（北京时间 08：15 至次日 07：45）为一个观测时段，23：45～00：15（UTC）为下载数据的时间。

2）有效观测时段不小于四个，观测期间基准网应保持正常运行。

3）接收机开始记录数据后，观测人员应注意经常查看接收机的信息，包括参数设置、接收卫星数量、卫星号、各通道信噪比、存储器记录情况（包括剩余内存）等，发现问题应及时处理与记录。

4）记录年积日和天气情况。天气情况按晴、少云、多云、阴、小雨、中雨、大雨、雨加雪、雪、大雪、大风（风向、风力，如偏南风 5 级）等选项填写。

5）观测人员要细心操作仪器，防止碰动天线或阻挡卫星信号。

6）注意保护仪器，防止暴晒与雨淋；在遇到强雷雨天气时，应及时关机，并卸下天线电缆，在观测手簿中做详细记录。

7）每个观测时段结束时，量取并输入测后天线高，经确认后再关机，准备下载数据。

8.2.2　地下流体观测

8.2.2.1　井水位观测

（1）观测对象和基本要求

1）井水位观测方法是用（压力式或浮子式）水位仪台站观测井水位变化信息的技术手段。井水位观测对象是承压含水层系统中井水面相对于基准面垂直距离随时间的变化，揭示区域构造活动过程中应力变化与井水位变化之间的物理联系，获取与地震孕育及发生过程中的有关信息。

2）在断裂带附近新建观测井时，观测井位宜选择在断层上盘。

3）具有地震事件记录功能的压力式水位仪应满足保存 24 h 以上秒采样值及相关信息的要求，事件采样率不低于 1 次/s。

4）浮子式水位仪分辨力优于 5 mm，观测误差应优于 10 mm；时间服务误差应不大于 3 min/d；记录图纸的分辨率应能满足读取水位整点值的要求。

5）配套观测与辅助观测配置：

① 应设置与水位观测采样率、时间服务要求一致的气压观测；

② 动水位观测井应设置井水泄流量的观测；

③ 受降水影响的观测井，应设降水量辅助观测项；

④ 井水位观测受附近抽（注）水影响时，宜增设抽（注）水记录项；

⑤ 在水库、河流、湖泊、海洋附近进行观测时，宜增设相关水体的水位观测项。

（2）观测原理与方法

a. 井-含水层系统

井-含水层系统是由观测井与观测含水层构成。观测井由井深、井径、护井套管和井含水层过水断而等结构要素组成。

b. 井水位变化机理

1）含水层受到外力的作用而发生变形或破坏时，如地震孕育与发生过程引起含水层变形或破坏，由于其含水层参数发生变化，引起含水层压力（孔隙压力）的变化。

2）含水层受到地下水补给或排泄时，其储水量发生变化。

3）当含水层受力作用或储水量发生变化时，井-含水层系统中发生水流运动；含水层中储水量增多或水压力升高时，含水层中的地下水流入井中，使井筒内水量增多，引起井水位升高；而储水量减少或水压力降低时，井中水流回到含水层中，使井水位下降。

c. 井水位观测原理

井水位的变化是由含水层受力状态改变或地下水补给与排泄等因素引起的。在固定观测点（井）上使用专用观测仪器，按照规定的观测技术要求，连续测量井水位随时间的变化，产出观测数据，获取与地震相关的信息。

1）浮子式水位仪测量原理

当井水位发生变化时，放置在井水面的浮子受到浮力作用而上下浮动，连接浮子与滚筒滑轮的导绳移动，带动滚筒同步转动。通过记录笔将井水位的变化量记录在滚筒上的专用记录纸上，产出反映井水位变化的模拟曲线。在模拟曲线上，按照 0～23 h 时间刻度，读取 24 个水位变化值。

2）压力式水位仪测量原理

当井水位发生变化时，井水位的变化可以用井水面以下某一基准面至井水面的水柱高度变化来描述。传感器测量井中该基准面水柱压力变化，按照电压和水柱压力转换关系，将该基准面的水柱压力变化转换为压力水位值。根据静水位或动水位观测原理，按照一定的换算关系将压力水位值转换为井水位值。

水柱压力与水柱高度的关系为

$$P_h = \rho g h \tag{8.50}$$

式中，P_h 为水柱压力，Pa；ρ 为被测井水的密度，m^3/kg；g 为当地重力加速度，N/kg；h 为水柱高度，m。

当井水面以下的基准面为传感器的导压孔时，水柱高度即为压力水位，水柱高度与传感器输出的电压为线性关系时，压力水位表示为

$$H_P = h = \frac{1}{\rho g} P_h = KV \tag{8.51}$$

式中，K 为仪器系数，m/V；V 为仪器输出电压，V。

d. 观测数据计算方法

1）浮子式水位仪观测数据。

① 静水位观测中，由浮子式水位仪产出的原始记录图中的数据为实际测量的水位，即井口基准面（点）至井筒内水面的垂直距离（L_2）。

② 动水位观测中，由浮子式水位仪产出的原始记录图中的数据（L_2）转换为动水位（H_d）的关系式为

$$H_d = L_1 - L_2 \qquad (8.52)$$

式中，L_1 为泄流口中心面至进口基准面（点）的垂直距离，H_d、L_1、L_2 的单位为 m。

2）压力式水位仪观测数据。

① 静水位观测中，由仪器产出的压力水位（H_p）转换为静水位（H_s）的关系式如下：

$$H_s = L_0 - H_p \qquad (8.53)$$

式中，L_0 为传感器导压孔至井口固定基准面（点）的垂直距离，H_s、L_0、H_p 的单位为 m。

② 当水位传感器放置在泄流口上方时，仪备产出的压力水位（H_p）转换为动水位（H_d）的关系式如下：

$$H_d = H_p + (L_1 - L_0) \qquad (8.54)$$

③ 当水位传感器置于泄流口以下时，仪器产出的压力水位（H_p）转换为动水位（H_d）的关系式如下：

$$H_d = H_p - (L_0 - L_1) \qquad (8.55)$$

8.2.2.2　井水和泉水温度观测

（1）观测对象与基本要求

1）井水或泉水温度的观测对象是井-含水层或泉-含水层系统中观测层水的温度随时间的变化。

2）在断裂带附近新建观测井时，观测井位宜选择在断层上盘。

3）观测泉宜选择位于断层上或靠近断层的泉。

4）观测泉宜为温水泉或热水泉。

5）观测泉宜选择受环境干扰影响小的泉。

6）配套观测与辅助观测配置：

① 应设置与井水温度观测采样率、时间服务要求一致的同井井水位观测；

② 受降水或气温影响的观测井或观测泉，应设置降水量、气温等辅助观测项；

③ 井水和泉水温度观测受附近抽（注）水影响时，宜增设抽（注）水记录项。

（2）观测原理

a. 井水和泉水温度变化机理

1）深部物质上涌、深层热水上升或不同层位冷热水混入等因素，引起井（泉）-含水层系统水温变化。

2）介质变形、岩石破裂、断层摩擦等作用产生的热量，引起井（泉）-含水层系统水温变化。

3）井（泉）-含水层系统中的水发生热交换时，引起观测层井（泉）水温度升高或下降。

b. 井水和泉水温度观测原理

井水和泉水温度的变化是在区域地热背景条件下，井（泉）-含水层系统受到热物质上涌、冷热水运移等水热动力的作用，以及介质变形、岩石破裂、断层摩擦等构造-热动力的作用而产生的。在固定观测点（井或泉）上使用专用观测仪器，按照规定的观测技术要求，连续测量井中某一层（点）水温或泉水出露处（点）水温随时间的变化，产出观测数据，获取与地震相关的信息。

9 数据质量管理

数据质量控制的目标是确保野外站观测的规范性和可靠性，保证数据的可比性、一致性和完整性，为科学研究提供可靠的观测数据。下面分数据质量控制和数据质量评估两个方面，规范在数据资料管理过程中，各环节的注意事项和技术措施。

9.1 数据质量控制

高质量的台站观测数据既与高精度的测量仪器密切相关，也离不开台站观测过程中各个环节的规范工作。固体地球物理观测质量控制工作是贯穿在长期观测的各个方面、各个环节、各个操作步骤中，每个方面、每个环节、每个操作步骤都要进行质量控制。

在野外站长期观测地球物理场各指标过程中，对观测数据的质量控制主要体现在以下环节中。

9.1.1 观测场地维护

固体地球物理长期观测数据质量与观测场地周边环境密切相关，环境干扰、背景噪声水平等是影响观测数据质量的关键因素，尤其是人类活动产生的电磁、震动等干扰源出现时，通过对观测记录变化进行分析，及时确定干扰源，并进行记录和排查。

定期维护观测场地，检查观测墩有无出现下沉、开裂等现象；观测室有无墙体坍塌、隔震门破坏、密封不严、防潮措施不到位等现象；观测室内设备是否摆放整齐、规范；仪器、路由器或交换机、UPS 是否正常工作，设备供电线路、进出网线是否破损或松动，填写观测日志；雷雨季节前，检验避雷设施，进行接地电阻检测与零地电压检测等。

若发现监测设施和观测环境或其他可能影响观测系统正常运行的情况，应及时处置并上报监测主管部门。

9.1.2 仪器工作状态检核和标校

地球物理仪器设备在长期工作过程中，不可避免出现传感器故障、仪器关键参数误差超限等问题，通过定期对仪器工作状态进行检验和参数标定可以确保长期观测数据的稳定、可靠，相关记录应清晰、详细和准确。需按事件逐条记录，每条记录包括该事件起始时间、结束时间、事件类型、事件描述和预处理描述等。

9.1.2.1 连续重力观测仪器计量标校

仪器投入运行后应定期检查仪器，当观测数据出现非正常变化或超出仪器参数规定指标的，应及时对仪器进行格值系数检查与仪器参数调整。格式系数表征电压变化与观测物理量变化的线性关系。

（1）格值系数检查

a. DZW 型和 GS 型重力仪的格值系数检查

采用仪器的标定系统完成（静电标定），应在每年相对固定时段进行不少于一次的检查工作。

1）静电标定的基本原理：给上定片及动片之间加一定的直流电压，在静电力的作用之下，动片（即摆）发生位置偏移，这个偏移量即为标定常数。标定开关接至记录室内，需要标定时只需打开标定开关即可。标定时间最好选择小潮进行，且选在两整点值之间、曲线较平缓段进行。每次标定时间为 30 min，标定结束后关闭标定开关，量出偏移量，用数字多用表量出标定电压值。标定表格观测系统会自动输出。

2）DZW 型重力仪格值系数检查和指标计算可按下列要求执行：

① 对安置 DZW 型重力仪的重力站，每年应利用重力仪装置提供的功能进行不少于一次的格值系数检查工作；仪器重新安装、检修、更换部件后，需检查后启用新格值系数；观测数据出现非正常变化需要确认仪器工作正常方可检查；检查应在重力固体潮小潮期、波峰、波谷时段进行。

② 对 DZW 型重力仪，检查电压标中值不小于 400 mV，检查脉冲幅度不小于 200 mV；本次检查格值系数相对变化值应不大于 2%；检查过程中的多次脉冲或方波信号格值系数标准偏差应不大于 1%；检查不符合上述要求的应重新检查；重新检查依然不符合要求的，需确认仪器工作正常且操作无误后，方可启用新格值系数。

③ DZW 型重力仪进行检查操作后，应按检查并填写完整仪器自动产出的标定校准记录表。

3）根据不同仪器型号，GS 型重力仪格值系数或电压灵敏度的检查包括了三种不同的标定系统：GS 数字化型标定系统、GS 拉弹簧型标定系统、GS 重力仪静电标定系统。

GS 型重力仪格值系数或电压灵敏度的检查和指标计算可参考 DZW 型重力仪的要求执行。基于 GS 型重力仪标定系统的格值系数或电压灵敏度检查表参见附录 F、附录 G。

b. PET 型和 gPhone 型重力仪的格值系数检查

采用理论固体潮模型值检查完成，应在每年相对固定月份进行不少于一次的检查。理论固体潮汐标定原理如下：

DDW 固体潮模型的 M_2 波潮汐因子（δ_{DDW}）可用公式表示为

$$\delta_{DDW} = G_0 + G'_{\pm} \frac{\sqrt{3}}{2}(7\cos^2\theta - 1)$$

式中，G_0 为潮汐因子的全球常数项，值为 1.16172；$G'_{\pm}$ 为纬度依赖项的系数，值为 0.0001；θ 为测点的余纬。

观测与 DDW 模型的 M_2 波潮汐因子的相对误差（$\Delta\delta_{M_2}$）可表示为

$$\Delta\delta_{M_2} = \frac{\left|\delta_{M_2} - \delta_{DDW}\right|}{\delta_{DDW}}$$

DDW 模型校准计算格值系数（F_{M_2}）可表示为

$$F_{M_2} = \frac{\delta_{DDW}}{\delta_{M_2}}$$

对安置 PET 型和 gPhone 型重力仪的重力站格值系数检查技术要求：

1）计算的格值系数应保证其相对变化值满足不大于 2% 的要求；

2）计算的格值系数所用重力固体潮数据采样率不低于 1 次/h，时长不小于 30 d；

3）计算和检查格值系数，满足技术指标后按规定填写校准记录表，检查产生的脉冲或方波应做预处理并填写当日校准操作观测日志。

（2）水平检查

1）DZW 型和 GS 型重力仪的水平检查应在重力站现场巡检时进行；每年至少完成一次重力仪水准气泡的水平检查工作。当气泡边缘在指标线外或指标环外超过气泡长度的 1/3 左右时，应调整重力仪脚螺旋使气泡到指标线或指标环内。

2）PET 型和 gPhone 型重力仪的水平检查应每月固定时间完成一次检查工作。当仪器液晶屏幕显示的水平状态示值超过 ±250 AD 时，应进入重力仪观测室通过调整脚螺旋的方式将观测示值调整到 ±50 AD 的水平状态标称示值区间内。

（3）调零

每月底检查无自动调零功能重力仪是否要进行调零操作。

（4）授时服务装置

重力仪钟差不准确的应确保重力仪授时服务装置（含网络授时服务器或 GNSS 授时服务装置）配置正确和连通正常。无授时服务装置的应手动校时，并将校时过程填写到观测日志，月底填写到观测月报中。

（5）仪器重新安装、检修、更换部件

仪器重新安装、检修、更换部件后，应水平调整，调零操作后仪器稳定时检查格值系数。观测数据出现非正常变化需要确认仪器工作是否正常时方可用仪器标定系统检查格值系数。

（6）其他类型重力仪

暂按厂家提供的维护方法开展仪器调整与格值系数检查。

9.1.2.2 地磁观测仪器计量标校

（1）FHD 型质子矢量磁力仪的校准

FHD 型质子矢量磁力仪的校准分为简易校准和完整校准。

1）在仪器正常工作的情况下，只需在每季度的后三日进行简易校准。

2）更换主机，需开展简易校准。

3）更换或维修探头、更换线圈、调整线圈底座水平或方位角后，需要开展完整校准。

4）当磁场扰动影响校准结果时，须在磁场扰动结束后两日内补校准。

5）第四季度校准前，若磁偏角最近 15 天的日均值的绝对值大于 8′，应调整方位角，使磁偏角观测值在 0′左右，并进行完整校准。调整方位角和校准产生的台阶，在数据预处理时，处理至年与年之间。

6）校准结果与校准前后仪器网页中的测量参数应截图做好记录。

完整校准前应先将仪器工作参数以电子文档方式保存，记录观测室的温度和湿度。完整校准操作内容包括：调节分量线圈底座的水平，选定水平线圈补偿电流，检查、校正偏置电流，检查观测方位角，测定水平线圈转向差和磁偏角观测转向差。

与完整校准相比，简易校准不调整线圈水平，只记录水泡偏移量，无需测定水平线圈转向差和磁偏角观测转向差，不计算校准台阶量，其余步骤相同。

a. 调节分量线圈底座的水平

FHD 型质子矢量磁力仪线圈底座上有两个互相正交水准器，在进行线圈底座水平调整时，应先检查水准器是否与底座平行，检查的方法是在当前的观测方位角下，记下水准器水泡的位置，然后旋转180°，查看水准器的水泡读数在东西向和南北向的差（水泡的转向差）是否不超过 0.2 格（4″），如果水准水泡的转向差大于 0.2 格，说明线圈底座不水平，此时可按下述步骤调节：

1）把分量线圈底座上的其中一个水准器转到两个底脚螺丝的连线方向上，转动底脚螺丝把水准器的水泡调节到中间。

2）将线圈转动180°，水泡偏差的一半用水准器右侧的水准调整螺丝调整，另一半用底脚螺丝调整。

3）重复上述前两个步骤，直到达到要求。

4）将线圈转动 120°，重复上述前两个步骤，直到达到要求，此时，无论怎样旋转线圈，该水准器的水泡都应该在中间。

5）调整另外一个水准器的水准调整螺丝，将水泡调整到中间，任意旋转线圈，该水准器的水泡也应该在中间；否则，要重复上述前两个步骤。

6）将线圈旋转至正常的观测方位角。

b. 选定水平线圈补偿电流

1）手动方式。
① 将 FHD 型仪器的工作状态切换到校准状态；
② 按下 2 键校正设置的补偿电流，待显示稳定后，按下"INPUT"键存入电流的校正值；
③ 再按下 5 键，进行补偿电流选定工作，等待 45 s 以后，屏幕显示一个选定的新的补偿电流，按下"INPUT"键存入新的补偿电流，总计选定三次，且三次之间误差不超过 0.05 mA，以最后一次的选定值为准，这也是仪器工作参数确定的水平补偿电流值。

2）网络方式。
打开仪器网页，用鼠标点击"补偿电流选定"功能按钮，仪器将自动进行补偿电流的选定，45 s 以后，仪器将自动存储选定结果，并将选定结果传送到网页仪器参数表上，替代原先的补偿电流值，总计选定三次，且三次之间误差不超过 0.05 mA，以最后一次的选定值为准。

c. 检查、校正偏置电流

1）将仪器切换到暂停（手动）状态。
2）按下 8 键或 9 键，查看偏置电流的显示值与设置值是否相符。如果不相符，其偏差大于 0.05 mA，则进入校准状态，按下 3 键，进行偏置电流校正，当显示的电流稳定时，按下"INPUT"键，将校正结果存入内存。

d. 检查观测方位角

将线圈的电池盒与线圈连接,打开电池盒电源开关,查看线圈当前的观测方位角是否与设定的一致,如果不一致,调节角度微调旋钮(微调旋钮只有在锁定的情况下才起作用),将观测方位角调整到设定位置。

e. 测定水平线圈转向差

1)在当前的观测方位角下,将仪器切换到暂停(手动)状态,按 2 键,在尽量短的时间测得五个水平强度(H)数据,观测误差不超过 2 nT,剔除其中的最大值、最小值,计算剩余三个数的平均值记为 $\overline{H_1}$;

2)将线圈旋转 180°,按 2 键,再测得五个水平强度数据,剔除其中的最大值、最小值,计算剩余三个数的平均值记为 $\overline{H_2}$;

3)计算水平分量装置误差:

$$\Delta H = \frac{\overline{H_2} - \overline{H_1}}{2}$$

4)将 ΔH 值设置到仪器 ΔH 修正单元中。

f. 测定磁偏角观测转向差

1)在当前观测方位角下,将仪器切换到暂停(手动)状态,按 E 键,再按"DOWN"或"INPUT"键,将 $\triangle D$ 修正值设置成 00.00.00;

2)按 3 键,测得三个磁偏角数据,观测误差不超过 0.2′,取中间值记为 D_1;

3)将线圈旋转 180°,按 3 键,测得三个磁偏角数据,取中间值记为 D_2;

4)计算磁偏角观测的装置误差:

$$\Delta D = -\frac{D_2 + D_1}{2}$$

5)将 ΔD 值设置到仪器 ΔD 修正单元中;

6)将线圈转回到设定的观测方位角,取下线圈的电池盒;

7)将仪器切换到校准状态,按下 C 键或 D 键,将仪器新工作参数传送至网页,上传后通过网页查看仪器新工作参数是否正确,并保存校准信息;

8)将仪器切换到自动状态,恢复观测。

g. 填写校准记录

填写水泡情况时,应明确水泡偏离方向和多少,如"偏南 0.2 格";填写 F、H、Z 值时,保留小数点后一位;填写 D 值和水平补偿电流、偏置电流时保留小数点后两位。校准记录表参见附录 H。

h. 校准台阶量计算

通过比较校准观测站仪器与参考观测站仪器观测的相同分量在校准前、后的差异，确定校准台阶量。参考观测站仪器可以为本观测站或相邻日变化曲线基本一致观测站的其他相对记录仪器。

（2）配备磁通门偏角倾角仪观测站的校准

配备磁通门偏角倾角仪观测站应每年进行一次仪器比测。可选定标准地磁观测站，其他地磁观测站携带各自标准观测仪器赴该标准地磁观测站，集中开展标准传递仪器与各地磁观测站标准仪器的仪器差比测。对于不便携带仪器出行的地磁观测站，可携带标准传递仪器赴某一地磁观测站，比测标准传递仪器与该地磁观测站标准仪器的仪器差。

（3）地磁基准站的校准

地磁基准站宜每年 5～8 月（地磁夏季）进行一次磁通门偏角倾角仪格值校准和地磁日变化记录准确度校准。

a. 格值校准步骤

1）选择地磁场变化平静的时间段，测量应连续，不停顿。

2）测量磁偏角（D），找到磁子午面的位置。

3）将探头放在磁子午面内，以测量 I 的方式旋转望远镜，在检测器输出为 0 附近将垂直度盘精确调整到一个整分位。

4）记录垂直度盘读数为 I_0，同时记录检测器输出 M_0。

5）将垂直度盘精确地调为 $I_0+\beta$，同时记录检测器输出 M_{N+}。

6）将垂直度盘精确地调为 I_0，同时记录检测器输出 M_0。

7）将垂直度盘精确地调为 $I_0-\beta$，同时记录检测器输出 M_{N-}。

8）将垂直度盘精确地调为 I_0，同时记录检测器输出 M_0。

9）改变 β 数值，重复上述检测器输出的步骤，β 分别为 1、2、3、4、5、6、7、8、9、10（对于 60 进制的经纬仪度盘，单位为 "′"；对于 100 进制的经纬仪度盘，单位是 2c）。

10）测完所有 β，即完成一组观测，每次校准须取得不少于四组有效观测。

11）根据分量变化理论值与分量变化输出值之比计算格值。

b. 地磁日变化记录准确度校准

为提高校准精度，校准应选择在日变化幅度显著的时间段进行。建议在每年的 5～8 月（地磁夏季）进行。

1）在选定的一天，自地方时 08：30 至 16：30，每隔 1 h 进行一次绝对观测，共九次。

2）每次观测取得两组有效观测数据，计算地磁记录 D、H 和 Z 的基线值。

3）通过数据处理系统进行数据计算。

（4）仪器故障维修或更换

因仪器故障维修或更换仪器的，应在重新观测前对仪器进行校准，并填写观测日志；对更改工作参数的应填写观测日志。

9.1.2.3　地电观测仪器计量标校

地电观测仪器投入运行后，宜每半年（182±10 d 内）定期检测校准仪器性能，当观测数据出现非正常变化时、新观测仪器或检修后的仪器投入使用前应及时对仪器进行检查和校准。

（1）地电阻率观测系统的检测校准

1）地电阻率观测系统的检测校准包括主测量仪器（即电阻率仪）误差检测校准、测量系统（由地电阻率仪主机和稳流电源组成）的观测误差检测校准。

2）使用标准仪器进行地电阻率仪检测校准，其由饱和标准电池（BC9）、直流电位差计（UJ34A）、标准电阻（0.01 级）组成，应在相关计量部门进行检定后再进行地电阻率仪检测校准。

3）地电阻率仪电压测量误差校准包括零点校准、满刻度校准、仪器地电阻率测量误差检测。

4）利用标准电阻和负载电阻组成的地电阻率标准装置检测系统的地电阻率测量误差，并检测稳流电源的性能。

5）测试地电阻率各电极接地电阻或测道回路（负载）电阻和各测道外负载。

6）若有备用仪器，检测一次电压测量误差和地电阻率测量误差，检测备用稳流电源的性能。

（2）地电场仪的检测校准

地电场仪的检测校准包括地电场主测量仪器电压测量误差和备用仪器电压测量误差检校（无备用仪器台站不用做此项工作）。

（3）极低频仪的检测校准

极低频仪宜每年前进行一次仪器内部信号标定工作，并对仪器和服务器存储进行检查。

（4）接地电阻测试

应测试观测室专用接地极接地电阻。

（5）标准仪器计量检定

每年应在计量测试部门对标准仪器进行计量检定，使用有效期宜不超过 14 个月。

9.1.2.4 地震动观测仪器计量标校

1）地震计每年应至少进行一次脉冲标定和一次正弦波标定，加速度计每年应进行两次方波标定。

2）地震计脉冲标定幅度信噪比应不小于 40 dB，两个响应信号的间隔时间：短周期地震仪为 60 s，宽频带地震仪为 600 s，甚宽频带地震仪为 1200 s，超宽频带地震仪为 1800 s。

3）地震计正弦标定按照推荐频点（表 37）设置相应的周期（频率）、周期数、衰减因子，检测地震计对任意单个频点输入信号的响应，以获得这些频点的正弦稳态响应。

表 37　正弦标定信号推荐频点

地震计类型	检测频点
短周期地震计（1 s 或 2 s）	10 s，5 s，2 s，1 Hz，2 Hz，5 Hz，10 Hz，15 Hz，18 Hz，22 Hz，29 Hz，33 Hz，39 Hz，42 Hz，44 Hz
宽频带地震计（60 s）	200 s，100 s，60 s，40 s，20 s，10 s，1 Hz，5 Hz，9 Hz，19 Hz，39 Hz，42 Hz，44 Hz
甚宽频带地震计（120 s）	200 s，120 s，100 s，50 s，10 s，1 Hz，5 Hz，9 Hz，19 Hz，23 Hz，39 Hz，44 Hz
超宽频带地震计（360 s）	360 s，10 s，1 Hz，5 Hz，10 Hz

4）加速度计方波标定信号为两个接续的方波，可根据不同厂家选择相应方波参数，限定振幅为 2～5 V，宽度及间隔为 2.1～3 s。

9.1.2.5 地倾斜、地应变观测仪器计量标校

1）仪器投入运行后应定期校准检查仪器；当仪器检修、更换部件或重新安装后，应进行校准并启用新格值；观测数据出现非正常变化时，应及时对仪器进行校准检查或比测。

2）地倾斜和洞体应变观测仪器格值校准一般每年不少于两次，两次校准时间间隔不大于 195 d。钻孔应变观测仪器正常运行时不需要定期校准，可对仪器进行格值检查，一般每年一次。

3）校准时段应选在固体潮小潮时段或波峰、波谷时段，格值校准一般应采用

自动校准操作。格值校准具体技术指标要求：

① 倾斜仪校准幅度宜不小于 0.04″，洞体应变校准幅度宜不小于 $1×10^{-6}$，钻孔应变仪校准幅度宜为（4～15）$×10^{-8}$。

② 校准过程中电压读数不得超过量程的 90%（如对于±2 V 量程，校准过程中的电压读数不大于 1.8 V 或不小于−1.8 V）。

③ 地倾斜和洞体应变观测仪器同分量格值校准重复精度不大于 1%（VS 型垂直摆倾斜仪为不大于 2%），钻孔应变观测仪器校准重复精度不大于 3%。计算公式为

$$R = \frac{2\sqrt{\sum_{i=1}^{n}\left(\Delta U_i - \overline{\Delta U}\right)^2 \big/ (n-1)}}{\left|\overline{\Delta U}\right|} ×100\%$$

式中，n 为校准时往返测量的次数；ΔU_i 为相邻两个测量值之间的差值；$\overline{\Delta U}$ 为差值的平均值。

④ 水管倾斜仪同分量两端灵敏度的一致性应优于（含）1%。

⑤ 地倾斜和洞体应变观测仪器校准格值较原使用格值变化不小于±2%时，应重新校准并检查确认仪器工作状态正常、校准装置系统工作正常且操作无误，当日或次日连续两次校准相对误差小于 2%，方可启用新的格值；钻孔应变观测仪器格值变化在±2%～±5%时只记录新格值，变化达到或超过±5%时，应对仪器进行检查和维修，维修恢复后必要时方可启用新的格值；格值误差计算公式：

$$格值误差 = \frac{本次校准格值与上次格值之差}{上次格值} ×100\%$$

⑥ 格值计算结果取四位有效数字。

4）仪器校准须记录并保留格值计算表，常用仪器格值校准记录表参见附录 I～附录 L。

9.1.2.6　地下流体观测仪器计量标校

仪器投入运行后应定期标定检查仪器。当观测数据出现非正常变化时，应及时对仪器进行标定检查或比测。

（1）水位仪

1）仪器检查采用校测的方式，应在每季度相对固定的时段内完成。校测思路为定量改变传感器的入水深度，比较实际入水深度变化与仪器观测的入水深度（即水柱高度）变化之间的差异。现场的线性检测做四个点即可，以预计投放深度 X 为例，从 $X+2$ 开始上提 $X+1$、X、$X-1$、$X-2$，下放 $X-1$、X、$X+1$、$X+2$ 即可。每次升降静置 2 min 后读取仪器的显示值，同时进行校测读取校测值；计算实际入水

深度变化值与仪器观测入水深度变化值之间的差值，每次差值应小于 2 cm，则表示传感器线性指标符合观测技术要求。

2）当水位出现非正常变化时，可以采取校测、升降水位传感器等方式进行检查。

采用气路补偿气压的水位仪器（如 LN-3 型、SWY 型）的校测方法、校测过程、校测误差计算及结果处理依据上述方法进行；采用气压传感器补偿气压的水位仪器（如 ZKGD 型）除了以上校测内容外，还需要检查气压传感器。具体方法：将标准气压计（精度 0.1 hPa，每年需年检）与仪器的气压传感器置于同一观测环境下，正常工作后稳定 5 min，开始读取数据，误差超过 1 hPa 与厂家联系解决。

（2）水温仪

1）水温仪一般不要求定期检查；

2）当水温出现非正常变化时，可以采取同层比测、升降水温传感器等方式进行检查。

9.1.3 异常记录和核实

当地球物理仪器记录的数据出现显著异常且变化原因不明确，应该快速对异常特征进行描述和日志记录，通过异常核实方法来确定异常原因，并尽可能详细记录分析过程，形成报告以备核查。

9.1.4 数据归档和备份

通过对地球物理仪器记录的观测数据进行备份，可以减少数据丢失的风险。一般除了对原始数据进行备份之外，还需要对辅助观测和工作日志等信息进行归档和备份。

9.2 数据质量评估

固体地球物理类观测数据按学科分为重力、形变、电磁、地震动、地下流体等，各学科观测数据质量评估指标如表 38 所示。

表 38 固体地球物理类观测数据质量评估指标

观测分类	观测项目	质量评估指标
重力	连续重力	完整率、Nakai 检验百分比、M_2 波潮汐因子相对中误差
	绝对重力	落体有效组数、测组标准差
	相对重力联测	观测自差、观测互差

观测分类	观测项目	质量评估指标
电磁	地电阻率	完整率、月相对标准差
	地电场	完整率、相关系数、差值
	地磁相对观测	完整率、背景噪声
	地磁绝对观测	完整率、月剩余标准差
形变	摆式倾斜、水管倾斜	完整率、M_2波潮汐因子中误差、均方连差、M_2波潮汐因子均方差
	洞体应变	完整率、M_2波潮汐因子相对中误差、均方连差
	钻孔体应变	完整率、M_2波潮汐因子相对中误差
	钻孔分量应变	完整率、M_2波潮汐因子相对中误差、自检内精度（自检信度）
	GNSS	完整率、L1/B1载波多路径效应MP1、L2/B2载波多路径效应MP2
	水准	每千米偶然中误差、区段往返测高差不符值、环线闭合差
地震动	位移、速度、加速度	完整率，波形异常数量，连续波形断点次数
地下流体	水位	完整率、M_2波潮汐因子、M_2波潮汐因子相对中误差
	水温	完整率、标准差、相对标准差、超差数

根据评价内容、方法的不同，表 38 中的指标又可分为数据完整性、有效性、准确性、一致性检验指标等四类。

9.2.1 数据完整性、有效性指标

数据完整性、有效性指标是数据质量评价最为基础的一项指标。完整率为仪器产出的有用数据总数与仪器理论上应产出的数据总量之比，反映仪器运行状态及产出数据的有效情况。有用数据可被认为是原始观测数据按照各学科预处理标准预处理后的非空预处理数据。

9.2.2 数据准确性指标

9.2.2.1 噪声水平

噪声水平与观测环境、观测系统噪声水平等直接关联，主要反映数据动态变化的稳定性水平。这类指标的计算主要基于统计学的均值、标准差等方法，包括了地下流体学科常用的标准差、相对标准差、超差数，地电阻率采用的月相对标准差，形变采用的均方连差、多路径效应，以及地磁采用的背景噪声等指标。

（1）地电阻率的相对标准差

相对标准差用来评价地电阻率观测的噪声水平。每天每个测道的小时相对标

准差的日平均值为日相对标准差，每月所有测道日相对标准差的平均值为月相对标准差（$k_{\sigma n}$），计算公式为

$$k_{\sigma n} = \frac{1}{N} \left\{ \sum_{j=1}^{N} \left[\frac{1}{D} \sum_{i=1}^{D} \left(\frac{1}{H} \sum_{K=1}^{H} \frac{(\sigma_n)_{kji}}{(\rho_s)_{kji}} \right) \right] \right\} \tag{9.1}$$

式中，N 为台站的测道数；D 为当月的天数；H 为一天中小时观测数据的个数；$(\sigma_n)_{kji}$ 当月第 j 测道第 i 天第 k 小时地电阻率测值的均方差；$(\rho_s)_{kji}$ 为当月第 j 测道第 i 天第 k 小时地电阻率测值。

（2）倾斜、应变的均方连差

利用日均值消除潮汐变化后的均方连差法来评价倾斜、洞体应变等测项的观测数据非潮汐部分的噪声水平。与流体的标准差类似，均方连差越小，表示测项观测数据的非潮汐部分噪声水平越低。假定观测数据日均值序列 $\{y_i\}$ 的均方连差为 q^2，计算公式为

$$q^2 = \frac{1}{N-1} \sum_{i=1}^{N-1} (y_{i+1} - y_i)^2 \tag{9.2}$$

式中，N 为计算天数（不小于 90 d，即三个月）。

（3）地磁的背景噪声

背景噪声主要用来评价地磁相对观测各要素（F、Z、H、D）的噪声水平。若背景噪声处于较低水平，则说明数据观测质量较好。以月尺度的背景噪声计算为例，具体算法如下：

从地磁台网的东、南、西、北、中各选择一个台站，计算这五个台站 H 分量当月 3 h 时段的一阶差分的标准差，从中选择相对于这五个台站标准差均最小的五组 3 h 时段，认为它们是该月该台网噪声最小的时段，将其作为该月背景噪声计算时段。

某台站要素 k 第 j 组 3 h 时段内，统计该要素的一阶差分绝对值频次从大到小的序列为 $\{C_{ijk}\}$，对应的一阶差分绝对值序列为 $\{Y_{ikj}\}$，要素 k 在第 j 组 3 h 时段的噪声 S_{kj} 计算公式为

$$S_{kj} = \frac{2 \times \sum\limits_{i=1}^{m} (Y_{ikj} \times C_{ikj})}{\sum\limits_{i=1}^{m} C_{ikj}}, \qquad \sum_{i=1}^{m} C_{ikj} \geqslant 80\% \tag{9.3}$$

其中，$i = 1, 2, \cdots, m$，m 为 C_{ijk} 依次累计超过 80% 的最小累计数，k 为 F，Z，H，D 要素，$j = \{1, 2, 3, 4, 5\}$。

根据式（9.31）计算得到要素 k 的五个噪声值，剔除最大值，求平均值，即为要素 k 的月噪声值。

（4）地下流体的标准差、相对标准差和超差数

标准差、相对标准差、超差数等被地下流体学科用来评价观测数据的噪声水平和内在质量水平。相对标准差与标准差均是通过数据的离散度来评价噪声水平的，其值越小，动态变化越稳定，两者不同的是相对标准差消除了观测值大小对标准差的影响，适用于动态变化起伏较大的化学量如气氡、气汞观测数据的噪声水平评价。

假定观测数据序列为 $\{x_i, i=1, 2, 3, \cdots, n\}$，序列的均值为 u。首先对观测数据序列进行消除趋势处理，考虑到地下流体测项动态变化的复杂性，一般采用移动平均法消除趋势。消除趋势后的数据序列为 $\{y_i, i=1, 2, 3, \cdots, n\}$，其平均值为 v，则标准差（σ）、相对标准差（δ）的计算方法为

$$\sigma = \sqrt{\frac{1}{n-1}\sum_{i=1}^{n}(v - y_i)}, \qquad \delta = \frac{\sigma}{u} \qquad (9.4)$$

超差数为超过 k 倍标准差的超差次数，一般 k 为 3。超差数越大，数据突变（突跳、台阶）越多，噪声水平越差。满足超差的条件为

$$y_i - v > k\sigma \text{ 或 } y_i - v < -k\sigma \qquad (9.5)$$

9.2.2.2 固体潮汐参数

固体潮汐参数指标主要用来评价能够观测到固体潮汐变化的重力、地倾斜、地应变、地下水位等测项的内在观测质量，其包括 Nakai 检验百分比、M_2 波潮汐因子、M_2 波潮汐因子中误差和 M_2 波潮汐因子相对中误差等四个指标。之所以选择固体潮汐中的半日波——M_2 波参与评价，首先是因为固体潮理论已经非常成熟，其理论预测精度非常高，可以用来检验仪器观测的准确性；再者是考虑到我国大部分国土分布在中纬度地区，而中纬度地区的 M_2 波振幅最大，具有最大的信噪比。

（1）Nakai 检验百分比

该指标主要用于重力学科评价观测序列固体潮记录的总体情况，其值为观测时间序列中与理论固体潮相关性较高、噪声水平较小的观测数据段所占的比例。对观测数据序列按两天分组，对每组数据进行 Nakai 检验，统计中误差小于 2×10^{-8} m/s^2 的组数占总组数的比例。

（2）M_2 波潮汐因子

该指标主要是地下流体中的水位测项用来评价其固体潮响应幅度的大小，其

值为观测的固体潮 M_2 波振幅与理论固体潮 M_2 波振幅的比值。该值越大，且 M_2 波潮汐因子中误差越小，则内在质量越好。该指标采用 Venedikov 调和分析方法计算得到。

（3）M_2 波潮汐因子中误差

该指标主要用于重力、地倾斜观测以评价固体潮观测精度，其值为 Venedikov 调和分析中每两天一组计算出的观测固体潮 M_2 波振幅与 M_2 波理论值振幅的比值序列的标准差。该值越小，观测精度越好。

（4）M_2 波潮汐因子相对中误差

该指标主要用于水位、洞体应变和钻孔应变观测等，以评价固体潮观测精度，其值为 M_2 波潮汐因子与 M_2 波潮汐因子中误差的比值。该指标与 M_2 波潮汐因子中误差的不同在于，后者消除了潮汐因子值的大小对观测精度指标的影响。

（5）M_2 波潮汐因子均方差

该指标用于地倾斜观测，以评价固体潮 M_2 波潮汐因子序列的离散程度，也可称为 M_2 波潮汐因子序列的标准差。

9.2.3 数据一致性指标

地球物理类观测数据的一致性可以反映仪器观测的可靠性。当有多余观测或多分量观测时，可对观测数据进行一致性检验和评估。其包括形变学科的四分量应变自检内精度、水准区段往返高差不符值、环线闭合差，电磁学科的地电场相关系数、地电场差值，重力学科的相对重力观测自差、互差以及绝对重力测组标准差等指标。

（1）四分量应变自检内精度

根据四分量应变的校正系数来检验观测数据的可靠性。设 s_i 为观测数据，S_i 为实地标定后的结果，（$S_i=k_is_i$，$i=1$，2，3，4），k_i 为各分量的相对校正系数。当探头与围岩的耦合处于理想状态时，$k_i=1$。根据任意两个互相正交方向的测值之和均相等的自检条件，则有

$$S_1+S_3=S_2+S_4，即 k_1s_1+k_3s_3=k_2s_2+k_4s_4 \tag{9.6}$$

给定 $k_1=1$，将大量观测数据代入式（9.6），可计算得到 k_1、k_2、k_3；依次给定 k_i 为 1，计算其他分量的标定系数，可得到四组 k_i（$i=1$，2，3，4）。对四组 k_i 取平均值作为最终的标定系数。k_i 越接近 1，且各相对校正系数偏差越小，则越反映出探头与围岩耦合较好，仪器格值越一致可靠。

（2）地电场相关系数

采用地电场侧向的长、短电极距相关系数检验观测数据的可靠性。若地电场相关系数大于 0.95，则认为观测质量较好。地电场月相关系数（$R_{月}$）计算方法如下：

首先，利用该测向的长、短极距每小时测得的分钟值数据计算长、短电极距测值间的相关系数（$R_{时}$）为

$$R_{时} = \frac{\sum\limits_{i=1}^{n}(E_{短_i} - \overline{E}_{短})(E_{长_i} - \overline{E}_{长})}{\sqrt{\sum\limits_{i=1}^{n}(E_{短_i} - \overline{E}_{短})^2 (E_{长_i} - \overline{E}_{长})^2}} \tag{9.7}$$

式中，$E_{长_i}$ 为长电极距测道第 i 个地电场的分钟观测电极距；$\overline{E}_{长}$ 为该测道观测电极距的平均值；$E_{短_i}$ 为短电极距测道的第 i 个地电场的分钟观测电极距；$\overline{E}_{短}$ 为该测道观测电极距的平均值；n 为每小时计算的分钟观测电极距的个数。

然后，计算每天 $R_{时}$ 的均值、标准差，根据三倍标准差准则，剔除超出三倍均差的值后再计算平均值作为日相关系数（$R_{日}$）。各测向日相关系数的平均值即为地电场月相关系数（$R_{月}$）为

$$R_{月} = \frac{1}{n}\sum_{j=1}^{n}\frac{1}{m}\sum_{i=1}^{m}R_{日ij} \tag{9.8}$$

式中，n 为当月天数；$R_{日ij}$ 为第 i 个测向第 j 天的相关系数；m 为测向数。

（3）地电场差值

利用差值判断地电场同一测向观测数据的变化幅度是否一致，是否存在漂移现象。差值的计算方法：首先，计算同一方向不同极距或平行方向一段时间内两个测道数据的差值 D_{xy}，多测向的平均值即为该观测场地电场的差值。若差值小于 1 mV/km，则观测质量较好。

$$D_{xy} = \frac{1}{n}\sum_{i=1}^{n}|(X_i - X_0) - (Y_i - Y_0)| \tag{9.9}$$

式中，X_i、Y_i 分别为两个测道的观测值；X_0、Y_0 分别为两个测道的午夜平均值；n 为时间段内数据个数。

10 数 据 汇 交

固体地球物理野外站长期观测产生的科学数据直接通过联网的方式上交到行业主管部门。

野外站所属的地震台站作为数据的生产者应对数据质量负责，数据汇交过程中，应按照原始观测数据、预处理观测数据和成果观测数据分类归档汇交。

野外站汇交数据应具备元数据描述文档；如果台站观测仪器故障或者调整应将维修日志一并汇交，如果数据存在异常，应将核实后的异常核实报告一并上交。

10.1 数据汇交原则

10.1.1 真实可靠

按照本规范开展监测获取数据，并对数据定期汇总整理，确保数据质量，保证汇交数据的真实性和可靠性。

10.1.2 科学规范

数据按照相关标准规范或要求加工处理，确保汇交数据的可发现性、可获取性、可操作性和可重复利用性。

10.1.3 及时完整

在既定的时间内，按时完整地向数据管理方提交数据，保证数据的及时性和完整性。

10.2 数据汇交流程

10.2.1 数据制备

遵循数据汇交相关标准规范，将采集的数据进行处理，按照规定形成元数据、数据实体等文件。

10.2.2　数据提交

确保数据质量可靠，格式规范，并编制数据说明文档，提交至数据管理方。

10.2.3　数据审核

数据管理方根据数据管理规范，对汇交数据进行形式审查和质量认定，若数据存在问题，数据提交方应及时修改并重新提交。数据管理方确定数据无误后，对数据分类、编目、标识和加工后进行入库。

10.3　数据共享与发布

根据国家对科学数据共享的有关要求，制定数据共享与发布条例，分级分类实现科学数据的有效共享。相关观测数据资料共享审批表和数据使用保密承诺书，可参考附录 M 和附录 N。

11 保障措施

11.1 人员保障

每站至少配备三名固定全职人员负责日常观测、设备维护和数据整理等相关工作，依托单位保障人员的编制、工资待遇等。

11.2 设备保障

为了保证所获数据的可比性，同类常规观测设备建议采用一致型号的监测仪器设备；建立野外站仪器设备定期维护、定期检测规章制度，由专人负责定期对野外台站设备进行检修维护。

11.3 技术保障

依托单位常设技术保障部门，定期举办观测技术、设备维护和数据处理等专项培训，保障设备稳定运行、数据连续可靠。

参 考 文 献

地壳运动监测工程研究中心. 2014. 地壳运动监测技术规程. 北京: 中国环境出版社.

李正媛, 熊道慧, 刘高川. 2021a. 数字化地震地球物理观测仪器使用维修手册: 地下流体观测
仪器. 北京: 地震出版社.

李正媛, 熊道慧, 刘高川. 2021b. 数字化地震地球物理观测仪器使用维修手册: 电磁观测仪器.
北京: 地震出版社.

李正媛, 熊道慧, 刘高川. 2021c. 数字化地震地球物理观测仪器使用维修手册: 形变观测仪器.
北京: 地震出版社.

刘春国, 李正媛, 吕品姬, 等. 2017. 数字化地震前兆台网观测数据质量评价方法. 中国地震,
33(1): 112-121.

中国地震局. 2001a. 地震及前兆数字观测技术规范: 地震观测. 北京: 地震出版社.

中国地震局. 2001b. 地震及前兆数字观测技术规范: 电磁观测. 北京: 地震出版社.

Peterson J. 1993. Observations and modeling of seismic background noise. US Geological Survey
Open File Report, 93-322.

附　录

附录 A
场地堪选点之记

点名		编　号		类别	
选址地所属行政区划					
交通略图			自然地理、地质概况		
选址近景照片			选址远景照片		
交通、通信、治安情况					
地下水资料					
已有站点的利用情况					
观测环境说明					

附录 B
测点点之记

点名		经度		来源	实测
点号		纬度		来源	
类别		高程		来源	实测（□大地高、□海拔高）
观测墩（井、钻孔）类型			地形地貌		
观测单位			绘制者		
所在地			绘制日期		年　月　日
详细位置图			交通略图		
观测墩断面图			点位环视图		
选点者			建点者		
选点日期			建点日期		
受委托单位			联系人	姓名	
				电话	
备注					

附录 C
测量标志委托保管书

测量标志委托保管书
测站站名：
标石种类：   标志质料：
完整情况：
托管日期：年 月 日
详细地址：   省（自治区、直辖市）   县（市、区）   乡村
图 略 位 点
测量标志是国家经济建设和国防建设的重要设施，必须长期保存。当地各级党、政机构应对群众进行宣传教育，认真负责保护测量标志，不得拆除和移动，并严防破坏。 现由＿＿＿＿＿＿代表＿＿＿＿＿＿根据《中华人民共和国测绘法》，将上述测量标志委托＿＿＿保管，并负责保护。 　　　　　　托管单位：（盖公章）代表： 　　　　　　　　　地址：邮编： 　　　　　　保管单位：（盖公章）代表： 　　　　　　　　　地址：邮编： 　　此保管书共三份，一份随成果上交，一份由测量机关呈交地方测绘管理机关，一份交委托保管单位。

附录 D
FG5/×××型绝对重力测量观测记录表

点名：	观测员：	数据文件名：	经度：　°	纬度：　°	高程：　m （□大地高、 □海拔高）
点号：	记录员：	实测气压：　hPa	实测温度：　℃		重力垂直梯度：　μGal/cm
观测开始时间（北京时）：月日时分 观测结束时间：月日时分		参考高度：下=　cm，上=　cm， 下+上=　cm 出厂高度：　cm，架设高度：　cm			极移参数：x=　，　y=

检查项目 检查时间（北京时）			超长弹簧							落体舱情况								干涉仪			干涉条纹 （mV）
			纵水准		横水准			零位置 （≤20 mV）	纵水准		横水准			真空度 （离子泵）		垂直度检查 （光斑）					
			S	中	N	E	中	W		S	中	N	E	中	W	kV	mA	重合	2/3	1/2	
测前	月日	:																			
测中	月日	:																			
测后	月日	:																			

激光器 DC 和 IF 各频带峰值/V							
日期		时间 （北京时）	激光 DC	d	e	f	g	记事
测前	月日	:						
测中	月日	:						
测后	月日	:						
备注：								

附录 E
绝对重力成果汇总表

序号	点号	点名	观测起止日期	观测组数	采用组数	重力垂直梯度/(μGal/cm)	重力值/μGal		标准差/μGal
							墩面	130 cm	

注：1 μGal=10^{-8} m/s^2。

附录 F
GS 型数字化重力仪格值标定记录表

日期：			
仪器号：			
测项分量：			
标定常数 K_0：			
标定开关动作	时间 （单位：　　）	输出读数 V （单位：　　）	电压差值 ΔV （单位：　　）
开			
关			
开			
关			
…			
开			
关			
开			
关			
输出电压差平均值 $\overline{\Delta V}$ （单位：　　）			
格值 $C=K_0/\overline{\Delta V}$ （单位：　　）			
校准记录者：		校准复核者：	

注：GS 型数字化重力仪的标定采用电磁校准方法。利用通电线圈产生的电磁力使摆偏离原平衡位置，若电流固定则摆的偏角固定，从输出电压变化可以计算格值；K_0 是一个常数，在仪器出厂前已经在实验室测定给出。

附录 G
GS 型拉弹簧测定重力仪电压灵敏度表

测定日期：					
$K=$		10^{-8} m/(s²·格)			
时间 （hh：mm）	光学读数 （格）	拉弹簧 （格）	输出电压 （mV）	电压变化量 （mV）	电压灵敏度（C_v） [10^{-8} m/(s²·mV)]
均值					
中误差					
相对误差					
中值					
$C_{v0}=$				$\lvert \overline{C_v} - C_{v0} \rvert / \overline{C_v} =$	
测定者：			计算者：		

注：GS 型拉弹簧测定重力仪电压灵敏度过程是通过拨动重力仪自带的标定器调整弹簧位置，查看数采输出电压。比较弹簧位置变化量（格）和输出电压变化量之间的关系，利用标定常数 K 计算电压灵敏度 C_v。电压灵敏度中误差优于 1%，仪器校准后电压灵敏度较原有值变化应该优于 2%。表 3 中计算出各调整时段的电压灵敏度后按照中误差定义计算电压灵敏度的中误差；C_{v0} 为上次标定的电压灵敏度；$\overline{C_v}$ 为本次电压灵敏度测定均值。

附录 H
FHD 型质子矢量磁力仪校准记录表

观测站：＿＿＿＿　　　观测员：＿＿＿＿

温　度：＿＿＿℃　　　湿　度：＿＿＿＿%

日期（北京时间）：　年　月　日　时　分至　时　分

1	底座水平调节	调节前水泡情况： 南北水泡偏离： 东西水泡偏离：		调节后水泡情况： 南北水泡： 东西水泡：	
2	补偿电流选定	选定前补偿电流： $I_{AH}=$＿＿＿＿mA		第 1 次选定 $I_1=$＿＿＿mA 第 2 次选定 $I_1=$＿＿＿mA 第 3 次选定 $I_1=$＿＿＿mA 采用选定结果： $I_{AH}=$＿＿＿mA	
3	偏置电流校正	校正前：$I_E=$＿＿＿mA		校正后：$I_{AE}=$＿＿＿mA	
4	观测方位角	检查前：＿＿＿°＿＿＿′		检查后：＿＿＿°＿＿＿′	
5	H 转向差测定	H_1			
		H_2			
		H_1 均值		H_2 均值	
		计算转向差	$\Delta H = \dfrac{\overline{H}_2 - \overline{H}_1}{2} =$　　nT		
6	D 转向差测定	d_1		中值	
		d_2		中值	
		计算转向差	$\Delta d = -\dfrac{d_2 + d_1}{2} =$　　′		
7	校准台阶量	F:　nT	H:　nT	Z:　nT	D:　′
8	备注	校准结果符合观测规范要求。			
9	仪器工作参数录入				
10	说明	1.FHD 型质子矢量磁力仪校准分为简易校准和完整校准，此处给出的"分量线圈日常调整方法与步骤"是完整校准步骤。 2.在仪器正常工作的情况下，只进行简易校准。 3.每月底应自行进行本观测站与相邻多观测站的数据差值分析，如发现本观测站有任一分量与其他观测站存在显著漂移，应先查找产生数据漂移的原因，然后在本月后三天进行完整校准			

附录 I
DSQ 型水管倾斜仪格值校准记录计算表

年　　月　　日

分量：　　　　　　　　　　　　　　　　基线长度 L（m）：

$\Delta h_{标}$（mm）：　　　　　　　　　　$\Delta H_{水}$（μm）：

端点	时间	U_C /mV	ΔU_C /mV	$\overline{\Delta U_C}$ /mV	标定精度 /%	$\overline{\Delta U_C}'$ /mV	$n=\dfrac{\overline{\Delta U_C}'}{\Delta H_{水}}$ /(mV/μm)	$\eta=0.206265\dfrac{1}{n\times L}$ /(10^{-3}″/mV)	相对误差 /%
标定前使用格值或上次标定格值/(10^{-3}″/mV)									
格值误差/%				是否启用新格值					

标定者：　　　　　　　　　　　　　　　　复核者：

附录 J

CZB-1 型竖直摆钻孔倾斜仪格值校准记录计算表

年　　月　　日

仪器号：		分量：	校准常数（θ）：	
校准开关动作	时间	输出读数（V）	电压差值（ΔV）	
关				
开				
关				
开				
关				
开				
关				
开				
关				
开				
关				
输出电压差平均值（ΔU）				
格值（$\eta = \theta / \Delta U$）/($10^{-3}''$/mV)				
标定精度/%				
标定前使用格值或上次标定格值/($10^{-3}''$/mv)				
格值误差/%			是否启用新格值	

标定者：　　　　　　　　　　　　复核者：

附录 K
TJ 型体积式钻孔应变仪格值校准表

辅助温度/℃		水位/cm		辅助气压/hPa	
标定电流/mA		标准应变(σ_0)/10^{-8}		输出电压（$V_{标}$）/mV	
灵敏度系数($K_0 = V_{标}/\sigma_0$)/(mV/10^{-8})					
仪器格值($1/K_0$)/(10^{-8}/mV)					
校准人员（记录者、复核者）：				年　月　日	

附录 L

YRY-4 型分量钻孔应变仪格值校准记录表

分量	电压变化（V）/V		基线长度（L）/m		晶片逆压电伸缩常数（d）/(10^{-10}m/V)	
	时间	加压前读数（u_0）/mV	加压后读数（u_1）/mV	输出值（u_2）/mV	校准值 [$u=|(u_0+u_2)/2-u_1|$]/mV	
	格值 [$S=V \times d/(u \times L)$] /($10^{-10}$/mV)					
	校准人员（记录者、复核者）：			年　　月　　日		

附录 M
固体地球物理领域野外站观测数据资料共享审批表

申请者信息	申请单位			
	申请人		证件号码	
	电话		邮箱	
数据类别	GNSS 数据	30 s □	1 s □	50 Hz □
	重力数据		地倾斜数据	
	地震动数据		地应变数据	
	地磁数据		水准数据	
	地电数据		地下流体数据	
测站/空间范围			时间范围	

支持的研究课题或项目介绍
名称： 经费： 负责人： 来源： 项目简介：

使用单位经手人		电话	
数据载体		光盘□	其他□

数据共享使用规定：
1.原则上每次共享数据的时间范围最长为 1 年，申请单位 1 年内仅限申请 1 次；
2.共享数据仅限于在申请单位内部使用，不得向任何第三方提供，否则后果自负；
3.凡使用共享数据所产生的论文、论著等成果必须明确标注数据来源于"XX 国家野外科学观测研究站"，并及时通报给野外站依托单位备案；
4.凡属于二次以上申请数据的单位，须提交上次使用数据的研究成果和论著；
5.申请人同时提交申请表和身份证复印件进行数据共享；
6.所获取的数据资料按照国家数据相关管理规定使用；
7.违反以上规定的单位将被取消数据共享资格，并按国家有关规定承担相应责任。

申请人阅读并遵守以上规定　　　　申请人（签字）：

申请人单位意见	（盖章）　　　　　　　　　　　　　　　　年　月　日
审批意见	（签字/盖章）　　　　年　月　日

附录 N
数据使用保密承诺书

今收到_____国家野外科学观测研究站提供的观测数据:

(数据具体为 _____)

按照数据共享有关规定,对上述数据的使用和保密承诺如下:

1.我单位仅将该数据用于_____工作,不用于其他任何项目及用途,仅限于在申请单位内部使用,不向任何第三方提供或以任何方式传播及对外公布;

2.我单位承诺按照国家有关法律法规及相关政策的要求对共享数据采取有效的保密措施,绝不泄露数据相关信息;

3.我单位如违反承诺书内容,将对由此产生的一切后果承担全部责任;

4.本承诺书自盖章之日起生效。

承诺单位或保密委员会(公章):

承诺人(签字):

　　　　　　　　　　　　　　　　　　　　　　　　　年　　　月　　　日

编写委员会　主编

国家野外科学观测研究站观测技术规范

第 四 卷

地球物理与地表动力灾害

日地空间环境

赵秀宽　刘立波　李国主　王　霄　等

科 学 出 版 社

北　京

内 容 简 介

  开展长期的、规范化的科学观测是国家野外科学观测研究站的首要任务，也是获取高质量科学数据和开展联网研究的基础与保障。本系列规范以国家战略需求和长期地球物理与地表动力灾害研究为导向，指出了地球物理与地表动力灾害领域野外站观测技术规范的基本任务与内容，提出了野外站长期观测与专项观测相结合的技术体系，明确了本领域不同类型野外站的观测指标体系、观测技术方法和观测场地建设要求，制定了明确的数据汇交与管理要求，以保证观测数据的长期性、稳定性和可比性，从而推动开展全国和区域尺度的联网观测与研究。本系列规范适用于指导地球物理与地表动力灾害领域国家野外科学观测研究站以及相关行业部门野外站开展观测研究工作。

  本系列规范可供地球物理学、空间物理学、天文学、灾害学、水文学、水力学、水土保持学、地貌学、自然地理学、工程地质学等学科领域科研人员开展野外观测研究工作参考使用。

图书在版编目（CIP）数据

  国家野外科学观测研究站观测技术规范. 第四卷，地球物理与地表动力灾害 / 编写委员会主编. -- 北京 ：科学出版社，2025.5.
  ISBN 978-7-03-081962-8

  Ⅰ. N24-65；P3-65；P694-65
  中国国家版本馆 CIP 数据核字第 2025DV1099 号

  责任编辑：韦　沁　徐诗颖 / 责任校对：何艳萍
  责任印制：肖　兴 / 封面设计：北京美光设计制版有限公司

科 学 出 版 社 出版

北京东黄城根北街 16 号
邮政编码：100717
http://www.sciencep.com

北京市金木堂数码科技有限公司印刷
科学出版社发行　各地新华书店经销
*

2025 年 5 月第 一 版　开本：720×1000　1/16
2025 年 5 月第一次印刷　印张：39 1/2
字数：8 000 000

定价：498.00 元（全五册）
（如有印装质量问题，我社负责调换）

"国家野外科学观测研究站观测技术规范"丛书

指导委员会

主　任：张雨东

副主任：兰玉杰　苏　靖

成　员：黄灿宏　王瑞丹　李　哲　刘克佳　石　蕾　徐　波
　　　　李宗洋

科学委员会

主　任：陈宜瑜

成　员（按姓氏笔画排序）：

于贵瑞　王　赤　王艳芬　朴世龙　朱教君　刘世荣

刘丛强　孙和平　李晓刚　吴孔明　张小曳　张劲泉

张福锁　陈维江　周广胜　侯保荣　姚檀栋　秦伯强

徐明岗　唐华俊　黄　卫　崔　鹏　康世昌　康绍忠

葛剑平　蒋兴良　傅伯杰　赖远明　魏辅文

编写委员会

主　任：于贵瑞

副主任：葛剑平　何洪林

成　员（按姓氏笔画排序）：

于秀波	马　力	马伟强	马志强	王　凡	王　扬
王　霄	王飞腾	王天明	王兰民	王旭东	王志强
王克林	王君波	王彦林	王艳芬	王铁军	王效科
王辉民	卢红艳	白永飞	朱广伟	朱立平	任　佳
任玉芬	邬光剑	刘文德	刘世荣	刘丛强	刘立波
米湘成	孙晓霞	买买提艾力·买买提依明		苏　文
杜文涛	杜翠薇	李　新	李久乐	李发东	李庆康
李国主	李晓刚	李新荣	杨　鹏	杨朝晖	肖　倩
吴　军	吴俊升	吴通华	辛晓平	宋长春	张　伟
张　琳	张文菊	张达威	张劲泉	张雷明	张锦鹏
陈　石	陈　继	陈　磊	陈洪松	罗为群	周　莉
周广胜	周公旦	周伟奇	周益林	郑　珊	赵秀宽
赵新全	郝晓华	胡国铮	秦伯强	聂　玮	聂永刚
贾路路	夏少霞	高　源	高天明	高连明	高清竹
郭学兵	唐辉明	黄　辉	崔　鹏	康世昌	彭　韬
斯确多吉		韩广轩	程学群	谢　平	谭会娟
潘颜霞	戴晓琴				

第四卷　地球物理与地表动力灾害
编写委员会

主　任：崔　鹏

副主任：陈　石　刘立波　唐辉明　王兰民　郑粉莉　贾路路
　　　　赵秀宽　周公旦　张国涛

成　员（按姓氏笔画排序）：

　　　　王　霄　王海刚　卢红艳　任　佳　刘清秉　安张辉
　　　　许建东　李国主　张国栋　郝　臻　蒲小武

日地空间环境编写组

赵秀宽　刘立波　李国主　王　霄　胡连欢　黄德宏
朱亚军　田玉芳　杨国韬　雷久侯　袁志刚　余　涛
张佼佼　袁　韦　郝永强　张东和　丁宗华　吴宝元
王俊逸　解海永　刘建军　王　威　陈一定　薛向辉
孙文杰　王云冈　陈　罡　程永宏　胡红桥　颜毅华
张　宁

序 一

国家野外科学观测研究站作为"分布式野外实验室",是国家科技创新体系组成部分,也是重要的国家科技创新基地之一。国家野外科学观测研究站面向社会经济和科技发展战略需求,依据我国自然条件与人为活动的地理分布规律进行科学布局,开展野外长期定位观测和科学试验研究,实现理论突破、技术创新和人才培养,通过开放共享服务,为科技创新提供支撑和条件保障。

2005 年,受科技部的委托,我作为"科技部野外科学观测研究站专家组"副组长参与了国家野外科学观测研究站的建设工作,见证了国家野外科学观测研究站的快速发展。截至 2021 年底,我国已建成 167 个国家野外科学观测研究站,在长期基础数据获取、自然现象和规律认知、技术研发应用等方面发挥了重要作用,为国家生态安全、粮食安全、国土安全和装备安全等方面做出了突出贡献,一大批中青年科学家依托国家野外科学观测研究站得以茁壮成长,有力提升了我国野外科学观测研究的国际地位。

通过长期野外定位观测获取科学数据,是国家野外站的重要职能。建立规范化的观测技术体系则是保障野外站获取高质量、长期连续科学数据、开展联网研究的根本。科技部高度重视国家野外站的标准化建设工作,并成立了全国科技平台标准化技术委员会野外科学观测研究标准专家组,启动了国家野外站观测技术规范的研究编制工作。我全程参加了技术规范的高水平专家研讨评审会,欣慰地看到通过不同领域的野外台站站长、一线监测人员和科研人员的共同努力,目前国家野外站五大领域的观测技术规范已经基本编制完成,将以丛书形式分领域出版。

面对国家社会经济发展的科技需求,国家野外站也亟须从顶层设计、基础能力和运行管理等方面,进一步加强体系化建设,才能更有效实现国家重大需求的科技支撑。我相信,"国家野外科学观测研究站观测技术规范"丛书的出版一方面将促进国家野外站管理的规范化,另一方面将有效推动国家野外站观测研究工作的长期稳定发展,并取得更高水平研究成果,更有效地支撑国家重大科技需求。

中国科学院院士 陈宜瑜

序　二

当前我国经济已由高速增长阶段转向高质量发展阶段，资源环境约束日渐增大。推动经济社会绿色化、低碳化发展是生态文明建设的核心，是实现高质量发展的关键。依托野外站开展长期观测与研究，推动生态系统与生物多样性、地球物理与地表动力灾害、材料腐蚀降解与基础设施安全等五大领域的学科发展，是支撑国家社会经济高质量发展和助力新质生产力的重要基础性保障。

标准化和规范化的观测技术体系是国家野外站开展协同观测，并获取高质量联网观测数据的前提与基础。国家野外站由来自于不同行业部门的观测站组成，在台站定位、主要任务和领域方向等方面存在不同程度的差异，对野外站规范化协同观测和标准化数据积累的影响日益明显。目前国家野外站存在观测体系不统一、部分野外站类型规范化技术体系缺乏的突出问题，亟须在现有野外站观测技术体系基础上，制定标准化的观测技术规范，以保障国家野外站长期观测和研究的科学性，观测任务实施的统一性与规范性，更有效地服务于国家重大科技需求和学科建设发展。

2021 年 6 月，科技部基础司和国家科技基础条件平台中心启动了国家野外站观测技术规范的研究编制工作，并成立了全国科技平台标准化技术委员会"野外科学观测研究标准专家组"，组织不同领域技术骨干开展野外站观测技术规范的编写工作。两年多来，数百名野外站一线科研人员开展全力协作，围绕技术规范的编制进行了百余次不同规模的研讨和修改。作为野外科学观测研究标准专家组组长，我参与了技术规范编制工作的整个过程，也见证了野外站科研精神的传承，很欣慰地看到一支甘心扎根野外、勇于奉献和致力于野外科学观测研究科技队伍的成长。随着国家野外站五大领域的观测技术规范编制工作的完成，该成果将以丛书形式陆续出版，并将很快开展相应的野外站宣贯工作，从而有效推动国家野外科学观测研究站的规范化建设与运行管理，为更好地发挥国家野外站科技平台作用，助力实现我国高水平科技自立自强提供基础性支撑。

中国科学院院士　于贵瑞

前　　言

地球是人类赖以生存的家园,然而自然灾害的频发与复杂的地球系统动态变化息息相关。固体地球物理、日地空间环境、水力型灾害、重力型灾害和地震灾害等多领域的观测研究,不仅是人类探索地球系统演化规律、理解自然灾害成因和机制的关键基础,而且是服务于国家防灾减灾战略需求、保障社会经济可持续发展的重要支撑。近年来,随着全球气候变化、极端自然事件频发以及人类活动的加剧,自然灾害的发生呈现出更为复杂的态势。这不仅对科学研究提出了更高的要求,也对灾害观测和预警体系建设提出了更大的挑战。

国家野外科学观测研究站作为长期定位观测和科学研究的基础平台,在推动科学认知突破、服务国家重大科技任务以及满足防灾减灾重大需求等方面发挥了不可替代的作用。近年来,我国在固体地球物理、日地空间环境、水力型灾害、重力型灾害及地震灾害等领域已建成一批国家级和省部级野外科学观测研究站。这些站点通过长期监测和科学研究,积累了大量宝贵的数据与经验。然而,观测技术与方法的快速发展,以及不同站点间监测目标和任务的多样性,也带来了数据标准不一、规范化不足等问题,亟须制定系统化、规范化的观测指标体系和技术规范,以实现观测数据的高质量、可比性和共享性,为深入研究灾害成因、演化规律及风险防控提供科学依据。

为此,本系列规范围绕固体地球物理、日地空间环境、水力型灾害、重力型灾害和地震灾害五大领域,系统梳理了相关领域长期科学观测的目标、任务与内容,结合国家不同发展阶段的重大需求,构建了统一的观测指标体系和技术方法,制定了规范化的观测流程与数据管理标准。本系列规范的编写遵循系统性、科学性、先进性和可操作性的原则,充分参考国内外已有技术规范和研究成果,结合我国野外观测研究的实际需求,力求为未来的联网观测与数据共享提供科学指导,支撑国家防灾减灾战略目标的实施。

固体地球物理分册着眼于固体地球物理学的长期定位观测,探索地球系统的动力学过程及其物质组成和演化规律,为能源资源开发和固体地球灾害防控提供科学支撑。

日地空间环境分册聚焦地球空间环境的状态及其变化规律,服务于"子午工程""北斗导航""载人航天"等重大科技任务,为空间活动安全和高技术系统运行提供保障。

水力型灾害分册立足于受全球气候变化和人类活动影响的地表水力型灾害，研究其成因、演化规律及防控策略，为山洪、泥石流、水土流失等灾害的监测预警与防治提供技术支持。

重力型灾害分册针对滑坡、崩塌、地面沉降、雪崩等灾害，构建孕灾环境与成灾机制的观测指标体系，为区域灾害风险评估与防控提供科学依据。

地震灾害分册重点研究强震孕育、地震动效应及次生灾害机理，服务于国家地震安全需求，提升地震灾害风险防控能力。

本系列规范的编写得到了科技部国家科技基础条件平台中心以及各领域专家的支持与指导，凝聚了科研机构、高等院校和相关行业部门的集体智慧。各分册在编写过程中，广泛征求了业内专家意见，经过反复讨论和修改，力求内容科学严谨、体系规范完整。但由于各领域的复杂性和规范化建设的长期性，不可避免地存在不足之处。我们真诚希望在实际应用中得到反馈和建议，以便在后续修订中不断完善，为我国自然灾害观测与科学研究提供更为有力的支撑。

我们相信，本系列规范的发布与推广，将有助于提升我国自然灾害观测研究的科学化、规范化水平，推动灾害风险防控能力的全面提升，为建设安全、韧性、可持续发展的社会提供重要保障。

编　者
2025 年 1 月

目　　录

1 引　言

日地空间环境，特别是地面 60 km 以上的地球空间环境，其状态及变化影响空间应用工程和地面高技术系统，危及载人空间活动安全与人类健康。长期联网观测与过程研究是认识日地空间环境变化特征的重要手段。目前，中国科学院、教育部、自然资源部、工业和信息化部、中国气象局等部委所属单位已建立多个日地空间环境观测台站，其中有九个台站被科技部遴选为国家野外科学观测研究站（简称野外站）。随着新的观测技术和方法不断涌现，仪器设备也在持续更新，亟须构建系统的、统一的野外站观测指标体系和观测规范来指导日地空间环境相关观测和研究工作。根据科技部对国家野外科学观测研究站标准化建设的总体任务要求，为规范日地空间环境领域国家野外科学观测研究站建设，特制定本规范。

本规范参考了现有国家及行业相关标准和规范，结合野外站的特点，以日地空间环境领域地基探测目标为导向来确定观测指标体系，涵盖了日地空间环境领域国家野外科学观测研究站的观测目标与内容、观测指标体系、观测场地布设、观测技术方法、观测设备架设与维护、数据管理等内容。本规范的制定和实施将更好地支撑"子午工程""载人航天与探月工程""北斗卫星导航系统"等重大科技任务，同时服务于国家深空探测等重大战略需求。

本规范起草单位：中国科学院地质与地球物理研究所、国家空间科学中心、大气物理研究所，中国极地研究中心（中国极地研究所），中国科学技术大学，武汉大学，北京大学，中国地质大学（武汉），中国电子科技集团公司第二十二研究所，国家卫星气象中心，中山大学。

本规范主要起草人：赵秀宽、刘立波、李国主、王霄、胡连欢、黄德宏、朱亚军、田玉芳、杨国韬、雷久侯、袁志刚、余涛、张俀俀、袁韦、郝永强、张东和、丁宗华、吴宝元、王俊逸、解海永、刘建军、王威、陈一定、薛向辉、孙文杰、王云冈、陈罡、程永宏、胡红桥、颜毅华、张宁。

本规范的资助项目及单位主要包括科技部四司科技工作委托任务"国家野外站观测技术规范研究"、国家生态科学数据中心（NESDC）以及中国科学院野外站联盟项目"中国空间环境变化评估"（KFJ-SW-YW033）。

本规范将指导日地空间环境领域地基野外观测实践，并在此基础上修改完善。

2 范　围

　　本规范规定了日地空间环境领域国家野外科学观测研究站的观测目标与内容、观测指标体系、观测场地布设、观测技术方法、观测设备架设与维护、数据管理等内容。

　　本规范适用于日地空间环境领域国家野外科学观测研究站的长期定位观测。

3 规范性引用文件

本规范的制定参考了下述规范性文件，文件中的条款通过本规范的引用而成为本规范的条款。凡是标注日期的引用文件，仅所注日期的版本适用于本规范；凡是未标注日期的引用文件，其最新版本（包括所有的修改单）适用于本规范。

GB 8702—2014 电磁环境控制限值

GB/T 19531.2—2004 地震台站观测环境技术要求 第2部分：电磁观测

GB/T 27606—2020 GNSS 接收机数据自主交换格式

GB/T 30114.2—2014 空间科学及其应用术语 第2部分：空间物理

GB/T 44434—2024 空间环境 流星雷达技术要求

DB/T 9—2004 地震台站建设规范 地磁台站

GY/T 5069—2020 中、短波广播发射台场地选择标准

GY/T 5039—2011 广播电视卫星地球站场地要求

HY/T 0476—2025 极地空间物理观测系统建设指南

HY/T 0477—2025 极地极光全视野观测规范

QX/T 195—2013 电离层垂直探测规范

QX/T 294—2015 太阳射电流量观测规范

QX/T 490—2019 电离层测高仪技术要求

QX/T 491—2019 地基电离层闪烁观测规范

QX/T 502—2019 电离层闪烁仪技术要求

YD/T 3285—2017 无线电监测站雷电防护技术要求

4 术语与定义

下列术语和定义适用于本规范。

4.1 空间环境

空间环境（space environment）指地表以上几十千米直至太阳表面之间的环境。

注：①通常所说的空间环境指日地空间环境。②空间环境要素主要包括高能带电粒子、等离子体、电磁辐射、引力场、磁场、电场、流星体、碎片，以及中高层大气的密度、温度和成分等。

[来源：《空间科学及其应用术语　第 2 部分：空间物理》（GB/T 30114.2—2014）]

4.2 电离层

电离层（ionosphere）指高层大气中被太阳辐射部分电离的区域，能显著影响无线电磁波传播。

[来源：《空间科学及其应用术语　第 2 部分：空间物理》（GB/T 30114.2—2014）]

4.3 太阳风

太阳风（solar wind）指日冕气体向外膨胀而生成的等离子体流。

[来源：《空间科学及其应用术语　第 2 部分：空间物理》（GB/T 30114.2—2014）]

4.4 行星际空间

行星际空间（interplanetary space）指在太阳系内，从太阳发出的带电粒子深入到太空中数十亿千米的围绕着太阳和行星的宇宙区域。

[来源：《空间科学及其应用术语　第 2 部分：空间物理》（GB/T 30114.2—2014），有修改]

4.5 磁暴

磁暴（magnetic storm），又称地磁暴，是指太阳风能量输入磁层所导致的全球性地磁扰动现象。

　　[来源:《空间科学及其应用术语　第 2 部分:空间物理》(GB/T 30114.2—2014),有修改]

4.6　地球磁层

　　地球磁层(Earth's magnetosphere)指位于地球电离层以上被太阳风包围并受地磁场控制的区域。

　　[来源:《空间科学及其应用术语　第 2 部分:空间物理》(GB/T 30114.2—2014)]

4.7　电离层临界频率

　　电离层临界频率(ionospheric critical frequency)指当特定模式电磁波垂直入射时,电离层不同层结各自能够反射的最大频率。

　　[来源:《空间科学及其应用术语　第 2 部分:空间物理》(GB/T 30114.2—2014),有修改]

4.8　电离层吸收

　　电离层吸收(ionospheric absorption)指电磁波在电离层中传播时振幅衰减、能量耗散的过程。

　　[注:由电子同中性粒子碰撞引起。来源:《空间科学及其应用术语　第 2 部分:空间物理》(GB/T 30114.2—2014)]

4.9　电离图

　　电离图(ionogram),又称频高图,通常指利用电离层测高仪进行垂直探测得到的电离层对电磁波的反射虚高与频率的关系图,包括回波强度等信息。

　　[来源:《空间科学及其应用术语　第 2 部分:空间物理》(GB/T 30114.2—2014)]

4.10　空间天气

　　空间天气(space weather)指日地空间环境中可影响天基和地基技术系统正常运行和可靠性的条件或状态。

　　[来源:《空间科学及其应用术语　第 2 部分:空间物理》(GB/T 30114.2—2014)]

4.11 临近空间

临近空间（near space）指高度在 20 km 以上、200 km 以下的大气层。
［来源：《空间科学及其应用术语　第 2 部分：空间物理》（GB/T 30114.2—2014）］

4.12 电离层暴

电离层暴（ionospheric storm）指伴随磁暴发生的全球范围内电离层的剧烈扰动。
［来源：《空间科学及其应用术语　第 2 部分：空间物理》（GB/T 30114.2—2014）］

4.13 电离层不规则体

电离层不规则体（ionospheric irregularity）又称电离层不均匀体、电离层不规则结构，指电离层中电子密度发生随机起伏的小尺度结构。
［来源：《空间科学及其应用术语　第 2 部分：空间物理》（GB/T 30114.2—2014）］

4.14 电离层闪烁

电离层闪烁（ionospheric scintillation）指电磁波在穿过电离层时，受电离层不规则体散射产生的振幅、相位等快速随机扰动的一种现象。
［来源：《空间科学及其应用术语　第 2 部分：空间物理》（GB/T 30114.2—2014），有修改］

4.15 总电子含量

总电子含量（total electron content，TEC）又称电子柱含量、电子积分含量，指单位截面电离层两点之间的总电子数。
［来源：《空间科学及其应用术语　第 2 部分：空间物理》（GB/T 30114.2—2014）］

4.16 气辉

气辉（airglow）指中高层大气中通过光化学反应产生的一种发光现象。
［来源：《空间科学及其应用术语　第 2 部分：空间物理》（GB/T 30114.2—2014），有修改］

4.17　极光

极光（aurora）指由来自极区上方的能量粒子注入高层大气所产生的发光现象（李福林，2007）。

4.18　太阳射电流量

太阳射电流量（solar radio flux）指单位时间、单位面积内接收的某一波段的太阳无线电波能量。

［来源：《太阳射电流量观测规范》（QX/T 294—2015）］

4.19　全球导航卫星系统

全球导航卫星系统（global navigation satellite system，GNSS）泛指所有的导航卫星系统，包括美国的全球定位系统（global positioning system，GPS）、俄罗斯的格洛纳斯导航卫星系统（global navigation satellite system，GLONASS）、欧洲的伽利略导航卫星系统（Galileo navigation satellite system，简称 Galileo 系统）以及中国的北斗卫星导航系统（BeiDou navigation satellite system，BDS），还涵盖在建和以后要建设的其他导航卫星系统。

4.20　甚高频

甚高频（very high frequency，VHF）指频带为 30～300 MHz 的无线电磁波。

4.21　高频

高频（high frequency，HF）指频带为 3～30 MHz 的无线电磁波。

4.22　甚低频

甚低频（very low frequency，VLF）指频带为 3～30 kHz 的无线电磁波。

4.23　超低频

超低频（ultra low frequency，ULF）指频带为 30～300 Hz 的无线电磁波。

4.24　行星际闪烁

行星际闪烁（interplanetary scintillation，IPS）指太阳系外射电源辐射的电磁波穿过行星际空间时，电磁波受到太阳风等离子体散射形成的相位和强度快速随机起伏的一种现象。

4.25　大气金属层

大气金属层（atmospheric metal layer）指以原子、离子、化合物等形式稳定存在于中间层顶及低热层区域（主要范围为 80～110 km）的金属蒸气，其来源与流星注入相关。

5 观测目标与内容

5.1 目标任务

日地空间环境地基观测目标包括：①提供日地空间环境连续、长期和可靠的地基综合监测数据，服务于日地空间环境现象、演变过程与机制，以及灾害性空间天气活动规律的研究；②服务于日地空间环境的建模和预报，为航天任务、通信、导航、定位系统以及地面设施等提供基础数据支撑，保障国家空间活动对日地空间环境的信息需求。

具体而言，基于日地空间环境地基观测的研究目标包括：①太阳活动对地球磁层、电离层和中高层大气的影响；②空间天气扰动在地球近地空间的传播规律和物理过程；③我国空间环境变化的区域特征；④固体地球和天气事件对中高层大气、电离层以及磁层环境的影响。

日地空间环境的建模、预报和保障目标包括：①发展磁层、电离层和中高层大气等区域环境要素的预报方法；②建立空间天气扰动的预报模式，包括地磁暴、电离层暴、电离层闪烁等扰动事件预报；③发展自主的空间环境指数预警能力，包括太阳活动、地磁活动、电离层扰动等指数预报；④建立空间环境信息保障指标体系与技术规范，服务于卫星导航、短波通信、天波超视距雷达和空间站等国家重大战略需求。

5.2 观测内容

日地空间环境地基观测需瞄准日地空间环境领域学科前沿，为日地空间环境不同圈层之间的物质和能量耦合的创新研究、日地空间环境预报和电磁波传播应用等提供长期、连续的科学数据支撑。

日地空间环境具有典型的地域和圈层特征。不同地域、圈层之间通过物质和能量耦合过程互相影响，需根据区域共性制定常规观测指标，开展不同经纬度的组网协同观测，并考虑不同区域的物理现象和过程制定专项观测指标。此外，针对国家重大任务需求，根据任务特点对观测指标进行整合和扩展，制定专项观测指标以体现任务目标。因此，将日地空间环境的观测分为常规观测和专项观测。以常规观测方式开展日地空间环境基本参量的观测，形成认识和了解这些基本物理过程和现象的长期观测数据的积累。此外，各野外站可实施若干专项观测，对国家重大任务需求、特定区域的现象和过程开展有针对性的观测。长期观测内容如图1所示。

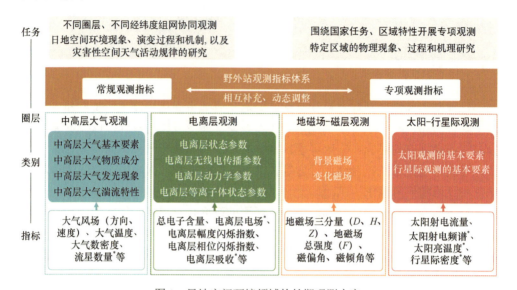

图1　日地空间环境领域的长期观测内容

标识*的指标为专项观测指标，未标识*的指标为常规观测指标；*H* 为水平强度；*Z* 为垂直强度

6　观测指标体系

按照日地空间环境圈层划分，将基于目标导向的探测指标体系按照中高层大气、电离层、地磁场-磁层、太阳-行星际四类观测指标进行归纳，详见表1～表4。日地空间环境领域野外站常规观测为大多数台站应具备的观测能力，专项观测为少数台站具备的观测能力。

6.1　中高层大气观测

中高层大气的观测指标可以根据以下几个方面进行分类：中高层大气基本要素、中高层大气物质成分、中高层大气发光现象以及中高层大气湍流特性。具体指标详见表1。

表1　中高层大气观测指标

指标分类	观测内容	单位	建议观测设备	观测时段	常规观测频次
中高层大气基本要素	大气风场（方向，速度）	°, m/s	流星雷达，MST 雷达，激光雷达，FPI	全天，全天，夜间，夜间	1 h，30 min，3 min，15 min
	大气温度	K	激光雷达，FPI	夜间，夜间	3 min，15 min
	大气数密度	cm^{-3}	激光雷达	夜间	3 min
中高层大气物质成分	流星数量*	个	流星雷达	全天	1 h
	大气成分数密度*	cm^{-3}	激光雷达	夜间	3 min
	金属原子（离子）数密度*	cm^{-3}	激光雷达	夜间	3 min
中高层大气发光现象	气辉强度*	counts	全天空气辉成像仪	夜间	3 min
	瞬态发光强度*	counts	光学成像仪	夜间	10 s
	气辉光谱*	counts	全天空气辉成像仪	夜间	3 min
	极光强度*	counts	全天空极光成像仪	夜间	10 s
	极光光谱*	counts	极光光谱仪	夜间	30 s
中高层大气湍流特性	双极扩散系数*	m^2/s	流星雷达	全天	1 h
	大气折射率结构常数*	m$^{-2/3}$	MST 雷达	全天	30 min
	湍流耗散率（强度）*	—	MST 雷达	全天	30 min

注：FPI. 法布里-珀罗干涉仪（Fabry-Perot interferometer）；counts. 计数；标识*的指标为专项观测指标，未标识*的指标为常规观测指标。

6.2 电离层观测

电离层的观测指标可以根据以下几个方面进行分类：电离层状态参数、电离层无线电波传播参数、电离层动力学参数以及电离层等离子体状态参数，具体指标见表2。

表 2 电离层观测指标

指标分类	观测内容	单位	建议观测设备	观测时段	常规观测频次
电离层状态参数	总电子含量	TECU	GNSS TEC 监测仪	全天	30 s
	电离层电场*	mV/m	非相干散射雷达	全天	1 min
	电离层幅度闪烁指数，电离层相位闪烁指数	—, rad	GNSS 闪烁监测仪	全天	1 min
	电离层吸收*	dB	宇宙噪声接收机	全天	1 s
	电离层电子密度	cm^{-3}	电离层测高仪，非相干散射雷达	全天，全天	15 min，1 min
电离层无线电波传播参数	电离层特征参数：临界频率，峰值高度，虚高，板厚，起始频率	MHz，km，km，km，MHz	电离层测高仪	全天	15 min
	电离层相干散射回波强度*	dB	VHF 相干散射雷达，HF 相干散射雷达	全天，全天	5 min，5 min
	电离层相干散射回波视线距离*	km	VHF 相干散射雷达，HF 相干散射雷达	全天，全天	5 min，5 min
	电离层最高可用频率和最低可用频率	MHz	电离层测高仪	全天	15 min
电离层动力学参数	电离层相干散射回波多普勒速度*	m/s	VHF 相干散射雷达，HF 相干散射雷达，流星雷达，MST 雷达	全天，全天，全天，全天	5 min，5 min，1 h，30 min
	电离层相干散射回波多普勒谱宽*	m/s	VHF 相干散射雷达，HF 相干散射雷达，流星雷达，MST 雷达	全天，全天，全天，全天	5 min，5 min，1 h，30 min
	电离层高频多普勒频移	Hz	电离层高频多普勒监测仪，电离层测高仪	全天，全天	10 s，15 min
电离层等离子体状态参数	等离子体漂移速度*	m/s	电离层测高仪，非相干散射雷达	全天，全天	15 min，1 min
	电子密度*	cm^{-3}	非相干散射雷达	全天	1 min
	离子密度*	cm^{-3}	非相干散射雷达	全天	1 min
	电子温度*	K	非相干散射雷达	全天	1 min
	离子温度*	K	非相干散射雷达	全天	1 min

注：TECU. 总电子含量单位，$1TECU=10^{16}/m^2$；标识*的指标为专项观测指标，未标识*的指标为常规观测指标。

6.3 地磁场-磁层观测

地磁场–磁层的观测指标可以分为背景磁场与变化磁场两大类，具体指标详见表3。

表3 地磁场-磁层观测指标

指标分类	观测内容	单位	建议观测设备	观测时段	常规观测频次
背景磁场	磁偏角（D），水平强度（H），垂直强度（Z）	°，nT, nT	磁通门磁力仪	全天	1 s
	地磁场总强度（F）	nT	Overhauser（欧沃豪斯）磁力仪	全天	1 s
	磁偏角（D），磁倾角（I）	°，°	磁通门经纬仪	—	每周2次
变化磁场	ULF波	—	感应式磁力仪，磁通门磁力仪	全天，全天	32 Hz, 1 s
	VLF波*	—	哨声接收机，宽频磁场波动监测仪	全天，全天	250 kHz, 10 kHz

注：标识*的指标为专项观测指标，未标识*的指标为常规观测指标。

6.4 太阳-行星际观测

太阳-行星际的观测指标可以主要分为太阳观测的基本要素和行星际观测的基本要素两大类，具体指标详见表4。

表4 太阳-行星际观测指标

指标分类	观测内容	单位	建议观测设备	观测时段	常规观测频次
太阳观测的基本要素	太阳射电流量	SFU	射电频谱仪	白天	5 ms
	太阳射电频谱*	SFU	射电频谱仪	白天	5 ms
	太阳亮温度*	K	射电日像仪	白天	25 ms
行星际观测的基本要素	行星际密度*	g/cm³	IPS望远镜	白天	10 min
	行星际速度*	m/s	IPS望远镜	白天	10 min
	宇宙线μ子计数	个	μ子望远镜	全天	1 min

注：SFU. 太阳流量单位（solar flux unit）；标识*的指标为专项观测指标，未标识*的指标为常规观测指标。

7　观测场地布设

7.1　总体原则

日地空间环境地基观测服务于国家日地空间环境研究的总体科学目标，站点的布局需间距合理，充分发挥联网观测的效能，避免重复建设监测目标相同的观测台站。日地空间环境地基观测站点布局须满足以下条件之一：

1）观测站点位于太阳活动对地球磁层、电离层和中高层大气有典型影响的区域。

2）观测站点位于空间天气扰动在日地空间传播因果链的关键带。

3）观测站点位于空间环境变化的代表性区域。

4）观测站点位于固体地球和低层大气扰动事件对中高层大气、电离层以及磁层环境有典型影响的区域。

7.2　基本布设条件

日地空间环境观测场地基本条件包括：

1）观测场地必须具备通路、通电、通水、通信的"四通"条件。

2）观测场地应选在地质结构稳定，适合建设房屋、天线等建筑或构筑物的地方。

3）观测场地应避开地震、强风、雷电、洪水、山体滑坡、泥石流等自然灾害多发区域，以及有毒气体、腐蚀性气体、大量烟灰、粉尘污染区域。

4）观测场地应避开矿山开采区和有安全隐患的区域。

5）观测场地应尽量远离通信基站、测控站、集中居民区。

7.3　无线电观测设备场地附加条件

1）观测场地不可受强电磁干扰，特别是在设备工作频率范围内不能出现强电磁干扰。

2）天线场地宜为平地，可通过线缆和软件补偿天线高差时，天线场地平整度要求可放宽。

3）与高压输电线路应保持距离，避免天线受到严重影响。

4）天线波束方向净空区内不应有树木、建筑物、金属反射物、架空电力线、电线杆等高大障碍物。天线周围的物体对天线阵面主波束 3 dB 带宽方向不能有遮挡。天线阵面下方的物体（树木、方舱等）高度须低于最低的天线组件。

5）发射与接收分置的无线电设备，发射天线与接收天线应保持合理距离，避免耦合干扰。

6）观测机房与发射、接收天线的距离应合理，避免信号过度衰减。

7）同一站点有多台无线电设备时，不同设备天线宜设置在相对独立的区域，要预先开展测试，避免多台设备同时工作时相互干扰，并预留扩展空间。

8）观测场地内应该设有避雷设施。

7.4　光学观测设备场地附加条件

1）观测场地须视野开阔、无遮挡，局部气流平稳、温差小、湿度低。

2）对于主动光学观测设备，如激光雷达等，观测场地应避开民航起降航路。

3）光学观测设备应安装在观测站点内地势较高的地方或建筑物顶部，且周边无强人工光源干扰。

4）观测场地附近应设立警示标志，提醒外界避免产生光学干扰。

7.5　磁场观测设备场地附加条件

1）观测场地应避开强磁和强电磁辐射区域。

2）观测场地须与城市轨道交通、电气化铁路、公路、高压供电线路保持足够的距离，场地范围内地磁场总强度的水平梯度和人为电磁干扰背景条件应符合《地震台站观测环境技术要求　第 2 部分：电磁观测》（GB/T 19531.2—2004）的规定。

3）地磁观测应设置独立的、无磁材料建成的相对记录室和绝对观测室。相对记录室和绝对观测室应设置无磁观测墩。建设要求参考《地震台站建设规范　地磁台站》（DB/T 9—2004）。

7.6　射电观测设备场地附加条件

1）在日出、日落方向上，观测站障碍物遮挡仰角不超过 3°；在其他方向，障碍物遮挡仰角不超过 5°。

2）在观测频段内不应有强的电磁干扰，干扰阈值一般为灵敏度的 10%〔根据国际电信联盟无线电通信部门的射电天文系列建议书:《用于射电天文测量的保护标准》（ITU-R RA.769-2）定义〕。

3）观测站与高速公路需保持足够的距离，建议 10 km 以上。

8 观测参量及技术方法

8.1 中高层大气观测

8.1.1 大气风场测量

利用主动光学遥感，通过测量中性大气分子或示踪金属原子（Na、K、Fe 等）回波光信号的多普勒频移，获得视线方向风速，通过测量不同方向的视向风速得到中高层大气水平风场。基于这种原理的观测设备主要有激光雷达。

利用被动光学遥感，通过测量不同辐射源（如 OH、OI 等）在气辉辐射波段的特征辐射光谱信息，反演获得中高层大气的水平风场。基于这种原理的观测设备主要有法布里-珀罗干涉仪（FPI）、迈克耳孙干涉仪（Michelson interferometer，MI）和非对称空间外差干涉仪（asymmetric spatial heterodyne spectrometer，ASHS）。

利用无线电探测，基于流星余迹对电磁波产生后向-前向散射的原理，通过测量散射回波的多普勒频移，反演大气水平风场。基于这种原理的观测设备主要有流星雷达。

利用无线电探测，基于大气分层和湍流等产生的大气折射率不规则结构造成无线电磁波反射和散射的原理，通过测量多个波束回波的视线速度反演大气水平风场。基于这种原理的观测设备主要有 MST 雷达。

8.1.2 大气温度测量

利用主动光学遥感，通过测量中性大气分子数密度，基于理想气体和流体静力学平衡假设得到大气温度。基于这种原理的观测设备主要有激光雷达。

利用主动光学遥感，通过测量示踪金属成分（如 Fe 原子）在不同能级的布居数之比，依据麦克斯韦-玻尔兹曼分布定律获得大气温度。基于这种原理的代表性观测设备有激光雷达。

利用主动光学遥感，通过测量示踪金属原子（Na、K 等）回波光信号的多普勒展宽，获得金属原子温度（一般认为等于背景大气温度）。基于这种原理的观测设备主要有激光雷达。

利用被动光学遥感，通过测量不同辐射源（如 OH、OI 等）在气辉辐射波段的特征辐射光谱信息，依据麦克斯韦-玻尔兹曼分布定律，在局地热力学平衡条件下反演获得中高层大气的温度。基于这种原理的观测设备主要有各类被动光学遥感设备，如气辉干涉仪、成像仪和光谱仪等。

利用被动光学遥感，通过测量不同辐射源（如 OH、OI 等）在气辉辐射波段特征辐射光谱的多普勒展宽信息，反演获得中高层大气温度。基于这种原理的观测设备主要有法布里-珀罗干涉仪。

利用无线电探测，基于流星余迹对电磁波产生后向散射的原理，通过测量后向散射回波的时频谱获得流星余迹耗散时间，推算流星峰值高度上的大气温度或压强信息。基于这种原理的观测设备主要有流星雷达。

8.1.3　大气成分数密度测量

利用主动光学遥感，通过测量大气中特定金属原子（Na、K、Fe、Ca 等）或者离子（Ca^+）共振荧光回波，与参考高度的大气瑞利回波强度之比得到金属原子（离子）数密度。基于这种原理的观测设备主要有激光雷达。

利用主动光学遥感，通过测量大气中吸收性气体（O_3 等）在不同频段的透过率差异，得到吸收性气体数密度。基于这种原理的观测设备主要有激光雷达。

利用被动光学遥感，通过测量不同辐射源（如 OH、OI、Na 等）在气辉辐射波段的特征辐射光谱信息，反演获得中高层大气成分数密度。基于这种原理的观测设备主要有气辉成像仪。

8.1.4　极光强度测量

利用被动光学遥感，对全天空或固定视场范围内特定波长的极光进行成像观测，测量极光强度的二维分布。基于这种原理的观测设备主要有全天空极光成像仪。

8.1.5　极光光谱测量

利用被动光学遥感，通过狭缝光栅对极光光谱进行分光观测，测量各波段光谱强度，得到极光光谱在磁子午面内的分布。基于这种原理的观测设备主要有极光光谱仪。

8.2　电离层观测

8.2.1　电离层特征参数测量

利用无线电高频脉冲或连续波扫频探测技术，基于电离层对高频电磁波的反射原理，测量从电离层反射的电磁波回波到达接收机的时间延迟，获得各频率点的电离层虚高，即电离层频高图，进而反演获得电离层特征参数，如临界频率、峰值高度和板厚等。基于这种原理的观测设备主要有电离层测高仪。

8.2.2 电离层最高可用频率与最低可用频率测量

利用高频电磁波在电离层中的反射，测量不同频率电磁波条件下电离层的反射回波，可获得最高可用频率和最低可用频率。基于这种原理的探测设备主要有电离层测高仪。

8.2.3 电离层电场测量

利用无线电探测，基于多普勒探测原理，测量等离子体的漂移速度进而反演获得电离层电场。基于这种原理的探测设备主要有非相干散射雷达。

8.2.4 总电子含量测量

利用无线电探测，基于电离层引起电磁波的时延和相位差，反演获得电离层总电子含量。基于这种原理的探测设备主要有 GNSS TEC 监测仪。

8.2.5 电离层闪烁指数测量

利用无线电探测，基于电离层电子密度不均匀会引起电磁波幅度和相位变化的原理，获得电离层幅度闪烁指数和电离层相位闪烁指数。基于这种原理的探测设备主要有 GNSS 闪烁监测仪。

8.2.6 电子密度不均匀体测量

利用无线电探测，基于布拉格散射原理，通过测量相干散射回波的频谱得到电子密度不均匀体的回波强度和多普勒速度。基于这种原理的探测设备主要有 VHF 相干散射雷达、HF 相干散射雷达。

8.2.7 电离层高频多普勒频移测量

利用高频电磁波在电离层中传播时的多普勒效应，探测由电离层电子密度变化和反射高度变化引起的多普勒频移，获取电离层扰动信息。基于这种原理的探测设备主要有电离层高频多普勒监测仪、电离层测高仪。

8.2.8　等离子体漂移速度测量

利用无线电探测，基于无线电磁波经过电离层后会产生多普勒频移的原理，反演得到视线方向的电离层等离子体漂移速度。基于这种原理的探测设备主要有非相干散射雷达、电离层测高仪。

8.2.9　电离层吸收测量

利用无线电探测，基于热碰撞吸收原理，通过测量宇宙噪声信号经过电离层传播时的信号强度变化获得电离层吸收信息。基于这种原理的探测设备主要有宇宙噪声接收机。

8.2.10　电子密度测量

利用无线电探测，基于全反射原理，通过测量电离层等离子体频率得到电子密度。基于这种原理的观测设备主要有电离层测高仪。

利用无线电探测，基于电离层等离子体随机热运动对入射电磁波的汤姆孙散射原理，通过测量非相干散射电磁波的频谱强度得到电子密度。基于这种原理的观测设备主要有非相干散射雷达。

8.2.11　电子温度、离子温度测量

利用无线电探测，基于电离层等离子体随机热运动对入射电磁波的汤姆孙散射原理，通过对测量非相干散射电磁波的频谱反演得到电子温度和离子温度。基于这种原理的探测设备主要有非相干散射雷达。

8.3　地磁场-磁层观测

8.3.1　地磁场三分量（D、H、Z）测量

基于软磁材料磁化饱和时的非线性特性，在交变激励信号的磁化作用下，磁芯的导磁特性发生周期性的饱和与非饱和变化，从而使缠绕在磁芯上的感应线圈感应输出与外磁场成正比的调制信号，通过特定的检测电路，提取被测外磁场信息。将三个正交磁通门探头固定在同一框架上，用以记录地磁场的三个独立要素，即地磁场三分量（D、H、Z）。基于这种原理的探测设备主要有磁通门磁力仪。

8.3.2　地磁场总强度（F）测量

富含质子且添加自由基的液体在射频磁场轰击下发生欧沃豪斯效应（Overhauser effect），产生大量极化质子并被偏转到旋转面，射频断电后，质子沿磁场方向旋进，通过测量旋进频率，进而得到地磁场总强度。基于这种原理的探测设备是Overhauser磁力仪。

8.3.3　磁偏角（D）、磁倾角（I）测量

利用磁通门传感器轴向与外磁场正交时检出磁场为零的特点，将磁通门探头安装在经纬仪望远镜顶部，用来观测磁偏角（D）、磁倾角（I）。基于这种原理的探测设备是磁通门经纬仪。

8.3.4　ULF波测量

基于法拉第电磁感应原理，通过测量感应电动势的变化来测量地磁场的变化率，获得变化磁场的强度和频率。基于这种原理的探测设备主要有感应式磁力仪。

8.3.5　VLF波测量

利用无线电被动探测，基于地球-电离层波导特性，通过探测极低频（ELF）、甚低频（VLF）无线电信号的频谱获得变化磁场的强度和频率。基于这种原理的探测设备主要有哨声接收机、宽频磁场波动监测仪。

8.4　太阳-行星际观测

8.4.1　太阳射电频谱测量

通过接收来自太阳的不同频率射电信号随时间的变化，获得太阳射电频谱信息。基于这种原理的探测设备主要有射电频谱仪。

8.4.2　太阳亮温度测量

通过多副天线组成阵列，利用综合孔径成像原理，测量两两天线间的互相关值，再经过傅里叶反变换获得二维射电图像，反演太阳表面的亮温度。基于这种原理的探测设备主要有射电日像仪。

8.4.3　行星际密度和行星际速度测量

太阳风湍流介质中的射电波传播时相位改变而发生干涉，从而出现强度起伏的现象，通过观测这种现象可以获得行星际空间的大尺度背景结构（如共转流相互作用区）的密度场和速度场分布。基于这种原理的探测设备主要有 IPS 望远镜。

8.4.4　宇宙线 μ 子计数测量

利用宇宙线 μ 子在上下两层光导箱阵列中会激发荧光产生的多通道信号的原理，测量不同方向的宇宙线 μ 子计数变化，反演太阳活动在行星际空间的扰动信息。基于这种原理的探测设备主要是 μ 子望远镜。

9 观测设备架设与安装维护

对野外站观测设备，需开展定期维护。无线电设备的通用维护流程如下。

（1）天线检查

检查天线基座有无发生沉降、倾斜；检查天线塔、天线面、天线拉线及配套五金件有无锈蚀、松动或脱落；检查天线与电缆接头有无老化或松动，地埋电缆有无破损、裸露。维护频次为每六个月一次，沿海等特殊地区建议提高维护频次。

（2）天线场地清理

每年对天线阵附近和周围的树木、杂草进行清理，要求天线面垂直距离 1 m 以内、水平距离 2 m 以内不可有高大植物或金属物质。维护频次为每年一次。

（3）接地电阻检测

采用接地电阻仪测量接地电阻。若接地电阻超过设定值，则须改进或重新制作接地网。维护频次为每年一次。

（4）不间断电源清理维护

定期对不间断电源（uninterruptible power system，UPS）电池进行充、放电，以测试 UPS 的续电功能并保持电池活性。方法为先断掉 UPS 的市电输入开关，正常情况下，UPS 会自动转换到电池组进行供电；在蓄电池的电量释放到剩余 30% 时，接通市电开关，为 UPS 电池自动充电；检查 UPS 电池为设备工作的续电时间，如续电时间少于设计续电时间的 1/2，则需考虑更换 UPS 电池。维护频次为每三个月一次。

各类观测设备组成、架设、安装和维护针对性介绍分述如下。

9.1 电离层测高仪

9.1.1 概述

电离层测高仪通过向上发射高频无线电磁波脉冲，电磁波频率在 1.0～30.0 MHz 范围变化（频率扫描方式），接收电离层反射的回波，测量回波的传播时间，得到回波虚高随电磁波频率变化的曲线图，即电离层频高图。度量电离层频高图得到电离层特征参数，如 E 层、F 层临界频率和虚高。经过进一步的反演计算，可获得电离层峰值高度以下电子密度随高度的一维分布，即电子密度剖面。电离层特征参数和电子密度剖面是研究电离层空间环境扰动变化的关键数据，也是相关空间环境应用的基础信息。

9.1.2　系统组成

电离层测高仪是以电离层为探测目标的高频雷达。其系统组成主要包括室内的收发主机系统（包含接收机、功率放大模块、采集处理计算机）和室外的天线系统（包含发射天线、接收天线、GNSS 校时天线），主机与天线之间通过电缆相连，如图 2 所示。

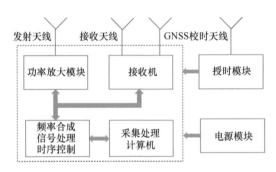

图 2　电离层测高仪系统组成示意图

电离层测高仪发射天线部分包含发射天线塔、发射天线、配套电缆。发射天线将主机产生并经过发射功率放大器放大的扫频信号辐射至高空中。电离层测高仪接收天线部分包含室外接收天线和配套电缆。接收天线接收经过电离层反射回的扫频信号，并送至接收与处理终端进行放大、解调和处理。

9.1.3　系统功能及性能指标

（1）系统功能

电离层测高仪具有对电离层结构和扰动的探测能力，可自动实时度量分析电离层频高图，获得电离层特征参数和电子密度剖面。此外，电离层测高仪一般可以选择常规探测与加密探测，具有数据自动传输和远程控制等功能。

（2）性能指标

发射功率：常用 300～1000 W（脉冲峰值功率）；
工作频率范围：1～30 MHz；

探测虚高范围：80～1200 km；

最小频率步进：≤50 kHz；

脉冲重复频率：50 Hz、100 Hz、200 Hz；

距离分辨率：2.5 km 可调；

天线驻波比：工作频段内不超过 2.5。

9.1.4 设备架设要求

1）对于采用三角形发射天线的电离层测高仪，天线塔高建议不低于 30 m，天线水平跨距不小于 50 m。双通道三角形发射天线的电离层测高仪发射天线场地面积一般不小于 50 m×50 m。采用折合偶极子发射天线的电离层测高仪，天线水平跨距不小于 30 m。采用双通道折合偶极子发射天线的电离层测高仪，发射天线场地面积一般不小于 30 m×30 m。采用正交环形天线阵测角的电离层测高仪，其接收天线场地面积一般不小于 60 m×60 m。采用双通道折合偶极子接收天线的电离层测高仪接收天线场地面积一般不小于 30 m×30 m。天线场地内，需要进行平整和清理，特别是天线面附近不能有高大建筑物、高大树木和金属物体。发射天线四周支撑塔的顶部应保持同一水平面。对于接收天线，不同通道的接收天线应在同一水平面上；不满足条件的情形下，需通过电缆或软件进行相位补偿。

2）电离层测高仪发射天线需制作一个发射天线主塔水泥基座和 2～4 个支撑塔水泥基座（根据电离层测高仪型号和天线形式），1～6 个接收天线水泥基座（根据测高仪型号和天线形式）。发射天线塔基座下须做接地处理，接地电阻不高于 10 Ω（一般为 5 Ω）。

3）电离层测高仪采用 220 V 交流电供电。为防止意外停电导致设备软硬件故障，避免较长时间停电导致数据缺失，须采用不间断电源（UPS）供电。不间断电源控制机负荷不小于 3 kV·A，具备为整个系统提供不少于 10 h 的延时供电能力。UPS 具备来电启动、根据电池电量或停电时间关闭电离层测高仪主计算机并切断输出功能。

4）采用 GNSS 卫星信号提供时间同步信息和秒脉冲，为电离层测高仪主机校准时间和频率，具备协同不同台站的电离层测高仪开展联网观测功能。

5）配备电离层测高仪观测室（可与其他设备合用），其中电离层测高仪主机占用的面积约 2 m²。电离层测高仪观测室内须具备良好的防尘、防水和温度控制措施，有电力和网络。电缆进线孔处采用发泡胶密封。观测室内采用机房空调控制温度，观测室温度不高于 26 ℃，高寒地带观测室需有加热措施保持室内温度不低于 10 ℃。

6）电离层测高仪具备局域网或虚拟局域网设备远程控制功能，可实现开机、关机、重启、切换观测模式、启停数据采集的远程控制功能。

9.1.5　设备安装要点

1）发射天线安装测试：根据天线形式和尺寸选定天线基座位置；制作发射天线基座并预埋接地材料；测量接地电阻；天线塔安装架设；天线组件连接固定；天线阻抗驻波比测量；连接、埋放电缆，并将电缆引入观测室。

2）接收天线安装测试：根据天线形式和尺寸选定天线基座位置；制作接收天线水泥基座；天线组件连接固定；天线阻抗驻波比测量；连接、埋放电缆，并将电缆引入观测室。

3）主机安装测试：主机安装固定；电缆连接避雷器并接入主机；网络连接；不间断电源连接；主机开机自检测试。

4）整机联合测试：手动运行垂测模式，检查电离层回波强度、回波描迹连续性、极化区分情况，以及电离层频高图数据标定与数据传输情况；自动运行垂测模式，检查设备的自动观测、数据标定与传输情况。

9.1.6　设备运行维护要点

（1）日常运行维护

1）观测室巡检：记录观测室温度、湿度，检查电离层测高仪发射指示灯、硬盘指示灯和硬盘空间使用情况，查看数据传输目录有无数据堆积，相关参数或指标出现异常时，须尽快维护处理。巡检频次为每天不少于两次。

2）数据完整性情况检查：检查前一天的电离层频高图观测次数是否完整。出现数据缺失情况，应及时做好记录。每天检查一次。

3）实时数据质量检查：检查最新电离层频高图观测时间与当前系统时间之差是否小于最小观测间隔，频高图描迹是否完整清晰，寻常波和非寻常波区分是否正确，频高图中电离层回波起始测频率和临界频率是否超出设置的工作频率范围，是否自动标定得到电离层特征参数和电离层剖面。检查频次为每天不少于两次。

（2）专项检测

本规范中专项检测是指设备新完成架设、维修改造、重要部件更换或发现数据有较明显异常等情况下开展的检测。

1）检查发射天线驻波比：通过驻波测试仪测量发射天线的驻波比。检测步骤为电离层测高仪停机，连接发射天线与驻波测试仪；从 1 MHz 开始，以 1 MHz 为步进读取驻波测试仪上的驻波比信息。

2）检查通道一致性：通过矢量网络分析仪对电离层测高仪各通道的幅度和相

位进行一致性检测。也可以操控电离层测高仪开展自动观测或手动观测，查看各通道幅度相位数据图像，检查幅度相位一致性情况。对于出现明显异常的接收通道，应开展进一步的检查。

3）检查发射功率：将功率计串接于电离层测高仪发射机与发射天线间，测量每个通道间隔 1 MHz 的峰值平均功率，将监测数据与电离层测高仪建成时的功率曲线进行对比分析。

9.2 非相干散射雷达

9.2.1 概述

电离层电子、离子的随机热运动对入射大功率电磁波信号的散射称为非相干散射。非相干散射雷达是基于非相干散射原理进行电离层多参量探测的地基无线电设备。由高增益天线或天线阵列发射高功率电磁波，激发电离层中的等离子体产生汤姆孙散射，接收散射回波。通过解码技术计算信号的自相关函数和功率谱，然后通过最小二乘拟合获得电离层参量。现有的非相干散射雷达分为机械扫描式非相干散射雷达和相控阵非相干散射雷达。

9.2.2 系统组成

相控阵非相干散射雷达主要由天线阵面和机房设备组成如图 3 所示，天线阵

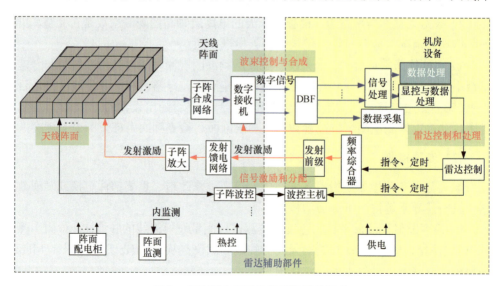

图 3　相控阵非相干散射雷达系统组成

面包括子阵面、天线单元、收发（transmitter and receiver）组件和综合网络等；机房设备包括发射前级系统、频率综合系统、数字波束合成（digital beam forming，DBF）系统、波控系统、时间统一系统、主控计算机、综合显示计算机和信号处理计算机。天线阵面与机房设备通过电缆相连。雷达的频率综合系统产生发射信号并经由放大器和发射馈电网络传输到天线子阵，通过幅相加权后由各天线单元辐射至空中并接收目标回波，通过子阵合成网络到达数字接收机进行下变频和滤波，产生的数字信号在进行波束合成后输出到信号处理机。

机械扫描式非相干散射雷达主要由发射机、接收机、信号处理机、控制分机、数据处理终端、天线馈线、伺服分机、电源、冷却等组成。其工作流程为主控制台计算机根据探测要求通过天线控制单元将天线指向预定探测空域，启动发射机通过天线辐射上行功率，接收从高空电离层散射的回波信号；该回波信号经过接收机的前级放大、变频、中频放大、数字化后分成离子信道和等离子信道，各路信号传递至信号处理部分，可得到信号的功率剖面和功率谱等参数；上述参数再发送给数据处理终端设备，经过反演分析可获得电离层电子密度、电子和离子温度等参数。

9.2.3　系统功能及性能指标

（1）系统功能

具备电离层离子线谱观测以及电离层参数反演能力，在一定条件下可观测到等离子体谱线。配备雷达状态监控系统，可完成雷达标校、系统监测、故障定位和状态显示等功能，能实现数据的自动记录、存储和远程传输。

由于相控阵非相干散射雷达与机械扫描式非相干散射雷达的技术差异，两种体制观测模式不同。相控阵非相干散射雷达观测模式包括天顶探测模式、南北向扫描探测模式和全天空广域探测模式等。机械扫描式非相干散射雷达观测模式包括天顶常规探测模式、局部精细探测模式、倾斜固定指向探测模式，以及南北向或东西向区域扫描模式等。

（2）性能指标（以三亚非相干散射雷达为例）

发射功率：4 MW（峰值功率）；

工作频率：430～450 MHz；

天线增益：43 dB；

噪声温度：120 K；

脉冲宽度：1 μs～2 ms；

最大占空比：10%；

脉冲信号形式：单载频、线性调频、巴克码、交替码；

探测高度：80～1000 km；

距离分辨率：10～100 km；

时间分辨率：30 s～3 min；

探测参数：电离层散射回波功率谱与自相关函数；

反演参数：电离层电子密度、离子温度、电子温度、径向漂移速度等。

9.2.4 设备架设要求

1）需要至少一间机房，用于雷达的机房设备、低压电箱等的放置。室内有温度、湿度控制，满足防辐射、防尘、防水要求，提供电源和网络，电缆进线孔处进行密封。

2）需要一定面积的天线场地，具体面积视天线个数和排布方式确定。场地需要进行整平和清理，并具有一定的承重强度和抗沉降能力，天线附近不能有同频的强电磁干扰，并避免高大建筑物、高大树木和金属物体的遮挡，天线基座地面需进行接地，阵面四周安装避雷针和电磁辐射屏蔽网。

3）配备 UPS 应对突发停电情况，为计算机及存储设备提供断电保护，续航时长不低于 15 min。

4）采用 GNSS 卫星信号，保证不同台站间雷达标准时间的同步精度小于 20 ns，并为雷达提供高准确度、高稳定度的频率基准信号。推荐配备高精度铷钟。

5）具备局域网或虚拟局域网设备远程控制功能，可实现开关机、配置实验文件、切换观测模式和启停数据采集的远程控制功能。

9.2.5 设备安装要点

（1）天线安装测试

包括根据天线单元形式和尺寸确定排布方案，设计天线子阵面结构；制作阵面的钢基座；架设天线阵面；天线组件连接固定；连接、埋放电缆并引入机房。

（2）主机安装测试

包括机柜安装固定，各系统的安装和电缆连接，网络连接，电源连接，雷达开机测试。

（3）整机联合测试

1）相控阵非相干散射雷达。启动主系统和计算机电源；启动子阵面收发电源并检查电源运行情况；载入幅相一致性标校数据，完成各通道幅相一致性标校和监测；载入实验文件，检查回波信号帧头信息、电离层电子密度剖面形状和电离层离子线双峰谱结构，并检查数据接收文件的存储情况。

2）机械扫描式非相干散射雷达。首先启动冷却系统（包括风冷、水冷等），接着对发射分机加电预热，紧接着其他分机开机，待发射机预热完毕、加高压，使发射机具备发射功率条件，然后在主控机设置工作参数，启动雷达进行测试，包括发射波形与功率、接收通道增益与噪声温度、控制信号时序与信号波形和伺服系统等。在此过程中观察与记录各分机、各模块状态，如有异常或故障，必须排除后才能继续测试。雷达正常工作后，检查电离层回波是否正常、数据接收与存储是否正常等，做好记录。

9.2.6　设备运行维护要点

（1）日常运行维护

1）机房巡检：记录观测室温度、湿度，检查子阵面电源工作情况、子阵面幅相一致性和数据存储情况，查看数据传输目录有无数据堆积，记录异常情况并尽快维护处理。巡检频次为每天不少于三次。

2）配电室巡检：各电源输出电压值是否处在正常范围，记录数据。巡检频次为每天不少于三次。

3）数据记录情况检查：检查数据记录是否按实验设计正常进行，有无宕机、磁盘存储空间不足的情况，发现问题及时处理。检查频次为每天不少于三次。

（2）相控阵非相干散射雷达专项检查

1）检查幅相一致性：通过雷达的自监测网络对各通道的幅度、相位一致性进行检测，查看幅相数据图像，检查幅相一致性情况。对于明显异常的通道，开展进一步检查。

2）检查子阵面收发电源：通过雷达的收发电源监控系统，检查阵面的发射和接收电源是否正常工作，对于无法正常启动的电源进行更换。

（3）机械扫描式非相干散射雷达专项检查

1）发射机。机械扫描式非相干散射雷达一般采用前级固态与末级速调管放大器相结合的主振放大式发射机，虽然单支速调管可达兆瓦以上功率，但维护保养工作十分复杂。除了定期除尘、检查线缆连接、更换冷却水与绝缘油之外，还需对环流器、灯丝与磁场线圈等关键部件进行检查，包括对待机或工作电流、电压等参数测试，对速调管真空度的检查等。

2）接收通道。需定期检查接收通道各部件是否正常，包括前级高频放大器、收发开关（接收机前级保护器）、高频滤波器、前级混频器和中频接收机等。特别是关键部件前级放大器增益、收发开关的隔离度与吸收负载状态等，如不正常，须及时更换维修。

9.3 激光雷达

9.3.1 概述

激光雷达是激光探测及测距系统的简称，是激光技术与雷达技术相结合的产物。激光雷达的一般工作原理是发射一束激光，然后通过检测被大气待测粒子散射回来的光子，进而推测大气待测粒子的相关信息（如密度、温度、速度等）。跟无线电雷达类似，激光雷达一般也由光子发射单元（激光器）、光子接收单元（望远镜）、光子检测采集单元（后续光路系统与信号检测采集系统）构成。从探测目标来说，可以将大气探测激光雷达大致分为三大类：①强度探测激光雷达（如米氏散射激光雷达、拉曼散射激光雷达、共振荧光激光雷达等）；②多普勒频率展宽与频移探测激光雷达（常用于温度、速度探测）；③成像探测激光雷达（如全景成像或扫描成像激光雷达等）。本节以钠荧光–瑞利双波长激光雷达为例进行介绍，其属于强度探测激光雷达。

钠荧光–瑞利双波长激光雷达分别利用大气分子瑞利散射机制获取大气数密度（进而通过理想气体推算温度），以及钠原子共振荧光散射机制获得钠原子数密度。钠荧光–瑞利双波长激光雷达用于观测地区上空中高层的大气温度、大气数密度、钠层密度等特征，探测高度主要为 $30 \sim 105$ km（热层、钠层出现时探测高度可达 200 km 以上）。观测所获得的数据可为我国空间环境灾害性事件预报提供基础数据；同时也为认识中高层大气的光化学、动力过程，为研究探索热层、电离层和中层大气的耦合过程提供重要数据。

9.3.2 系统组成

钠荧光–瑞利双波长激光雷达主要由激光发射单元、数据采集单元、光学接收单元三个单元组成，组成框图见图 4。其中，激光发射单元的设备主要包括激光器（Nd∶YAG 激光器、染料激光器）、反射镜和波长标定系统等；数据采集单元的设备主要包括光电倍增管、采集卡、光子计数卡、工控机等；光学接收单元的设备主要包括望远镜和后继光学单元（准直镜、分色镜、光镜、滤光片）等。

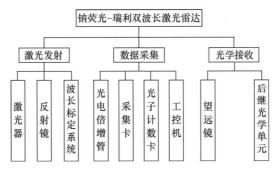

图 4　钠荧光-瑞利双波长激光雷达的组成框图

　　激光雷达基本工作原理：首先由激光器发射一定波长的激光光束，通过强激光反射镜垂直向上发射，通过调节反射镜，使发射激光光轴与望远镜光轴保持平行；大气的后向散射回波信号由接收望远镜接收，再经后继光学单元的准直镜、分色镜（分光镜）、滤光片等作用后，导入光电倍增管，由光电倍增管将光信号转化为电信号，电信号再经前置预放大器放大，最后由信号采集卡或光子计数卡进行数据采集，数据在计算机屏幕上显示并存入计算机存储介质中。

　　为实现中高层大气参数的精确探测，激光雷达的硬件必须满足系统性能指标的要求。必须根据由科学目标演绎出来的激光雷达性能指标和工程技术参数，进行激光雷达设备技术指标的确定和选型。

9.3.3　系统功能及性能指标

　　探测中高层大气特征参数，要求激光雷达具备高准确度、高灵敏度的探测指标。

（1）大气温度探测指标

工作波长（λ）：532 nm；
有效探测高度：夜晚，垂直高度 30～70 km；
垂直分辨率：15～300 m。

（2）大气数密度探测指标

工作波长（λ）：532 nm；
有效探测高度：夜晚，垂直高度 30～70 km；
垂直分辨率：15～300 m。

（3）钠层密度探测指标

工作波长（λ）：589 nm；

有效探测高度：夜晚，垂直高度 80~105 km；

垂直分辨率：15~600 m。

9.3.4 设备架设要求

（1）外场环境要求

1）空域要求：在观测设备的天顶角 45°范围内，对发射激光束不能有遮挡，如树木、建筑物等。尽量远离树木和飞虫较多的地方，落叶、飞鸟和蚊虫容易落到望远镜上，对望远镜造成腐蚀伤害。尽量避开飞艇、探空气球和机场航线，观测设备的激光散射或直射有可能会造成对驾驶员的干扰。

2）天气环境要求：站点地区晴天比例，根据站点保障任务需要，晴天比例应该越多越好。选址适宜在干燥、温度适中（20~40 ℃）、低海拔的区域。在空气湿度较大的地区，湿气将对光学元器件造成腐蚀，降低设备寿命。过于严寒的地区会给基础设施增加恒温、防冻的成本和防护难度。如果台站选择在海拔大于 3000 m 的高原地区，须对设备进行独立的防护设计，因设备处于高原地区，气压低，高压元器件会发生低气压放电，造成电路短路或击穿损伤。

3）背景光环境要求：尽管设备采取了很多回避背景光的措施，但是背景光依然会对系统的信噪比造成影响，因此尽量回避背景光比较强的环境，如周边有很强的城市照明灯光，或者有大型的电子屏广告牌等。选取离大城市稍远一点的位置布设站点会获得更好的探测效果。

4）防雷要求：设有防雷设施，其接地电阻应当小于 10 Ω（一般为 5 Ω）。

（2）激光雷达实验室要求

1）实验室布局：实验室内空间分为发射区、接收区和控制区三个部分，分别安放激光发射器、接收望远镜和数据采集单元。参考布局见图 5。

2）实验室墙体要求：观测室内墙体主要采用无铅亚光漆粉刷；安放接收望远镜的接收区要求装修为暗室，其墙体及天花板要求单独采用黑色无铅亚光漆粉刷；另外观测室墙体需进行保温隔热处理，门窗采用双层真空玻璃。

3）激光房要求：万级洁净室，房内湿度应在 50%±5%，工作温度为 20±3 ℃；地面应当铺设绝缘材料（可使用水磨石、自流平水泥或复合木地板）。

4）地基要求：安放光学平台的地基要求设计为防震隔离地基；工艺要求望远镜光轴需要始终指向铅垂方向，并尽量减少环境振动的干扰，因此安置望远镜的地基要求设计成防震隔离地基。

5）望远镜天窗要求：接收望远镜的正上方天花板要求设计有可开启天窗。工作时，望远镜天窗自动开启；不工作时，望远镜天窗自动关闭，可防雨、防渗漏。

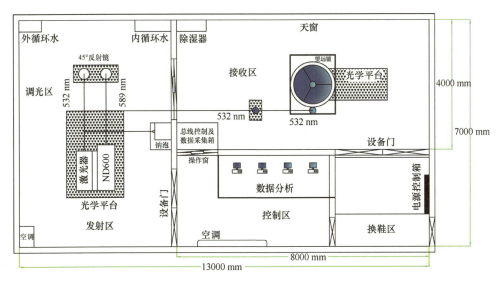

图 5　激光雷达实验室参考布局方案

6）激光发射窗要求：两个 45°发射镜作为激光发射光束的导向镜，其正上方均要求设计有可自动开启的圆孔天窗。工作时，激光发射窗开启；不工作时，激光发射窗关闭，可防雨、防渗漏。

7）激光器系统配备大型外循环水冷系统时，水冷机置于独立舱室，由通风系统和加热系统共同控制舱室温度在 5～30 ℃，严格防止循环水结冰。

8）观测站供水要求：激光雷达实验室需要定期为激光器水循环制冷系统注水，要求实验室内配备有自来水水源，其设计位置要求操作方便，天气寒冷时水管不冻结。

9）激光雷达的激光器系统工作区域应张贴相应级别的激光危险标识，依照工作需要设置必要的防护措施，并限制人员活动。

（3）安装调试基本要求

1）设备运输。

激光雷达系统的接收望远镜、激光器、光学平台等大型设备，须妥善解决设备的运输、安装和调试问题。

光学元件的运输尤为重要，必须按照相应的国标要求进行运输。首先，需要有特制的保护箱，保护箱应能防震、防潮和保护光学元件不受损伤；其次，在运输过程中不能磕碰，小心轻放，不能翻转、倒放、淋雨。

2）设备安装及调试。

设备到位后，首先对运输的部件进行开封验收，相应设备、部件、器件等都必须满足初步设计指标要求，具有出厂检验报告、出厂证书及合格证等相关质量检测报告。

9.3.5 设备安装要点

(1) 确定激光雷达精准探测点及激光指向

台站选定和设备安装后，以发射激光束位置确定激光雷达观测点的地理经度、纬度，精度精确到 1′。由发射激光束底座高度确定观测站的海拔，精确到 1 m。发射激光垂直指向精度优于 50 μrad。激光雷达数据采集时间采用国际标准时，需定期对激光雷达时间进行检查校准，精度在 10 s 以内。

(2) 设备安装

1) 激光发射系统安装。

Nd:YAG 激光器和染料激光器主要有激光器内部光路调试、染料系统连接等步骤。安装完成后激光能量、波长等要达到技术要求，并完成安装验收。

用钠原子泡对 589 nm 波长精确定标。

安装激光扩束系统及 45°发射镜发射系统。

2) 望远镜及接收检测系统安装。

接收望远镜的安装和调试，主要是保证主镜和副镜同轴，望远镜光轴铅垂，弥散斑均匀，滤光片、衰减片的切换和定位准确，望远镜和后继光路衔接到位。

安装光电倍增管、数据采集卡等，检查信号探测和数据采集功能是否正常。

3) 联调和试运行。

上述各个环节安装完成后，进行整个激光雷达的联调和试运行，判断采集的信号是否正常，测量结果是否合理。如果不合理，要分析原因，逐一排除故障，直至观测结果符合大气分布特征。

9.3.6 设备运行观测要点

(1) 观测时间

激光雷达在天空晴好、无大片云层遮挡的情况下可观测。观测开展前需要提前根据天气预报情况做好准备，通常现场需要 1～2 h 的系统开机、调节和优化时间；观测结束时间根据实际天气情况决定，通常关机操作需要 1 h 左右。

观测时间选择根据现场气象条件，比较平均地分配观测运行时间，合理选择连续的晴好天气，避免大风（风速大于 5 级）和极低气温（气温低于−25 ℃）造成的危险，避免重复短时开机增加系统损耗。

（2）观测步骤

1）激光器开机。

在完成各激光器预热后，启动各激光器系统开始正常出光；依照观测操作要求，对激光的波长、功率等进行测量，进行必要的调节，做好参数记录；在所有激光系统正常工作情况下，打开发射天窗，开始激光向天空的传输。

2）接收系统开启。

开启望远镜舱天窗，开启望远镜，准备好接收回波光信号；开启光电探测设备，开始激光雷达回波光子信号的探测。

3）数据采集。

运行数据采集程序，按规程开始激光雷达原始回波信号的采集工作；做好观测开机情况记录，在观测过程中做好必要的观测记录和数据备份；运行过程中值班人员应注意定时监视设备运行状况及数据传输情况。

4）系统关机。

根据现场气象和系统状态确定观测结束时间，提前做好关机准备，按如下顺序关机：①停止数据采集程序；②关闭光电倍增管以及高能脉冲激光器这种易损坏或造成损坏的设备，然后关闭其他设备；③关闭望远镜及舱室接收和发射窗，再次确认所有需要关机的设备和窗口已正常关闭；④做好观测结束记录，做好必要的观测记录和数据备份。

9.3.7　设备运行维护要点

（1）日常运行维护

激光雷达在遇到雨、雪等恶劣天气时，关闭天窗和雷达主机，可以进行镜片、望远镜等检查。日常还需要进行如下维护工作。

1）实验室清洁。

实验室需定期进行清洁，保持实验室洁净度。包括地面、桌面、墙壁等的除尘处理。设备保养良好，无灰尘、浮土。物品、桌椅摆放整齐，地面、门窗、工作台上干净整洁，无污物。进入实验室的人员须穿戴统一配备的工作服，穿鞋套后方可进入实验室。

2）激光器维护保养。

激光器每两周检查和清洁一次光学件；需要根据激光器运行时长定期更换闪光灯；根据激光能量下降情况及运行时长，定期更换染料；大约每六个月更换一次过滤器。

3）望远镜维护保养。

保证望远镜室内及电控室洁净、通风、干燥，在雨季或潮湿的天气下可用除湿机去湿。如果发现仪器受潮，应请专业人员对其进行处理。在处理过程中要求不能碰到仪器的限位等重要保护机构。如果光学部件受潮，应该及时通知望远镜维护方，在望远镜维护方的指导下由专业人员对光学部件进行处理。

4）光学镜片维护保养。

定期检查激光扩束镜、反射镜等光学镜片，如有灰尘杂物等，需按照步骤进行光学镜片清理，保持光学镜片的洁净度，保证观测数据效果及避免强激光损坏镜片。

（2）定期维护检查

1）激光器定期调试。

由于热胀冷缩、振动等效应，激光器内部器件光路会出现微小改变，需要根据激光能量等指标定期对激光器进行调试（一般每六个月进行一次激光器调试），以维持激光能量稳定，保证数据质量。

2）望远镜镀膜。

随着探测时间的增加，望远镜的膜会逐渐损坏，所以需要定期对望远镜进行镀膜，以保证望远镜光学效率和信号质量。一般情况下望远镜大约每五年需要重新镀膜。

9.4 流星雷达

9.4.1 概述

流星雷达的主要观测研究区域是中间层-低热层。流星雷达利用流星等离子体尾迹对无线电信号的反射或散射，从回波的多普勒频移，来估算流星尾迹在视线方向的速度，再结合反射回波的到达角，得到 70～110 km 流星发生区域的风场速度矢量。流星雷达在 30～60 MHz 的某个固定频率工作，具有可全天候观测的显著优势，已成为一种非常重要的大气动力学探测手段，特别在大气平均风场、潮汐和大气行星波的观测研究中起着非常重要的作用；流星雷达观测的流星尾迹也可以支撑开展流星天文学等相关研究。

9.4.2 系统组成

流星雷达组成如图 6 所示，它包括室内的雷达主机（含控制处理计算机系统、接收机、发射机等），以及室外的发射天线、接收天线和 GNSS 天线。随机配备有相应的采集、处理和传输软件，组成一套完整的流星雷达系统。

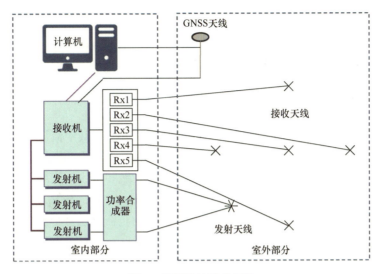

图 6　流星雷达组成框图

流星雷达的主机主要完成信号的发射和接收,同时完成输出脉冲信号的产生、调制和放大,接收信号的放大、叠加,以及相位信息的估计。

流星雷达发射天线由两个相互正交的八木天线组成,其中一路发射信号通过电缆线连接到一个八木天线,另一路发射信号经过电缆移相后发送到另一个八木天线。

流星雷达接收天线阵由五个交叉圆极化两单元的八木天线组成,排列为十字形、"T"形或者"L"形。

系统控制与数据分析软件控制雷达的运行,包括射频输出的触发和初始化,记录接收输入端的时间序列,获取和存储流星回波原始数据,为用户提供操作界面来控制流星雷达运行参数,同时控制计算机通过网络提供雷达远程控制和数据提取的功能。

9.4.3　系统功能及性能指标

(1)系统功能

具有流星自动探测能力,能够自动计算大气风场,具有数据自动存储、传输和远程控制等功能。

(2)性能指标

发射功率:20 kW(脉冲峰值功率);

工作频率范围:30～60 MHz;

探测高度：70～110 km；

脉冲重复频率：100～5000 Hz；

高度分辨率：2 km（依据流星数可调）。

9.4.4 设备架设要求

1）需要一间流星雷达观测室（可与其他设备合用），其中流星雷达主机占用的面积约 3 m²。观测室内有温控、防尘、防水措施，有电力和网络。

2）需要一定面积的天线场地。流星雷达发射天线和接收天线均采用正交八木天线。流星雷达接收天线场地面积一般不小于 40 m×40 m。发射天线与接收天线阵须间隔一定距离，一般不小于 50 m。天线场地内，需要进行平整和清理，接收天线阵所有天线顶部须保持同一水平面，天线面附近不能有高大建筑物、高大树木和金属物体。

3）流星雷达发射和接收天线均需制作水泥基座。

4）流星雷达采用 220 V 或 380 V 交流电供电。为防止偶发停电导致设备软硬件故障，或者较长时间停电导致数据缺失，须采用不间断电源供电，确保停电时流星雷达主控计算机系统可正常完成数据采集、处理和传输并正常关机。UPS 具备来电启动、根据电池电量或停电时间关闭流星雷达主控计算机并切断输出的功能。

5）采用 GNSS 卫星信号提供时间同步信息和秒脉冲，为流星雷达主机校准时间和频率。

6）流星雷达观测室内须具备良好的防尘、防水和温度控制措施。电缆进线孔处采用发泡胶密封。观测室内采用机房空调控制温度，观测室温度不高于 26 ℃，高寒地带观测室需有加热措施保持室内温度不低于 10 ℃。

7）流星雷达具备局域网或虚拟局域网设备远程控制功能，可实现开机、关机、重启、切换观测模式和启停数据采集的远程控制功能。

9.4.5 设备安装要点

1）发射天线和接收天线安装测试：包括根据天线形式和尺寸选定天线基座位置；制作水泥基座并预埋接地材料；测量接地电阻；天线塔安装架设；天线组件连接固定；天线阻抗驻波比测量；连接、埋放电缆并引入观测室。

2）主机安装测试：包括主机安装固定；电缆连接避雷器并接入主机；网络连接；不间断电源连接；主机开机自检测试。

3）整机联合测试：设置流星雷达进入自动运行模式，检查各指示灯状况，检查流星回波原始数据、流星参数数据和中高层大气风场数据的存储与显示情况。

特别是检查 24 h 的流星空间分布、流星时间分布和大气风场时间分布特性是否符合基本理论。

9.4.6 设备运行维护要点

（1）日常运行维护

1）观测室巡检：记录观测室温度、湿度，检查流星雷达发射指示灯、硬盘指示灯和硬盘空间使用情况，查看数据传输目录有无数据堆积，相关参数或指标出现异常须尽快维护处理。巡检频次为每天不少于两次。

2）数据完整性情况检查：前一天的观测次数是否完整，数据缺失情况做好记录。每天检查一次。

3）实时数据质量检查：检查最新流星雷达原始观测数据时间与当前系统时间之差是否小于最小观测间隔。多个通道的回波信噪比是否一致，流星参数数据是否实时更新，中高层大气风场参数是否按照设置的时间间隔更新。检查频次为每天不少于两次。

（2）专项检测

1）检查天线驻波比：通过驻波测试仪测量天线的驻波比。检测步骤为流星雷达停机，连接发射天线或接收天线与驻波测试仪；驻波测试调谐到流星雷达工作频率，测试该频率上的驻波比（一般小于 1.2）。

2）检查通道一致性：通过矢量网络分析仪对流星雷达各通道的幅度和相位进行一致性检测。或者查看流星雷达各通道幅度相位数据图像，检查幅度相位一致性情况。对于明显异常的接收通道，开展进一步检查。

3）检查发射功率：将功率计串接于流星雷达发射机与发射天线间。测量每个通道的峰值平均功率。并与流星雷达建成时的功率曲线进行对比。

9.5 高频雷达

9.5.1 概述

高频雷达是通过探测电离层不规则体引起的布拉格（Bragg）散射等回波，获取回波强度、视线多普勒速度以及多普勒谱宽等参数的无线电探测装置。高频雷达能够探测视线距离为 180～3000 km 甚至更远的后向散射回波，其探测范围主要包括电离层 E 层和 F 层。高频雷达的工作频率一般设定在 8～20 MHz 范围内的某一个或几个固定频点，这个频率的无线电磁波可在电离层（主要是 E 层和 F 层）中发生折射，当电磁波在与磁力线正交的位置遇到与电磁波半波长相当的电离层不规则体分布时，就会产生相干后向散射回波。高频雷达也可观测地球表面反射等回波。在常规或者快速扫描工作模式下，雷达通过相控阵合成不同波束方向对大范围空域开展连续扫描，相邻波束间隔约为3°，波束覆盖方位角范围可达78°。

9.5.2 系统组成

高频雷达的组成包括了室外天线系统（天线主阵、天线副阵）和室内雷达控制系统（包含雷达发射机、接收机、控制计算机等）。室外天线由主、副两个天线阵构成，主天线阵通常由不少于16个天线单元构成，收发共用；副阵由四个相同的天线单元构成，只收不发。雷达天线一般采用对数周期天线或双折合振子天线。副阵通常位于主阵前方或后方，间隔50～200 m，一般约为100 m。图7为高频雷达系统工作框图示例。早期的雷达通过相位矩阵来进行相位控制，实现波束方向的改变，随着技术的快速发展，现在的高频雷达多采用数字相控阵体制。数字相控阵使雷达的系统性能、灵活性、可控性和可扩展性都得到极大的提高。中山站高频雷达采用"对数周期天线+相位矩阵"的工作体制。"子午工程"二期建设的中纬度高频雷达采用"双折合振子天线+数字相控阵"体制，海南低纬高频雷达采用"对数周期天线+数字相控阵"体制。

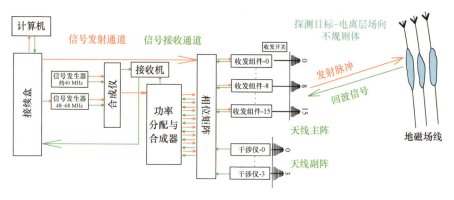

图7 高频雷达系统工作框图

9.5.3 系统功能及性能指标

（1）系统功能

具有电离层常规观测模式与特殊观测工作模式，具备对电离层不规则体回波强度、视线多普勒速度与多普勒谱宽的探测能力，可实时度量分析雷达视线方向的等离子体动力学参数，如在高纬极区可获得局地电离层等离子体对流的情况。

（2）性能指标

高频雷达的主要性能指标见表 5。

表 5　高频雷达的主要性能指标

	主阵列	副阵列
频率范围	8～20 MHz	8～20 MHz
功率容量	单天线不小于 600 W	接收
天线阵列形式	不少于 16 个单元的直线阵列	四个单元的直线阵列
天线极化形式	水平极化	水平极化
阵列增益（同向馈电时）	19～22 dB	13～15 dB
天线波束仰角	20°～24°	
仰角波瓣宽度（3 dB）	不大于 28°	
方位面波瓣宽度（3 dB）	3.8°～9°	
前后比	不小于 3.4 dB	
天线阵列单元驻波系数	一般小于 2，最大不大于 2.5	一般小于 2，最大不大于 2.5
距离分辨率	15～45 km（可调）	
距离门数	75～100（可调）	

9.5.4　设备架设要求

1）接入水、电、网，交通便利。

2）需要一间单独的高频雷达观测室，观测室内包含多个发射机柜和控制机柜。观测室内有温控、防尘、防水措施，有电力和网络。

3）需要一定面积的天线场地。高频雷达主阵收发天线单元数不少于 16 个，副阵天线单元数为四个，单个天线尺寸超过 10 m，主阵和副阵间距通常为 100 m。因此要求高频雷达天线阵的尺寸通常不小于 200 m×100 m。天线场地内，需要进行平整和清理，特别是天线面附近不能有高大建筑物、高大树木和金属物体。天线阵仰角不小于 10°范围无遮挡。天线基座及地锚安装位置的高低落差不大于 3 m。每一个天线须制作水泥基座。天线阵须制作接地网，接地电阻不大于 10 Ω。

4）高频雷达观测室内须具备良好的防尘、防水和温度控制措施。电缆进线孔处采用发泡胶密封。观测室内采用机房空调控制温度，观测室温度不高于 26 ℃，高寒地带观测室需有加热措施，保持室内温度不低于 10 ℃。

5）高频雷达对周围电磁环境要求较高，雷达天线周边不应有强电磁辐射源和工作频段接近的主动发射天线系统。

9.5.5 设备安装要点

考虑观测站点气象条件，如南极中山站多风且风力较大，因此，室外天线采用软结构天线。中纬度高频雷达采用双折合振子天线，为了提高天线效率，在天线后方架设反射网。在安装过程中，利用多辅助杆固定反射网和天线阵子，每根杆由四根固定在四个不同方向的地锚上的凯夫拉绳拉住；为了避免钢绳自重的影响，分段确定钢绳长度，钢绳与凯夫拉绳的节点采用卡扣扣住，并留有余量避免热胀冷缩的影响；高空组合安装则采用人车（机）配合方式，天线阵子的固定及安装需要高空作业车配合高空作业人员完成，而反射网的结网工作则需要在吊车辅助下完成。

9.5.6 设备运行维护要点

1）巡检内容：记录观测室温度、湿度，检查发射指示灯、硬盘指示灯和硬盘空间使用情况，查看数据传输目录有无数据堆积，相关参数或指标出现异常须尽快维护处理。巡检频次为每天不少于两次。

2）数据完整性情况检查。每天检查一次。

9.6 VHF 相干散射雷达

9.6.1 概述

VHF（甚高频）相干散射雷达是通过探测等离子体密度不规则体等引起的布拉格（Bragg）散射回波，获取回波强度、视线多普勒速度和多普勒谱宽等参数的无线电探测装置。VHF 相干散射雷达能够探测视线距离在几十到上千千米的后向散射回波，工作频率一般设定在 30～300 MHz 范围内的某一个固定频点，这个频率通常可穿透电离层峰值高度，当电磁波在与磁力线正交的位置遇到与电磁波半波长相当的不规则体分布时，就会产生相干后向散射回波。VHF 相干散射雷达可工作在固定波束或者多波束快速扫描等模式下，可通过多通道空间域干涉成像或者多波束大范围扫描对较大空域开展连续探测。利用探测的回波原始同相（in-phase，I）、正交相（quadrature，Q）数据，可以计算出回波强度和多普勒谱宽等参数，进而获得电离层中的不均匀体的时空分布与运动演化状态。

9.6.2 系统组成

VHF 相干散射雷达主要由室内的雷达主机（包括发射机、接收机、数字信号处理机和控制与处理计算机等）、室外的发射–接收天线阵以及 GNSS 天线组成。
图 8 为系统组成示例。

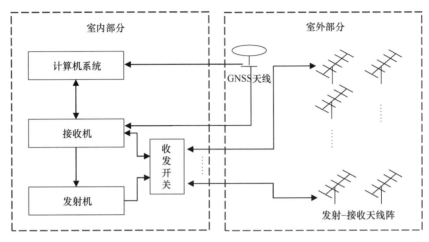

图 8　VHF 相干散射雷达组成框图

VHF 相干散射雷达的主机主要完成信号的发射和接收，包括输出脉冲信号的
产生、调制和放大，接收信号的放大，对接收信号叠加并估计相位信息，并进一
步进行信号处理和参数反演等。VHF 相干散射雷达发射–接收天线通常根据雷达
系统要求进行设计，典型的有三单元、五单元八木天线，并将天线进行组阵，通
常为典型的矩形天线阵。系统控制与数据分析软件部分通过指令全程控制雷达的
运行，包括射频输出的触发和初始化，记录接收输入端的时间序列，获取和贮存
回波原始数据，为用户提供操作界面来控制雷达运行参数，同时控制计算机通过
网络提供了雷达远程控制和数据提取的功能。

9.6.3　系统功能及性能指标

（1）系统功能

具有对不同高度电离层不规则体（主要为 E 区和 F 区）的探测能力，可获得
回波强度、视线距离、视线多普勒速度和多普勒谱宽等参数，可通过操作界面来
控制雷达运行参数，具有局域网或虚拟局域网设备远程控制功能，可实现开机、
关机、重启、切换观测模式和启停数据采集的远程控制功能，具有数据自动传输
等功能。

（2）性能指标

以"子午工程"二期临沧 VHF 相干散射雷达为例，其性能指标如下。

工作频率：约 47.5 MHz（可根据现场电磁环境测试结果微调）；

峰值功率：24 kW；

最大占空比：10%（单脉冲）、15%（编码脉冲）；

天线形式：八木天线阵；

距离范围：90～850 km；

距离分辨率：0.5 km（E 区）、2 km（F 区）；

时间分辨率：2 min；

探测参数：回波强度、信噪比、多普勒频移和多普勒谱宽。

9.6.4　设备架设要求

1）需要一间观测室，面积一般不小于 15 m²，放置雷达主机，观测室内有温控、防尘、防水措施，有电力和网络。室内采用机房空调控制温度，观测室温度不高于 26 ℃，高寒地带观测室需有加热措施保持室内温度不低于 10 ℃。

2）需要一定面积的天线场地，场地面积视天线阵大小而定，长度一般不小于 50 m。天线场地需要进行平整和清理，特别是天线面附近不能有高大建筑物、高大树木和金属物体。天线场地内根据设计建设电缆沟，用于铺设电缆，同时做好接地。

3）所有天线需要制作水泥基座，基座应在同一水平面上。每组天线需要拉线固定，需要制作拉线锚点基座。

4）需要一间电缆房（紧贴雷达观测室），室外电缆由此汇集进入观测室，电缆进线孔处采用发泡胶密封。观测室与电缆房之间的墙壁需要安装接头面板。

5）VHF 相干散射雷达采用 220 V 或 380 V 交流电供电。为防止偶发停电导致设备软硬件故障，或者较长时间停电导致数据缺失，须采用不间断电源供电，确保停电时 VHF 相干散射雷达主控计算机系统可正常完成数据采集、处理和传输并正常关机。UPS 具备来电启动以及根据电池电量或停电时间关闭 VHF 相干散射雷达主控计算机并切断输出的功能。

6）采用 GNSS 卫星信号提供时间同步信息和秒脉冲，为 VHF 相干散射雷达主机校准时间和频率。

9.6.5　设备安装要点

1）天线安装测试：根据天线、天线阵的尺寸选定天线基座位置；制作天线和拉线锚点的水泥基座；组装天线并安装到水泥基座；安装天线阵拉线；调整天线阵一致性，使所有天线整齐划一并在同一水平面；安装天线接地，测量接地电阻；安装天线匹配器、功分器，天线调谐并测量驻波比；连接、埋放电缆并引入电缆房。

2）主机安装测试：组装主机各个模块，安装主机并固定于机柜；连接室内电缆，将电缆面板对应接头与主机连接；网络连接；UPS 设备连接；主机开机自检测试。

3）整机联合测试：包括选择测试模式，运行雷达工作一次，检查每个通道回波强度和相位一致性情况，数据生成与数据传输情况；选择特定观测模式，运行雷达，检查每个通道回波强度情况，数据生成与数据传输情况，检查是否满足既定观测要求。

9.6.6　设备运行维护要点

（1）日常运行维护

1）观测室巡检：记录观测室内温度、湿度，检查雷达工作状态参数显示、雷达各指示灯和硬盘空间使用情况，查看数据传输目录有无数据堆积，相关参数或指标出现异常时，查明原因维护处理。巡检频次为每天不少于两次。

2）数据完整性情况检查：前一天的原始数据是否完整，数据缺失情况做好记录。每天检查一次。

3）实时数据质量检查：检查最新原始数据时间与当前系统时间是否一致。所有通道回波强度图是否清晰。检查频次为每天不少于两次。

（2）专项检测

1）检查天线驻波比：通过驻波测试仪测量天线的驻波比。步骤为雷达停机，连接天线匹配器与驻波测试仪，驻波测试调谐到雷达工作频率，测试该频率上的驻波比（一般小于 1.2）。

2）检查通道一致性：通过矢量网络分析仪对雷达各通道的幅度和相位进行一致性检测，或者查看雷达各通道幅度相位数据图像，检查幅度相位一致性情况。对于明显异常的接收通道，开展进一步检查。

3）检查发射功率：将功率计串接于雷达发射机与发射天线间，测量每个通道的峰值平均功率，并与雷达建成时的功率曲线进行对比分析。

9.7　MST 雷达

9.7.1　概述

MST 雷达是工作在甚高频的大气探测雷达。MST 雷达应用相控阵与数字波束合成技术，通常依次发射东、西、南、北、天顶五个方向的波束，当雷达发射的电磁波遇到大气折射指数不规则体（如湍流活动导致大气温度、湿度等的脉动，进而使得大气折射指数发生变化）产生湍流散射，散射气团随风移动，通过接收各波束的散射回波来合成得到大气风场信息。MST 雷达主要用于探测雷达对流层、下平流层以及中间层的三维大气风场与大气折射率结构常数信息，可在任何天气条件下进行全天时高时空分辨率的连续探测，是探测与研究大气动力学特征与过程的重要手段。

9.7.2 系统组成

MST 雷达系统主要包括天线、综合馈电、收发组件、频率综合、DBF、雷达控制、信号处理、数据处理与显示以及电源等分系统，如图 9 所示。

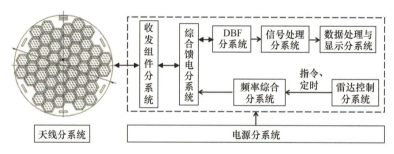

图 9 MST 雷达系统框图

9.7.3 系统功能及性能指标

（1）系统功能

具有低、中、高三种工作模式，具有对大气水平风和垂直速度的探测能力，可对对流层、下平流层以及中间层进行全天时、全天候的探测。

（2）性能指标

探测范围：低模式 3～10 km，中模式 10～25 km，高模式 60～90 km；
径向速度分辨率：≤0.2 m/s；
时间分辨率：≤30 min；
最大测量径向速度：≥35 m/s；
风向：0°～360°；
平均故障间隔时间：>2000 h。

9.7.4　设备架设要求

1）雷达场地地表坚实平整，附近应无高大建筑物、高压线、大遮蔽物、高速公路和通信基站台等，并满足车辆进出的条件。

2）在雷达的主要观测方向上的遮蔽角应小于 $15°$。

3）雷达场地初步选定后，应对场地进行电磁屏蔽的测量，以确定是否有电磁场干扰，需保证设备工作频点不受电磁干扰。

4）场地应便于电源、通信、网络和生活消防用水的接入。

5）场地应具有良好的排水能力，设有防火设施，具有防盗监控。

6）场地选好后需进行方位测量标定。

7）雷达阵地应设有防雷设施，设接地桩，接地电阻小于 $10\,\Omega$（一般为 $4\,\Omega$）。

9.7.5　设备安装要点

1）雷达架设前，架设人员应当仔细阅读雷达技术说明书、使用说明书，熟悉雷达安装程序、雷达布局图、电缆连接图，严格按要求进行架设。

2）雷达架设完毕后，必须分别进行通电前检查和通电检查。在通电前检查无误的情况下，方可进行通电检查。检查时，应当认真细致，严格按雷达要求的程序、内容和方法进行。

3）天线单元基础应当专门设计，天线单元安装必须牢固、可靠。

4）天线架设时，严防天线变形和电特性改变，天线单元必须具有抗强风雪、暴晒及海盐腐蚀的能力。

5）天线单元架设后必须对其水平和指向进行测量标定。还应该对天线阵面的北向与正北之间的角度进行测量，然后把该数值填写到雷达软件配置文件中，对雷达探测数据的角度进行修正。

9.7.6　设备运行维护要点

（1）日常运行维护

1）在雷达日常开机工作时，注意观察有无异常，机械部分有无松动，电信部分有无漏水。

2）对于相控阵体制雷达，着重检查收发组件柜的轴流风机或是机房集中制冷，出现故障时及时更换，维修时注意断电。

3）系统指示故障时，参考数据处理计算机提示，检查相应分系统，检查、更换相应单元。

（2）专项检测

1）检查天线驻波比：通过驻波测试仪测量发射天线的驻波比。步骤为雷达停机，连接天线与驻波测试仪；驻波测试调谐到雷达工作频率，读取驻波测试仪相应的信息。

2）检查通道一致性：幅度一致性检测通过矢量网络分析仪测各通道输入、输出端口，统计所有测试结果检测一致性，相位一致性检测通过矢量网络分析仪测各输入、输出端口的群延迟，统计所有测试结果检测一致性。使用雷达本身的检测分系统，查看其各通道定标信号幅度和相位输入、输出信息。

9.8 电离层高频多普勒监测仪

9.8.1 概述

无线电磁波在电离层中传播时，传播过程中相路径（相路径是相折射率沿路径的积分）随时间发生变化导致电磁波频率的变化，通过与发射基准频率差拍，可获得由电磁波传播路径电离层变化引起的频率偏移。根据电磁波传播理论，这一频率偏移与基准信号频率、电离层电子密度、地磁场强度等参量有关，它反映了路径上电离层各物理参数的整体变化，可以灵敏地监测到诸如电离层耀斑、电离层行扰和电离层扩展 F 等效应。

电离层高频多普勒监测仪记录固定频率的电磁波经电离层反射后的多普勒频移，其基准短波频率源信号分为两类，一类为国家授时中心发射的标准短波授时信号，另一类为自主发射高稳定度的短波频率信号。

9.8.2 系统组成

高频多普勒监测仪由接收机单元、接收天线单元和数据采集与处理单元组成。高频多普勒监测仪接收短波信号，进行模数转换后进行数字信号的后续处理，包括：与标准频率的参考信号进行差频，得到下变频后的低频信号；对低频信号降采样至 100 Hz 的采样率，每 10 s 累积的数据进行快速傅里叶变换（fast Fourier transform，FFT）功率谱计算，从功率谱的峰值得到电离层多普勒频移量。高频多普勒监测仪监测的电离层多普勒频移具有较高的时间分辨率，可连续的监测特定高度处电离层的突然扰动，对电离层反射面的垂直高度变化非常敏感。高频多普勒探测系统原理框图如图 10 所示。

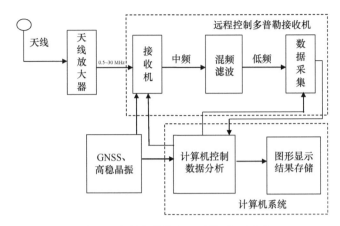

图 10　高频多普勒探测系统原理框图

9.8.3　系统功能及性能指标

（1）系统功能

具有电离层高频多普勒频移连续监测能力，可实时获取电离层高频多普勒频移；具有对电离层扰动的监测能力；具有数据自动传输、远程控制等功能。

（2）性能指标

工作频率范围：4～20 MHz（可根据观测场地附近电磁环境进行调整）；
频移时间分辨率：10 s；
频移范围：±3 Hz；
频率分辨率：0.1 Hz。

9.8.4　设备架设要求

1）需要一间能安放电离层高频多普勒主机和数据处理系统机柜的观测室（可与其他设备合用），占用的面积约 3 m²。观测室内有温控、防尘、防水措施，有电力和网络。

2）需要一定面积的天线场地，需要四周开阔（通常在观测室楼顶），周围具备避雷设施。

3）电离层高频多普勒系统采用 220 V 交流电供电。为防止偶发停电导致设备软硬件故障，或者较长时间停电导致数据缺失，须采用不间断电源供电，不间断电源控制机负荷不小于 1 kV·A，可为整个系统提供不少于 10 h 的延时供电。

4）采用 GNSS 卫星信号提供时间同步信息和秒脉冲，为电离层高频多普勒接收机主机校准时间和频率。

5）电离层高频多普勒监测系统观测室内须具备良好的防尘、防水和温度控制措施。电缆进线孔处采用发泡胶密封。观测室内采用机房空调控制温度，观测室温度不高于 26 ℃，高寒地带观测室需有加热措施保持室内温度不低于 10 ℃。

6）电离层高频多普勒系统具备局域网或虚拟局域网远程控制功能，可实现开机、关机、重启、启停数据采集等功能。

9.8.5　设备安装要点

1）天线安装测试：包括根据天线形式和尺寸选定天线基座位置；天线组件连接固定；连接、埋放电缆并引入观测室；

2）主机安装测试：包括主机安装，机柜固定；电缆连接避雷器并接入主机；网络连接；UPS 连接；主机开机自检测试；

3）整机联合测试：检查电离层多普勒信号功率谱、电离层多普勒频移–时间变化曲线及数据传输情况。

9.8.6　设备运行维护要点

（1）日常运行维护

1）电离层高频多普勒监测仪巡检：以远程巡视为主，巡检内容包括检查设备工作状态和数据处理系统硬盘空间使用情况，查看数据传输情况。巡检频次为每天不少于一次。

2）数据完整性情况检查：前一天的电离层高频多普勒观测是否完整，数据缺失情况做好记录。每天检查一次。

3）实时数据质量检查：检查最新电离层高频多普勒时间与当前系统时间之差是否小于最小观测间隔。检查电离层高频多普勒时间曲线和多普勒功率谱状态。检查频次为每天不少于一次。

（2）专项检测

采用频率计做接收机 GNSS 伺服基准频率稳定性检测，频率稳定性一般认为小于 0.01 Hz 为合理。

9.9　GNSS TEC 监测仪和 GNSS 闪烁监测仪

9.9.1　概述

电离层中存在数量上足以影响无线电波传播的自由电子。电离层总电子含量（TEC）是电子密度沿无线电波信号（通常由卫星发射）传播路径上的积分，它的变化可以反映大尺度电子密度的空间变化信息。电离层中电子密度随机、快速的不均匀变化，会导致穿越电离层的无线电信号振幅、相位和偏振方向的快速随机起伏，即电离层闪烁。电离层闪烁不仅反映了电离层中不均匀结构及其变化的物理特性，而且可能导致通信误码和信号畸变，从而影响卫星导航精度和通信畅通。不同频率的 GNSS 卫星信号在经过电离层时会产生不同的时延和相位差，通过测量卫星双频信号在经过电离层时产生的时延和相位差，可以反演得到卫星和接收机之间信号传播路径上的电离层 TEC。电离层闪烁分为幅度闪烁和相位闪烁，其中电离层幅度闪烁指数（S_4）是衡量闪烁强度的重要参量，定义为信号强度平均值归一化的标准差；在相位闪烁监测中，通常使用载波相位的标准差来确定相位闪烁。利用接收机接收 GNSS 多卫星系统的信号，经放大滤波等处理后，提取幅度、相位等信息，可以计算分析得到电离层 TEC 和闪烁数据。采用单站点 GNSS TEC 监测仪和 GNSS 闪烁监测仪，以及多站点组成 GNSS TEC 监测网络和 GNSS 闪烁监测网络，可获得观测区域上空的电离层 TEC 和闪烁信息，对于认知空间环境背景及科学应用具有重要意义。

9.9.2　系统组成

GNSS TEC 监测仪和 GNSS 闪烁监测仪主要构成包括 GNSS 接收天线和 GNSS 监测仪主机，主机与天线之间通过电缆相连。GNSS 接收天线用于接收美国的 GPS、中国的北斗卫星导航系统、欧洲的 Galileo 和俄罗斯的 GLONASS 等多个 GNSS 的导航信号，并将接收到的导航信号传递给 GNSS TEC 监测仪和 GNSS 闪烁监测仪主机。GNSS TEC 监测仪和 GNSS 闪烁监测仪主机对接收到的导航信号进行捕获、跟踪，并实时监控导航信号幅度和相位的变化信息，解算出 TEC、电离层幅度闪烁指数和电离层相位闪烁指数等相关数据。

9.9.3　系统功能及性能指标

（1）系统功能

可实时接收 GNSS 多卫星系统信号，计算 TEC、电离层幅度闪烁指数和电离层相位闪烁指数，具有来电自启动、数据自动传输和远程控制等功能。

（2）性能指标

接收频率：GPS 为 L1、L2、L5，GLONASS 为 L1、L2、L3，Galileo 为 E1、E5、E6，北斗卫星导航系统为 B1、B2、B3，印度区域导航卫星系统（Indian regional navigation satellite system，IRNSS）为 L1、L5、S，准天顶导航卫星系统（guasi-zenith satellite system，QZSS）为 L1、L2、L5。

输出参数：TEC、电离层幅度闪烁指数、电离层相位闪烁指数。

信号采集通道数：100 及以上。

9.9.4　设备架设要求

1）GNSS TEC 监测仪和 GNSS 闪烁监测仪接收机应满足下列要求：能在–20～55 ℃的环境下长期正常工作；对于具有闪烁监测功能的接收机，数据采样率不小于 50 Hz；可同步跟踪北斗卫星导航系统、GLONASS、GPS 的卫星信号；观测噪声低、功耗小、工作稳定性好；能够提供接收机的工作状态及卫星跟踪情况等数据信息。

2）GNSS TEC 监测仪和 GNSS 闪烁监测仪天线应满足下列要求：能在–50～75 ℃的环境下长期正常工作；天线的相位中心必须稳定，并有指北标志线；有强抗干扰性能，在电离层变化剧烈时或较强无线电干扰时仍能正常工作；有较强的抗多路径效应的能力。接收天线须安装在空旷的位置，天线周围不能有超高建筑物或者高大树木，天线仰角 15°以上不能有遮挡，条件特殊的站点仰角要求可放宽至 25°。

3）安装要求：天线应稳固地架设在观测墩上，天线应高于屋顶 350 mm 以上；天线接头与电缆接口须做防水处理；电缆走线须沿建筑物固定，进线孔须封堵处理。观测室应尽可能靠近观测墩，以缩短天线电缆长度（原则上不超过 30 m），安装有良好接地的避雷装置，有不小于 2 cm 直径的天线孔（不具备打孔条件时可利用已有空调孔或门窗缝隙等）。观测室应安装空调控制温度，保证接收机的工作温度范围为–20～55 ℃。

9.9.5　设备运行维护要点

GNSS TEC 监测仪和 GNSS 闪烁监测仪来电时会自动启动，数据采集软件、数据传输软件等会随仪器一同启动，所以无须手动开启，只需定期查看设备指示灯即可确定系统工作状态。只有特殊情况下（比如运行监控软件失效、死机），才需维护人员手动开启。由于一般要进行数据传输和远程监控，所以要保证 GNSS TEC 监测仪和 GNSS 闪烁监测仪工作环境的网络畅通。若网络发生故障，会导致数据积压并无法对机器进行远程控制，此时需要维护人员对网络故障进行排查。

9.10　法布里-珀罗干涉仪

9.10.1　概述

法布里-珀罗干涉仪（Fabry-Perot interferometer）利用法布里-珀罗（F-P）标准具提取中高层大气的气辉辐射的频谱特征,使用高灵敏度电荷耦合检测器（charge coupled detector，CCD）记录气辉辐射谱线的多普勒频移和多普勒展宽,通过图像处理分析实测数据,得到气辉特征高度区域大气的风场和温度等物理参量。一般探测三个特征高度的气辉,分别为峰值高度在 87 km 的 OH Meinel 892.0 nm 气辉、97 km 的 OI 557.7 nm 气辉和 250 km 的 OI 630.0 nm 气辉。设备仅在夜间进行观测,整晚连续的观测数据是中高层大气物理过程和光化学过程研究的重要资料,经过常年积累的实测数据更是研究中高层大气具有地域特征的大气演化过程的重要资料。

9.10.2　系统组成

法布里-珀罗干涉仪是一种被动光学探测设备,被动接收来自中高层大气的气辉辐射信号,长时间累积的信号经滤波片滤光、标准具干涉、自动聚焦系统成像在弱光探测成像系统的 CCD 靶面上,生成一个干涉环形态的实测数据,再经过数据反演软件的运算和处理,获取当次观测的中高层大气气辉高度区域的中性风场和温度。

法布里-珀罗干涉仪设备主要包括激光定标系统、天空扫描系统、滤波片控制系统、F-P 标准具系统、自动聚焦系统、数据采集与存储系统、计算机控制设备等(图 11),以及云探测器等辅助观测设备。

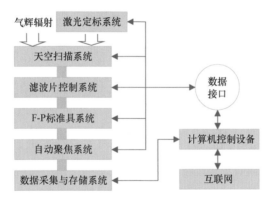

图 11　法布里-珀罗干涉仪系统框图

9.10.3　系统功能及性能指标

(1)系统功能

具有探测中高层大气气辉辐射谱线的多普勒频移和多普勒展宽的能力,实时获取气辉高度区域的中性风和温度数据,具有数据自动传输和远程控制等功能。

(2)性能指标

1)三通道的窄带滤波片的主要性能指标和曝光时间参见表 6。

表 6 滤波片主要性能

序号	波长±FWHM/nm	气辉峰值高度/km	曝光时间/s
1	892.0±1.0	87	180
2	557.7±1.0	96	180
3	630.0±1.0	250	300

注：FWHM 为半峰全宽（full width at half maxima），下同。

2）F-P 标准具系统的有效通光孔径为 100 mm。

3）CCD 参数：1024 像素×1024 像素，16 bit（位），−50 ℃或−80 ℃。

4）自动聚焦：对干涉后的光信号进行准直与聚焦，自动调节不同通道观测时成像系统的镜头位置，确保 CCD 靶面图像的像质最优。

9.10.4 设备架设要求

1）需要一间光学设备观测室，面积约 15 m²。观测室内有除湿、防尘、防水措施，有电力和网络，电源接地连接，设有防雷设施，其接地电阻应小于 10 Ω（一般 5 Ω）。观测室电缆进线孔处采用发泡胶密封。观测室内采用机房空调控制温度，观测室温度不高于 26 ℃，高寒地区需有加热措施，保持室内温度不低于 10 ℃。

2）光学观测室的观测设备位置的天顶角小于 50°范围内，不能有树木、建筑物等遮挡；尽量远离树木和飞虫较多的地方，防止落叶、飞鸟和蚊虫飘落到光学圆顶上；尽量避开机场航线。

3）光学观测室应尽量选址在夜间背景光尽可能黑暗的环境中，减少背景光对数据的干扰，如选择在远离闹市的偏僻山村。

4）需要光学设备观测室的屋顶开圆孔，圆孔直径为 1 m，在圆孔周围做一个井台，尺寸与光学半球圆顶的安装面相匹配，适合透明光学半球圆顶的安装和密封。

5）需要在透明光学半球圆顶的下方安装风扇或者热风机（高寒地区），强制圆顶内部的空气对流，防止室内外温差过大和室内空气湿度过大的情况下半球圆顶内部结雾。

6）采用 220 V 交流电供电。为防止偶发停电导致设备软硬件故障，或者较长时间停电导致数据缺失，须采用不间断电源供电，不间断电源控制机负荷不小于 3 kV·A，可为整个系统提供不少于 10 h 的延时供电。UPS 具备来电启动、根据电池电量或停电时间关闭计算机并切断输出的功能。

7）法布里-珀罗干涉仪具备局域网或虚拟局域网设备远程控制功能，可实现开机、关机、重启和启停数据采集的远程控制功能。

9.10.5 设备安装要点

1）主机安装与测试：主机安装固定；主机支架需要水平安装；电缆连接避雷器并接入主机；网络连接；不间断电源连接；主机开机自检测试。

2）天空扫描系统安装与测试：扫描系统安装固定；系统支架需要水平安装；电源线和信号线电缆连接；断电与通电自检测试；特别注意扫描系统的四个方位角指向分别为正北、正南、正东和正西。扫描系统的信号输出光路与主机的信号输入光路同轴。

3）控制计算机安装与测试：控制计算机安装固定；网络连接；不间断电源连接；主机开机自检测试。

4）整机联合测试：在单项功能测试合格的条件下，运行设备的人工观测模式和自动观测模式，检查数据采集和存储状态，运行数据处理软件后查阅处理后的实测数据，分别为中性大气的风场和温度数据。运行数据传输软件，检查数据传输情况。

9.10.6 设备运行维护要点

（1）日常运行维护

1）观测室巡检：记录观测室温度、湿度，检查室内循环风机是否运转、硬盘指示灯和硬盘空间使用情况，查看数据传输目录有无数据堆积，检查软件界面是否异常，相关参数或指标出现异常须尽快维护处理。巡检频次为每天至少一次。

2）数据完整性情况检查：此前的观测次数是否完整，数据缺失情况做好记录。每天检查一次。

3）实时数据质量检查：检查曝光时间参数是否正确、F-P 标准具的实时温度是否符合设定要求、天空扫描系统指向是否正确，以及干涉图样显示是否有明显的错误；抽样检查前一天的观测数据是否存在不连续的异常现象、是否缺测等。检查频次为每天不少于两次。

4）光学部件的清洁：雨、雪、尘天气后应尽快清理光学部件，清洁过程使用非腐蚀性的中性清洁剂以避免破坏光学系统。

5）观测天窗检查：检查井台密封情况，是否存在漏水和渗水情况，检查透明圆顶，做好日常的清洁维护。巡检频次为每天至少一次。

6）云探测器（如有）检测：定期观测云探测器表面状态，如有污渍或水垢需及时清理。日常检测云探测器输出值（有云、多云、雨、雪等）与实际天气是否一致，每天至少一次。

（2）定期维护检查

1）光学部件的清洁维护：清洁维护天空扫描系统的光学件和主机光学系统的光学件，保持洁净。维护频次为每三个月一次。

2）定标激光器的清洁维护：清洁除尘定标激光器，检查激光器光路，保持洁净。维护频次为每三个月一次

（3）专项检测

1）天空扫描系统检测：清洁润滑天空扫描系统的运动部件，手动测试天空扫描系统的指向角度是否变化。

2）F-P 标准具温度控制检测：检测 F-P 标准具温度控制系统，查验系统的温度变化响应是否在设定的温度范围内。

9.11 非对称空间外差干涉仪

9.11.1 概述

非对称空间外差干涉仪利用非对称空间外差干涉技术提取中高层大气的气辉辐射的频谱特征，使用高灵敏度 CCD 记录气辉辐射谱线的多普勒频移，通过图像处理分析实测数据，得到气辉特征高度区域大气的风场等物理参量。一般探测两个特征高度的气辉，分别为峰值高度在 96 km 的 OI 557.7 nm 气辉和 250 km 的 OI 630.0 nm 气辉。设备仅在夜间进行观测，整晚连续的观测数据是中高层大气物理过程和光化学过程研究的重要资料，经过常年积累的实测数据更是研究中高层大气具有地域特征的大气演化过程的重要资料。

9.11.2 系统组成

非对称空间外差干涉仪是一种被动光学探测设备，被动接收来自中高层大气的气辉辐射信号，长时间累积的信号经滤波片滤光、非对称空间外差干涉模块干涉、聚焦系统成像在弱光探测成像系统的 CCD 靶面上，生成斐索干涉条纹，再经过数据反演软件运算和处理，获取当次观测的中高层大气气辉高度区域的中性风场。

非对称空间外差干涉仪主要包括天空扫描系统、谱线灯定标系统、滤波片控制系统、非对称空间外差干涉模块、自动聚焦系统、数据采集与存储系统和计算机控制设备等（图 12），以及云探测器等辅助观测设备。

9.11.3　系统功能及性能指标

（1）系统功能

具有探测中高层大气气辉辐射谱线的多普勒频移的能力，实时获取气辉高度区域的中性风数据，具有数据自动传输和远程控制等功能。

（2）性能指标

1）两通道的窄带滤波片的主要性能指标和曝光时间参见表 7。

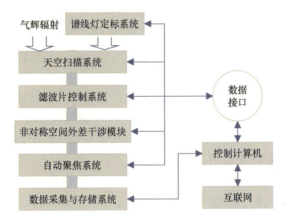

图 12　非对称空间外差干涉仪系统框图

表 7　滤波片主要性能

序号	波长±FWHM/nm	气辉峰值高度/km	曝光时间/s
1	557.7±1.0	96	180
2	630.0±1.0	250	300

2）非对称空间外差干涉仪系统的有效通光孔径为 30 mm，视场角为 9°。

3）CCD 参数：1024 像素×1024 像素或 2048 像素×2048 像素、16 bit、−80 ℃。

4）自动聚焦：对干涉后的光信号进行准直与聚焦，自动调节不同通道观测时成像系统的镜头位置，确保 CCD 靶面图像的像质最优。

9.11.4　设备架设要求

1）需要一间光学设备观测室，面积约 15 m²。观测室内有除湿、防尘、防水措施，有电力和网络，电源接地连接，设有防雷设施，其接地电阻应小于 10 Ω（一般为 5 Ω）。观测室电缆进线孔处采用发泡胶密封。观测室内采用机房空调控制温度，观测室温度不高于 26 ℃，高寒地区需有加热措施，保持室内温度不低于 10 ℃。

2）光学观测室的观测设备位置的天顶角小于50°范围内，不能有树木、建筑物等遮挡。尽量远离树木和飞虫较多的地方，防止落叶、飞鸟和蚊虫飘落到光学圆顶上。尽量避开机场航线。

3）光学观测室应尽量选址在夜间背景光尽可能黑暗的环境中，减少背景光对数据的干扰，如选择远离闹市的偏僻山村。

4）需要光学设备观测室的屋顶开圆孔，圆孔直径为 1 m，在圆孔周围做一个井台，尺寸与光学半球圆顶的安装面相匹配，适合透明光学半球圆顶的安装和密封。

5）需要在透明光学半球圆顶的下方安装风扇或者热风机（高寒地区），强制圆顶内部的空气对流，防止室内外温差过大和室内空气湿度过大的情况下半球圆顶内部结雾。

6）采用 220 V 交流电供电。为防止偶发停电导致设备软硬件故障，或者较长时间停电导致数据缺失，须采用 UPS 供电，UPS 控制机负荷不小于 3 kV·A，可为整个系统提供不少于 10 h 的延时供电。UPS 具备来电启动、根据电池电量或停电时间关闭计算机并切断输出的功能。

7）非对称空间外差干涉仪具备局域网或虚拟局域网设备远程控制功能，可实现开机、关机、重启和启停数据采集的远程控制功能。

9.11.5　设备安装要点

1）主机安装与测试：主机安装固定；主机支架需要水平安装；电缆连接避雷器并接入主机；网络连接；不间断电源连接；主机开机自检测试。

2）天空扫描系统安装与测试：扫描系统安装固定；系统支架需要水平安装；电源线和信号线电缆连接；断电与通电自检测试；特别注意扫描系统的四个方位角指向分别为正北、正南、正东和正西，扫描系统的信号输出光路与主机的信号输入光路同轴。

3）控制计算机安装与测试：控制计算机安装固定；网络连接；不间断电源连接；主机开机自检测试。

4）整机联合测试：在单项功能测试合格的条件下，运行设备的人工观测模式和自动观测模式，检查数据采集和存储状态，运行数据处理软件后查阅处理后的实测数据，分别为中性大气的风场数据和温度数据。运行数据传输软件，检查数据传输情况。

9.11.6 设备运行维护要点

（1）日常运行维护

1）观测室巡检：记录观测室温度和湿度，检查室内循环风机是否运转，检查硬盘指示灯，检查硬盘空间使用情况，查看数据传输目录有无数据堆积，检查软件界面是否异常，相关参数或指标出现异常须尽快维护处理。巡检频次为每天至少一次。

2）数据完整性情况检查：此前的观测次数是否完整，数据缺失情况做好记录。每天检查一次。

3）实时数据质量检查：检查曝光时间参数是否正确、非对称空间外差干涉模块的实时温度是否符合设定要求、天空扫描系统指向是否正确，以及干涉图样显示是否有明显的错误。抽样检查前一天的观测数据是否存在不连续的异常现象、是否缺测等。检查频次为每天不少于两次。

4）光学部件的清洁：雨、雪、尘天气后应尽快清理光学部件，清洁过程使用非腐蚀性的中性清洁剂以避免破坏光学系统。

5）观测天窗检查：检查井台密封情况，是否存在漏水、渗水情况，检查透明圆顶，做好日常的清洁维护。巡检频次为每天至少一次。

6）云探测器（如有）检测：定期观测云探测器表面状态，如有污渍或水垢需及时清理。日常检测云探测器输出值（有云、多云、雨、雪等）与实际天气是否一致，每天至少一次。

（2）定期维护检查

1）光学部件的清洁维护：清洁维护天空扫描系统的光学件和主机光学系统的光学件，保持洁净。维护频次为每三个月一次。

2）定标激光器的清洁维护：清洁除尘定标激光器，检查激光器光路，保持洁净。维护频次为每三个月一次。

（3）专项检测

1）天空扫描系统检测：清洁润滑天空扫描系统的运动部件，手动测试天空扫描系统的指向角度是否变化。

2）非对称空间外差干涉模块温度控制检测：检测非对称空间外差干涉模块温度控制系统，查验系统的温度变化响应是否在设定的温度范围内。

9.12 全天空气辉成像仪

9.12.1 概述

全天空气辉成像仪（all-sky airglow imager）设备利用窄带滤波片提取中高层大气的气辉辐射强度，使用高灵敏度 CCD 记录气辉辐射强度，通过对记录图像的分析，获取气辉特征高度区域大气的波动特征等物理参数。设备一般可探测多个气辉特征高度的气辉，包括峰值高度 97 km 的 OI 557.7 nm 气辉，250 km 的 OI 630.0 nm 气辉，以及 87 km 的 OH 气辉（波长 715.0～930.0±10.0 nm+陷波 865.5±18 nm）。设备仅在夜间进行观测，整晚连续的观测数据是中高层大气物理过程和光化学过程研究的重要资料，经过常年积累的实测数据更是研究中高层大气具有地域特征的大气演化过程的重要资料。

9.12.2 系统组成

全天空气辉成像仪是一种被动光学探测设备，被动接收来自中高层大气的气辉辐射信号，视场角为 180°，长时间累积的信号经设备系统干涉和处理后成像在弱光探测成像系统的 CCD 的靶面上，生成一个气辉辐射强度分布的实测数据，再经过图像数据处理，获取当次观测的中高层大气气辉区域高度的大气波动的相关信息。

全天空气辉成像仪设备包括鱼眼准直光路系统、滤光片选择系统、光学成像系统、数据采集与存储系统和计算机控制设备等，如图 13 所示。

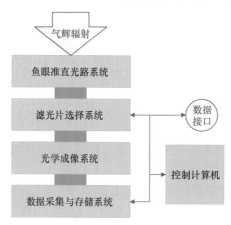

图 13　全天空气辉成像仪系统框图

全天空气辉成像仪设备结构部件图如图 14 所示。鱼眼准直光路系统、滤光片选择系统、光学成像系统的主要部件分别是鱼眼镜头、透镜系统滤波片组、电热制冷 CCD 等。

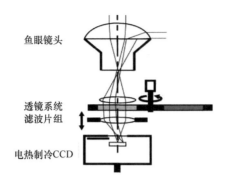

图 14 全天空气辉成像仪结构部件图

鱼眼镜头

透镜系统
滤波片组

电热制冷CCD

9.12.3 系统功能及性能指标

（1）系统功能

具有探测中高层大气气辉辐射强度的能力，实时获取气辉高度区域的大气波动参数数据，具有数据自动传输和远程控制等功能。

（2）性能指标

1）三通道的窄带滤波片的主要性能指标和曝光时间见表 8。

表 8　滤波片主要性能

序号	成分（波长±FWHM/nm）	气辉峰值高度/km	曝光时间/s
1	OH（715.0～930.0±10.0+陷波 865.5 ±18）	87	60
2	OI（557.7±2.0）	96	300
3	OI（630.0±2.0）	250	300

2）CCD 参数：1024 像素×1024 像素、16 bit、−50 ℃。

9.12.4 设备架设要求

1）需要一间光学设备观测室，面积约 15 m²。观测室内有温控、除湿、防尘和防水措施，有电力和网络，电源接地连接，设有防雷设施，其接地电阻应小于 10 Ω（一般为 5 Ω）。

2）需要光学设备观测室的屋顶开圆孔，圆孔直径大于 40 cm，在圆孔周围做一个井台，尺寸与光学半球圆顶的安装面相匹配，适合透明光学半球圆顶的安装和密封。

3）需要在透明光学半球圆顶的下方安装风扇或者热风机（高寒地区），强制圆顶内部的空气对流，防止室内外温差过大和室内空气湿度过大的条件下半球圆顶内部结雾。

4）采用 220 V 交流电供电。为防止偶发停电导致设备软硬件故障，或者较长时间停电导致数据缺失，须采用不间断电源供电，不间断电源控制机负荷不小于 3 kV·A，可为整个系统提供不少于 10 h 的延时供电能力。UPS 具备来电启动以及根据电池电量或停电时间关闭主计算机并切断输出功能。

5）光学观测室内须具备良好的防尘、防水、温度控制和除湿措施。电缆进线孔处采用发泡胶密封。观测室内采用机房空调控制温度，观测室温度不高于 26 ℃，高寒地带观测室需有加热措施保持室内温度不低于 10 ℃。

6）光学观测室的观测设备位置的天顶角小于 85°范围内，尽量不要出现树木、建筑物等遮挡。尽量远离树木和飞虫较多的地方，防止落叶、飞鸟和蚊虫飘落到光学圆顶上。有条件的情况下尽量避开机场航线。

7）光学观测室应尽量选址在夜间背景光尽可能黑暗的环境中，减少背景光对数据的干扰，如选择远离闹市的偏僻山村。

8）具备局域网或虚拟局域网设备远程控制功能，可实现开机、关机、重启和启停数据采集的远程控制功能。

9.12.5 设备安装要点

1）主机安装与测试：主机安装固定；主机支架需要水平安装；电缆连接避雷器并接入主机；网络连接；不间断电源连接；主机开机自检测试。

2）控制计算机安装与测试：控制计算机安装固定；网络连接；不间断电源连接；主机开机自检测试。

3）整机联合测试：在单项功能测试合格的条件下，运行设备的人工观测模式和自动观测模式，检查数据采集和存储状态，运行观测软件后可查阅气辉辐射强度的实测数据。设备按时操作数据传输软件，检查数据传输情况。

9.12.6 设备运行维护要点

（1）日常运行维护

1）观测室巡检：记录观测室温度、湿度，检查室内循环风机是否运转、硬盘指示灯和硬盘空间使用情况，查看数据传输目录有无数据堆积，相关参数或指标出现异常须尽快维护处理，检查软件界面是否异常。巡检频次为每天至少一次。

2）数据完整性情况检查：此前的观测次数是否完整，数据缺失情况做好记录。每天检查一次。

3）实时数据质量检查：检查曝光时间参数是否正确，抽样检查前一天的观测数据是否存在不连续的异常现象、是否缺测等。检查频次为每天不少于两次。

4）观测天窗检查：检查井台密封情况，是否存在漏水和渗水情况；检查透明圆顶，做好日常的清洁维护。巡检频次为每天至少一次。

（2）定期维护检查

光学部件的清洁维护：清洁维护天空扫描系统的光学件和主机光学系统的光学件，保持洁净。维护频次为每三个月一次。

（3）专项检测

1）滤波片选择检测：清洁滤波片选择的运动部件，确认滤波片的位置均与程序设定的参数一致。

2）数据采集与存储系统检测：检测弱信号成像的电热制冷 CCD 的温度，查验 CCD 的温度是否在设备设定的工作温度范围内。

9.13　全天空极光观测仪

9.13.1　概述

太阳风携带的带电粒子或磁层中的等离子体在地球磁场的引导下进入地球南北两极地区，与极区电离层高度上的中高层大气的中性粒子发生碰撞，使得中性粒子受激辐射出的光学现象，称之为"极光"。因此，极光活动不仅与太阳风和磁层的空间环境有关，还与极区电离层、极区中高层大气的特性相关。全天空极光观测仪通过鱼眼镜头，实现对站区上空及周边半径 500 km 范围内大、中尺度的极光活动的监测；在其光学后端采用 CCD 相机或科学级互补金属氧化物半导体（complementary metal oxide semiconductor，CMOS）相机，实现极光数字化成像观测。通常，全天空极光观测仪在光路中插入特定滤光片，以实现极光特征谱线强度的观测。开展长期、连续的极光观测，研究极区电离层和中高层大气对于极区高能粒子沉降的响应和时空变化特征，有助于理解日地能量耦合及传输的物理过程。此外，极光活动可以作为极区空间天气状态的标识之一，为极区提供空间天气监测和空间灾害性事件预警预报服务。

9.13.2　系统组成

全天空极光观测仪组成如图 15 所示，其光学系统由物镜、中继镜和调焦镜三组光学镜头组成。物镜采用鱼眼镜头，可以监测地平线上 180°视野范围（全天空）内极光的出现和强度分布变化情况；中继镜和调焦镜的功能是将鱼眼镜头所成图像调整、收缩到电荷耦合检测器（CCD）相机要求的尺寸；中继镜头中插入的窄带滤光片分别用来选择 N^{2+} 的第一负带 1N（427.8 nm），以及氧原子禁线 OI（557.7 nm）、OI（630.0 nm）等极光特征谱线（带）。成像端配备 CCD 相机、电子倍增 CCD（electron multiplying CCD，EMCCD）相机或科学级 CMOS 相机，成像面一般不低于 512 像素×512 像素。控制电脑定时触发图像捕捉卡从 CCD 相机读取图像并存储到大容量记录媒介。

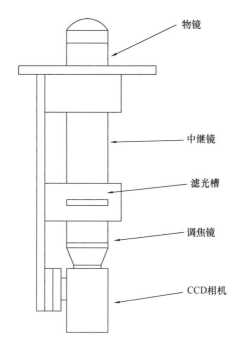

图 15　全天空极光观测仪装置的系统组成示意图

9.13.3　系统功能及性能指标

（1）系统功能

具备单帧采集和自动序列采集功能。单帧采集主要供定位、聚焦和暗电流文件采集等使用；自动序列采集为观测设备正常工作模式，序列图像用于连续测量极光的谱线强度和沉降电子能量的二维空间分布及其高分辨率时间演化特征。采集程序具备曝光时间、增益控制等参数可调和记录相机开始曝光时刻等功能。具有单帧图像和序列图像采集两种工作模式。

（2）性能指标

光学视场范围：180°；
滤光片的半峰全宽（FWHM）：≤2 nm；
成像面：≥512 像素×512 像素；
序列采集时间分辨率：≤10 s。

9.13.4　设备架设要求

1）全天空极光观测仪光学部件需置于独立的观测探头室；观测探头室需配置加热、通风装置和光学透明罩除霜装置；离室内地面 1.5 m 以上温度范围控制在 0~20 ℃，相对湿度控制在 40%以下。

2）观测探头室周边应没有遮挡物，开阔视野范围不小于 160°（即天顶角±80°）。观测时无人工光源直射镜头和镜头上方的光学透明罩。

9.13.5　设备安装要点

1）全天空极光观测仪在安装时，在条件许可的情况下应使观测设备成像图像的上下方向与本地台站地磁子午线方向对齐；无法满足上述条件时，可以通过拍摄星空图然后利用星空定位的方法确定极光图像的方位。

2）全天空极光观测仪的主体或设备光路上的部件因为移动造成方位变化时，至少进行一次星空图采集以确定全视野图像的方位。极光图像的方位角误差小于 1°。

3）全天空极光观测仪采集计算机系统时间需采用世界时（universal times，UT）。

9.13.6　设备运行维护要点

1）利用全天空极光观测仪开展极光观测应选择在晴朗的夜间，全视野范围内云覆盖应低于一半的条件下进行。满月期间（月相高于 95%）视观测设备的具体情况，可以暂停观测。在满足上述观测条件下，光学观测在本地太阳仰角低于−15°（在地平线下 15°）时间段内进行；极夜期间太阳仰角始终低于−15°时，观测不间断。

2）开始极光观测前和观测过程中，需确认全天空极光观测仪光学前端透明光学罩已打开，顶部无雪覆盖，内部无结霜。必要时，使用加强型除霜装置对透明罩进行除霜、除雪操作。

3）全天空极光观测仪运行期间建议每 6 h 巡查一次，检查并记录室外气温、机房温度、机房湿度、云量覆盖情况、相机状态、制冷温度、主机运行情况、实时数据图像和系统时间等。

4）一次极光观测结束后，填写全天空极光观测记录表，包括每次巡查的结果记录、光学系统状态、观测波长、图像积分时间、记录起止时间和数据文件总数等内容。

9.14 极光光谱仪

9.14.1 概述

极光光学观测设备可以为极区高层大气的状况提供直观且具有特殊重要性的极隙区监测数据。磁子午面极光分光光谱仪（简称极光光谱仪）通过测量同一条子午线上的极光和气辉辐射光谱，可以研究极光和磁层物理、极风的逃逸过程和质子极光观测中的电子极光干扰等科学问题。

9.14.2 系统组成

极光光谱仪由物镜、准直镜组、色散元件、聚焦透镜组、CCD 相机，以及相应的计算机控制系统组成。整个系统的结构如图 16 所示，棱栅和其后的棱镜组成

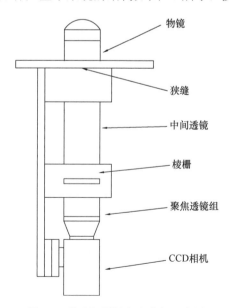

图 16　磁子午面极光光谱仪示意图

的色散单元将不同光谱的入射光线色散开来，棱镜的采用是为减小前置光学系统和后面的聚焦光学系统的角度差。棱栅面向前置光学系统的一端开有等距离间隔的凹槽,选择适当的性能参数可以将所需观测的光谱范围色散到 CCD 相机的有效成像区域上。

9.14.3 系统功能及性能指标

（1）系统功能

极光光谱仪是精密的、具有高光谱分辨率的光学成像仪器，可以测量同一条子午线上的极光和气辉辐射光谱。

（2）性能指标

观测波长范围：$420\sim730$ nm；

光谱分辨率：$1.5\sim2$ nm；

视场角：$180°$；

空间分辨率：$0.37°$（水平方向）$\sim0.98°$（天顶方向）；

感光度：观测波长为 560 nm 时，为 0.06 光子/（s·像素·sr）。

9.14.4 设备架设要求

1）光学部件需置于独立的观测探头室；观测探头室需配置加热、通风装置和光学透明罩除霜装置；离室内地面 1.5 m 以上温度范围控制为 $0\sim20$ ℃，相对湿度控制在 40% 以下。

2）观测探头室周边应没有遮挡物，开阔视野范围不小于 160°（即天顶角±80°）；观测时无人工光源直射镜头和镜头上方的光学透明罩。

9.14.5 设备安装要点

（1）调焦组件的安装与调节

将调焦组件（图 17）安放在本体对应的法兰盘内，拧紧法兰盘侧面的三个止动螺丝即可将调焦组件固定。

调节方法：

1）旋转遮光罩，将遮光罩取下；

2）取下装饰筒；

3）转动准直镜头调焦轮实现调焦，亦可通过拨动准直镜筒上的小孔实现调焦。

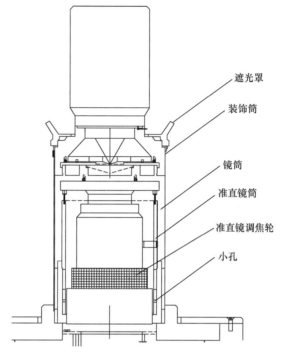

遮光罩

装饰筒

镜筒

准直镜筒

准直镜调焦轮

小孔

图 17 极光光谱仪调焦组件示意图

（2）支撑组件的俯仰调节

支撑组件示意图如图 18 所示。调节时松掉锁紧螺钉，参考支撑组件底板上的水泡位置，调节调节手轮可实现支撑组件的俯仰调节。

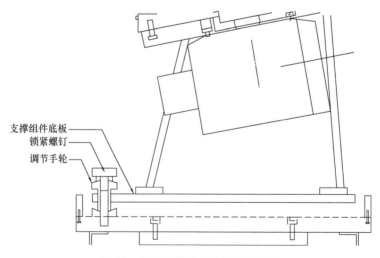

支撑组件底板

锁紧螺钉

调节手轮

图 18 极光光谱仪支撑组件示意图

（3）升降组件的调节

升降组件示意图如图 19 所示。

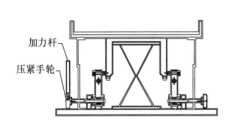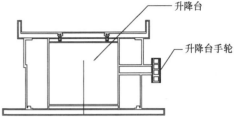

图 19　极光光谱仪升降组件示意图

1）调节升降台手轮，可实现升降组件的调节，从而实现仪器总体高体调节；

2）调节升降台手轮前，确保升降台手轮上的锁紧螺钉已松开；

3）调节升降台手轮前，确保两个压紧手轮处在松开位置；

4）压紧手轮连接夹紧杆，夹紧杆紧压在升降台侧面，压紧后可保持升降台稳定；

5）面对压紧手轮，顺时针转动为松开，即压紧杆与升降台侧面接触并开始压紧；

6）调节压紧手轮时可使用加力杆加力；

7）升降组件调节完毕后请将升降台手轮上的锁紧螺钉锁紧，调节两侧的压紧手轮，使夹紧杆夹紧升降台。

注意：压紧手轮调节范围不大，若在调节升降台手轮过程中明显遇到障碍，可能是夹紧杆与升降台侧面接触，可调节压紧手轮使其脱离接触。

9.14.6　设备运行维护要点

1）利用极光光谱仪开展极光光谱观测应选择在晴朗的夜间、全视野范围内云覆盖面积低于一半的条件下进行。满月期间（月相高于 95%）视观测设备的具体情况，可以暂停观测。在满足上述观测条件下，光学观测在本地太阳高度角低于 −15°（在地平线下 15°）时间段内进行；极夜期间太阳高度角始终低于 −15° 时，观测不间断。

2）开始极光观测前和观测过程中，需确认极光光谱仪光学前端透明光学罩已打开，顶部无雪覆盖，内部无结霜。必要时，使用加强型除霜装置对透明罩进行除霜、除雪操作。

3）运行期间建议每 6 h 巡查一次，检查并记录室外气温、机房温度、机房湿度、云量覆盖情况、相机状态、制冷温度、主机运行情况、实时数据图像和系统时间等。

4）一次极光观测结束后，填写极光光谱仪观测记录表，包括每次巡查的结果记录、光学系统状态、图像积分时间、记录起止时间、数据文件总数等内容。

5）极光光谱仪采集计算机系统时间需采用世界时（UT）。

9.15　磁通门磁力仪

9.15.1　概述

磁通门磁力仪是一种基于软磁材料磁化饱和时的非线性特性而工作的一种磁力计，在交变激励信号的磁化作用下，磁芯的导磁特性发生周期性的饱和与非饱和变化，从而使缠绕在磁芯上的感应线圈感应输出与外磁场成正比的调制信号，通过特定的检测电路，提取被测外磁场信息。将三个正交磁通门探头固定在同一框架上，可以记录地磁场的三个独立要素的变化值。

9.15.2　系统组成

磁通门磁力仪组成主要包括三轴磁通门探头、电子盒、记录系统和电源，如图 20 所示。

图 20　磁通门磁力仪组成框图

三轴磁通门探头在激励信号作用下，输出和地磁场成比例的感应信号；电子盒包含模拟处理电路，控制激励信号输出，接收、处理感应信号，并进行模数转换和记录系统通信；记录系统接收记录数字化地磁场值，并用 GNSS 同步系统时间。

9.15.3　系统功能及性能指标

（1）系统功能

可记录地磁场 H、D 和 Z（或 X、Y 和 Z）三分量的变化值。

（2）性能指标

模拟输出：±10 V；

动态范围：±2000 nT；

分辨率：0.1 nT；

偏置补偿范围：65000 nT 或 75000 nT；

偏置补偿进阶：130 nT 或 150 nT（进阶没有标定）；

探头定位失准：<2 mrad（7′）；

长期漂移：<3 nT/a；

温度系数：<0.25 nT/℃；

通频率：直流到 1 Hz；

温度探头输出：5 mV/℃；

温度要求：0～40 ℃。

9.15.4 设备架设要求

需要一间无磁记录室和距离探头至少 15 m 的记录系统安放地（可以和其他仪器共用），其中无磁记录室面积不小于 2 m²，某一方向长度大于 3 m。记录系统安放处有电力和网络，能接收到 GNSS 信号。

9.15.5 设备安装要点

1）无磁记录室要求磁场梯度均匀，无磁性物质，探头应放置在大理石仪器墩上，大理石仪器墩宜直接稳固于基岩上，不具备条件时大理石墩下方要做较大的安装基础，确保大理石墩安放后能长期保持位置不变。建设时要有磁性控制，确保极弱磁或无磁。

2）电子盒和探头安装在无磁记录室，安装距离大于 3 m（避免电子盒元器件磁性及工作时对探头的磁性影响），不超过 15 m，电子盒和记录系统可根据情况安装，记录系统距离探头 15 m 以上，但距离大于 40 m 时，宜使用光缆传输数据。

9.15.6 设备运行维护要点

（1）日常运行维护

1）检查供电，保证正常供电；查看记录图形，保证无外界磁性干扰。每天检查一次。

2）查看前一天分钟值曲线图，检查数据完整性，是否存在外界干扰；检查前一天的记录曲线是否完整，有无突跳和毛刺，将数据缺失情况做好记录。每天检查一次。

（2）定期维护检查

记录系统风扇防尘网清洗，各风扇检查维护。每年一次。

（3）专项检测

1）每年检查仪器零漂和地磁场偏移量，如果大于 100 nT 要调整仪器方向和补偿，确保仪器记录在 0 nT 附近。

2）定期检测记录室周围磁场梯度，检测频次一般为 3～5 年，确保周边环境无磁性干扰，记录点磁场能代表当地地磁场。

9.16 Overhauser 磁力仪

9.16.1 概述

Overhauser 磁力仪用来测量地磁场总场大小。基本原理是将带有不成对电子的特殊液体与氢原子结合并置于射频（radio frequency，RF）磁场之中进行极化，随之被极化的不成对电子便会将其极化信息传递给氢原子，于是就产生了进动信号。这种进动信号对磁场强度的变化有很高的灵敏度，信号频率与地磁场强度成正比关系，关系式为

$$T = \frac{2\pi}{r_\text{p}} f = 23.4872 f$$

式中：T 为地磁场强度；f 为接收信号频率；r_p 为与质子有关的常数，称为磁旋比。通过测量旋进频率，进而得到磁场值。

9.16.2 系统组成

Overhauser 磁力仪组成主要包括探头、电子盒、记录系统和电源，如图 21 所示。

图 21 Overhauser 磁力仪组成框图

探头内有激励和接收线圈以及带不成对电子的特殊液体；电子盒包含模拟控制、处理电路、频率测量电路和记录系统通信电路；记录系统接收、记录数字化地磁场总场值，并用 GNSS 同步系统时间。

9.16.3　系统功能及性能指标

（1）系统功能

可记录地磁场总强度（F）大小。

（2）性能指标

分辨率：0.01 nT；

精度：0.2 nT；

测量范围：18000～150000 nT；

梯度容限：>10000 nT/m；

功耗：250 mA@12 V（峰值），100 mA@12 V（标准）；

操作温度：−40～60 ℃；

输入容限：10.0～15 V；

湿度：<90%，无结霜；

存储温度：−50～65 ℃。

9.16.4　设备架设要求

需选取一处背景磁场相对均匀的区域，可为室内或室外。如果是室内，记录室面积不小于 2 m²，某一方向长度大于 3 m（探头和电子盒相距 3 m，以防电子盒对探头的干扰）；如果是室外，需在探头 15 m 范围内安放电子盒，电子盒应放置在可以隔热防雨的空间。记录系统要距离探头 15 m 以上（可以和其他仪器共用房间），约占用一台普通台式机大小空间，记录系统安放处有电力和网络，能接收到 GNSS 信号。

9.16.5　设备安装要点

1）仪器安置点要求磁场梯度均匀，无磁性物质，探头应放置在大理石仪器墩上或者使用探头杆架设，建设安装时要有磁性控制，确保环境磁性要求。

2）探头安装在无磁记录室或室外，但电子盒要求安装于室内或密封防雨处，隔热防高温。二者安装距离宜不超过 15 m，电子盒和记录系统可根据情况安装，但距离大于 40 m 时，宜使用光缆传输数据。

9.16.6 设备运行维护要点

（1）日常运行维护

1）检查供电，保证正常供电；查看记录图形，保证无外界磁性干扰。

2）第二天查看前一天分钟值曲线图，检查数据完整性，是否存在外界干扰；前一天的记录曲线是否完整，有无突跳和毛刺，数据缺失情况做好记录。每天检查一次。

（2）定期维护检查

记录系统风扇防尘网清洗，各风扇检查维护。每年一次。

（3）专项检测

定期检测观测点周围磁场梯度，检测频次一般为 3～5 年，确保周边环境无磁性干扰，记录点磁场能代表当地地磁场。

9.17 感应式磁力仪

9.17.1 概述

感应式磁力仪基于法拉第电磁感应原理，利用探头的感应线圈在地磁场变化时产生感应电动势，通过测量感应电动势的变化来测量地磁场的变化率。

9.17.2 系统组成

感应式磁力仪主要用来测量地磁脉动变化率，其组成主要包括三分量探头、电子盒、记录系统和电源，如图 22 所示。

图 22 感应式磁力仪组成框图

三分量探头感应变化电动势；电子盒包含模拟处理电路，接收、处理感应信号，进行模数转换和记录系统通信；记录系统接收记录数字化地磁脉动变化增量，并用 GNSS 同步系统时间。

9.17.3　系统功能及性能指标

（1）系统功能

可记录地磁脉动 H、D 和 Z（或 X、Y 和 Z）三分量的变化率。

（2）性能指标

信号频率范围：0.01～30 Hz；
传输系数误差：≤3 dB；
50±0.2 Hz 和 60±0.2 Hz 段噪音抑制：＞60 dB；
模数（analog-to-digital，A/D）转换器：24 位；
供电电压：12±0.2 V；
总功耗：＜3 W；
工作温度：−10～50 ℃。

9.17.4　设备架设要求

需要一间无磁记录室和距离探头至少 15 m 的记录系统安放地（可以和其他仪器共用），其中无磁记录室面积不小于 6 m²，某一方向长度大于 3 m，另一方向不小于 1 m。记录系统约占用一台普通台式机大小空间，安放处有电力和网络，能接收 GNSS 信号。

9.17.5　设备安装要点

1）无磁记录室要求磁场梯度均匀，无磁性物质，探头应放置在大理石仪器墩上或其他无磁支架上，如管状塑料支撑架，大理石仪器墩宜直接稳固于基岩上，不具备条件时大理石墩下方要做较大的安装基础，确保大理石墩安放后能长期保持位置不变。建设时要有磁性控制，确保极弱磁或无磁。

2）电子盒和探头安装在无磁记录室，安装距离大于 3 m，不超过 15 m，记录系统可根据情况安装，但距离大于 40 m 时，宜使用光缆传输数据。

9.17.6　设备运行维护要点

（1）日常运行维护

1）检查供电，保证正常供电；查看记录图形，保证无外界磁性干扰。

2）第二天查看前一天数据，检查数据完整性情况，是否存在外界干扰；前一天的记录曲线是否完整，有无大范围抖动；数据缺失情况做好记录。每天检查一次。

（2）定期维护检查

记录系统风扇防尘网清洗，各风扇检查维护。每年一次。

（3）专项检测

定期监测观测点周围磁场梯度，一般频次为3～5年，确保周边环境无磁性干扰，记录点磁场能代表当地地磁场。

9.18 射电频谱仪

9.18.1 概述

在太阳爆发过程中，磁场重联或日冕物质抛射（coronal mass ejection，CME）-激波可加速产生高能电子，进而这些高能电子激发射电波段辐射，引起射电波段上辐射强度在短时间内剧增，即太阳射电暴。

射电频谱仪是进行太阳射电动态频谱监测的仪器。太阳射电爆发信号被天线接收，经滤波、放大后由数字接收机进行 FFT 变换和功率谱计算，保存为太阳射电暴的动态频谱数据。

9.18.2 系统组成

射电频谱仪包括天馈单元、模拟接收机、数字接收机和数据存储与处理等几个部分，如图 23 所示。太阳在射电波段辐射的带宽很宽，基本覆盖全部波段。太阳的射电辐射信号在低频段宁静太阳信号很弱，但信号动态范围很大；高频段信号较强，但信号动态范围较小。射电频谱仪分频段经由高增益宽带天线接收来自太阳射电辐射信号，进行放大和滤波，并经由光纤传输到室内；室内接收单元将

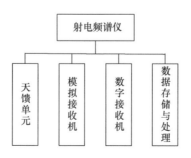

图 23　射电频谱仪组成框图

接收到的光信号转换为电信号，经过放大、抗混叠滤波和限位后进行 A/D 采样得到相应数字信号；数字处理单元对所有接收通路的信号进行基于 FFT 的通道化和功率谱估计；最后，功率谱信号数据进入数据存储处理单元进行后处理，包括可变时间长的积分和不同带宽的频谱合成等。

9.18.3 系统功能及性能指标

（1）系统功能

射电频谱仪可观测到太阳射电辐射在不同频率下流量密度随时间的变化情况。

（2）性能指标

观测频率范围：30 MHz～15 GHz；
时间分辨率：5～100 ms；
频率分辨率：1～5 MHz；
动态范围：>45 dB；
系统灵敏度：<1 SFU。

9.18.4 设备架设要求

1）射电频谱仪应当设在视野开阔，对太阳观测无遮挡的位置。
具体要求如下：
① 天线指向前方不得有高楼、山丘、高压线塔和微波塔等高大障碍物遮挡；
② 应保护太阳射电望远镜工作电磁环境，保证设备工作频点不受电磁干扰；
③ 天线安装在地面时，天线基础应采用整块钢筋混凝土结构，并按照重要建筑物考虑，建筑物的抗震设计应按照提高一级的抗震设防烈度进行计算；
④ 天线基础应建立在坚硬的地质构层上，须经地质勘察，当地基土质较差时，应采用打桩或其他特殊措施；
⑤ 地基正向指向正南方向；
⑥ 便于电源接入和通信联络，具备自身供电能力；
⑦ 避免雷区，同时设备应设有防雷设施，其接地电阻应当不大于 10 Ω（一般为 4 Ω）。
2）设备架设后，必须确定设备所在位置的经度、纬度。
3）射电频谱仪必须建有与设备相配套的设备机房。
① 设备机房应当建有单相、三相供电专线，并与照明供电分开，配有不间断电源，各路供电电压和电流应当满足设备要求，线路负荷应当留有足够的余量；

② 具有防雨、防风、防沙尘、防腐蚀,以及防止鼠类、各种昆虫侵入等措施;

③ 机柜与墙之间应当留有足够的空间,连接电缆和导线应当埋设在预置的地沟板槽内,机房内的工作线缆应采取屏蔽措施以减少干扰;

④ 设备机房温度一般保持在 10~25 ℃,相对湿度不大于 85%;

⑤ 机房地板采用承重不低于 800 kg/m² 的防静电地板;

⑥ 设备机房内设备接地为同电位,接地电阻不大于 10 Ω(一般为 1 Ω);

⑦ 配有防火报警系统和消防设施;

⑧ 机房面积一般不低于 30 m²,房间内保持清洁少尘,不用明火采暖,门窗密封。

9.18.5 设备安装要点

1)天线安装测试:包括根据天线形式和尺寸选定天线基座位置;制作水泥基座;天线组件连接固定;天线阻抗驻波比测量;连接、埋放电缆并引入观测室。

2)接收机安装测试:包括接收机安装固定;电缆连接避雷器并接入;网络连接;不间断电源连接;开机自检测试。

3)整机联合测试:包括手动模式和自动观测模式;手动和自动切换前端输入信号状态检查输出功率谱变化,手动和自动切换极化通道,检查设备极化输出;检查系统标定、数据存储和传输情况。

9.18.6 设备运行维护要点

(1)日常运行维护

1)观测室巡检:记录观测室温度、湿度,检查配电情况和硬盘空间使用情况,查看数据传输目录有无数据堆积,相关参数或指标出现异常须尽快维护处理。巡检频次为每天不少于一次。

2)数据完整性情况检查:前一天的射电频谱观测时间是否完整,数据缺失情况做好记录。每天检查一次。

3)实时数据质量检查:检查射电频谱数据是否超出设置的取值范围,自动标定后的射电频谱强度是否在合理范围之内。检查频次为每天不少于两次。

(2)专项检测

1)检查天线驻波比:通过矢量网络分析仪测量天线的驻波比。检测步骤为频谱仪停机,连接天线与矢量网络分析仪;从 30 MHz 开始,以特定步进(如 1 MHz)读取分析仪上的驻波比信息。

2）检查天线指向：对自动模式下的观测数据进行检查，查看宁静太阳时的频谱数值是否偏低，可以辅以肉眼观察馈源影子是否在天线中心。

3）检查通道一致性：对自动模式下的观测数据进行检查，查看各通道幅度差异，检查幅度一致性情况。对于明显异常的接收通道，开展进一步检查。

9.19　射电日像仪

9.19.1　概述

射电日像仪是在十米波段到厘米波段实现同时对日面进行多层次高分辨率观测的设备。根据频率不同，由不同的天线阵列组成，呈三臂螺旋形或圆环形分布在千米级的场地范围内。采用综合孔径成像技术，有效获得太阳射电辐射的二维强度分布图像。

9.19.2　系统组成

射电日像仪阵列由天线单元、模拟接收与传输、数字接收机、监控单元、校准单元以及数据存储与处理系统组成，如图24所示。天线将接收到的来自太阳的射电信号经过放大、滤波处理，由光纤传输到室内；室内接收单元首先将接收到的光信号转换为射频信号，再经过放大、滤波等处理后进行A/D采样；采样后的信号进入数字处理单元进行数字信号处理和数字复相关运算；复相关结果通过高速记录系统进入主机完成数据存储和后处理，后处理过程包括可变时间长度的积分，对复相关器输出的延迟残差和条纹停止进行高精度的处理，根据复可视度函数进行图像重构；重构后的图像存储在数据服务器中，定时上传至数据中心。

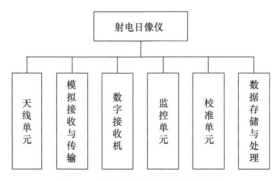

图24　射电日像仪系统组成框图

9.19.3　系统功能及性能指标

（1）系统功能

射电日像仪可观测太阳射电辐射的二维强度分布。

（2）性能指标

观测频率范围：30 MHz～15 GHz；
时间分辨率：25～506.25 ms；
频率分辨率：1～25 MHz；
极化方式：双线、双圆极化。

9.19.4　设备架设要求

1）射电日像仪应当设在视野开阔，对太阳观测无遮挡，天线阵范围内平坦的场地。

具体要求如下：

① 天线指向前方没有高楼、山丘、高压线塔和微波塔等高大障碍物遮挡，天线阵范围内，地势尽量平坦，天线高差尽量保持一致；

② 应保护望远镜工作的电磁环境，保证设备工作频点不受电磁干扰；

③ 天线安装在地面时，天线基础应采用整块钢筋混凝土结构，并按照重要建筑物考虑，建筑物的抗震设计应按照提高一级的抗震设防烈度进行计算；

④ 天线基础应建立在坚硬的地质构层上，须经地质勘察，当地基土质较差时，应采用打桩或其他特殊措施；

⑤ 地基正向指向正南方向；

⑥ 便于电源接入和通信联络，具备自身供电能力；

⑦ 避免雷区，同时设备应设有防雷设施，其接地电阻应当不大于 10 Ω（一般为 4 Ω）。

2）设备架设后，必须确定设备所在位置的经度、纬度。

3）必须建有与设备相配套的设备机房。

① 设备机房应当建有单相、三相供电专线，并与照明供电分开，配有不间断电源，各路供电电压和电流应当满足设备要求，线路负荷应当留有足够的余量；

② 具有防雨、防风、防沙尘、防腐蚀，以及防止鼠类、各种昆虫侵入等措施；

③ 机柜与墙之间应当留有足够的空间，连接电缆和导线应当埋设在预置的地沟板槽内，机房内的工作线缆应当屏蔽；

④ 设备机房温度一般保持在 10～25 ℃，相对湿度不大于 85%；

⑤ 机房地板采用承重不低于 800 kg/m² 的防静电地板；

⑥ 设备机房内设备接地为同电位，接地电阻不大于 10 Ω（一般为 1 Ω）；

⑦ 配有防火报警系统和消防设施；

⑧ 机房面积一般不低于 30 m²，房间内保持清洁少尘，不用明火采暖，门窗密封。

9.19.5 设备安装要点

1）天线安装测试：根据天线形式和尺寸选定天线基座位置；制作水泥基座；天线组件连接固定；天线阻抗驻波比测量；连接、埋放电缆并引入观测室。

2）接收机安装测试：接收机安装固定；电缆连接避雷器并接入；网络连接；不间断电源连接；开机自检测试。

3）整机联合测试：主要检查各频率通道的自相关曲线和互相关曲线，自相关曲线检查每个通道的输出功率变化，互相关曲线检查相关幅度随基线距离的变化曲线；检查系统标定、数据存储和传输情况。

9.19.6 设备运行维护要点

（1）日常运行维护

1）观测室巡检：记录观测室温度、湿度，检查配电情况和硬盘空间使用情况，查看数据传输目录有无数据堆积，相关参数或指标出现异常须尽快维护处理。巡检频次为每天不少于一次。

2）数据完整性情况检查：前一天的射电频谱观测时间是否完整，数据缺失情况做好记录。每天检查一次。

3）实时数据质量检查：检查射电图像数据是否超出设置的取值范围。检查频次为每天不少于两次。

（2）专项检测

选取发射信号设备作为输入信号源，从自相关功率曲线、互相关相位曲线和监控状态图三个方面检查射电日像仪全系统是否正常工作。

1）自相关功率曲线：可从输出数据帧中选择部分或全部天线，在给定射频频率上画出此频率通道随时间变化的自相关功率曲线。在检查全系统运行状况的同时，也能说明系统的短期稳定性。

2）互相关相位曲线：可从输出数据帧中选择参考天线和其他部分或全部天线，在给定射频频率上画出此频率通道随时间变化的互相关相位曲线。在检查全系统运行状况的同时，也能说明系统的短期稳定性。

3）监控状态图：监控界面软件每秒返回全系统各通路单元（天馈、模拟前端、光传输模块、模拟后端等）状态，可从中直接检视某通路单元的工作状态。

9.20　IPS 望远镜

9.20.1　概述

行星际闪烁（IPS）探测是一种行星际遥测手段，可用来反演距离太阳表面 $5\sim200R_s$（太阳半径）的行星际空间中的 CME、激波和太阳风等的密度结构的演化。IPS 望远镜是能监测行星际空间广袤天区的唯一地基设备，其探测对象为背景太阳风和 CME 扰动，其探测物理参数为 IPS 视线方向的行星际电子密度和太阳风流速，其探测区域可从黄道面至内日球层高纬度区域。

9.20.2　系统组成

IPS 望远镜一般由天线单元、模拟接收机、数字接收机和数据存储与处理等组成，如图 25 所示。天空 IPS 射电信号被地面天线所收集，先后经历放大、滤波、模数 A/D 采样，然后由光纤传到室内；通过室内的数字信号处理和数字复相关运算，实现数字波束合成；数字复相关结果通过高速记录系统进入主机完成数据存储和后处理，后处理过程包括可变时间长度的积分、对复相关器输出的延迟残差进行高精度的处理、根据多波束的射电观测时序进行功率谱变换；每个观测台站的数据服务器实时汇集和自动存储 IPS 射电源的观测数据，定时通过网络上传至数据中心。

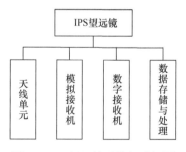

图 25　IPS 望远镜系统组成框图

9.20.3　系统功能及性能指标

（1）系统功能

IPS 望远镜用来观测行星际空间中的 CME、激波和太阳风等的密度结构的演化过程。

（2）性能指标

观测频率：327 MHz，654 MHz；

观测带宽：1～40 MHz 可调；

最高灵敏度：8 mJy[①]；

极化方式：双线极化。

9.20.4　设备架设要求

1）IPS 望远镜应当设在视野开阔，对射电源观测无遮挡的位置。

具体要求如下：

① 天线指向前方不得有高楼、山丘、高压线塔和微波塔等高大障碍物遮挡；

② 应保护望远镜工作的电磁环境，保证设备工作频点不受电磁干扰；

③ 天线安装在地面时，天线基础应采用整块钢筋混凝土结构，并按照重要建筑物考虑，建筑物的抗震设计应按照提高一级的抗震设防烈度进行计算；

④ 天线基础应建立在坚硬的地层上，须经地质勘察，当地基土质较差时，应采用打桩或其他特殊措施；

⑤ 地基正向指向正南方向；

⑥ 便于电源接入和通信联络，具备自身供电能力；

⑦ 避免雷区，同时设备应设有防雷设施，其接地电阻应当不大于 10 Ω（一般为 4 Ω）。

2）设备架设后，必须确定设备所在位置的经度、纬度。

3）必须建有与设备相配套的设备机房。

① 设备机房应当建有单相、三相供电专线，并与照明供电分开，配有不间断电源，各路供电电压和电流应当满足设备要求，线路负荷应当留有足够的余量；

② 具有防雨、防风、防沙尘、防腐蚀，以及防止鼠类、各种昆虫侵入等措施；

③ 机柜与墙之间应当留有足够的空间，连接电缆和导线应当埋设在预置的地沟板槽内，机房内的工作线缆应当屏蔽；

④ 设备机房温度一般保持在 10～25 ℃，相对湿度不大于 85%；

⑤ 机房地板采用承重不低于 800 kg/m² 的防静电地板；

⑥ 设备机房内设备接地为同电位，接地电阻不大于 10 Ω（一般为 1 Ω）；

⑦ 配有防火报警系统和消防设施；

⑧ 机房面积一般不低于 30 m²，房间内保持清洁少尘，不用明火采暖，门窗密封。

---

① 1 Jy = 10^{-26} W/（m²·Hz）。

9.20.5 设备安装要点

1）天线安装测试：包括根据天线形式和尺寸选定天线基座位置；制作水泥基座；天线组件连接固定；天线阻抗驻波比测量；连接、埋放电缆并引入观测室。

2）接收机安装测试：包括接收机安装固定；电缆连接避雷器并接入；网络连接；不间断电源连接；开机自检测试。

3）整机联合测试：包括手动模式和自动观测模式。手动和自动切换前端输入信号状态检查输出功率谱变化，手动和自动切换极化通道，检查设备极化输出。检查系统标定、数据存储和传输情况。

9.20.6 设备运行维护要点

（1）日常运行维护

1）观测室巡检：记录观测室温湿度，检查配电情况和硬盘空间使用情况，查看数据传输目录有无数据堆积，相关参数或指标出现异常须尽快维护处理。巡检频次为每天不少于一次。

2）实时数据质量检查：检查实时观测数据是否超出设置的取值范围。检查频次为每天不少于两次。

（2）专项检测

选取射电强源作为输入信号源，从功率曲线和监控状态图两方面检查全系统是否正常工作。

1）功率曲线：可从输出数据帧中选择部分或全部通道，在给定频率上画出此通道随时间变化的功率曲线。

2）监控状态图：监控界面软件定时返回全系统各通路单元（馈源、前端、传输模块、后端等）状态，可从中直接检视某通路单元的工作状态。

9.21 μ子望远镜

9.21.1 概述

μ子望远镜是一种地面宇宙线观测设备，用于探测宇宙线与大气相互作用产生的次级μ子成分，了解太阳活动特征及太阳爆发的对地有效性。μ子望远镜的观测堆采用两层阵列结构，宇宙线μ子在上、下两层光导箱中产生信号，通过信号符合计数，可以获得多个方向的μ子计数。

9.21.2 系统组成

μ 子望远镜由闪烁体观测堆、电子学记录仪、监控平台和电源（UPS）等组成，如图 26 所示。

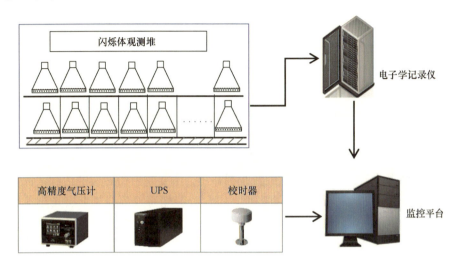

图 26 μ 子望远镜组成示意图

闪烁体观测堆是 μ 子望远镜的前端部分，采用上、下两层光导箱阵列结构，用于采集宇宙线 μ 子信号。电子学记录仪是 μ 子望远镜信号处理的核心部件，主要由前端调理电路和现场可编程门阵列（field programmable gate array，FPGA）逻辑电路构成，实现对观测堆采集的 μ 子信号的放大、整形、甄别处理，以及对多个方向的 μ 子符合计数功能。监控平台对采集的数据进行存储和显示，以及对设备状态进行监控，并将数据传输至数据中心。高压、低压电源实现对光电倍增管、电子学记录仪等设备的供电。

9.21.3 系统功能及性能指标

（1）系统功能

可探测多个方向的宇宙线 μ 子计数。

（2）性能指标

闪烁体探测面积：6 m^2；
时间分辨率：1 min；

探测方向数量：15 个；

温度要求：20±5 ℃。

9.21.4 设备架设要求

μ 子望远镜对不同方向的宇宙线进行观测，最低观测角为 38°，观测室周边不能有高的建筑物或其他物体遮挡。观测室屋顶要用轻质保温材料，地面要求平整。观测室需要有网络和稳定供电。

9.21.5 设备安装要点

1）钢架安装：观测堆钢架安置于观测室中央，钢架长边方向为地理南北方向，钢架之间用螺钉锁稳，安放后长期保持位置不变。

2）铅砖铺设：在钢架上要平整紧凑，尽可能减少缝隙。

3）光导箱安装：上层光导箱放置在铅砖上，不要超出铅砖层的边缘，每一列光导箱在东西、南北方向的排列要齐整，下层光导箱每一列要与上层光导箱尽可能对齐；光导箱顶部安装光电倍增管，注意不要忘记取下遮光盖，不要用手指碰触进光面；光导箱顶部安装高压接插件和连接线缆，要注意高压防护，线缆布设要合理，便于后期运行维护。

4）数据记录仪安装：记录仪的数据输入采集分别是光导箱数据采集和高低压监控数据采集。光导箱数据采集信号输入安装：在数据记录仪背面分布着 1~48 号的标准 BNC（Bayonet Neill-Concelman）插座接口，分别对应 1~48 号的光导箱，安装时按照对应的编号将光导箱输出信号的电缆接上。高低压监控数据采集：在数据记录仪背面右下角的两个四芯航空插座，分别接光导箱低压通信电缆和高低压监控仪（顺序不分），注意插头插进后需用自带螺母固定，在安装高低压电源监控时，需注意高压防护。数据记录仪的输出主要利用 485 串口协议与上位机进行联机通信，安装时将 485 通信电缆与计算机任一通用串行总线（universal serial bus，USB）接口接上即可。

5）气压计安装：利用 232 串口协议与上位机联机通信，安装时将 232 串口电缆连接于计算机 COM1 口。

6）高压电源安装：系统高压电源采用串行连接方式，每一光导箱上设置有高压三通连接器，将"长"（约 8 m）高压电缆一头接于高压发生器的高压输出端，另一头接于近端任一光导箱的高压三通连接器一端，再用"短"（约 1 m）高压电缆分别接相邻的下一个光导箱的高压三通连接器一端，以此类推组成一个串行的高压连接网。

7）GPS 校时器安装：通过标准 USB 通信接口与上位机进行通信（无外置电

源），连接完毕后在计算机上安装 u-center.exe 软件进行通信测试，测试通过即可。

8）设备调试：分为独立光导箱单元调试与系统总体调试。独立光导箱调试：首先将光导箱的单通道放大器调到最小，利用多道脉冲信号分析仪进行能谱采集（20 min），如采集的能谱形态符合高斯分布规律，则无须改变放大器倍数，如不满足条件，则增加放大器增益，直到能谱形态符合高斯分布规律后，在能谱上选定相应的"谷"点，利用"谷"点的道数反推计算出对应的电压，通过甄别电压调整软件调整该通道电压值；放大器和甄别电压调整完毕，则该单元光导箱调试完毕，继续下一单元调试。系统总体调试：在所有光导箱调试完毕后，打开计算机的宇宙线数据采集软件，观察各个端口通信是否正常，每分钟的数据采集是否正常，通道监测数据是否正常，最后设置 1～48 号光导箱的数据波动范围。

9.21.6　设备运行维护要点

（1）日常运行维护

1）检查供电，保证设备供电正常；检查室温，保证空调运行正常；检查网络，保证数据传输正常。每天检查一次。

2）查看气压和计数数据曲线，检查数据完整性，检查数据是否存在外界干扰。每天检查一次。

（2）定期维护检查

48 套光导箱采集的 μ 子计数谱检查维护。每半年一次。

（3）专项检测

1）放大器增益电阻稳定性检测：整体安装完毕后，记录下 48 套光导箱每一单元的放大器增益电阻值，在专项检测时，利用调测工具和软件读取 48 个通道单元的放大器增益电阻值与历史记录做对比，观察是否存在漂移现象，如有发生阻值漂移，则必须立即处理。

2）甄别器电压稳定性检测：整体安装完毕后，记录下 48 套光导箱每一单元的甄别器电压值，在专项检测时，利用调测工具和软件读取 48 个通道单元的甄别器电压值与历史记录做对比，观察是否存在漂移现象，如发生阻值漂移，则必须立即处理。

3）计数能谱稳定性检测：计数能谱能够反映出核心探测部件光电倍增管的性能及老化衰减程度，通过每半年的定期维护，将读出的每个单元计数能谱与历史数据进行对比，如能谱发生变化，则必须更换该单元的光电倍增管。

10 数据产品格式

10.1 电离层测高仪

10.1.1 RSF 数据

RSF（routine scientific format）电离层频高图数据是电离层测高仪观测所生成的原始观测数据。RSF 数据在 DPS-4D 电离层测高仪操作手册中有详细说明，这里简要列出关键信息。

电离层频高图实际上是电离层反射回波信息（幅度、相位、多普勒频移）随频率–高度变化的二维矩阵。图 27 为使用 SAOExplorer 软件显示的漠河站（Mohe）电离层频高图数据文件，观测时间为 2014 年 3 月 26 日 01：10：00.00 UTC（协调世界时，coordinated universal time），横轴为探测频率，纵轴为高度；图中曲线为电离层反射回波的描迹，其中红色曲线为寻常波（O 波），绿色曲线为非寻常波（X 波）；该电离层频高图除记录到电离层一次回波之外，还记录到了二次回波和三次回波。

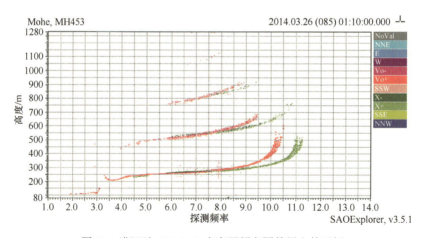

图 27　漠河站（Mohe）电离层频高图数据文件示例

RSF 电离层频高图数据为二进制格式，它由多个 4096 字节（Byte）数据块组成，数据块之间顺序排列。每一个数据块前 60 Byte 为数据文件头，文件头定义了电离层测高仪观测的基本参数，包括观测时间、台站代号、起始频率、结束频率、频率步进、起始高度、高度间隔、高度数量、脉冲重复频率和相干叠加次数等。

　　文件头之后是实际的数据段，具体数据结构如图 28 所示。数据段按照频率从起始频率至结束频率顺序排列。每个频率数据中包含寻常波（O 波）和非寻常波（X 波）两种极化的数据。对于每一种极化，首先是 6 Byte 的前导信息，表示了频率、极化等信息，后续为从起始高度至结束高度的所有回波数据。每个高度上的回波数据信息为 2 Byte，其中幅度（长度 5 bit）和多普勒（长度 3 bit）占用 1 Byte，相位（长度 5 bit）和方位角（长度 3 bit）占用 1 Byte。不同探测频率上的数据按上述结构依次排列，因此，电离层频高图观测数据实际上是电离层回波幅度、多普勒、相位和方位角随频率、高度变化的二维矩阵。

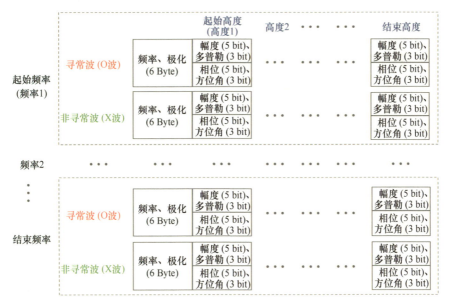

图 28　电离层频高图数据段存储结构

10.1.2　SBF 数据

　　对于不具备到达角测量能力的电离层测高仪，其电离层频高图数据可存储为 SBF（single byte format）数据。SBF 数据与 RSF 数据相似，都是以 4096 Byte 为最小单位进行顺序存放；不同的是，SBF 数据采用 1 Byte 来存储一个距离门上的幅度和多普勒信息，无相位和方位角信息。

10.1.3　GRM 数据

　　GRM 数据是整日的电离层测高仪观测数据，可由单次观测的 RSF 数据或 SBF

数据累加而成。由 RSF 数据累加而成的 GRM 数据，其数据结构与 RSF 数据相同；由 SBF 数据累加而成的 GRM 数据，其数据结构与 SBF 数据相同。

10.1.4 SAO 数据

SAO（standard archiving output）格式是国际无线电科学联盟（International Union of Radio Science，URSI）电离层信息学工作组（Ionospheric Informatics Working Group，IIWG）开发的电离层参数数据存储格式，这里简要列出常用的参数信息。

SAO 格式实际上是一个文本格式，数据内容按照规定的字符长度连续存放，每一行不超过 120 个字符，缺数标记为 9999.000。SAO 数据文本分为数据指数和度量提取的分组参数两个部分。SAO 数据文本起始两行为数据指数，明确了后续的度量提取的分组参数的有无和长度。度量提取的分组参数共分为 60 组，包含不同类型的参数，如台站信息、探测时间、自动度量的电离层特征参数、不同层次的回波描迹（虚高、幅度、多普勒、频率）和反演的电子密度剖面等。

图 29 给出了一个 SAO 格式电离层参数文件的示例，图左侧标注了每一分组数据的含义，从图中可以得知，该文件内容显示观测设备型号为 DPS-4D，站点 URSI 代码为 MH453，站点名称为 Mohe（漠河），观测日期为 2014 年 3 月 26 日 0：00：00.00 UTC。本示例中度量的 49 个特征参数包括电离层 F2 层临界频率为 9.425 MHz，电离层描迹起始频率为 1.45 MHz，Es 临界频率为 2.95 MHz，F 层最小频率为 3.05 MHz，E 层临界频率为 2.81 MHz。自动度量结果中只包含 F2 层回波和 E 层回波，没有 F1 层回波。

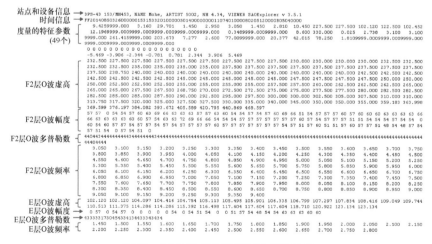

图 29 SAO 格式电离层参数文件示例

10.2　非相干散射雷达

10.2.1　电离层拟合基本参量

电离层拟合基本参量数据产品以 HDF5 格式存储，数据主要包括 Time（时间）、GEO（经度、纬度、高程）、Fitted parameter（拟合参量）、Error（拟合参量误差）、Fitstate（拟合状态）、Rawne（原始电子密度）、Mode parameters（模型参数）、Experiment parameters（实验参数）、Beamdir（波束方向）等信息。详细的电离层拟合基本参量如表 9 所示。

表 9　电离层拟合基本参量数据记录格式

列	参数名称	类型	单位（量）	值域	无效填充值	说明
1	Time	字符型	无		Nan	
2	GEO	浮点型	°（longitude），°（latitude），km（altitude）		Nan	
3	Fitted parameter：Ne	浮点型	m^{-3}		Nan	
4	Fitted parameter：Ti	浮点型	K		Nan	
5	Fitted parameter：Te	浮点型	K		Nan	
6	Fitted parameter：V	浮点型	m/s		Nan	
7	Error	浮点型	m^{-3}（Ne），K（Ti），K（Te），m/s（V）		Nan	
8	Fitstate	浮点型	无		Nan	
9	Rawne	浮点型	m^{-3}（Ne）		Nan	
10	Mode parameters	浮点型	km（altitude），K（T_0），m^{-3}（N_0）		Nan	
11	Experiment parameters	浮点型	μs（width），μs（baud），km（sample start），km（sample end），MHz（sample rate），MHz（bandwidth），MHz（transmit frequency），MHz（receive frequency），μs（PRT）		Nan	
12	Beamdir	浮点型	°（azimuth），°（elevation）		Nan	

10.2.2　等离子体速度矢量

等离子体速度矢量数据产品以 HDF5 格式存储，数据部分主要包括 Time（时间）、Geomagnetic longitude（磁经度）、Geomagnetic latitude（磁纬度）、Plasma Vel（等离子体速度矢量）、Error（等离子体速度矢量误差）、Experiment parameters（实验参数）、Beamdir（波束方向）等信息。详细的等离子体速度矢量数据如表 10 所示。

表 10　等离子体速度矢量数据记录格式

列	参数名称	类型	单位	值域	无效填充值	说明
1	Time	字符型	无		Nan	
2	Geomagnetic longitude	浮点型	°		Nan	
3	Geomagnetic latitude	浮点型	°		Nan	
4	Plasma Vel	浮点型	m/s		Nan	
5	Error	浮点型	m/s		Nan	
6	Experiment parameters	浮点型	μs（width），μs（baud），km（sample start），km（sample end），MHz（sample rate），MHz（bandwidth），MHz（transmit frequency），MHz（receive frequency），μs（PRT）		Nan	
7	Beamdir	浮点型	°（azimuth），°（elevation）		Nan	

10.2.3　网格化电离层参量

网格化电离层参量数据产品以 HDF5 格式存储，数据部分主要包括 Time（时间），Geographic longitude（经度）、Geographic latitude（纬度）、Altitude（高程），GridNe（网格化电子密度），GridTe（网格化电子温度），GridTi（网格化离子温度），GridVi（网格化离子速度），Experiment parameters（实验参数），Beamdir（波束方向）等信息。详细的网格化电离层参量数据如表 11 所示。

表 11　网格化电离层参量数据记录格式

列	参数名称	类型	单位	值域	无效填充值	说明
1	Time	字符型	无		Nan	
2	Geographic longitude	浮点型	°		Nan	
3	Geographic latitude	浮点型	°		Nan	
4	Altitude	浮点型	km		Nan	
5	GridNe	浮点型	m^{-3}		Nan	
6	GridTe	浮点型	K		Nan	
7	GridTi	浮点型	K		Nan	
8	GridVi	浮点型	m/s		Nan	
9	Experiment parameters	浮点型	μs（width），μs（baud），km（sample start），km（sample end），MHz（sample rate），MHz（bandwidth），MHz（transmit frequency），MHz（receive frequency），μs（PRT）		Nan	
10	Beamdir	浮点型	°（azimuth），°（elevation）		Nan	

10.3　激光雷达

10.3.1　原始回波数据

激光雷达原始回波数据由信号采集系统的数据采集卡自动产生，通常存储为二进制文件，每个文件由若干个激光雷达脉冲回波信号累加而出，对应积分时间与累积脉冲数量和激光发射频率有关。

二进制文件的文件头为 64 字节（Byte），包含采集时间、脉冲个数等信息；然后是接收到的各个通道的光子数，每个通道占用 1 Byte。二进制文件详细格式说明可见采集卡说明书。

原始回波光子数的采集模式分为两种，一种是常规模式，其时间分辨率为 1 min，高度分辨率为 100 m；另一种是加密模式，其时间分辨率为 10 s，高度分辨率为 100 m。

10.3.2　钠原子数密度数据

钠原子数密度数据是将激光雷达原始回波数据进行累积，然后结合反演算法获得。反演过程包含本底扣除、信号归一化、密度反演等过程。钠原子数密度数据文件特性参数如表 12 所示。

表 12　钠原子数密度数据文件特性参数

特性参数	取值（约定）	备注
时间分辨率	1～10 min	
空间分辨率	100～500 m	
探测范围	80～105 km	
方向	竖直	
单位	cm^{-3}	

钠原子数密度数据产品组织方式如表 13 所示。

表 13　钠原子数密度数据产品组织方式

项目	取值（约定）	备注
数据存储（传输）形式	文件	
数据位深	16 bit	
文件时间分割编码	3 min	
文件格式选择	ASCII 码	
文件格式初步描述	采用行列形式存储，第 1 列为高度（单位：km），第 2 列为钠原子数密度（单位：cm^{-3}）	

10.3.3 大气数密度数据

大气数密度数据由激光雷达原始回波数据进行累积,然后结合反演算法获得。反演过程包含本底扣除、信号归一化、密度反演等过程。

大气数密度数据文件特性参数如表 14 所示。

表 14 大气数密度数据文件特性参数

产品特性参数	取值（约定）	备注
时间分辨率	15～30 min	
空间分辨率	500～2000 m	
探测范围	30～60 km	
方向	竖直	
单位	cm^{-3}	

大气数密度数据文件内容的组织方式如表 15 所示。

表 15 大气数密度数据产品组织方式

项目	取值（约定）	备注
数据存储（传输）形式	文件	
数据位深	16 bit	
文件时间分割编码	15 min	
文件格式选择	ASCII 码	
文件格式初步描述	采用行列形式存储，第 1 列为高度（单位：km），第 2 列为中层大气数密度（单位：cm^{-3}）	
多通道数据存储	中层大气数密度仅有一列数据	

10.3.4 大气温度数据

大气温度数据是根据理想气体状态方程和流体静力学假设,由大气数密度数据反演算出。

大气温度数据文件特性参数如表 16 所示。

表 16 大气温度数据文件特性参数

产品特性参数	取值（约定）	备注
时间分辨率	30～60 min	
空间分辨率	500～2000 m	
探测范围	30～50 km	
方向	竖直	
单位	K	

大气温度数据文件内容的组织方式如表 17 所示。

表 17 大气温度数据产品组织方式

项目	取值（约定）	备注
数据存储（传输）形式	文件	
数据位深	16 bit	
文件时间分割编码	30 min	
文件格式选择	ASCII 码	
文件格式初步描述	采用行列形式存储，第 1 列为高度（单位：km），第 2 列为中层大气温度（单位：K）	
多通道数据存储	中层大气温度仅有一列数据	

10.4 流星雷达

10.4.1 流星参数数据

流星参数数据（*.met）为二进制数据文件，包含文件信息、参数信息及参数、数据信息及数据。

1）文件信息，如表 18 所示。

表 18 流星参数数据文件信息列表

文件信息	数据说明	数据类型和长度
文件标识	0×2000××××，版本号××××，2018 年为 0000	整型，4 Byte
记录数目	本文件中的记录总数	整型，4 Byte
起始时间	Unix 时间	整型，4 Byte
终止时间	Unix 时间	整型，4 Byte

注：Unix 时间为从 1970 年 1 月 1 日 00：00：00 UTC 至现在的总秒数。

2）参数信息及参数，如表 19 和表 20 所示。

表 19 流星参数数据参数信息列表

文件信息	数据说明	数据类型和长度
文件标识	0×2050××××，版本号××××，2018 年为 0002	整型，4 Byte
参数字节数	包含参数的字节数	整型，4 Byte
记录时间	Unix 时间	整型，4 Byte
字节偏移量	参数记录前面的字节数	整型，4 Byte

表 20　参数列表

参数	参数说明	数据类型和长度
距离数目（N_r）	记录中的距离数目	整型，4 Byte
雷达频率	雷达运行频率（Hz）	浮点型，4 Byte
发射波束方位角	发射波束的方位角	浮点型，4 Byte
发射波束天顶角	发射波束的天顶角	浮点型，4 Byte
赖奎思速度	最大可确定速度（m/s）	浮点型，4 Byte
相位差数目（N_p）	存储的天线相位差组数	整型，4 Byte
GPS 锁定	数据采集过程中 GPS 是否锁定	布尔型，4 Byte
接收通道数目（N）	用于计算的接收通道数目	整型，4 Byte
接收通道编号	接收通道编号	整型，4 Byte（N个）
天线对编号	用于计算相位差的天线对编号	整型，4 Byte（$2N_p$个）

3）数据信息及数据，如表 21 和表 22 所示。

表 21　数据信息列表

文件信息	数据说明	数据类型和长度
文件标识	0×2051××××，版本号××××，2018 年为 0004	整型，4 Byte
数据字节数	记录数据的字节数	整型，4 Byte
记录时间	Unix 时间	整型，4 Byte
字节偏移量	数据记录前面的字节数	整型，4 Byte

表 22　数据列表

数据	数据说明	数据类型和长度
事件开始时间	事件发生的时间（s）	浮点型，4 Byte
距离	距离（km）	浮点型，4 Byte
错误代码	0 代表结果可靠	整型，4 Byte
信噪比	信噪比（dB）	浮点型，4 Byte
功率	功率（dB）	浮点型，4 Byte
到达角方位角	到达角方位角（°）	浮点型，4 Byte
到达角天顶角	到达角天顶角（°）	浮点型，4 Byte
衰减时间	衰减时间（s）	浮点型，4 Byte
衰减时间误差	衰减时间估算误差（s）	浮点型，4 Byte
扩散系数	扩散系数（m²/s）	浮点型，4 Byte
扩散系数误差	扩散系数估算误差（m²/s）	浮点型，4 Byte
径向速度	径向速度（m/s）	浮点型，4 Byte
径向速度误差	径向速度估算误差（m/s）	浮点型，4 Byte
流星速率	流星速率（m/s）	浮点型，4 Byte
流星速率误差	流星速率估算误差（m/s）	浮点型，4 Byte
拟合距离	高斯拟合得到的距离（km）	浮点型，4 Byte
频率捷变估算的距离	频率捷变估算的距离（km）	浮点型，4 Byte
相位差	N_p 对天线的相位差，以及平均值误差（°）	浮点型，4 Byte（N_p+1 个）

作为例子，图 30 给出了漠河站流星雷达 2018 年 1 月 3 日观测的流星尾迹在天空中的分布（二维空间分布为全天空分布，分布较为均匀）。图 31 给出了漠河站流星雷达 2018 年 1 月 3 日观测到的流星尾迹数目随高度、世界时和距离的分布（随高度呈高斯分布，最多出现在 85～95 km 高度；时间上连续，峰值出现在凌晨附近）。

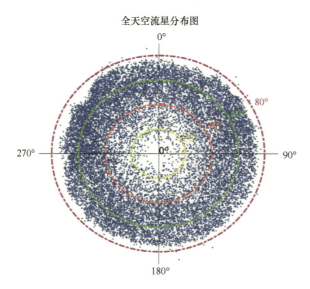

图 30　漠河站流星雷达 2018 年 1 月 3 日观测的全天空流星分布图

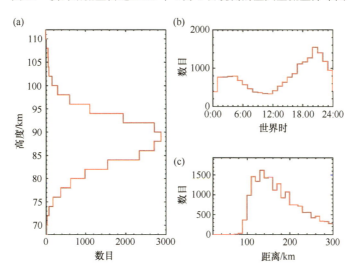

图 31　漠河站流星雷达 2018 年 1 月 3 日观测到的流星尾迹数目随高度（a）、
世界时（b）和距离（c）的分布图

10.4.2 中高层大气风场数据

中高层大气风场数据（*.vel）为二进制数据文件，包含文件信息、参数信息及参数、数据信息及数据：

1）文件信息，如表 23 所示。

表 23　中高层大气风场数据文件信息列表

文件信息	数据说明	数据类型和长度
文件标识	0×2000××××，版本号××××，2018 年为 0000	整型，4 Byte
记录数目	本文件中的记录总数	整型，4 Byte
起始时间	Unix 时间	整型，4 Byte
终止时间	Unix 时间	整型，4 Byte

2）参数信息及参数，如表 24 和表 25 所示。

表 24　中高层大气风场数据参数信息列表

文件信息	数据说明	数据类型和长度
文件标识	0×2070××××，版本号××××，2018 年为 0000	整型，4 Byte
参数字节数	包含参数的字节数	整型，4 Byte
记录时间	Unix 时间	整型，4 Byte
字节偏移量	参数记录前面的字节数	整型，4 Byte

表 25　中高层大气风场数据参数列表

参数	参数说明	数据类型和长度
起始高度	记录的起始高度（m）	整型，4 Byte
高度间隔	高度间隔（m）	浮点型，4 Byte
高度总长度	高度总长度（m）	浮点型，4 Byte

3）数据信息及数据，如表 26 和表 27 所示。

表 26　中高层大气风场数据数据信息列表

文件信息	数据说明	数据类型和长度
文件标识	0×2071××××，版本号××××，2018 年为 0003	整型，4 Byte
数据字节数	包含数据的字节数	整型，4 Byte
记录时间	Unix 时间	整型，4 Byte
字节偏移量	数据记录前面的字节数	整型，4 Byte

表 27 中高层大气风场数据数据列表

数据	数据说明	数据类型和长度
错误代码	0 代表结果可靠	整型，4 Byte
纬向风速	东西方向水平风速（m/s）	浮点型，4 Byte
经向风速	南北方向水平风速（m/s）	浮点型，4 Byte
湍流风速	均方根剩余速度（m/s）	浮点型，4 Byte
估算风速的流星数目	估算风速的流星数目	浮点型，4 Byte
信噪比	信噪比（dB）	浮点型，4 Byte
功率	功率（dB）	浮点型，4 Byte

作为例子，图 32 给出了利用漠河站流星雷达 2018 年 1 月 3 日观测得到的纬向风和经向风。

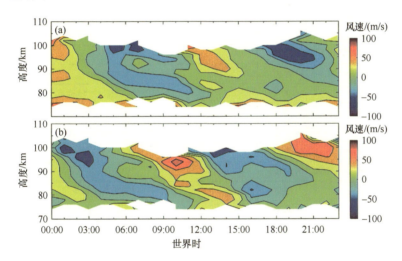

图 32 漠河站流星雷达 2018 年 1 月 3 日观测得到的纬向风（a）和经向风（b）的风速等值线图

10.5 高频雷达

10.5.1 RAWACF 数据

高频雷达的原始采样信号经脉冲时延组合后进行自相关计算得到自相关函数（autocorrelation function，ACF）数据，包含雷达运行参数、各个脉冲序列的各个距离门上的回波自相关函数数组。原始自相关函数数据采用国际 SuperDARN（super dual auroral radar network）雷达组织通用的 RAWACF 数据格式。RAWACF 文件的文件头信息如表 28 所示。

表 28　RAWACF 文件的文件头信息

序号	参数名称	类型	说明
1	radar.revision.major	字符串	雷达运行系统中的主要版本号
2	radar.revision.minor	字符串	雷达运行系统中的次要版本号
3	origin.code	整型	数据源的代码（0 表示在雷达上产生的）
4	origin.time	字符串	以字符串表示的数据生成时刻
5	origin.command	字符串	产生数据的命令行或控制程序
6	cp	整型	控制程序标识符
7	stid	整型	国际 SuperDARN 组织约定的雷达站站名
8	time.yr	整型	年
9	time.mo	整型	月
10	time.dy	整型	日
11	time.hr	整型	h
12	time.mt	整型	min
13	time.sc	整型	s
14	time.us	整型	μs
15	txpow	整型	发射功率
16	nave	整型	发射的不等间距脉冲序列的数量
17	atten	整型	衰减级别
18	lagfr	整型	到第一门距的时延（μs）
19	smsep	整型	采样门距（μs）
20	ercod	整型	错误代码
21	stat.agc	整型	自动增益状态
22	stat.lopwr	整型	低功率状态
23	noise.search	浮点型	频率搜索计算出的噪声
24	noise.mean	浮点型	频率搜索频带内的平均噪声
25	channel	整型	多通道雷达的通道数
26	bmnum	整型	波束扫描的总波束数量
27	bmazm	浮点型	波束方位角
28	scan	整型	扫描标志
29	offset	整型	多通道雷达通道间的偏移
30	rxrise	整型	接收机上升时间（μs）
31	intt.sc	整型	积分时间的整秒数
32	intt.us	整型	积分时间的微秒
33	txpl	整型	发射脉冲持续时间（μs）
34	mpinc	整型	多脉冲增量（μs）
35	mppul	整型	多脉冲序列的脉冲数

序号	参数名称	类型	说明
36	mplgs	整型	多脉冲系列的时延数
37	mplgexs	整型	Tauscan 模式中的脉冲系列的时延数（不再使用）
38	ifmode	整型	表明接收机不是直接射频采样，而是中频采样再数字混频到基带
39	nrang	整型	探测的距离门的数量
40	frang	整型	距第一个距离门的距离（km）
41	rsep	整型	门距（km）
42	xcf	整型	互相关标志
43	tfreq	整型	发射频率
44	mxpwr	整型	最大功率（kW）
45	lvmax	整型	允许最大噪声级别
46	combf	字符串	注释
47	rawacf.revision.major	整型	RAWACF 算法主要版本号
48	rawacf.revision.minor	整型	RAWACF 算法次要版本号
49	thr	浮点型	门限系数

数据记录区包含在数据产品内，位于数据文件头之后。各个参数的具体格式见表 29。

表 29　RAWACF 格式数据产品的记录格式

序号	参数名称	类型	单位	值域	无效填充值	维度	说明
1	ptab	整型	—	1～50	无	[mppul]	脉冲表，表示雷达的发射脉冲在何时发射
2	ltab	整型	—	1～50	无	[mplgs+1][2]	时延表，表明分析计算时用到的时延组合
3	pwr0	浮点型	—	≥0	无	[nrang]	零时延率
4	slist	整型	—	1～100	无	[0-nrang]	具有自相关函数和互相干函数的距离门列表
5	acfd	浮点型	—	无	无	[2][mplgs][0-nrang]	计算的自相关函数
6	xcfd	浮点型	—	无	无	[2][mplgs][0-nrang]	计算的互相关函数

10.5.2　FITACF 数据

自相关函数存储的原始自相关函数数据经拟合计算后得到的电离层参数数据，包括雷达运行参数，各脉冲序列在各个距离门上的回波功率、多普勒视线速度、多普勒谱展宽、仰角等。拟合自相关函数数据采用的国际 SuperDARN 雷达组织通用的 FITACF 数据格式。FITACF 文件的文件头信息如表 30 所示。

表 30　FITACF 文件的文件头信息

序号	参数名称	类型	说明
1	radar.revision.major	字符串	雷达运行系统中的主要版本号
2	radar.revision.minor	字符串	雷达运行系统中的次要版本号
3	origin.code	整型	数据源的代码（0 表示在雷达上产生的）
4	origin.time	字符串	以字符串表示的数据生成时刻
5	origin.command	字符串	产生数据的命令行或控制程序
6	cp	整型	控制程序标识符
7	stid	整型	国际 SuperDARN 组织约定的雷达站站名
8	time.yr	整型	年
9	time.mo	整型	月
10	time.dy	整型	日
11	time.hr	整型	h
12	time.mt	整型	min
13	time.sc	整型	s
14	time.us	整型	μs
15	txpow	整型	发射功率
16	nave	整型	发射的不等间距脉冲序列的数量
17	atten	整型	衰减级别
18	lagfr	整型	到第一门距的时延（μs）
19	smsep	整型	采样门距（μs）
20	ercod	整型	错误代码
21	stat.agc	整型	自动增益状态
22	stat.lopwr	整型	低功率状态
23	noise.search	浮点型	频率搜索计算出的噪声
24	noise.mean	浮点型	频率搜索频带内的平均噪声
25	channel	整型	多通道雷达的通道数
26	bmnum	整型	波束扫描的总波束数量
27	bmazm	浮点型	波束方位角
28	scan	整型	扫描标志
29	offset	整型	多通道雷达通道间的偏移
30	rxrise	整型	接收机上升时间（μs）
31	intt.sc	整型	积分时间的整秒数
32	intt.us	整型	积分时间的微秒
33	txpl	整型	发射脉冲持续时间（μs）

序号	参数名称	类型	说明
34	mpinc	整型	多脉冲增量（μs）
35	mppul	整型	多脉冲系列的脉冲数
36	mplgs	整型	多脉冲系列的时延数
37	mplgexs	整型	Tauscan 模式中的脉冲系列的时延数
38	ifmode	整型	表明接收机不是直接射频采样，而是中频采样再数字混频到基带
39	nrang	整型	探测的距离门的数量
40	frang	整型	距第一个距离门的距离（km）
41	rsep	整型	门距（km）
42	xcf	整型	互相关标志
43	tfreq	整型	发射频率
44	mxpwr	整型	最大功率（kHz）
45	lvmax	整型	允许最大噪声级别
46	combf	字符串	注释
47	fitacf.revision.major	整型	FITACF 算法的主版本号
48	fitacf.revision.minor	整型	FITACF 算法的次版本号
49	noise.sky	浮点型	天电噪声
50	noise.lag0	浮点型	零时延处的噪声
51	noise.vel	浮点型	噪声拟合速度

数据记录区包含在数据产品内，位于数据文件头之后。各个参数的具体格式见表31。

表 31 FITACF 格式数据产品的记录格式

序号	参数名称	类型	单位	值域	无效填充值	维度	说明
1	ptab	整型	—	0～50	无	[mppul]	脉冲表
2	ltab	整型	—	0～50	无	[mplgs+1][2]	时延表
3	pwr0	浮点型	dB	≥1	无	[nrang]	零时延功率
4	slist	整型	—	≥1	无	[num_pts]	存储门距列表
5	nlag	整型	—	≥1	无	[num_pts]	拟合时的有效点数
6	qflg	字符串	—	无	无	[num_pts]	自相关函数质量标记
7	gflg	字符串	—	无	无	[num_pts]	自相关函数的地面回波标记
8	p_l	浮点型	dB	≥1	无	[num_pts]	ACF lambda 拟合强度
9	p_l_e	浮点型	dB	无	无	[num_pts]	ACF lambda 拟合强度误差
10	p_s	浮点型	dB	≥1	无	[num_pts]	ACF sigma 拟合强度

续表

序号	参数名称	类型	单位	值域	无效填充值	维度	说明
11	p_s_e	浮点型	dB	无	无	[num_pts]	ACF sigma 拟合强度误差
12	v	浮点型	m/s	无	无	[num_pts]	由 ACF 得到的速度
13	v_e	浮点型	m/s	无	无	[num_pts]	由 ACF 得到速度的误差
14	w_l	浮点型	m/s	≥0	无	[num_pts]	ACF lambda 拟合的谱宽
15	w_l_e	浮点型	m/s	无	无	[num_pts]	ACF lambda 拟合的谱宽误差
16	w_s	浮点型	m/s	≥0	无	[num_pts]	ACF sigma 拟合的谱宽
17	w_s_e	浮点型	m/s	无	无	[num_pts]	ACF sigma 拟合的谱宽误差
18	sd_l	浮点型	—	≥0	无	[num_pts]	lambda 拟合的标准误差
19	sd_s	浮点型	—	无	无	[num_pts]	sigma 拟合的标准误
20	sd_phi	浮点型	—	≥0	无	[num_pts]	ACF 相位拟合的标准误差
21	x_qflg	字符串	—	无	无	[num_pts]	XCF 的拟合质量标志
22	x_gflg	字符串	—	无	无	[num_pts]	XCF 的地面回波标志
23	x_p_l	浮点型	dB	≥0	无	[num_pts]	XCF lambda 拟合强度
24	x_p_l_e	浮点型	dB	无	无	[num_pts]	XCF lambda 拟合强度误差
25	x_p_s	浮点型	dB	≥0	无	[num_pts]	XCF sigma 拟合强度
26	x_p_s_e	浮点型	dB	无	无	[num_pts]	XCF sigma 拟合强度误差
27	x_v	浮点型	m/s	无	无	[num_pts]	由 XCF 得到的速度
28	x_v_e	浮点型	m/s	无	无	[num_pts]	由 XCF 得到速度误差
29	x_w_l	浮点型	m/s	≥0	无	[num_pts]	XCF lambda 拟合谱宽
30	x_w_l_e	浮点型	m/s	无	无	[num_pts]	XCF lambda 拟合谱宽的误差
31	x_w_s	浮点型	m/s	≥0	无	[num_pts]	XCF sigma 拟合谱宽
32	x_w_s_e	浮点型	m/s	无	无	[num_pts]	XCF sigma 拟合谱宽误差
33	phi0	浮点型	radians	≥0	无	[num_pts]	ACF 零时延相位
34	phi0_e	浮点型	radians	≥0	无	[num_pts]	ACF 零时延相位误差
35	elv	浮点型	degrees	≥0	无	[num_pts]	估计到达角
36	elv_low	浮点型	degrees	≥0	无	[num_pts]	最低估计到达角
37	elv_high	浮点型	degrees	≥0	无	[num_pts]	最高估计到达角
38	x_sd_l	浮点型	—	≥0	无	[num_pts]	XCF lambda 拟合标准误差
39	x_sd_s	浮点型	—	≥0	无	[num_pts]	XCF sigma 拟合标准误差
40	x_sd_phi	浮点型	—	≥0	无	[num_pts]	XCF 相位拟合标准误差

图 33 给出了中山站高频雷达获取的观测数据，为 2012 年 7 月 15 日 A 通道第 7 波束的视线距离–时间参数变化图，从上到下依次是雷达回波强度、视线多普勒速度和谱宽。

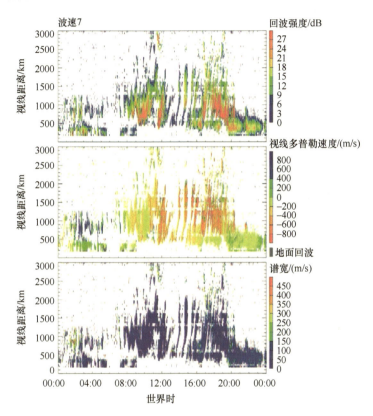

图 33 中山站高频雷达观测的视线距离–时间参数变化图

图 34 为 2012 年 7 月 15 日 9 时 11 分和 12 分的雷达参数扇面图。

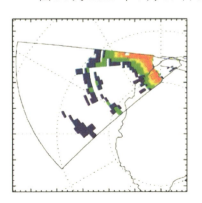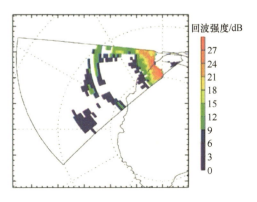

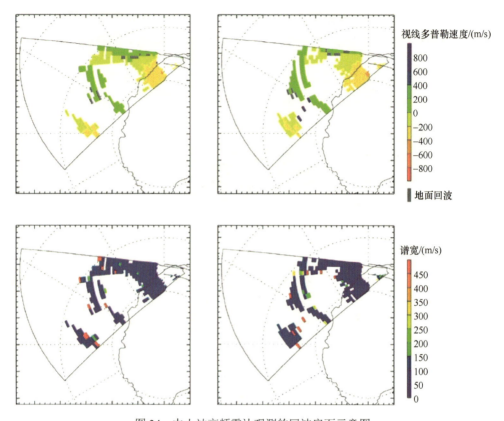

图 34　中山站高频雷达观测的回波扇面示意图

10.6　VHF 相干散射雷达

VHF 相干散射雷达可记录原始回波数据（二进制）、功率谱数据（IDBS 格式，ionospheric doppler beam steering，二进制数据文件）、电离层不规则体参数数据（mat 或 txt 格式），以及电离层不规则体参数快视图（jpg 格式）。各文件说明如下。

10.6.1　原始回波数据

原始回波记录为接收信号经数字正交检波采样、抽取、滤波、波束合成后的数据。该数据由实部和虚部组成，包含了探测目标回波的幅度和相位信息。详细的原始回波数据产品特性如表 32 所示。

表 32　原始回波数据产品特性

产品特性参数	取值（约定）	备注
物理量	A/D 采样值	
单位	无单位	
时间分辨率	2 min、5 min	依运行模式而变（E 模式或 F 模式为 2 min，扫描模式为 5 min）
距离分辨率	150 m	由基带采样带宽决定（1 MHz，即降采样后的采样率）
距离范围	80～180 km、80～850 km	依运行模式而变（E 模式为 80～180 km，其他模式为 80～850 km）
距离门数量	无	同相正交数据表示脉冲周期内的连续采样，不存在距离门数量的概念
波位数量	5	东西方向扫描范围为–60°～60°，波束宽度为 10°，实际扫描波位可利用软件设置
波位驻留时间	1 min（仅扫描模式）	不同波位的驻留探测时间可利用软件设置，常用 1 min，共五个波位

10.6.2 功率谱数据

电离层不规则体回波谱为原始回波记录数据经过 FFT 等处理之后得到的结果。该数据表示不同距离处（方位、仰角为已知量）的电离层不均匀体后向散射谱，与该距离处的电离层不规则体漂移速度、多普勒展宽等有关。详细的回波功率谱数据产品特性如表 33 所示。

表 33　回波功率谱数据产品特性

产品特性参数	取值（约定）	备注
物理量	功率密度	对应各多普勒频率的功率密度
单位	dBW/Hz	相对功率谱密度
时间分辨率	2 min、5 min	与脉冲积累数、波位扫描数，以及信号处理与数据读取时间等有关，常用时间分辨率为 2 min（固定指向）或 5 min（扫描模式）
距离分辨率	0.5 km、2 km	依运行模式而变（E 模式为 0.5 km，其他模式为 2 km）
距离范围	80～180 km、80～850 km	依运行模式而变（E 模式为 80～180 km，其他模式为 80～850 km）
距离门数量	200、385	依运行模式而变（E 模式为 200，其他模式为 385）
功率谱频率范围	–500～500 Hz	每个距离门的功率谱频率范围，它与自相关函数时延采样间隔成反比，而自相关函数时延采样间隔为波束同相正交记录数据的采样时间间隔的整数分之一
频率分辨	1 Hz	功率谱频率分辨或间隔，等于傅里叶变换的数据序列间隔倒数与傅里叶变换点数之比，实际上应综合考虑自相关函数时延范围、实际的电离层回波谱宽，以及多普勒频移等确定

注：dBW 表示以 1 W 为参照的分贝数。

10.6.3 电离层不规则体参数数据

对功率谱进行反演处理后得到的电离层不规则体参数数据，包括不同视线距离处的回波强度、信噪比、谱宽、多普勒速度。这里回波强度是指经过处理后得到的不同时间、不同距离（斜向距离，因为 VHF 相干散射雷达的波束仰角固定不变，因此只能得到斜向距离）的电离层回波功率；信噪比是指电离层回波功率与噪声功率之比取对数；谱宽为不规则体回波功率谱的 3 dB 宽度（用高斯型函数拟合）；多普勒速度表示不均匀体相对于雷达的视线运动速度，远离雷达为正。详细的电离层不规则体参数数据产品特性如表 34 所示。

表 34　电离层不规则体参数数据产品特性

产品特性参数	取值（约定）	备注
物理量	回波强度、信噪比、谱宽、多普勒速度	
单位	回波强度：dBm； 信噪比：dB； 谱宽：Hz； 多普勒速度：m/s	功率值； 信号功率相对噪声功率的比值； 回波功率谱的谱宽； 回波功率谱的中心频率相对于发射频率的频移
时间分辨率	2 min、5 min	与脉冲积累数、波位扫描数，以及信号处理与数据读取时间等有关，常用时间分辨为 2 min（E 模式、F 模式）或 5 min（扫描模式）
距离分辨率	0.5 km、2 km	依运行模式而变（E 模式为 0.5 km，其他模式为 2 km）
距离范围	80～180 km、80～850 km	依运行模式而变（E 模式为 80～180 km，其他模式为 80～850 km）
距离门数量	200、385	依运行模式而变（E 模式为 200，其他模式为 385）
取值范围	回波强度：-100～100； 信噪比：0～100； 谱宽：0～100； 多普勒速度：-200～200	超出范围可判定数据异常

注：dBm 表示以 1 mW 为参照的分贝数。

10.6.4　电离层不规则体参数快视图

电离层不规则体参数快视图反映了各参数随时间和距离变化，包括时间-视线距离-回波强度图、时间-视线距离-谱宽图、时间-视线距离-多普勒速度图、时间-视线距离-信噪比图，各参量的数值采用颜色表示。通过功率谱参数快视图，可以快速确认一段时间内回波数据的质量，以及快速显示电离层不规则体的变化特征。图 35 给出了云南临沧站 VHF 相干散射雷达在 2022 年 9 月 5 日的观测结果。

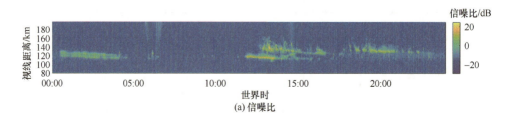

(a) 信噪比

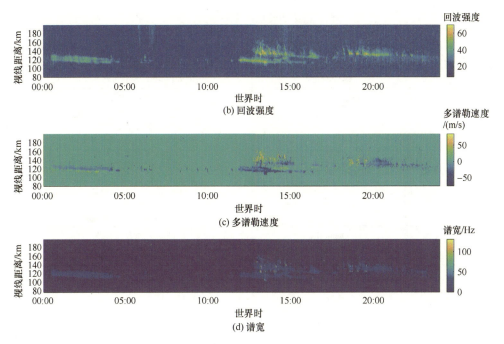

图 35　云南临沧站 VHF 相干散射雷达在 2022 年 9 月 5 日对 E 区不规则体的观测结果

10.7　MST 雷达

MST 雷达数据包括回波功率谱、功率谱参数，以及大气风场与大气折射率结构常数三类。

10.7.1　回波功率谱

回波功率谱数据是针对不同波束，对各距离门范围内的波束同相正交数据做脉冲压缩、脉间相干积累（时间平均）、傅里叶变换、频域杂波抑制、频域积累（谱平均）等计算过程得到的不同距离门处的探测周期内的平均功率谱密度。采用自定义二进制文件的形式存储，文件包含了东、西、南、北、天顶五个波束方向上在各个不同高度层上的功率谱数据。

数据文件由文件头与数据块两部分组成。文件头由数据基本信息以及设备技术状态、性能指标以及观测运行参数等组成，文件头格式说明如表 35 所示。

数据记录区存储各个波束（共五个）的回波功率谱数据。数据采用分块存储的形式，每一块存储一个波束的功率谱数据。每个数据块的组织形式如表 36 所示。

表35　MST雷达回波功率谱数据文件头格式说明

名称	文件头信息项	内容描述
数据基本信息	Data	包含数据名称、记录时间、台站经纬度等
设备技术状态	DeviceState	TansInputPower：发射机输入平均功率
设备性能指标	DeviceSpec	Freq：工作频率（设计值）； PkPower：峰值功率（设计值）
观测运行参数	OperParameters	PRF：脉冲重复频率； PlsAccum：相干积累脉冲数； Range：探测距离范围； EleAngle：波束仰角； BeamOrder：波束扫描顺序； GateNum：距离门数量； nFFT：FFT点数； SpAverage：谱平均数
物理量	Quantities	ADV：A/D采样值
注释说明	—	说明数据存储的方式等

表36　MST雷达回波功率谱数据块组织形式说明

列	参数名称	格式/精度	单位	值域	无效填充
1	回波功率谱	REAL4[gn][FFT]，其中，gn为距离门数量，FFT为FFT点数	—	$0\sim1\times10^{30}$	—

10.7.2　功率谱参数

功率谱参数产品采用自定义的文本文件形式存储，文件包含了东、西、南、北、天顶五个波束方向上在各个不同高度层上的功率谱参数。功率谱参数包括信噪比、径向速度和谱宽。该数据文件由文件头与数据块两部分组成。文件头由数据基本信息以及设备技术状态、性能指标以及观测运行参数等组成，文件头格式说明与回波功率谱数据一致，见表35。

功率谱参数产品的数据记录区包括Height（高度）、SNR1（波束1的信噪比）、Rv1（波束1的径向速度）、SW1（波束1的谱宽）、SNR2（波束2的信噪比）、Rv2（波束2的径向速度）、SW2（波束2的谱宽）、SNR3（波束3的信噪比）、Rv3（波束3的径向速度）、SW3（波束3的谱宽）、SNR4（波束4的信噪比）、Rv4（波束4的径向速度）、SW4（波束4的谱宽）、SNR5（波束5的信噪比）、Rv5（波束5的径向速度）、SW5（波束5的谱宽），格式说明如表37所示。

表37　MST雷达功率谱参数产品数据块格式说明

列	参数名称	描述	格式/精度	单位	值域	无效填充
1	Height	高度	整型/7.7	m	$0\sim1\times10^{6}$	Nan
2	SNR1	信噪比1	浮点型/5.1	dB	$-20.0\sim100.0$	-99999
3	Rv1	径向速度1	浮点型/7.2	m/s	$-200.00\sim200.00$	-9999999

列	参数名称	描述	格式/精度	单位	值域	无效填充
4	SW1	谱宽1	浮点型/6.2	m/s	0~100.00	−999999
5	SNR2	信噪比2	浮点型/5.1	dB	−20.0~100.0	−99999
6	Rv2	径向速度2	浮点型/7.2	m/s	−200.00~200.00	−9999999
7	SW2	谱宽2	浮点型/6.2	m/s	0~100.00	−999999
8	SNR3	信噪比3	浮点型/5.1	dB	−20.0~100.0	−99999
9	Rv3	径向速度3	浮点型/7.2	m/s	−200.00~200.00	−9999999
10	SW3	谱宽3	浮点型/6.2	m/s	0~100.00	−999999
11	SNR4	信噪比4	浮点型/5.1	dB	−20.0~100.0	−99999
12	Rv4	径向速度4	浮点型/7.2	m/s	−200.00~200.00	−9999999
13	SW4	谱宽4	浮点型/6.2	m/s	0~100.00	−999999
14	SNR5	信噪比5	浮点型/5.1	dB	−20.0~100.0	−99999
15	Rv5	径向速度5	浮点型/7.2	m/s	−200.00~200.00	−9999999
16	SW5	谱宽5	浮点型/6.2	m/s	0~100.00	−999999

10.7.3 大气风场与大气折射率结构常数

大气风场与大气折射率结构常数产品采用自定义 ASCII 码文件形式存储，文件包含了各个不同高度层上的水平风速、水平风向、垂直速度、大气折射率结构常数和数据可信度。该数据文件由文件头与数据块两部分组成。文件头由数据基本信息以及设备技术状态、性能指标以及观测运行参数等组成，文件头格式说明与回波功率谱数据一致，见表35。

该数据文件的数据记录区包括 Height（高度）、Horiz_WS（水平风速）、Horiz_WD（水平风向）、Verti_V（垂直速度）、Cn^2（大气折射率结构常数）、Credi（数据可信度），格式说明如表38所示。

表38 MST 雷达大气风场与大气折射率结构常数产品数据块格式说明

列	参数名称	描述	格式/精度	单位	值域	无效填充
1	Height	高度	浮点型/7.2	km	0~1000.00	Nan
2	Horiz_WS	水平风速	浮点型/8.2	m/s	0~500.00	−99999999
3	Horiz_WD	水平风向	浮点型/8.2	m/s	0~360.00	−99999999
4	Verti_V	垂直速度	浮点型/7.2	m/s	−100.00~100.00	−9999999
5	Cn^2	大气折射率结构常数	浮点型/7.2	$m^{-2/3}$	−200.00~−100.00	−9999999
6	Credi	数据可信度	整型/5.3	无	0~100	−99999

10.8 电离层高频多普勒监测仪

为了从电离层高频多普勒监测仪的接收信号中提取多普勒频移量，对每累积 10 s 的下变频低频信号进行 FFT 分析，得到功率谱。功率谱数据产品即包含该功率谱的信息，表示在不同频率上的功率分布，其中功率最大处对应的频率即为电离层变化导致的多普勒频移量。功率谱强度的数值是相对值，其绝对值大小不具意义。

功率谱数据文件头采用文本行记录，文本行由字符串和行结符组成，每一行代表一个键值对，行结束符为 "\r\n"。键值对中的键指功率谱数据产品文件头中的参数名、值指参数值。功率谱数据产品标准文件头示例如表 39 所示。

表 39　功率谱数据产品标准文件头示例

键	键值约定及格式要求	备注
DataName	"Echo␣Power␣Spectrum"	数据产品名称
Source	"Chinese␣Meridian␣Project"	数据来源
Station	OXGJL（114.179°E，22.306°N，64 m）	观测站台编码（经度、纬度、海拔）
Observotory	"High␣Frequency␣Doppler␣Shift␣Monitor"	监测设备名称
Producer	"Peking␣University"	数据生产者
FileCreateTime	键值样例：2021-10-01T10:10:10，格式为 YYYY-MM-DDThh:mm:ss，YYYY 表示年，MM 表示月，DD 表示日，T 为 UTC 时间标识，hh 表示小时，mm 表示分钟，ss 表示秒钟	文件创建时间
DataLevel	"L1"	数据产品等级
DataVersion	"V01.01"	文件版本号
DataStartTime	键值样例：2021-10-01T10:10:30.001，格式为 YYYY-MM-DDThh:mm:ss.nnn，YYYY 表示年，MM 表示月，DD 表示日，T 为 UTC 时间标识，hh 表示小时，mm 表示分钟，ss 表示秒钟，nnn 表示毫秒	数据文件中第一条数据的时间
DataEndTime	键值样例：2021-10-01T10:15:30.001，格式为 YYYY-MM-DDThh:mm:ss.nnn，YYYY 表示年，MM 表示月，DD 表示日，T 为 UTC 时间标识，hh 表示小时，mm 表示分钟，ss 表示秒钟，nnn 表示毫秒	数据文件中最后一条数据的时间
RecordNumber	1	数据产品文件数据记录区的记录行数
ObsMode	"NormalMode"	观测模式
QualityFlag	"U00"	数据质量标记

文件头中还包括数据产品的辅助信息，示例如表 40 所示。

功率谱数据文件的数据块由表头和数据行组成。数据块按照行分割可以分为表头和数据行，表头和数据行以 "\r\n" 结束。数据块按照列分割为数据列，每列的表头及其含义说明如表 41 所示。

表 40　功率谱数据产品标准文件头辅助信息示例

键	键值约定及格式要求	备注
DeviceSpec	"TmRes=10 s，␣FreqRes=0.10 Hz，␣FreqSta=5E-10"	时间分辨率，频率分辨率，频率稳定度
DeviceState	"NULL"	
ObsParameters	"Freq=5.445 MHz，␣nFFT=1024，␣TmRes=10 s，␣FreqRes=0.10 Hz"	接收无线电磁波频率，FFT 点数，时间分辨率，频率分辨率
Quantities	"spectral␣intensity␣（arbitrary unit）"	物理量名称和单位

表 41　功率谱数据文件的数据块每列的表头及其含义

列表头	取值约定及格式要求	备注
YYYY	整型，值域 2000~2999，无效填充值-1	年
MM	整型，值域 01~12，无效填充值-1	月
DD	整型，值域 01~31，无效填充值-1	日
hh	整型，值域 00~23，无效填充值-1	时
mm	整型，值域 00~59，无效填充值-1	分
ss	整型，值域 00~59，无效填充值-1	秒
–3.00	浮点型，值域 0.1~9999.9，无效填充值-1.0	该频率处功率谱强度
–2.90	浮点型，值域 0.1~9999.9，无效填充值-1.0	该频率处功率谱强度
……	浮点型，值域 0.1~9999.9，无效填充值-1.0	该频率处功率谱强度
2.90	浮点型，值域 0.1~9999.9，无效填充值-1.0	该频率处功率谱强度

图 36 给出了一个功率谱数据文件的例子。

```
1  DataName:Echo Power Spectrum
2  Source:Chinese Meridian Project
3  Station:(OXGJL(114.179°E,22.306°N,64m))
4  Observotory:High Frequency Doppler Shift Monitor
5  Producer:Peking University
6  FileCreateTime:2022-09-07T15:15:00
7  DataLevel:L1
8  DataVersion:V01.01
9  DataStartTime:2022-09-07T15:15:00.000
10 DataEndTime:2022-09-07T15:29:50.000
11 RecordNumber:90
12 ObsMode:NormalMode
13 QualityFlag:U00
14 DeviceSpec:TmRes=10s, FreqRes=0.10Hz, FreqSta=5E-10
15 DeviceState:NULL
16 ObsParameters:Freq=5.445MHz, nFFT=1024, TmRes=10s, FreqRes=0.10Hz
17 Quantities:spectral intensity (arbitrary unit)
18 #---------------------------------------------------------------
19 #YYYY:"YYYY" is year.,2000-2999,-1
20 #MM:"MM" is month.,01~12,-1
21 #DD:"DD" is day.,01~31,-1
22 #hh:"hh" is hour.,00~23,-1
23 #mm:"mm" is minut.,00~59,-1
24 #ss:"ss" is seond.,00~59,-1
25 #-3.00:"-3.00" is Power spectrum intensity.,0.1-9999.9,-1.0
26 #-2.90:"-2.90" is Power spectrum intensity.,0.1-9999.9,-1.0
27 #......
28 #2.90:"2.90" is Power spectrum intensity.,0.1~9999.9,-1.0
29 #---------------------------------------------------------------
30 YYYY MM DD hh mm ss  -3.00  -2.90  -2.80  -2.70  -2.60  -2.50  -2.40
                -2.30  -2.20  -2.10  -2.00  -1.90  -1.80  -1.70  -1.60  -1.50  -1.40
                -1.30  -1.20  -1.10  -1.00  -0.90  -0.80  -0.70  -0.60  -0.50  -0.40
                -0.30  -0.20  -0.10   0.00   0.10   0.20   0.30   0.40   0.50   0.60
                 0.70   0.80   0.90   1.00   1.10   1.20   1.30   1.40   1.50   1.60
                 1.70   1.80   1.90   2.00   2.10   2.20   2.30   2.40   2.50   2.60
                 2.70   2.80   2.90
```

图 36　功率谱数据文件示例

取每一时刻的功率谱强度最大值所对应的频率，即为此刻的电离层高频多普勒频移。图 37 为由 24 h 的功率谱数据文件得到的电离层高频多普勒在一天中的变化。

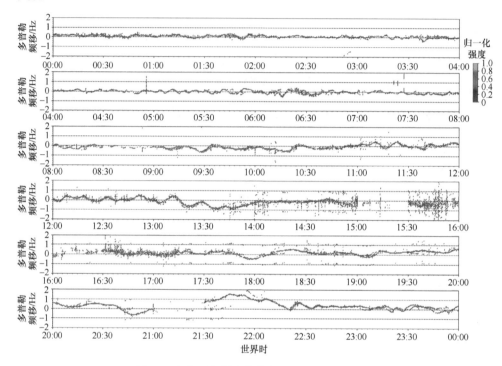

图 37 电离层高频多普勒在一天中的变化示例

10.9 GNSS TEC 监测仪和 GNSS 闪烁监测仪

10.9.1 RINEX 数据

RINEX 数据为 GNSS 观测的通用格式数据，具体格式说明详见各个版本 RINEX 文件的说明文档。这里只针对电离层观测做简单说明。RINEX 数据主要包括两部分：头文件和观测数据，观测数据依据观测时间分成多个模块，每个模块内为同一时刻多颗卫星的观测数据。

头文件包含 RINEX 版本、接收机型号、观测站点坐标、卫星信号的频段、观测采样率、观测起始和截止时间、接收到的卫星的具体编号等信息。RINEX 头文件示例如图 38 所示，由图可知，该文件为 3.04 版本的 RINEX 数据，由 NovAtel 板卡采集得到，站点坐标的 X、Y、Z 值分别为−2149618.3124、4371477.7751、4103510.9056，可接收得到 GPS（G）、GLONASS（R）和北斗卫星导航系统（C）

多个频段的信号，采样间隔为 30 s，观测时间为 2023 年 1 月 10 日 00：00：00～23：59：30 UTC，并列出了接收到的所有卫星的编号。

```
        3.04           OBSERVATION DATA   M (MIXED)          RINEX VERSION / TYPE
Convert 2.6.5          NovAtel            20230111 001809 UTC PGM / RUN BY / DATE
Rinex Version 3.04 Observation File                          COMMENT
                                                             MARKER NAME
                                                             MARKER NUMBER
                                                             MARKER TYPE
                                                             OBSERVER / AGENCY
                        NovAtel GPSCard                      REC # / TYPE / VERS
                                                             ANT # / TYPE
 -2149618.3124   4371477.7751   4103510.9056                 APPROX POSITION XYZ
        0.0000         0.0000         0.0000                 ANTENNA: DELTA H/E/N
G    8 C1C L1C D1C S1C C2W L2W D2W S2W                       SYS / # / OBS TYPES
R    8 C1C L1C D1C S1C C2P L2P D2P S2P                       SYS / # / OBS TYPES
C    8 C2I L2I D2I S2I C7I L7I D7I S7I                       SYS / # / OBS TYPES
DBHZ                                                         SIGNAL STRENGTH UNIT
    30.000                                                   INTERVAL
  2023    01    10    00    00     0.0000000      GPS        TIME OF FIRST OBS
  2023    01    10    23    59    30.0000000      GPS        TIME OF LAST OBS
G L1C  0.00000  31 G10 G15 G32 G18 G12 G25 G23 G24 G22 G31   SYS / PHASE SHIFT
                   G26 G29 G03 G16 G04 G27 G09 G08 G07 G21   SYS / PHASE SHIFT
                   G30 G01 G14 G17 G19 G06 G11 G20 G05 G13   SYS / PHASE SHIFT
                   G02                                       SYS / PHASE SHIFT
G L2W  0.00000  31 G10 G15 G32 G18 G12 G25 G23 G24 G22 G31   SYS / PHASE SHIFT
                   G26 G29 G03 G16 G04 G27 G09 G08 G07 G21   SYS / PHASE SHIFT
                   G30 G01 G14 G17 G19 G06 G11 G20 G05 G13   SYS / PHASE SHIFT
                   G02                                       SYS / PHASE SHIFT
R L1C  0.00000  24 R23 R08 R22 R09 R06 R10 R16 R07 R11 R01   SYS / PHASE SHIFT
                   R12 R02 R21 R03 R13 R04 R24 R14 R17 R15   SYS / PHASE SHIFT
                   R18 R19 R05 R20                           SYS / PHASE SHIFT
R L2P  0.25000  21 R08 R22 R09 R16 R07 R11 R01 R12 R02 R21   SYS / PHASE SHIFT
                   R03 R13 R04 R24 R14 R17 R15 R18 R19 R05   SYS / PHASE SHIFT
                   R20                                       SYS / PHASE SHIFT
C L2I  0.00000  33 C20 C19 C08 C09 C13 C01 C02 C04 C05 C22   SYS / PHASE SHIFT
                   C03 C16 C06 C37 C36 C21 C26 C07 C10 C35   SYS / PHASE SHIFT
                   C14 C29 C30 C33 C24 C34 C12 C25 C11 C23   SYS / PHASE SHIFT
                   C28 C32 C27                               SYS / PHASE SHIFT
C L7I  0.00000  15 C08 C09 C13 C01 C02 C04 C05 C03 C16 C06   SYS / PHASE SHIFT
                   C07 C10 C14 C12 C11                       SYS / PHASE SHIFT
  24 R23  3 R08  6 R22 -3 R09 -2 R06 -4 R10 -7 R16 -1 R07  5 GLONASS SLOT / FRQ #
     R11  0 R01  1 R12 -1 R02 -4 R21  4 R03  5 R13 -2 R04  6 GLONASS SLOT / FRQ #
     R24  2 R14 -7 R17  4 R15  0 R18 -3 R19  3 R05  1 R20  2 GLONASS SLOT / FRQ #
C1C  -71.950 C2C  -71.950 C2P  -71.950                       GLONASS COD/PHS/BIS
    18    18  2185       7GPS                                LEAP SECONDS
                                                             END OF HEADER
```

图 38　RINEX 观测头文件示例

RINEX 每个时间模块的观测数据包括以下信息：该次观测的时间、锁定卫星数量、接收到的每颗卫星一个或多个频段信号的伪距观测量、载波相位和信号信噪比。RINEX 观测数据示例如图 39 所示，由图可知，本次观测时间为 2023 年 1 月 10 日 00：00：00 UTC，该时刻观测到的卫星数量为 30 颗，以下列出了每颗卫星一个或多个频段信号的伪距、载波相位和信噪比等信息。利用双频信号的伪距和载波相位，可进一步计算得到电离层 TEC。

```
> 2023 01 10 00 00  0.0000000  0 30      -0.000000000000
G10 20812831.328 8 109372178.121 8      1743.188          51.000   20812829.297 8  85225050.461 8      1358.328          51.000
G15 23738133.945 7 124744704.047 7     -2997.453          45.000   23738131.445 6  97203650.750 6     -2335.680          40.000
G32 22546698.984 8 118483710.883 8      2118.250          49.000   22546697.539 8  92324962.301 8      1650.586          49.000
G18 23595813.500 7 123996793.566 7     -3552.809          44.000   23595810.906 6  96620875.871 6     -2768.426          40.000
G12 23208837.813 7 121963274.625 7      2778.688          44.000   23208834.586 6  95036311.934 6      2165.215          40.000
G25 23742350.813 7 124766904.270 7      3540.984          43.000   23742352.695 7  97220968.922 7      2759.215          42.000
G23 20226372.664 8 106290305.516 8      -689.953          49.000   20226368.992 7  82823601.723 7      -537.629          47.000
G24 20791682.234 8 109261025.246 8     -2113.160          48.000   20791680.859 8  85138452.805 8     -1646.617          48.000
R23 22484294.602 5 120275421.151 5       -69.035          34.000
R08 22692631.836 5 121517612.621 5      2939.730          35.000   22692631.180 6  94513704.827 6      2286.457          40.000
R22 22568680.336 7 120472731.762 7     -3272.637          42.000   22568681.688 7  93701005.811 7     -2545.391          43.000
R09 19985861.586 7 106723004.463 7      2086.559          47.000   19985861.352 8  83006779.897 8      1622.879          48.000
R06 20768887.352 6 110826359.018 6     -1710.645          38.000
R10 22579647.375 6 120361852.036 6      4437.820          38.000
R16 21005025.922 7 112204697.203 7     -2210.473          46.000   21005026.828 7  87270319.511 7     -1719.258          47.000
R07 19928542.047 8 106678675.787 8      1136.590          48.000   19928541.953 8  82972302.994 8       884.012          48.000
C20 24792555.430 7 129101301.492 7     -2451.543          44.000
C19 22185336.633 8 115524873.320 8      -636.719          50.000
C08 36211242.789 7 188561428.227 7     -1012.461          45.000   36211240.773 7 145807651.316 7      -782.867          46.000
C09 37247286.836 7 193956394.684 7       339.840          45.000   37247287.578 7 149979388.180 7       262.922          46.000
C13 36089383.805 8 187926877.660 8      -769.828          48.000   36089389.859 7 145316990.379 7      -595.152          45.000
C01 37863996.445 7 197167747.422 7       -46.723          45.000   37863997.086 7 152462603.590 7       -36.016          43.000
C02 38315050.375 6 199516512.496 6       -17.750          40.000   38315047.164 7 154278814.539 7       -13.789          43.000
C04 39122060.945 6 203718846.410 6       -28.215          39.000   39122061.086 7 157528333.945 7       -22.086          42.000
C05 39769924.258 6 207092410.398 6       -18.637          41.000   39769923.945 7 160136983.590 7       -14.477          43.000
C22 23054918.461 8 120053013.637 8      1906.105          50.000
C03 37482986.945 7 195183722.645 7       -52.941          44.000   37482984.531 7 150928431.629 7       -40.746          44.000
C16 36318047.313 8 189117615.109 8       119.625          48.000   36318051.117 7 146237741.219 7        92.535          46.000
C06 36317206.094 7 189113222.773 7       244.066          47.000   36317204.469 7 146234340.484 7       188.691          46.000
C37 26514589.188 7 138068396.867 7     -2954.074          43.000
```

图 39　RINEX 观测数据示例

10.9.2　电离层 TEC 数据

电离层 TEC 数据一般存储为 mat、netCDF、txt 等格式。不同的数据格式包含的数据内容一般包括站点位置数据、卫星方位数据、卫星编号、观测时间信息以及 TEC 观测数据。TEC 数据一般一天一个文件，数据时间分辨率依据接收机设置而不同，可选 0.2 s、1 s、30 s 等。以 mat 数据为例，数据参数如表 42 所示。读取 TEC 数据可绘制不同卫星系统 TEC 变化曲线，示例如图 40 所示。

表 42　TEC 数据参数列表

参数	参数说明	单位
StnLat	站点纬度	°
StnLon	站点经度	°
PRN	卫星号	无
UT	观测时间（世界时）	h
ELE	卫星仰角	°
AZI	卫星方位角	°
TEC	总电子含量	TECU

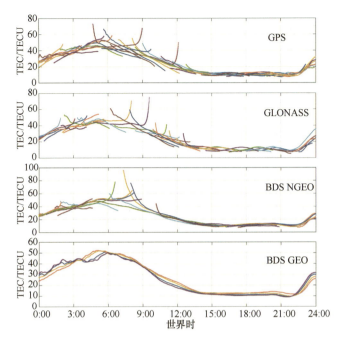

图 40 电离层 TEC 在一天中的变化示例
不同颜色代表不同卫星，下同

10.9.3　电离层闪烁指数数据

电离层闪烁指数数据一般存储为文本格式或 mat 文件，不同的数据格式包含的数据内容一致，包括站点位置数据、卫星方位数据、卫星编号、观测时间信息、幅度闪烁指数和相位闪烁指数。一般一天一个观测文件，数据时间分辨率为 1 min。数据参数如表 43 所示。

表 43　电离层闪烁指数数据参数列表

参数	参数说明	单位
StnLat	站点纬度	°
StnLon	站点经度	°
PRN	卫星号	无
UT	观测时间（世界时）	h
ELE	卫星仰角	°
AZI	卫星方位角	°
S4	电离层幅度闪烁指数	无
Phi	电离层相位闪烁指数	无

读取的闪烁指数数据可绘制不同卫星系统电离层幅度闪烁指数和电离层相位闪烁指数在一天中的变化图，示例分别如图 41 和图 42 所示。

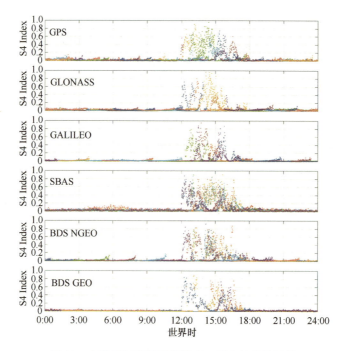

图41 电离层幅度闪烁指数在一天中的变化示例

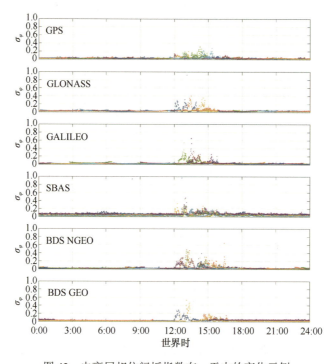

图42 电离层相位闪烁指数在一天中的变化示例

10.10　法布里–珀罗干涉仪

10.10.1　原始数据

法布里–珀罗干涉仪（FPI）记录不同气辉波段和不同方向的气辉辐射信息，每一次曝光观测的干涉图样记录在 CCD 探测器上，存储为图像格式（*.png）的数据文件，如图 43 所示。不同通道的数据通过文件名可以辨读，分别以 8920、5577、6300 和 6328 标记，前三者为观测通道，6328 为定标激光器波长标记，标明数据来源的不同。以每天开始观测时记录的 632.8 nm 的激光干涉图像为标准，分析和计算后续观测数据中干涉图样的频移和谱线增宽，得到该次观测时间内的视线风速，再综合同一气辉峰值高度的所有方向的视线风速数据，得到该高度区域的中性大气风场数据。

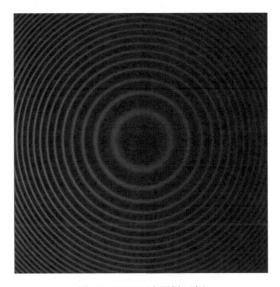

图 43　FPI 干涉图样示例

FPI 仅在夜间观测，三通道 FPI 可提供三个气辉辐射峰值高度区域中性风场的观测数据，分别为 OH 892.0 nm 气辉、OI 557.7 nm 气辉和 OI 630.0 nm 气辉，对应的辐射峰值高度约为 87 km、96 km 和 250 km。针对每个峰值高度的气辉辐射，设备通过探测五个方向的中性大气的视线风速，得到该气辉高度上中性大气风场数据。风场数据以经向风和纬向风参量描述。同一高度区域数据的时间分辨率约为 1 h。每个观测数据包含气辉观测种类、观测时间、经向风、纬向风、经向风误差和纬向风误差。也可以设计只针对某一气辉辐射探测的单通道 FPI，如专门对 OI 630.0 nm 气辉进行探测可反演得到热层大气约 250 km 处的风场。

10.10.2 水平中性风温数据

观测收集的原始数据经过反演软件处理后，得到 FPI 的水平中性风场数据，图 44 为 2021 年第 353 天 557.7 nm 气辉通道的数据示例。

5577					
[day+(xe_xw)/24]	[ewzonal]	[sigmaew]	[day+(xn_xs)/24]	[nsmerid]	[sigmans]
21353.4199	3.62E+01	2.56E+00	21353.4238	4.29E+01	2.74E+00
21353.4609	4.45E+01	3.36E+00	21353.4648	4.23E+01	3.26E+00
21353.502	5.80E+01	4.69E+00	21353.5078	3.28E+01	3.95E+00
21353.5449	1.86E+02	2.06E+01	21353.5488	5.10E+01	8.72E+00
21353.5859	3.64E+01	3.96E+00	21353.5898	-1.82E+01	3.72E+00
21353.627	2.65E+01	3.51E+00	21353.6328	-2.11E+01	3.61E+00
21353.6699	8.69E+00	3.42E+00	21353.6738	-3.66E+01	3.45E+00
21353.7109	-1.50E+01	3.14E+00	21353.7148	-3.00E+01	3.37E+00
21353.7539	-2.82E+01	4.12E+00	21353.7578	1.10E+01	4.41E+00
21353.7949	-2.76E+01	4.71E+00	21353.7988	2.85E+01	4.62E+00
21353.8359	-8.89E+01	2.63E+00	21353.8398	3.60E+01	3.66E+00
21353.8789	-6.91E+01	2.78E+00	21353.8828	3.13E+01	3.54E+00
21353.9199	-2.06E+01	3.75E+00	21353.9238	3.44E+01	3.98E+00
21353.9609	0.00E+00	3.64E-01	21353.9668	0.00E+00	9.31E-01

图 44 水平中性风场数据格式示例

数据内容分述如下：

1）第 1、2、3 列分别为东西方向观测时风场数据信息，第 1 列为东西方向观测的 UTC 时间；第 2 列为东西方向观测的东西方向的平均风速，单位为 m/s；第 3 列为平均风速对应的误差，单位为 m/s。

2）第 4、5、6 列分别为南北方向观测时风场数据信息，第 4 列为东西方向观测的 UTC 时间；第 5 列为南北方向观测的东西方向的平均风速，单位为 m/s；第 6 列为平均风速对应的误差，单位为 m/s。

数据中数值如果为-999.999，为软件处理过程中判断为有错误的观测或者为无法处理的数据，视为不可用数据，不在后续的数据处理中使用。

其他通道的数据类似 557.7 nm 气辉通道的数据，读取和使用方法完全相同。

10.11 非对称空间外差干涉仪

10.11.1 原始观测数据

非对称空间外差干涉仪记录特定气辉波段和不同方向的气辉辐射信息，每一次曝光观测的干涉图样记录在 CCD 探测器上，存储为图像格式（*.png）的数据文件，如图 45 所示。特定通道的数据通过文件名可以辨读，以两个观测波长做标记，分别为 5577 和 6300，标明数据来源的不同。每次观测气辉辐射的同时也会观测谱线灯的校准谱线，便于追踪热漂移等非风场引起的干涉条纹相位变化信息，进而分析和计算观测数据中干涉图样的频移信息，得到该次观测时间内的视线风速，再综合同一气辉峰值高度的所有方向的视线风速数据，得到该高度区域的中性大气风场数据。

图 45　非对称空间外差干涉图样示例

非对称空间外差干涉仪仅在夜间进行特定单通道的观测，可提供特定气辉辐射峰值高度区域中性风场的观测数据，根据选定的气辉谱段，如 OI 557.7 nm 气辉和 OI 630.0 nm 气辉，分别对应的辐射峰值高度约为 96 km 和 250 km。针对每个峰值高度的气辉辐射，设备通过探测五个方向的中性大气的视线风速，得到该气辉高度上中性大气风场数据。风场数据以经向风和纬向风参量描述。同一高度区域数据的时间分辨率约为 30 min。每个观测数据包含气辉观测种类、观测时间、经向风、纬向风、经向风误差和纬向风误差。

10.11.2　水平中性风场数据

观测收集的原始数据经过反演软件处理后，得到非对称空间外差干涉仪的水平中性风场数据，数据格式与图 44 相同。

10.12　全天空气辉成像仪

全天空气辉成像仪通过鱼眼镜头成像光路获取气辉辐射高度区域的强度分布，可通过窄带或陷波滤光片选取中高层大气不同峰值高度的气辉辐射。全天空气辉成像仪的观测数据通过电荷耦合检测器（CCD）进行成像，通常有 2048 像素×2048 像素、1024 像素×1024 像素或 512 像素×512 像素，设备的观测视场角为 180°，设备连续观测，提供不同高度（通常有 87 km、97 km 和 250 km）区域的气辉辐射强度分布数据。每一次曝光的数据通常以*.png 格式存储，数据的时间分辨率为 1 min。如图 46 是河北兴隆台站全天空气辉成像仪观测 OH 气辉图像示例，每一个数据文件包含 1024 个×1024 个 16 进制的数值。

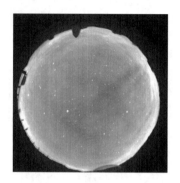

图 46　河北兴隆站全天空气辉成像仪观测 OH 气辉图像示例

10.13　全天空极光观测仪

全天空极光观测仪观测数据通常以图像格式（*.png）存储，文件获取的站点、日期、时间、观测波段、积分时间由采集程序根据特定的规格进行命名。

图 47 为极光成像观测数据示例。图 47（a）给出了南极中山站多波段全天空极光观测仪三个波段（427.8 nm、557.7 nm 和 630.0 nm）在 2014 年 7 月 21 日 18：00～24：00 世界时时段内获得的磁子午线上极光强度随时间的变化图（即 Keogram 图）。三个波段在 21：06 世界时时刻所对应的极光全天空图像如图 47（b）所示，其中 557.7 nm 极光图像中的红色圆圈标示出了 47°视野的小尺度极光观测仪的对应视野范围，箭头方向对应图 47（c）中 47°极光观测仪的箭头方向。47°极光观测仪中的红色圆圈标示出了 19°视野的小尺度极光观测仪的对应视野范围，而 19°极光观测仪中的红色圆圈标示出了 8°视野的小尺度极光观测仪的对应视野范围。极光多波段全天空成像和小尺度成像的结合，可以对长时间序列（如 Keogram 图）的极光活动进行快速浏览，也可以对极光精细结构（如窄视野图像）进行细致分析。

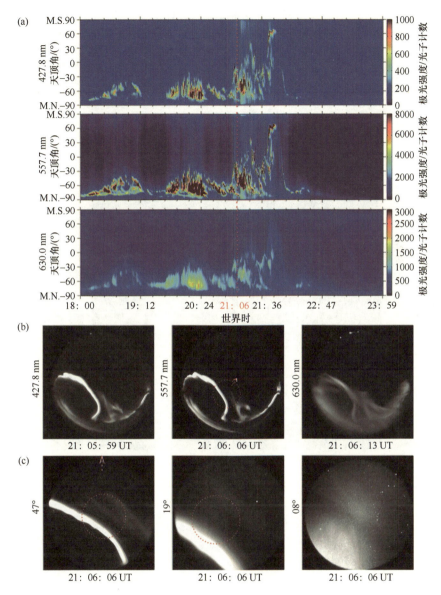

图 47　极光成像观测数据示例

（a）中山站多波段全天空极光观测仪 427.8 nm、557.7 nm 和 630.0 nm 三个波段在 2014 年 7 月 21 日 18：00～24：00
世界时时段内的 Keogram 图，M.S.表示地磁南，M.N.表示地磁北；（b）21：06 世界时时刻的三个波段上的极光全
天空图像；（c）21：06 世界时时刻三台小尺度极光观测仪的极光图像

10.14　极光光谱仪

极光光谱仪存储数据采用 FITS 格式，图片文件大小约为 2 MB。极光光谱图
像绘图信息如表 44 所示。

表 44 极光光谱图像绘图信息

坐标轴	坐标轴名称	坐标轴范围	坐标轴刻度	单位	说明
X 轴	图像水平像素值	1～1024	1 像素	像素（pixel）	X 轴方向从左向右
Y 轴	图像垂直像素值	1～1024	1 像素	像素（pixel）	Y 轴方向从下向上

极光光谱图像示例如图 48 所示。

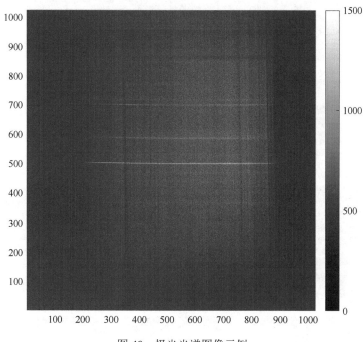

图 48 极光光谱图像示例

10.15 磁通门磁力仪和 Overhauser 磁力仪

10.15.1 原始观测数据

磁通门磁力仪全天 24 h 自动观测，每秒一个值，每天一个文件；记录分量为 D、H 和 Z（或者 X、Y 和 Z），记录三个分量的相对变化值。数据缺失以 "999999999" 表示，即读到的分量数据为 "999999999" 时，表示这 1 s 的数据缺失。一般采用长整型的变量读取，读取后除以对应因子就可以得到地磁场相对变化值。

Overhauser 磁力仪全天 24 h 自动观测，每秒一个值，每天一个文件。为了互相对比监测，通常把磁通门磁力仪和 Overhauser 磁力仪在同一台记录仪器上采集记录数据，数据写在同一个文件。

日文件数据记录格式为二进制，长度为 4×6×86400＝2073600 Byte。4 表示一个分量 1 s 的数据占据 4 字节（Byte）；6 表示记录六个分量，实际记录五个分量，有一个分量位置为预留，写为缺数标志，分量排列顺序为 D、H、Z、T_f、T_e（预留）、F；86400 是一天的秒数。

时间信息包含在存储位置信息中，如 0 时 0 分 0 秒的数据就是起始 24 Byte，其中 1～4 Byte 是 D 分量，5～8 Byte 是 H 分量，9～12 Byte 是 Z 分量，13～16 Byte 是 T_f 分量（磁通门探头处温度），17～20 Byte 是 T_e 分量（仪器电子盒处温度），目前没有记录，默认写为 999999999，21～24 Byte 是 F 值。0 时 0 分 1 秒的数据就是 25～48 Byte；依次类推。

10.15.2 国际标准秒值数据

国际通用的秒值数据格式为 IAGA2002 格式，示例如图 49 所示。

```
1  | Format                 IAGA-2002                              |
2  | Source of Data         Institute of Geology and Geophysics, CAS |
3  | Station Name           Beijing Ming Tombs Station             |
4  | IAGA CODE              BMT                                    |
5  | Geodetic Latitude      40.301                                 |
6  | Geodetic Longitude     116.186                                |
7  | Elevation              183                                    |
8  | Reported               HDZF                                   |
9  | Sensor Orientation     HDZF                                   |
10 | Digital Sampling       1 second                               |
11 | Data Interval Type     1-second instantaneous                 |
12 | Data Type              Definitive                             |
13 | # This data file was constructed by Institute of Geology and  |
14 | # Geophysics,Chinese Academy of Sciences.                     |
15 | DATE       TIME        DOY    BMTH     BMTD    BMTZ     BMTF   |
16 | 2021-12-31 00:00:00.000 365   28182.83 -512.96 47667.10 55375.16
17 | 2021-12-31 00:00:01.000 365   28183.03 -512.96 47666.90 55375.17
18 | 2021-12-31 00:00:02.000 365   28182.95 -512.95 47666.98 55375.18
19 | 2021-12-31 00:00:03.000 365   28182.91 -512.97 47667.14 55375.19
20 | 2021-12-31 00:00:04.000 365   28183.03 -512.99 47667.02 55375.17
```

图 49 IAGA2002 格式秒值数据示例

10.15.3 国际标准分钟值数据

分钟值数据从秒钟值数据计算得出，分为绝对变化数据和相对变化数据。两种数据，都乘了标度值；绝对变化数据加了基线值，相对变化数据未加基线值。目前，分钟值国际标准格式主要有 INTERMAGNET 和 IAGA2002 两种，示例分别如图 50 和图 51 所示。

```
 1  BMT DEC3121 365 00 HDZF R GIN  4971162 212400
 2  281831 2108703    476670 553751    281830 2108704    476671 553752
 3  281827 2108706    476670 553749    281826 2108709    476672 553750
 4  281825 2108711    476672 553749    281823 2108713    476671 553748
 5  281822 2108717    476674 553750    281821 2108718    476673 553749
 6  281821 2108722    476671 553748    281823 2108722    476672 553749
 7  281819 2108726    476674 553749    281820 2108730    476675 553750
 8  281820 2108730    476671 553748    281820 2108737    476677 553749
 9  281819 2108738    476675 553750    281819 2108738    476672 553747
10  281820 2108742    476675 553750    281821 2108743    476675 553751
11  281820 2108747    476673 553749    281826 2108746    476674 553751
12  281824 2108751    476675 553751    281823 2108752    476676 553751
13  281820 2108754    476674 553749    281817 2108756    476675 553749
14  281817 2108761    476674 553747    281818 2108764    476674 553748
15  281816 2108765    476675 553748    281818 2108765    476675 553747
16  281818 2108771    476676 553748    281818 2108771    476674 553747
```

图 50 INTERMAGNET 格式分钟值数据示例

```
 1  | Format              IAGA-2002                                    |
 2  | Source of Data      Institute of Geology and Geophysics, CAS    |
 3  | Station Name        Beijing Ming Tombs Station                  |
 4  | IAGA CODE           BMT                                         |
 5  | Geodetic Latitude   40.301                                      |
 6  | Geodetic Longitude  116.186                                     |
 7  | Elevation           183                                         |
 8  | Reported            HDZF                                        |
 9  | Sensor Orientation  HDZF                                        |
10  | Digital Sampling    1 second                                    |
11  | Data Interval Type  filtered 1-minute (00:15-01:45)             |
12  | Data Type           Definitive                                  |
13  | # This data file was constructed by Institute of Geology and    |
14  | # Geophysics,Chinese Academy of Sciences.                       |
15  | DATE       TIME        DOY   BMTH    BMTD    BMTZ     BMTF       |
16  | 2021-12-31 00:00:00.000 365   28183.05 -512.97 47667.00 55375.13
17  | 2021-12-31 00:01:00.000 365   28182.97 -512.96 47667.13 55375.18
18  | 2021-12-31 00:02:00.000 365   28182.72 -512.94 47666.97 55374.91
19  | 2021-12-31 00:03:00.000 365   28182.60 -512.91 47667.20 55375.03
20  | 2021-12-31 00:04:00.000 365   28182.45 -512.89 47667.22 55374.90
```

图 51 IAGA2002 格式分钟值数据示例[①]

10.16 感应式磁力仪

感应式磁力仪数据为二进制数据，包含头文件、数据信息及数据。

（1）头文件

感应式磁力仪头文件包括观测日期、采样率等信息，示例如图 52 所示。

（2）数据信息及数据

秒数据：数据信息占用 4 Byte，数据占用量为 12 Byte×采样率。

---

① IAGA 2002 Data Exchange Format, https://www.ncei.noaa.gov/services/world-data-system/v-dat-working-group/ iaga-2002-data-exchange-format.

```
1    <?xml version="1.0" encoding="windows-1251"?>
2    <lemi_header version="lemi30i2">
3        <year>2021</year>
4        <month>01</month>
5        <day>01</day>
6        <base_sampling_rate>256</base_sampling_rate>
7        <averaging>8</averaging>
8        <samplingrate>32</samplingrate>
9        <sensitivity> 2.39300000000000E-0005</sensitivity>
10       <gain>1</gain>
11       <bit_to_nT> 2.99125000000000E-0006</bit_to_nT>
12       <channels>3</channels>
13       <bytes_per_sample>4</bytes_per_sample>
14       <one_second_record_size_in_bytes>388</one_second_record_size_in_bytes>
15       <GPS>
16           <longitude></longitude>
17           <lattitude></lattitude>
18           <altitude></altitude>
19       </GPS>
20       <remarks></remarks>
21   </lemi_header>
```

图 52 感应式磁力仪头文件示例

数据信息：仪器状态占用 1 Byte，包含 GPS 信息、标定信息、偏移信息，时分秒各占用 1 Byte。

数据量：每个分量占用 4 Byte，三个分量共占用 12 Byte，乘以采样率就是 1 s 的数据量。一天数据量为（4 + 12 × 采样率）× 86400 Byte。

10.17 射电频谱仪

10.17.1 原始观测数据

射电频谱仪的原始观测数据存储采用自定义格式，为射电频谱仪接收到的信号（左旋极化和右旋极化两路）经过 A/D 采样后作频谱分析得到的数据，数据量为 FFT 变换后的电压信号。在计算机中，数据存储为 32 位无符号整型（UINT4）的三维数组，其中第一维、第二维和第三维分别表示频率点数、时间点数和极化类型，先存左旋极化数据，再存右旋极化数据。

10.17.2 FITS 格式数据

FITS 格式数据存储标定后的太阳射电频谱数据。文件头遵循 FITS 格式对头单元的定义，以一系列关键字开头，这些关键字指定了数据的大小、格式和来源。射电频谱数据记录已标定的左旋和右旋极化圆极化信号，数据单位为太阳流量单位（SFU）。数据存储为 32 位浮点型数组，数组包含三维，其中第一维、第二维和第三维分别表示频率点数、时间点数和极化类型。

10.18 射电日像仪

10.18.1 原始观测数据

射电频谱仪的原始观测数据存储采用自定义格式，包括复可见度函数数据和观测参数等。来自太阳的射电辐射信号经过在相关器中的互相关运算后，输出的数据即为复可见度函数。在计算机中，复可见度函数数据为复数，实部（_RE）与虚部（_IM）均存储为 24 位浮点数（REAL3）的四维数组，其中第一维、第二维、第三维和第四维分别表示频率通道数、时间点数、空间频率域采样点数和极化类型；其中极化类型有（HH、HV、VH、VV）或（LL、LR、RL、RR）四种，这里 H 代表水平极化，V 代表垂直极化，L 代表左旋圆极化，V 代表右旋圆极化；数据的存储顺序为先实部后虚部，第四维极化类型按顺序存放。

10.18.2 FITS 格式数据

FITS 格式数据存储标定后的太阳射电图像数据。文件头遵循 FITS 格式对头单元的定义，以一系列关键字开头，这些关键字指定了数据的大小、格式和来源。数据存储为 32 位有符号整型数组，数据单位为亮温度（K），数组包含四维，其中第一维、第二维表示像素点数，第三维表示频率点数，第四维表示极化类型。

10.19 IPS 望远镜

10.19.1 射电源流量变化数据

采用 FITS 格式存储射电源流量变化数据，使用主表存储由望远镜所记录的 IPS 射电流量时序信息。主表文件头遵循 FITS 格式对头单元的定义，以一系列关键字开头，这些关键字指定了数据的大小、格式和来源。记录信息是两点频（327 MHz 和 654 MHz）、两正交偏振方向（E 面和 H 面）的电场矢量振幅变化量；主表数据块为三维，分别是时间、频率和偏振的变化方向。

10.19.2 球面分布的密度数据

采用 FITS 格式存储球面分布的密度数据，主表数据块为二维。采用二进制表扩展表记录经度和纬度数组。主表文件头遵循 FITS 格式对头单元的定义，以一系列关键字开头，这些关键字指定了数据的大小、格式和来源。数据记录区是利用 IPS 观测数据驱动的 IPS-MHD-CT 层析反演数值模型，通过计算行星际源表面的等离子体二维密度分布，从而揭示太阳向行星际空间的物质输出的全球分布。该数据所显示的密度二维球面分布，其密度单位是 cm^{-3}，其坐标系是以太阳为中心的球面经纬度坐标系。

10.19.3 球面分布的径向速度数据

采用 FITS 格式存储球面分布的径向速度数据，主表数据块为二维。采用二进制表扩展表记录经度和纬度数组。主表文件头遵循 FITS 格式对头单元的定义，以一系列关键字开头，这些关键字指定了数据的大小、格式和来源。数据记录区是利用 IPS 观测数据驱动的 IPS-MHD-CT 层析反演数值模型，通过计算行星际源表面的等离子体二维径向速度分布，从而揭示太阳向行星际空间的速度输出的全球分布。该数据所显示的速度二维球面分布，其速度单位是 km/s，其坐标系是以太阳为中心的球面经纬度坐标系。

10.19.4 P 点太阳风参数数据

采用 TXT 格式数据存储 P 点太阳风参数。数据记录区包括导引行和以行列形式存储的具体数据。每一行记录一条数据，按照时间顺序排序，每行包括 17 列。导引行标识了各列参数的简短英文名称，如表 45 所示。

表 45 P 点太阳风参数数据记录格式

列	参数名称	描述	格式	单位	值域	无效填充值	说明
1	Date	观测日期	I4.4I2.2I2.2	—	字符串	—	yyyyMMdd
2	ObsUT	观测时间	I2.2':'I2.2':'I2.2	—	字符串	—	HH:mm:ss
3	Dur	观测持续时间	F4.1	minute	0~10.0	—	mm.m
4	Site	观测地点	A5	—	字符串	—	OMANT、OYHGL、OWRGT
5	Freq	观测频率	A12（I3/I3/I4）	—	字符串	—	327/654/1400
6	BW	观测带宽	I2	MHz	0~40	—	1~40 MHz
7	Source	射电源名称	A8	—	字符串	—	IAU、3C catalog
8	RA-J2000	赤经	A9（I3:I2.2:I2.2）	hh:mm:ss	(0~360)：(0~59)：(0~59)	—	106:43:38
9	Dec-J2000	赤纬	A9（AI2.2:I2.2:I2.2）	-deg:mm:ss	(-90~90)：(0~59)：(0~59)	—	-12:24:58，取正值时无负号
10	Dist	P 点日心距	F6.2	solar radii	20~215	—	FFF.FF
11	Lat	P 点日球纬度	A1F4.1	deg	-90~90	—	+/-FF.F

续表

列	参数名称	描述	格式	单位	值域	无效填充值	说明
12	PA	P 点时钟角	F5.1	deg	0～360	—	FFF.F counterclockwise from North
13	Elong	观测视线的对日延展角	F5.1	deg	0～90	—	FFF.F
14	Vel	太阳风速度	I6	km/s	0～5000	−999	NNNNNN
15	V-err	太阳风速度测量误差	I6	km/s	0～500	−999	NNNNNN
16	g-value	g 因子	F6.3	—	0～10	−999	FF.FFF
17	Method	测量方法	A7	—	字符串	—	3-St-CC（三站数据的相关性分析）、1-St-PS（单站数据的功率谱拟合）

10.20　μ 子望远镜

10.20.1　原始 μ 子计数数据

μ 子望远镜全天 24 h 自动观测，每分钟一个值，每 5 min 一个原始 μ 子计数数据文件，数据记录区包括标题行和以行列形式存储的数据。标题行标识了各列参数的简短英文名称，包括计数起始时间、垂直方向、北向 30°、南向 30°、东向 30°、西向 30°、东北向 39°、东南向 39°、西北向 39°、西南向 39°、北向 49°、南向 49°、东向 49°、西向 49°、西北向 52°、东南向 52°计数未校正值以及气压值。每一行记录一条数据，按时间顺序排列。μ 子计数未校正值及气压值的无效值均以"−999999"表示（图 53）。

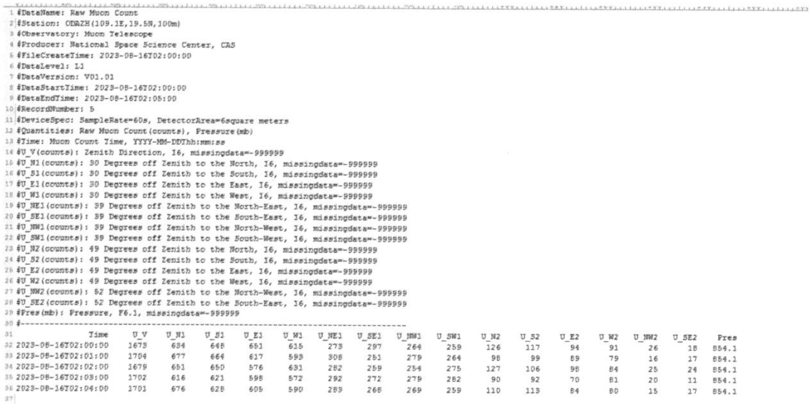

图 53　原始 μ 子计数数据示例

10.20.2 μ子计数校正值数据

μ子计数校正值数据，每分钟一个值，每 5 min 一个 μ子计数校正值数据文件，数据记录区包括标题行和以行列形式存储的数据。标题行标识了各列参数的简短英文名称，包括计数起始时间、垂直方向、北向 30°、南向 30°、东向 30°、西向 30°、东北向 39°、东南向 39°、西北向 39°、西南向 39°、北向 49°、南向 49°、东向 49°、西向 49°、西北向 52°、东南向 52°计数校正值。每一行记录一条数据，按时间顺序排列。μ子计数校正值的无效值以"–999999"表示（图 54）。

```
 1 #DataName: Corrected Muon Count
 2 #Station: QDAZH(109.1E,19.5N,100m)
 3 #Observatory: Muon Telescope
 4 #Producer: National Space Science Center, CAS
 5 #FileCreateTime: 2023-08-16T02:00:00
 6 #DataLevel: L2
 7 #DataVersion: V01.01
 8 #DataStartTime: 2023-08-16T02:00:00
 9 #DataEndTime: 2023-08-16T02:05:00
10 #RecordNumber: 5
11 #DeviceSpec: SampleRate=60s, DetectorArea=6square meters
12 #Quantities: Corrected Muon Count(counts)
13 #Time: Muon Count Time, YYYY-MM-DDThh:mm:ss
14 #V(counts): Zenith Direction, I6, missingdata=-999999
15 #N1(counts): 30 Degrees off Zenith to the North, I6, missingdata=-999999
16 #S1(counts): 30 Degrees off Zenith to the South, I6, missingdata=-999999
17 #E1(counts): 30 Degrees off Zenith to the East, I6, missingdata=-999999
18 #W1(counts): 30 Degrees off Zenith to the Wemst, I6, missingdata=-999999
19 #NE1(counts): 39 Degrees off Zenith to the North-East, I6, missingdata=-999999
20 #SE1(counts): 39 Degrees off Zenith to the South-East, I6, missingdata=-999999
21 #NW1(counts): 39 Degrees off Zenith to the North-West, I6, missingdata=-999999
22 #SW1(counts): 39 Degrees off Zenith to the South-West, I6, missingdata=-999999
23 #N2(counts): 49 Degrees off Zenith to the North, I6, missingdata=-999999
24 #S2(counts): 49 Degrees off Zenith to the South, I6, missingdata=-999999
25 #E2(counts): 49 Degrees off Zenith to the East, I6, missingdata=-999999
26 #W2(counts): 49 Degrees off Zenith to the West, I6, missingdata=-999999
27 #NW2(counts): 52 Degrees off Zenith to the North-West, I6, missingdata=-999999
28 #SE2(counts): 52 Degrees off Zenith to the South-East, I6, missingdata=-999999
29 #------------------------------------------------------------
30          Time       V    N1    S1    E1    W1   NE1   SE1   NW1   SW1   N2    S2    E2    W2   NW2   SE2
31 2023-08-16T02:00:00 1445  547   560   562   531   235   256   228   223   108   101   81    78    22    15
32 2023-08-16T02:01:00 1472  585   573   533   512   266   216   241   228   84    85    76    68    13    14
33 2023-08-16T02:02:00 1451  562   561   497   545   243   223   219   237   109   91    84    72    21    20
34 2023-08-16T02:03:00 1470  532   536   516   494   252   235   241   243   77    79    60    70    17    9
35 2023-08-16T02:04:00 1470  584   542   522   509   244   231   232   223   95    97    72    69    12    14
36
37
```

图 54 μ子计数校正值数据示例

11 数据质量管理

11.1 数据质量控制

11.1.1 基本原则

（1）观测人员资质

观测人员需具有日地空间环境观测相关的专业岗位资格证书、培训记录或学习背景，熟悉观测设备的基本原理，具备对观测设备日常运行维护和一定的故障排查能力。

（2）观测连续性

日地空间环境观测应使用环境适应性和工作稳定性强的观测设备，在观测现场需配备关键备件，在出现设备故障时及时进行替换，保证观测的连续性。

（3）设备检查

观测人员根据制定的观测日志填写每台观测设备的监测情况，包括天气情况、设备工作状态、数据量大小、数据传输情况等；及时纠正观测过程中出现的问题，保证观测数据质量；定期维护、校准观测设备。

（4）数据检查

观测人员应定期检查数据的完整性、准确性，对异常数据进行修正或标记，记录数据日志。

（5）数据存储

日地空间环境观测数据应每天存储到现场备份存储设备上。有条件的情况下，数据需进行异地存储并互为备份，确保观测数据的安全存储。

（6）自动化、实时性

日地空间环境具有复杂的时空变化特征，时间尺度上包括季节、年和更长时间尺度气候学变化以及分钟、小时等短时变化，因此不仅需提高观测的可靠性，保证观测数据的长期连续性、稳定性，同时也需提高观测、数据处理和传输的自动化程度，保证观测的实时性。

11.1.2　无线电观测

定期进行设备定标测试，测试内容包括器件电子学性能、功率、天线辐射性能、通道驻波比和通道一致性等，具体定标方法和内容应按设备说明手册进行；遇天线受损、器件性能下降等情况应及时修复；电离层测高仪、非相干散射雷达等观测数据需人工标定，有关观测人员需经过专门的培训。

11.1.3　光学观测

光学观测设备应尽量避免台站及周边灯光对成像设备的影响，必要时需要对灯光进行管控、对灯光投射位置进行调整。

11.1.4　磁场观测

地磁探头应做好必要的标识，提示人员不要靠近；观测人员需能熟练使用磁通门经纬仪进行地磁观测，遵循地磁观测标准流程。

11.1.5　射电观测

观测前需对设备进行定标，具体定标方法和内容应按设备说明手册进行；遇天线受损、器件性能下降等情况应及时修复。

11.2　数据质量检查

11.2.1　电离层测高仪

（1）判读数据是否完整可用

根据电离层频高图，判断数据是否完整可用。检测步骤：

1）读取电离层频高图数据产品，检查能否正常打开、界面显示参数信息是否正确；

2）查看频高图描迹是否完整清晰，寻常波和非寻常波区分是否正确。

（2）检测数据是否完备

查看每个通道的数据是否齐全，不同通道的背景噪声之差和最大信噪比之差在合理范围内。检测步骤：

1）读取数据文件；

2）查看每个通道数据是否齐全；

3）计算每个通道的背景噪声和信噪比；

4）计算不同通道的背景噪声之差和最大信噪比之差，查看是否在合理范围内。

11.2.2 非相干散射雷达

（1）判读数据是否完整可用

根据工作模式和观测模式，确定观测数据的连续性。检测步骤：

1）读取数据产品；

2）查看数据产品中的数据的连续性。

（2）评估数据质量

根据回波功率的双峰功率谱，评估数据观测质量。检测内容：查看软件界面电离层双峰谱是否正常。在电离层底部为单峰结构、F 层具有双峰结构、E 层到 F 层为过渡，随高度增加功率谱谱宽增加，但是功率谱密度减小，功率谱谱宽为数 kHz 至数十 kHz。

11.2.3 激光雷达

（1）原始数据质量检查

在本底噪声扣除处理中，采用信噪比控制对原始回波数据质量进行筛选，根据 30 km 回波信号与本底噪声的比值，得出每个原始数据文件的信噪比，将信噪比低于一定值的原始数据剔除，不进行密度、温度的反演，以保证数据反演的质量。

（2）大气数密度、温度、钠原子数密度数据质量检查

1）读取反演后的 40 km 高度的大气数密度、温度，判读其数值范围是否合理。高度 40 km 大气温度一般为 200～300 K，考虑到极端事件出现的可能，对于超出常规范围（如 150～400 K）的数据，应进行人工判定，确认是否为真实现象。

2）读取反演后的 90 km 高度的钠原子数密度，判读其数值范围是否合理。高度 90 km 钠原子一般在数千，随地点季节而不同，但特殊区域、特定事件出现时也会出现比较极端的数值，对于超出常规范围（如 $1～1\times10^5$）的数据，需人工判定其真实性。

11.2.4 流星雷达

（1）短期数据抽查

短期数据抽查不少于一个月一次，每次抽查的观测数据天数不少于两天。

a. 流星参数检查

采用流星雷达内置数据浏览软件或自行开发的数据读取软件打开任意一天流星参数数据，检查流星参数数据质量和特性。具体包括：一天内流星事件全天空分布图是否均匀，流星事件分布是否连续无中断，流星事件逐小时发生率是否服从日变化规律，流星扩散系数分布是否合理，流星事件高度分布是否服从高斯分布，以及发生率峰值高度是否合理（流星发生率峰值高度一般在 90 km 附近）。

b. 中高层大气风场数据检查

采用流星雷达内置数据浏览软件或自行开发的数据读取软件打开任意一天流星参数数据，检查中高层大气数据质量和特性。具体包括：一天内 24 h 风场数据是否连续，有效风场数据高度分布是否合理（地方时清晨风场数据覆盖的高度范围大于傍晚），风速和风向变化是否连续合理。

（2）长期数据物理特性检查

长期数据物理特性检查一年一次。

a. 流星参数检查

编写专用程序，读取流星雷达一整年的流星参数数据。绘制流星事件数、流星事件峰值高度等参数的逐日变化曲线，检查相关参数是否符合台站当地流星观测的气候学变化特征。

b. 中高层大气风场数据检查

编写专用程序，读取流星雷达一整年的中高层大气风场数据。绘制不同高度上的经向风、纬向风的日变化曲线、月均值曲线，年变化曲线。检查相关参数的完整性、连续性、有无截断、有无跳变、有无异常分布，检查上述变化曲线是否符合台站当地中高层大气的气候学变化特征。

11.2.5 高频雷达

高频雷达的回波信号主要与雷达发射的无线电磁波与磁力线的正交关系，以及电离层不规则体的分布情况相关。无线电磁波与磁力线满足正交条件，电离层不规则体分布越广，一般来说雷达回波就越丰富。为保证数据的可靠性，采用如下流程进行数据质量控制：

1）为确保 GNSS 授时准确，定期对控制系统的时间进行检测；

2）使用 gunzip 命令检测数据的完整性，再对文件的大小进行计算，确保文件无损；

3）使用 RST 程序包进行数据自相关 ACF 绘图和拟合 Fit 检测，剔除无效数据，得到最终有效数据。

11.2.6　VHF 相干散射雷达

（1）判读数据是否完整可用

检查步骤：

1）读取 IDBS 数据，检查能否正常读取；

2）查看信号强度、多普勒图像，若有不均匀体回波信息，查看是否合理。回波强度、多普勒速度与多普勒谱宽是否具有较好的对应性。

（2）检测数据是否完备

查看每个通道的数据是否齐全，不同通道的背景噪声之差和最大信噪比之差是否在合理范围内。检测步骤：

1）读取数据文件；

2）查看每个通道数据是否齐全；

3）计算每个通道的背景噪声和信噪比；

4）计算不同通道的背景噪声之差和最大信噪比之差，查看是否在合理范围内，两者之差一般大于 10 dB。

11.2.7　MST 雷达

（1）判读数据是否完整

1）根据各个模式观测数据的大小进行初步判断；

2）读取数据，判读文件各组成部分以及每个探测高度是否都有数据。

（2）检查数据连续性

1）查看每日获取的数据文件数，初步查看数据个数是否满足 2 h 连续观测应有的数量；

2）批量读取文件名，判断数量，并记录观测缺失时次。

（3）数据可用性检测

1）读取回波功率谱以及功率谱参数；

2）判断信噪比是否在该 MST 雷达探测的最小信噪比阈值范围之上。

11.2.8　电离层高频多普勒监测仪

根据电离层高频多普勒频移时间变化曲线，判断数据是否完整可用。检测步骤：

1）读取电离层高频多普勒数据文件，检查能否正常打开、界面显示参数信息是否正确；

2）查看电离层高频多普勒频移时间变化曲线是否完整，频移范围是否在±3 Hz 以内。

11.2.9　GNSS TEC 监测仪和 GNSS 闪烁监测仪

（1）判读数据是否完整可用

根据 TEC、电离层幅度闪烁指数和电离层相位闪烁指数数据，判断数据是否完整可用。检测步骤包括：

1）读取电离层 TEC 和闪烁数据产品，检查能否正常打开；

2）检查数据参数是否完整，数据应包含站点经纬度、仰角、方位角、卫星号、时间、TEC、电离层幅度闪烁指数和电离层相位闪烁指数。

（2）检查数据连续性和可用性

步骤如下：

1）读取数据文件；

2）查看数据记录站点经纬度信息是否与实际站点部署位置相符合；

3）检查是否采集到所有规定卫星系统的信号；

4）查看 TEC 和（或）闪烁数据，检查每颗卫星 TEC 时间序列是否连续无断点无跳变，检查闪烁数据是否在可靠范围内（一般为 0～1）。

11.2.10　法布里-珀罗干涉仪

法布里-珀罗干涉仪（FPI）进行被动光学观测，数据质量除了受设备自身故障影响外，还受观测室和站点周围的环境影响，包括人为光源、雨雪天气等外在因素的影响，表现为单个数值剧烈变化，或者出现数值-999.999，在数据检查过程中应去除异常观测数据。此外，设备的扫描系统故障或数据采集系统故障可以造成部分时间的数据缺失，表现为当次观测的次数变少，因此需要对数据的完整性进行检查。

11.2.11 非对称空间外差干涉仪

非对称空间外差干涉仪进行被动光学观测，数据质量除了受设备自身故障影响外，还受观测室和站点周围的环境影响，包括人为光源、雨雪天气等外在因素的影响，表现为单个数值剧烈变化，或者出现数值−999.999，在数据检查过程中应去除异常观测数据。此外，设备的扫描系统故障或数据采集系统故障可以造成部分时间的数据缺失，表现为当次观测的次数变少，因此需要对数据的完整性进行检查。

11.2.12 全天空气辉成像仪

全天空气辉成像仪可以通过云、星光和月光来判断数据是否可用：
1）可用数据：晴朗无月光；
2）可选用数据：有星光、有云，或有星光、有月光；
3）不可用数据：多云、无星光，或满月。

11.2.13 全天空极光观测仪

全天空极光观测仪属于被动光学观测设备，对极光的观测需选择在晴朗的夜间进行。为保证观测数据的可靠性和完整性，以下事项需贯穿到整个观测过程：
1）观测得到的数据文件，其文件名包含系统时间信息，在观测过程中需定期检查采集计算机和GPS时间服务器间网络是否连接正常，是否定期进行校时操作。
2）定期检查图像文件的完整性，文件是否在预定的时间间隔内生成，文件大小是否合理。

11.2.14 极光光谱仪

极光光谱仪在观测过程中除针对全天空极光观测仪所需要的数据质量检查要求外，还需根据现场情况，确定合适的CCD相机增益值与曝光时间，以获取清晰极光光谱为准。此外，可以分析在无月光、天气晴朗、天顶出现较强极光情况下获取的光谱数据，看数据中能否清晰分辨极光中存在的几条典型可见光极光谱线（如427.8 nm、557.7 nm、630.0 nm），以评价极光光谱仪获取数据的可靠性。

11.2.15 各类磁力仪

通过绘制各类磁力仪观测数据曲线，并进行数据比对，检查数据观测质量。

具体如下：

1）绘图查看数据是否完整，有无断点、突跳、毛刺；

2）与距离相近台站（100 km 内）的数据做差对比，查看记录曲线形态是否相近；

3）分量归算后和其他仪器记录数据对应分量比对校验。

11.2.16　射电频谱仪

（1）判读数据是否完整可用

根据太阳射电频谱，判断数据是否完整可用。检测步骤：

1）读取太阳射电频谱数据产品，检查能否正常打开，界面显示参数信息是否正确；

2）查看每个通道的数据是否齐全，定标后无干扰的不同通道的频谱数据差异是否在 3 dB 以内。

（2）评估数据质量

根据对比观测数据参数，评估数据观测质量。检测步骤：

1）检查典型频率的射电流量。观测宁静太阳时，检查观测设备的典型频率通道的太阳射电辐射流量值。

2）检查通道间射电流量差。观测宁静太阳时，检查观测设备全部相邻通道间的辐射流量差值。

3）检查宁静太阳时射电流量短期稳定性。观测宁静太阳时，检查观测设备在 8 h 之内的辐射流量变化差值。

4）检查宁静太阳时射电流量起伏长期稳定性。观测宁静太阳时，检查观测设备在一年之内的辐射流量变化差值。

11.2.17　射电日像仪

（1）判读数据是否完整可用

根据太阳射电图像，判断数据是否完整可用。检测步骤：

1）读取太阳射电图像数据产品，检查能否正常打开、界面显示参数信息是否正确；

2）查看每个通道的数据是否齐全，定标后无干扰的不同通道的图像数据差异是否在 20%以内。

（2）评估数据质量

根据对比观测数据参数，评估数据观测质量。检测步骤：

1）检查复可见度函数幅度分布。在观测宁静太阳时，检查全部复可见度函数的幅度随 UV 距离的呈类高斯分布情况。

2）检查爆发过程前后复可见度函数变化。在观测爆发前、爆发中和爆发后三个时刻，检查全部复可见度函数的幅度和相位变化情况。

11.2.18　IPS 望远镜

（1）判读数据是否完整可用

根据射电源流量曲线，判断数据是否完整可用。检测步骤：

1）读取射电源流量曲线数据产品，检查能否正常打开、界面显示参数信息是否正确；

2）查看每个通道的记录数据是否齐全。

（2）评估数据质量

根据对比观测数据参数，评估数据观测质量。检测步骤：

1）检查射电源流量曲线起伏是否合理。选取常规强射电源观测时，检查观测到的流量曲线起伏是否明显偏离。

2）检查 P 点太阳风参数是否合理。

11.2.19　μ 子望远镜

（1）判读数据是否完整可用

根据 μ 子计数曲线，判断数据是否完整可用。检测步骤：

1）读取 μ 子计数数据产品，检查能否正常打开、界面显示参数信息是否正确；

2）查看每个通道的记录数据是否齐全，不同通道的数据差异是否在合理范围内。

（2）评估数据质量

根据对比观测数据参数，评估数据观测质量。检测步骤：

1）选取空间环境平静期间，检查观测到的计数曲线起伏是否正常；

2）选取空间环境事件期间，检查 μ 子计数曲线是否有明显响应。

12 数据汇交共享

12.1 元数据

元数据文档是数据管理的基础，用来描述数据的内容、产生过程、数据质量和其他特性。应制定元数据规范，完整记录数据观测背景信息，一般需包括时间、地点、方法、设备和人员等。推荐使用 Dublin Core（https://www.dublincore.org/specifications/dublin-core/dces/）、SPASE（the space physics archive search and extract，https://spase-group.org/docs/index.html）等元数据标准，便于数据共享。

12.2 数据产品

数据产品是针对科学研究的需要，对原始观测数据进行再加工得到的数据，其处理流程、文件名和数据格式等需遵守相关标准规范。

12.3 数据整编

文件存储和整编应参考相应标准，应每年进行整编；文件整编以时间为线索，统计数据起止时间、种类及个数等信息；整编后的资料应经过人工检查。

12.4 数据汇交原则

12.4.1 真实可靠

按照本规范开展监测获取数据，并对数据定期汇总整理，确保数据质量，保证汇交数据的真实性和可靠性。

12.4.2 科学规范

数据按照相关标准规范或要求加工处理，确保汇交数据的可发现性、可获取性、可操作性和可重复利用性。

12.4.3 及时完整

在既定的时间内，按时完整地向数据管理方提交数据，保证数据的及时性和完整性。

12.5　数据汇交流程

12.5.1　汇交数据制备

遵循数据汇交相关标准规范，将采集的数据进行处理，按照规定形成元数据、数据实体等文件。

12.5.2　数据提交

确保数据质量可靠，格式规范，并编制数据说明文档，提交至数据管理方。

12.5.3　数据审核

数据管理方根据数据管理规范，对汇交数据进行形式审查和质量认定，若数据存在问题，数据提交方应及时修改并重新提交。数据管理方确定数据无误后，对数据分类、编目、标识和加工后进行入库。

12.6　数据库建设

日地空间环境观测数据包括元数据、时间序列观测数据和产品数据等，具有多层次、长时间序列的特点。数据库建设应遵循规范化、统一性和可扩展性等原则。

12.7　数据备份

长期观测的数据和文档需在野外站和数据中心（如有）进行备份，制定数据存储备份规范，完善对数据的安全保护。

12.8　数据共享与发布

根据国家对科学数据共享的有关要求，制定数据共享与发布条例，分级分类实现科学数据的有效共享。

13 保 障 措 施

13.1 人员保障

每站需配备全职人员专职负责日常观测、设备维护和数据整理等相关工作，依托单位保障人员的编制、工资待遇等。

13.2 设备保障

为了保证所获数据的可比性，同类常规观测设备建议采用一致型号的监测仪器设备；建立野外站仪器设备定期维护、定期检测规章制度，由专人负责定期对野外站设备进行检修维护。

13.3 技术保障

依托单位常设技术保障部门，定期举办观测技术、设备维护和数据处理等专项培训，保障设备稳定运行、数据连续可靠。

参 考 文 献

国家海洋局极地专项办公室. 2014. 极区空间环境观测指南. 北京: 海洋出版社.

何绍红, 等. 2021. 电离层垂直探测电离图度量手册. 武汉: 武汉大学出版社.

胡波, 刘广仁, 王跃思, 等. 2019. 陆地生态系统大气环境观测指标与规范. 北京: 中国环境出版集团.

黄德宏, 胡红桥, 刘瑞源, 等. 2016. 南极中山站极区空间环境观测系统. 极地研究, 28(1): 1-10.

李福林. 2007. 中国军事百科全书(第二版)——军事空间天气. 北京: 中国大百科全书出版社.

刘二小. 2013. SuperDARN 高频雷达回波特征研究. 西安: 西安电子科技大学.

刘建军, 胡红桥, 陈相材. 2021. 2012 年南极中山站高频相干散射雷达数据集. 中国科学数据, 6(2), DOI: 10.11922/csdata.2020.0079.zh.

上出洋介, 简进隆. 2010. 日地环境指南. 徐文耀等译. 北京: 科学出版社.

施建平, 杨林章. 2012. 陆地生态系统土壤观测质量保证与质量控制. 北京: 中国环境科学出版社.

孙鸿烈, 等. 2018. 地学大辞典. 北京: 科学出版社.

涂传诒, 宗秋刚, 周煦之. 2020. 日地空间物理学(第二版)(下)——磁层物理. 北京: 科学出版社.

王赤, 徐寄遥, 刘立波, 等. 2023. 国家重大科技基础设施子午工程在空间环境领域的亮点研究进展. 中国科学: 地球科学, 53(7): 1433-1449.

熊年禄, 唐存琛, 李行健. 1999. 电离层物理概论. 武汉: 武汉大学出版社.

徐文耀. 2003. 地磁学. 北京: 地震出版社.

徐文耀. 2009. 地球电磁现象物理学. 合肥: 中国科学技术大学出版社.

袁国富, 张心昱, 唐新斋, 等. 2012. 陆地生态系统水环境长期观测质量保证与质量控制. 北京: 中国环境科学出版社.

袁国富, 朱治林, 张心昱, 等. 2019. 陆地生态系统水环境观测指标与规范. 北京: 中国环境出版集团.

Kivelson M G, Russell C T. 2001. 太空物理学导论. 曹晋滨, 李磊, 吴季等译. 北京: 科学出版社.

编写委员会　主编

国家野外科学观测研究站观测技术规范

第 四 卷

地球物理与地表动力灾害

水力型灾害

崔　鹏　郑粉莉　张国涛　周公旦　等

科学出版社

北　京

内 容 简 介

　　开展长期的、规范化的科学观测是国家野外科学观测研究站的首要任务，也是获取高质量科学数据和开展联网研究的基础与保障。本系列规范以国家战略需求和长期地球物理与地表动力灾害研究为导向，指出了地球物理与地表动力灾害领域野外站观测技术规范的基本任务与内容，提出了野外站长期观测与专项观测相结合的技术体系，明确了本领域不同类型野外站的观测指标体系、观测技术方法和观测场地建设要求，制定了明确的数据汇交与管理要求，以保证观测数据的长期性、稳定性和可比性，从而推动开展全国和区域尺度的联网观测与研究。本系列规范适用于指导地球物理与地表动力灾害领域国家野外科学观测研究站以及相关行业部门野外站开展观测研究工作。

　　本系列规范可供地球物理学、空间物理学、天文学、灾害学、水文学、水力学、水土保持学、地貌学、自然地理学、工程地质学等学科领域科研人员开展野外观测研究工作参考使用。

图书在版编目（CIP）数据

　　国家野外科学观测研究站观测技术规范. 第四卷, 地球物理与地表动力灾害 / 编写委员会主编. -- 北京：科学出版社，2025.5.
ISBN 978-7-03-081962-8

　　I . N24-65；P3-65；P694-65

　　中国国家版本馆 CIP 数据核字第 2025DV1099 号

责任编辑：韦　沁　徐诗颖 / 责任校对：何艳萍
责任印制：肖　兴 / 封面设计：北京美光设计制版有限公司

科学出版社 出版

北京东黄城根北街 16 号
邮政编码：100717
http://www.sciencep.com

北京市金木堂数码科技有限公司印刷
科学出版社发行　　各地新华书店经销

*

2025 年 5 月第 一 版　　开本：720×1000　1/16
2025 年 5 月第一次印刷　　印张：39 1/2
字数：8 000 000

定价：498.00 元（全五册）
（如有印装质量问题，我社负责调换）

"国家野外科学观测研究站观测技术规范"丛书

指导委员会

主　　任：张雨东

副主任：兰玉杰　苏　靖

成　　员：黄灿宏　王瑞丹　李　哲　刘克佳　石　蕾　徐　波
　　　　　李宗洋

科学委员会

主　　任：陈宜瑜

成　　员（按姓氏笔画排序）：

于贵瑞　王　赤　王艳芬　朴世龙　朱教君　刘世荣

刘丛强　孙和平　李晓刚　吴孔明　张小曳　张劲泉

张福锁　陈维江　周广胜　侯保荣　姚檀栋　秦伯强

徐明岗　唐华俊　黄　卫　崔　鹏　康世昌　康绍忠

葛剑平　蒋兴良　傅伯杰　赖远明　魏辅文

编写委员会

主　任：于贵瑞

副主任：葛剑平　何洪林

成　员（按姓氏笔画排序）：

于秀波	马　力	马伟强	马志强	王　凡	王　扬
王　霄	王飞腾	王天明	王兰民	王旭东	王志强
王克林	王君波	王彦林	王艳芬	王铁军	王效科
王辉民	卢红艳	白永飞	朱广伟	朱立平	任　佳
任玉芬	邬光剑	刘文德	刘世荣	刘丛强	刘立波
米湘成	孙晓霞	买买提艾力·买买提依明		苏　文
杜文涛	杜翠薇	李　新	李久乐	李发东	李庆康
李国主	李晓刚	李新荣	杨　鹏	杨朝晖	肖　倩
吴　军	吴俊升	吴通华	辛晓平	宋长春	张　伟
张　琳	张文菊	张达威	张劲泉	张雷明	张锦鹏
陈　石	陈　继	陈　磊	陈洪松	罗为群	周　莉
周广胜	周公旦	周伟奇	周益林	郑　珊	赵秀宽
赵新全	郝晓华	胡国铮	秦伯强	聂　玮	聂永刚
贾路路	夏少霞	高　源	高天明	高连明	高清竹
郭学兵	唐辉明	黄　辉	崔　鹏	康世昌	彭　韬
斯确多吉		韩广轩	程学群	谢　平	谭会娟
潘颜霞	戴晓琴				

第四卷　地球物理与地表动力灾害
编写委员会

主　任：崔　鹏

副主任：陈　石　刘立波　唐辉明　王兰民　郑粉莉　贾路路
　　　　赵秀宽　周公旦　张国涛

成　员（按姓氏笔画排序）：
　　　　王　霄　王海刚　卢红艳　任　佳　刘清秉　安张辉
　　　　许建东　李国主　张国栋　郝　臻　蒲小武

水力型灾害编写组

　　　　崔　鹏　郑粉莉　张国涛　周公旦　郭　剑　王　彬
　　　　张晨笛　焦菊英　顾海华　雷　雨　张正涛　王烁帆
　　　　李朝月　樊　军

序　一

　　国家野外科学观测研究站作为"分布式野外实验室"，是国家科技创新体系组成部分，也是重要的国家科技创新基地之一。国家野外科学观测研究站面向社会经济和科技发展战略需求，依据我国自然条件与人为活动的地理分布规律进行科学布局，开展野外长期定位观测和科学试验研究，实现理论突破、技术创新和人才培养，通过开放共享服务，为科技创新提供支撑和条件保障。

　　2005 年，受科技部的委托，我作为"科技部野外科学观测研究站专家组"副组长参与了国家野外科学观测研究站的建设工作，见证了国家野外科学观测研究站的快速发展。截至 2021 年底，我国已建成 167 个国家野外科学观测研究站，在长期基础数据获取、自然现象和规律认知、技术研发应用等方面发挥了重要作用，为国家生态安全、粮食安全、国土安全和装备安全等方面做出了突出贡献，一大批中青年科学家依托国家野外科学观测研究站得以茁壮成长，有力提升了我国野外科学观测研究的国际地位。

　　通过长期野外定位观测获取科学数据，是国家野外站的重要职能。建立规范化的观测技术体系则是保障野外站获取高质量、长期连续科学数据、开展联网研究的根本。科技部高度重视国家野外站的标准化建设工作，并成立了全国科技平台标准化技术委员会野外科学观测研究标准专家组，启动了国家野外站观测技术规范的研究编制工作。我全程参加了技术规范的高水平专家研讨评审会，欣慰地看到通过不同领域的野外台站站长、一线监测人员和科研人员的共同努力，目前国家野外站五大领域的观测技术规范已经基本编制完成，将以丛书形式分领域出版。

　　面对国家社会经济发展的科技需求，国家野外站也亟须从顶层设计、基础能力和运行管理等方面，进一步加强体系化建设，才能更有效实现国家重大需求的科技支撑。我相信，"国家野外科学观测研究站观测技术规范"丛书的出版一方面将促进国家野外站管理的规范化，另一方面将有效推动国家野外站观测研究工作的长期稳定发展，并取得更高水平研究成果，更有效地支撑国家重大科技需求。

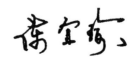

中国科学院院士　陈宜瑜

序 二

当前我国经济已由高速增长阶段转向高质量发展阶段，资源环境约束日渐增大。推动经济社会绿色化、低碳化发展是生态文明建设的核心，是实现高质量发展的关键。依托野外站开展长期观测与研究，推动生态系统与生物多样性、地球物理与地表动力灾害、材料腐蚀降解与基础设施安全等五大领域的学科发展，是支撑国家社会经济高质量发展和助力新质生产力的重要基础性保障。

标准化和规范化的观测技术体系是国家野外站开展协同观测，并获取高质量联网观测数据的前提与基础。国家野外站由来自于不同行业部门的观测站组成，在台站定位、主要任务和领域方向等方面存在不同程度的差异，对野外站规范化协同观测和标准化数据积累的影响日益明显。目前国家野外站存在观测体系不统一、部分野外站类型规范化技术体系缺乏的突出问题，亟须在现有野外站观测技术体系基础上，制定标准化的观测技术规范，以保障国家野外站长期观测和研究的科学性，观测任务实施的统一性与规范性，更有效地服务于国家重大科技需求和学科建设发展。

2021 年 6 月，科技部基础司和国家科技基础条件平台中心启动了国家野外站观测技术规范的研究编制工作，并成立了全国科技平台标准化技术委员会"野外科学观测研究标准专家组"，组织不同领域技术骨干开展野外站观测技术规范的编写工作。两年多来，数百名野外站一线科研人员开展全力协作，围绕技术规范的编制进行了百余次不同规模的研讨和修改。作为野外科学观测研究标准专家组组长，我参与了技术规范编制工作的整个过程，也见证了野外站科研精神的传承，很欣慰地看到一支甘心扎根野外、勇于奉献和致力于野外科学观测研究科技队伍的成长。随着国家野外站五大领域的观测技术规范编制工作的完成，该成果将以丛书形式陆续出版，并将很快开展相应的野外站宣贯工作，从而有效推动国家野外科学观测研究站的规范化建设与运行管理，为更好地发挥国家野外站科技平台作用，助力实现我国高水平科技自立自强提供基础性支撑。

中国科学院院士 于贵瑞

前　　言

　　地球是人类赖以生存的家园，然而自然灾害的频发与复杂的地球系统动态变化息息相关。固体地球物理、日地空间环境、水力型灾害、重力型灾害和地震灾害等多领域的观测研究，不仅是人类探索地球系统演化规律、理解自然灾害成因和机制的关键基础，而且是服务于国家防灾减灾战略需求、保障社会经济可持续发展的重要支撑。近年来，随着全球气候变化、极端自然事件频发以及人类活动的加剧，自然灾害的发生呈现出更为复杂的态势。这不仅对科学研究提出了更高的要求，也对灾害观测和预警体系建设提出了更大的挑战。

　　国家野外科学观测研究站作为长期定位观测和科学研究的基础平台，在推动科学认知突破、服务国家重大科技任务以及满足防灾减灾重大需求等方面发挥了不可替代的作用。近年来，我国在固体地球物理、日地空间环境、水力型灾害、重力型灾害及地震灾害等领域已建成一批国家级和省部级野外科学观测研究站。这些站点通过长期监测和科学研究，积累了大量宝贵的数据与经验。然而，观测技术与方法的快速发展，以及不同站点间监测目标和任务的多样性，也带来了数据标准不一、规范化不足等问题，亟须制定系统化、规范化的观测指标体系和技术规范，以实现观测数据的高质量、可比性和共享性，为深入研究灾害成因、演化规律及风险防控提供科学依据。

　　为此，本系列规范围绕固体地球物理、日地空间环境、水力型灾害、重力型灾害和地震灾害五大领域，系统梳理了相关领域长期科学观测的目标、任务与内容，结合国家不同发展阶段的重大需求，构建了统一的观测指标体系和技术方法，制定了规范化的观测流程与数据管理标准。本系列规范的编写遵循系统性、科学性、先进性和可操作性的原则，充分参考国内外已有技术规范和研究成果，结合我国野外观测研究的实际需求，力求为未来的联网观测与数据共享提供科学指导，支撑国家防灾减灾战略目标的实施。

　　固体地球物理分册着眼于固体地球物理学的长期定位观测，探索地球系统的动力学过程及其物质组成和演化规律，为能源资源开发和固体地球灾害防控提供科学支撑。

　　日地空间环境分册聚焦地球空间环境的状态及其变化规律，服务于"子午工程""北斗导航""载人航天"等重大科技任务，为空间活动安全和高技术系统运行提供保障。

水力型灾害分册立足于受全球气候变化和人类活动影响的地表水力型灾害，研究其成因、演化规律及防控策略，为山洪、泥石流、水土流失等灾害的监测预警与防治提供技术支持。

重力型灾害分册针对滑坡、崩塌、地面沉降、雪崩等灾害，构建孕灾环境与成灾机制的观测指标体系，为区域灾害风险评估与防控提供科学依据。

地震灾害分册重点研究强震孕育、地震动效应及次生灾害机理，服务于国家地震安全需求，提升地震灾害风险防控能力。

本系列规范的编写得到了科技部国家科技基础条件平台中心以及各领域专家的支持与指导，凝聚了科研机构、高等院校和相关行业部门的集体智慧。各分册在编写过程中，广泛征求了业内专家意见，经过反复讨论和修改，力求内容科学严谨、体系规范完整。但由于各领域的复杂性和规范化建设的长期性，不可避免地存在不足之处。我们真诚希望在实际应用中得到反馈和建议，以便在后续修订中不断完善，为我国自然灾害观测与科学研究提供更为有力的支撑。

我们相信，本系列规范的发布与推广，将有助于提升我国自然灾害观测研究的科学化、规范化水平，推动灾害风险防控能力的全面提升，为建设安全、韧性、可持续发展的社会提供重要保障。

编　者

2025 年 1 月

目　　录

1 引　言

　　受全球气候变暖与人类活动的影响，极端气象水文事件呈频发、多发态势，冰冻圈加速消融、萎缩，冰碛物堆积和冻融滑塌等增多，加之占全国 69.1%的山丘区地震构造活跃，陆地表层发生水力型灾害和链生灾害的频率显著增加。因此，面向服务防灾减灾国家重大战略需求，亟须加强地表水力型灾害的观测和预警机制研究。建立地表水力型灾害领域国家野外科学观测研究站（简称野外站）是认识此类灾害长期演变与突发成因的重要手段，规范化的观测方法是开展长期定位观测研究、预测预报和临灾应急抢险的关键，统一的观测体系和技术方法是野外站联网研究和优化布局的根本保证。近年来，我国地表水力型灾害领域国家野外科学观测研究站迅速增多，不同站点灾害的形成机理、演化过程、运动规律、成灾机制等方面各有侧重，几乎涵盖了主要灾害类型。然而，国家级、省部级等不同野外站的发展水平层次不一，且观测技术体系不尽相同，迫切需要建立统一规范的国家野外科学观测研究指标体系和观测技术方法，以获取长期、连续、高质量且可比较的观测数据，用于深入研究灾害形成机理、运动规律和成灾机制，研发具有针对性的灾害监测预警和工程治理技术，形成一套具有区域属性且相对普适性的防灾减灾理论与技术体系，有效支撑防灾减灾救灾"三个转变"和"四个精准"要求的实施，切实提高减灾成效。因此，为构建更为系统、统一、先进的观测指标体系和规范指导野外站联网观测和研究工作，有效提升野外站服务国家战略需求能力和水平，特制订水力型灾害长期观测技术规范（以下简称"规范"）。

　　本规范以地表水力型灾害长期科学目标以及国家重大需求为导向，遵循系统性、科学性、先进性和可操作性的原则，以国内外已有水力型灾害观测技术规范为基础，系统梳理水力型灾害的孕灾条件、形成的气象和水沙过程、运动演化规模放大与成灾过程指标之间的逻辑关系，形成了服务水力型灾害长期科学目标的观测指标体系。本规范根据国家不同发展阶段的重大科技需求和防灾减灾战略目标，设定了水土流失、山洪泥石流、堰塞溃决灾害等分灾种的专项观测任务，系统梳理并完善了与各专项观测任务相对应的灾害要素指标，形成了监测预警关键指标与参数指标的特殊观测指标体系，为针对性区域水力型灾害预警与防控、人居环境与工程安全、生态旅游安全、经济社会高质量发展提供科学支撑，服务于国家的防灾减灾重大科技目标和任务。

本规范共分 10 章，主要内容包括：引言、范围、规范性引用文件、术语与定义、观测任务与内容、观测指标体系、站点布局原则与要求、观测技术方法、数据汇交共享和保障措施。本规范主要起草人：崔鹏、郑粉莉、张国涛、周公旦、郭剑、王彬、张晨笛、焦菊英、顾海华、雷雨、张正涛、王烁帆、李朝月、樊军。水土流失灾害部分主要由郑粉莉、王彬、焦菊英、樊军等编写，山洪泥石流灾害部分由崔鹏、周公旦、张国涛、张晨笛、顾海华、雷雨、张正涛、李朝月等编写，堰塞溃坝灾害部分由郭剑、王烁帆、雷雨、张正涛等编写。第 1 章由崔鹏、郑粉莉、张国涛、王彬编写；第 2 章由崔鹏、郑粉莉、张国涛编写；第 3 章由张国涛、王彬、周公旦、张晨笛、郑粉莉、郭剑、顾海华等编写；第 4 章由郑粉莉、张国涛、周公旦、郭剑、王彬、张晨笛、焦菊英、顾海华、李朝月等编写；第 5 章由崔鹏、郑粉莉、张国涛、王彬、焦菊英编写；第 6 章由崔鹏（6.1 节、6.2 节、6.3 节）、郑粉莉（6.1 节、6.2 节、6.3.1 节）、张国涛（6.1 节、6.2 节、6.3.2 节）、周公旦（6.2.3 节、6.3.2 节）、郭剑（6.2 节、6.3.3 节）、张晨笛（6.2.3 节、6.3.2 节、6.3.3 节）、王彬（6.2 节、6.3.1 节）、焦菊英（6.2 节、6.3.1 节）、顾海华（6.2.3 节、6.3.2 节、6.3.3 节）、雷雨（6.2.4 节、6.3.3 节）、张正涛（6.2.4 节、6.3.3 节）、王烁帆（6.2 节、6.3.3 节）、李朝月（6.2 节）、樊军（6.3 节）等编写；第 7 章由崔鹏、郑粉莉、张国涛、王彬、焦菊英、郭剑、王烁帆等编写；第 8 章由崔鹏、郑粉莉、张国涛、周公旦、王彬、张晨笛、郭剑、焦菊英、顾海华、雷雨、张正涛、王烁帆等编写；第 9 章和第 10 章由崔鹏、郑粉莉、张国涛、王彬、焦菊英编写。本规范由崔鹏、郑粉莉与张国涛统稿、审阅并修改。黄河水利科学研究院姚文艺教授级高级工程师、四川大学王协康教授、中国科学院西北生态环境资源研究院陈仁升研究员、河海大学刘金涛教授、中国科学院地球环境研究所金钊研究员等审阅全稿并提出了修改意见。中国科学院水利部成都山地灾害与环境研究所周公旦研究员作为编写委员会联系人，有力推动了规范实施过程中的沟通和交流，保障了规范的高标准、高质量完成。

本规范资助项目及单位主要包括科技部四司科技工作委托任务"国家野外站观测技术规范研究"、国家生态科学数据中心（NESDC）以及国家重点研发计划项目"山洪灾害信号早期识别与准确预警技术装备"（2022YFC3002900）。

本规范主要由中国科学院地理科学与资源研究所、西北农林科技大学、中国科学院水利部成都山地灾害与环境研究所、清华大学、北京林业大学、北京师范大学等单位牵头共同编制，已建国家与省部级灾害站也积极参与和大力支持。2023年 3 月接受委托任务后，迅速成立编写组并进行任务分工、开展前期调研，先后召开线上、线下会议近二十次，历时两年有余，经过反复讨论，明确了地表水力型灾害领域野外站长期监测的目标，确定了规范编制的基本原则、编制依据和主要内容。草稿编制完成之后，编写组多次向野外站和各级领导进行了汇报和交流，广泛征求专家意见和建议，并不断修改完善。

本规范涉及指标体系庞杂，难免存在不妥之处，将在野外实地试用和问题反馈的基础上丰富完善。

2 范　围

　　本规范规定了水力型灾害领域国家野外科学观测研究站长期共性观测和灾种类别（水土流失灾害、山洪泥石流灾害、堰塞溃决灾害）专项观测的观测任务与内容、观测指标体系、站点布局原则与要求、观测技术方法、数据汇交共享、保障措施等，以及与支撑国家与地方水力型灾害预测–预报–预警、风险评估、应急救灾、灾后重建有关的内容。

　　本规范适用于水力型灾害领域国家野外科学观测研究站的长期定位观测。

3 规范性引用文件

本规范的制定参考了下述规范性文件，文件中的条款通过本规范的引用而成为本规范的条款。凡是标注日期的引用文件，仅所注日期的版本适用于本规范；凡是未标注日期的引用文件，其最新版本（包括所有的修改单）适用于本规范。

GB 3838—2002 地表水环境质量标准

GB 13580.2—1992 大气降水样品的采集与保存

GB 50179—2015 河流流量测验规范

GB 51018—2014 水土保持工程设计规范

GB/T 11826.2—2012 流速流量仪器 第2部分：声学流速仪

GB/T 11828.6—2008 水位测量仪器 第6部分：遥测水位计

GB/T 11828.4—2011 水位测量仪器 第4部分：超声波水位计

GB/T 16453.1—2008 水土保持综合治理 技术规范 坡耕地治理技术

GB/T 15966—2017 水文仪器基本参数及通用技术条件

GB/T 24558—2009 声学多普勒流速剖面仪

GB/T 26424—2010 森林资源规划设计调查技术规程

GB/T 27663—2011 全站仪

GB/T 35221—2017 地面气象观测规范 总则

GB/T 35225—2017 地面气象观测规范 气压

GB/T 35226—2017 地面气象观测规范 空气温度和湿度

GB/T 35227—2017 地面气象观测规范 风向和风速

GB/T 35229—2017 地面气象观测规范 雪深与雪压

GB/T 35233—2017 地面气象观测规范 地温

GB/T 35234—2017 地面气象观测规范 冻土

GB/T 35237—2017 地面气象观测规范 自动观测

GB/T 35228—2017 地面气象观测规范 降水量

GB/T 41222—2021 土壤质量 农田地表径流监测方法

GB/T 41368—2022 水文自动测报系统技术规范

GB/T 50095—2014 水文基本术语和符号标准

GB/T 50123—2019 土工试验方法标准

GB/T 50138—2010 水位观测标准

GB/T 51240—2018 生产建设项目水土保持监测与评价标准

HJ 164—2020 地下水环境监测技术规范

HJ 613—2011 土壤干物质和水分的测定重量法

HJ 1068—2019 土壤 粒度的测定 吸液管法和比重计法

HJ 1167—2021 全国生态状况调查评估技术规范——森林生态系统野外观测

HJ/T 166—2004 土壤环境监测技术规范

LY/T 1210～1275—1999 森林土壤分析方法

LY/T 1606—2003 森林生态系统定位观测指标体系

NY/T 1121.22—2010 土壤检测 第 22 部分：土壤田间持水量的测定—环刀法

QX 2—2000 新一代天气雷达站防雷技术规范

QX 3—2000 气象信息系统雷击电磁脉冲防护规范

QX 4—2015 气象台（站）防雷技术规范

QX/T 45—2007 地面气象观测规范 第 1 部分：总则

QX/T 48—2007 地面气象观测规范 第 4 部分：天气现象观测

QX/T 52—2007 地面气象观测规范 第 8 部分：降水观测

QX/T 61—2007 地面气象观测规范 第 17 部分：自动气象站观测

QX/T 470—2018 暴雨诱发灾害风险普查规范 山洪

SL 07—2006 悬移质泥沙采样器

SL 42—2010 河流泥沙颗粒分析规程

SL 43—92 河流推移质泥沙及床沙测验规程

SL 190—2007 土壤侵蚀分类分级标准

SL 237—034—1999 冻土含水率试验

SL 237—035—1999 冻土密度试验

SL 237—036—1999 冻结温度试验

SL 237—037—1999 冻土导热系数试验

SL 237—039—1999 冻胀量试验

SL 277—2002 水土保持监测技术规程

SL 419—2007 水土保持试验规程

SL 450—2009 堰塞湖风险等级划分标准

SL 537—2011 水工建筑物与堰槽测流规范

SL 592—2012 水土保持遥感监测技术规范

SL 630—2013 水面蒸发观测规范

SL 718—2015 水土流失危险程度分级标准

SL/T 675—2014 山洪灾害监测预警系统设计导则

SL/T 450—2021 堰塞湖风险等级划分与应急处置技术规范
DZ/T 0221—2006 崩塌、滑坡、泥石流监测规范
DB 11/T 1677—2019 地质灾害监测技术规范
DB 34/T 2989—2017 山洪灾害调查与评价技术规程
DB 36/T 1590—2022 红壤区坡面径流小区径流泥沙监测技术规范
DB 41/T 2078—2020 径流小区布设与监测技术规程
DB 50/T 139—2016 地质灾害危险性评估技术规范
FXPC/ZJ G-01 市政设施承灾体普查技术导则
FXPC/ZJ G-02 城镇房屋建筑调查技术导则

4 术语与定义

下列术语和定义适用于本标准。

4.1 地表水力型灾害

地表水力型灾害（surface hydraulic hazards）指在降雨、冰雪消融、地表径流及地下水活动等水力要素驱动作用下，坡面和流域水沙耦合运动演化过程中发生的一种灾害类型，主要包括水土流失、山洪泥石流、堰塞溃决等。

4.2 水土流失灾害

水土流失灾害（soil erosion hazards）指水土流失对人类生存和发展造成的危害，包括当地灾害和异地灾害。当地灾害主要是指水土流失导致的生态系统退化、土地资源破坏、耕地损毁、粮食减产或绝收、交通和水利工程等基础设施损毁以及生命财产损失等。异地灾害主要是水土流失产生的径流泥沙输入水体（水库、湖泊、河流）造成泥沙淤积和水体污染，影响水生环境、水库寿命和航运安全，诱发洪水灾害和坝体冲毁、淹没农田和城镇以及造成人民生命财产损失等。

4.3 山洪泥石流灾害

山洪泥石流灾害（flash flood and debris flow hazards）指山丘区降水或融雪、融冰等引发河流水位的陡涨、陡落的水沙成灾过程，往往挟带大量泥沙、石块和巨砾等固体物质的特殊洪流，并对人民生命财产造成损失的现象，包括山洪灾害与泥石流灾害。流域汇水输沙过程中，水沙耦合占比的差异是山洪泥石流相互转化与演化的重要因素，影响着成灾的规模和大小。

4.4 堰塞溃决灾害

堰塞溃决灾害（barrier lake outburst hazards）指堰塞体（如由冰川退缩或跃动、山体滑坡或泥石流形成的自然堤坝）的溢流（渗流）损坏或溃决而引发堰塞湖水体突然释放导致的灾害。这种突发性的大量水体释放导致下游地区发生洪水，对人类居住区、农田、基础设施等造成严重破坏。堰塞溃决洪水通常诱发重大山洪灾害，对下游地区人员生命和财产造成巨大损失。

4.5　产汇流

产汇流（runoff generation and concentration）指降水经地表植被截留和土壤蓄持作用后（蓄满产流、超渗产流等），或冰雪融化所形成的地表径流或壤中流等，沿地表或地下路径向流域出口汇集的一种水文过程。

4.6　输沙率

输沙率（sediment transport rate）指在一定时段内通过河流某一过水断面的泥沙质量，常用单位为 t/s。

4.7　土壤侵蚀模数

土壤侵蚀模数（soil erosion modulus）指单位面积、单位时间内产生的土壤侵蚀量，单位为 $t/(km^2 \cdot a)$。

4.8　自然坡面径流场

自然坡面径流场（natural hillslope runoff plot）指布设在地形、土壤、植被、土地利用等具有代表性的自然坡面上的土壤侵蚀观测场，用于观测自然坡面或集水区的地表径流，以及近地表壤中流和管道流作用的土壤侵蚀过程。观测设施一般包括自然坡面径流小区或集水区、边埂、保护带、汇流槽、导流管、径流泥沙收集设施（如径流桶或径流池）和排水系统等。有条件的地方可以安装自动径流泥沙观测设备。

4.9　成灾水位

成灾水位（hazard-caused water level）指特定河段沿河民居、农田、基础设施、涉水建筑物等开始受淹时对应的控制断面水位。

4.10　堰塞体

堰塞体（barrier body）指冰川、岩土体和工程弃渣等在降雨、地震或人为扰动的影响下通过跃动、位移等地表过程在沟谷、河流中形成具有一定体积的堵塞体。堰塞体稳定性不一，有可能发生破坏，引发链生灾害。

4.11　堰塞湖

堰塞湖（barrier lake）指由堰塞体（如山体滑坡、泥石流、冰川退缩或跃动等过程形成的天然堤坝）阻挡河流而形成的自然水体，当水流在堰塞体上游积聚时便形成堰塞湖。

4.12　溃决流量曲线

溃决流量曲线（outburst flood curve）是描述堰塞湖溃决过程水流量随时间变化的曲线，展示了从堰塞体开始破裂出流到堰塞湖水体完全释放的整个过程。溃决流量曲线可以更好地理解和预测洪水发生的时间、持续时间和峰值流量，对预测和评估堰塞湖溃决可能导致的洪水规模和影响至关重要，是水利工程和灾害风险管理的关键基础。

4.13　灾害承灾体

灾害承灾体（elements at risk）指受到灾害影响和损害的人类社会主体。主要包括人类本身及其赖以生存的经济基础、空间环境和社会发展的各个方面，如工业、农业、能源、建筑业、交通、通信、教育、文化、娱乐、各种减灾工程设施，生产、生活服务设施，以及人们所积累起来的各类财富等。

4.14　易损性曲线

易损性是描述承灾体受到灾害影响下损失程度的指标。易损性曲线（vulnerability curve）是表达灾害强度和承灾体破坏程度（概率）之间定量关系的曲线。基于灾害变化的致灾因子强度值，计算承载体结构达到或超过破坏状态的概率，拟合相关变量所得的光滑曲线，建立灾害致灾因子强度和承灾体易损性的关系。

5　观测任务与内容

5.1　总则

1）坚持目标导向原则。以目标确定观测内容，以内容确定观测要素和具体观测指标，构建目标导向的观测内容和要素指标体系。

2）坚持长期观测和专项观测相结合原则。以长期观测为基础拓展专项观测任务，建立水力型灾害各灾种特殊的专项观测指标体系，实现专项研究目标。

3）坚持台站责任与特色相结合原则。长期观测指标为各站必选观测任务（个别指标可申请选测），灾种类别专项指标可基于各站研究特色、实际情况和减灾服务目标确定具体的监测要素及观测指标。

4）遵从科学性、系统性、先进性、可操作性的原则。充分考虑各灾种的形成、运动演化与成灾过程的发生条件，包括孕灾环境、致灾因子及承灾体等各要素的关联性，强调多要素、多过程、多尺度的综合观测。

5.2　目标任务

地表水力型灾害野外观测任务包括长期观测和专项观测两项任务。

长期观测任务的科学目标：研究代表性区域水土流失、山洪泥石流、堰塞溃决等水力型灾害的发生、运动、成灾原因、特征和规律，探索地表水力型灾害发生发展的关键过程及其对环境变化的响应机制，形成监测预警的关键指标与数据库，为国家和地方减灾防灾、应急抢险，以及脆弱坏境区经济高质量发展提供科学依据和技术支撑。

专项观测任务的研究目标：面向灾害事件预警及应急管理需求，开展水力型灾害激发因子、形成条件、运动演化与成灾要素和条件的专项观测，为灾害易发区域水力型灾害预警与治理、人居环境与工程安全、生态旅游安全、经济社会发展和生态文明建设等提供有力支撑。

5.3　观测内容

基于长期观测和专项观测的任务要求，形成对应的水力型灾害长期共性观测和灾种类别专项观测两类指标体系。长期共性观测是指对关键核心参数和要素进行长期、稳定的监测，形成长时序的连续监测数据；灾种类别专项观测是根据特定研究需求，对特定参数和要素进行规定期限的监测，是在长期共性观测的基础上，通过指标筛选、频率调整、补充观测等开展的（图1）。

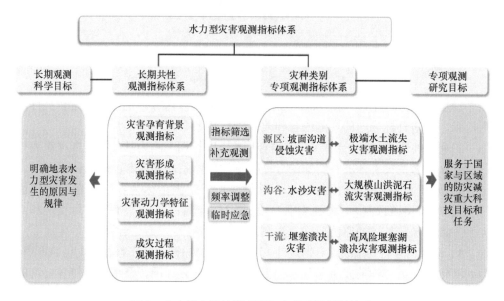

图1　水力型灾害长期观测与专项观测指标体系

5.3.1　立足长期观测科学目标的地表水力型观测灾害指标体系

　　基于水力型灾害长期观测的科学目标确定地表水力型灾害形成、运动、成灾条件与过程的研究内容，形成相应的水土流失灾害、山洪泥石流灾害、堰塞溃决灾害等观测指标体系。通过对诱发灾害的气象、水文和下垫面条件，坡面、河道动力学条件以及成灾过程等相关指标的观测，结合承灾体、人为干扰、突发性自然干扰等信息的观测，开展不同尺度（坡面、集水区、小流域、流域）灾害发生的条件、运动演化过程与成灾机理研究，揭示区域水力型灾害发生的原因与规律，科学评判水力型灾害的影响，提出可操作的灾害预警方案。

5.3.2　面向专项观测研究目标的地表水力型灾害观测指标体系

　　根据国家重大科技战略和学科发展需求，设立水土流失灾害、山洪泥石流灾害、堰塞溃决灾害三个灾种类别层面的专项任务，每项任务确定相应的研究内容，进而形成相应的观测指标体系（图2）。对于水土流失灾害，通过坡面、集水区、流域水土流失灾害分布，极端气象条件，下垫面地质地貌、土壤性质，植被变化，水土保持措施的面积、质量与分布、沟蚀侵蚀特征等相关指标观测，开展水土流失灾害的形成机理与运动成灾过程研究，评判其灾害程度和影响范围。对于山洪泥石流灾害，通过对下垫面植被、土壤渗流场、水沙产汇流过程、极端气象条件、不同尺度河流地貌条件、成灾条件等相关指标观测，开展山洪泥石流灾害的形成机理与运动成灾过程研究，记录并反演大规模山洪泥石流灾害发生过程。对于堰塞溃决灾害，通过调查潜在滑坡（崩塌），观测堰塞湖的水位、面积、渗流及坝体内部侵蚀过程，开展堰塞湖（冰川型、滑坡型、泥石流堵江型）风险源识别，堰塞坝稳定性分析，进行堰塞湖溃决风险的早期识别与防范，形成应急预案与评估技术体系。

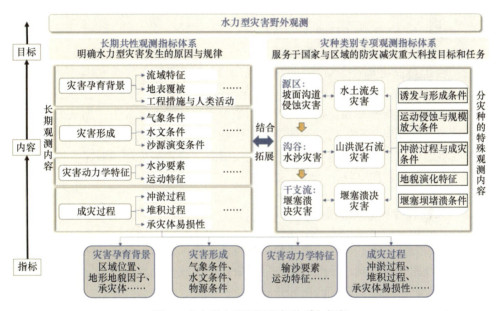

图 2　水力型灾害观测指标体系与框架

6   观测指标体系

水力型灾害观测指标分为长期共性观测指标和灾种类别专项观测指标两大类。长期共性观测指标是每个野外站必须完成的观测任务（*为可选指标，#为加强性指标）；灾种类别专项观测指标是各野外站根据自身特点选择承担的观测任务。

6.1   观测指标选取原则

6.1.1   目标导向性原则

野外站观测指标体系需瞄准地表水力型灾害领域的学科前沿，为水力型灾害在近地表不同圈层之间的物质和能量耦合的创新研究、形成–运动–成灾全过程的理论与机理研究、灾害监测预警预报的应用研究、应急减灾和预演评估等提供长期、连续的科学数据支撑。

6.1.2   共性和专项兼顾原则

地表水力型灾害具有典型地域和气候特征。不同地域、气候之间通过物质和能量耦合过程互相影响，导致不同灾种形成条件与成灾过程存在差异，根据区域和气候共性制定常规长期观测指标开展气象、水文、下垫面等要素的协同观测，考虑灾种类别层面制定专项观测指标。因此，将地表水力型灾害的观测分为长期共性观测和灾种类别专项观测。以长期共性观测方式开展水力型灾害环境基本参数和过程的观测，形成认识和了解区域水力型灾害基本物理过程和现象的长期观测数据积累。此外，各野外站可实施区域特色或专项观测，对特定灾种的现象和过程开展有针对性观测。

6.2   水力型灾害长期共性观测指标体系

为便于野外站长期观测实施，长期共性观测指标体系按照灾害孕育背景、灾害形成、灾害动力学特征、成灾过程四大静态与动态观测指标进行汇总，包括指标类型、观测内容、单位、观测频次、位置等信息（参照表1～表5）。观测频次要求：对于1次/2 a的观测指标，逢年份尾数为0、2等偶数年份开展观测；对于

1 次/5 a 的观测指标，逢年份尾数为 0、5 的年份开展观测；对于 1 次/5 a 季节动态的观测指标，一般选择采样当年 1 月、4 月、7 月、10 月观测，但对于一些灾害易发的野外站，可根据实际情况适当调整为灾害易发季初期和末期采样、周期性采样和单次灾害事件采样；无法实现采样的指定月份可提供其他时期数据。土层厚度不足 1 m 时按实际深度开展观测，有条件的站点可开展地表风化层的观测。

6.2.1 水力型灾害孕育背景观测指标

水力型灾害孕育背景观测指标包括野外站的区域位置、气候类型、地质指标、地形地貌因子、土壤与地表覆被指标、土地利用、工程措施与人类活动等类型（表 1），服务于水力型灾害发生、运动演化与成灾机制的研究及应急监测的国家需求，同时为联网研究提供必要的基础信息。其中，气候类型决定了灾害发生的类型，土地利用是灾害形成的关键地表要素，地形地貌因子是灾害发生的能量场条件，地质指标是灾害发生的物质场来源，土壤与地表覆被指标、工程措施与人类活动是灾害程度重要影响因子。土地利用主要观测内容包括土地利用类型及其空间分布（各土地利用类型面积占比）。地形地貌因子观测内容主要包括地貌特征、流域特征、坡面特征等，地貌特征为标准监测站的基础数据监测，表征野外站在区域尺度、流域尺度以及坡面尺度的基本特征，是进行灾害形成演化机制研究的本底数据。地质与构造过程是灾害发生的物质场来源，地质指标观测内容主要包括地质构造、地层岩性和水文地质等，地质指标为标准监测站的基础数据监测，表征灾害在区域构造尺度的孕灾环境，地层岩性表征灾害的物源特征，水文地质表征灾害的主要孕灾与诱发动力条件。上述地质要素是进行灾害形成演化机制的本底数据。风化带（腐泥岩、土壤）与地表覆被指标是灾害孕育的主要影响因素，观测内容主要包括被土壤剖面形态特征，土壤、腐泥岩基本物理性质、地表覆被等。承灾体（房屋、公路、铁路等）是承受灾害损失的关键要素，决定了灾害风险区域与规模，是进行灾害风险和损失评估的基础数据。人口指标包括受灾人口的空间分布和密度，是灾害导致人员伤亡的关键要素；房屋、公路、铁路与其他基础设施的类型和分布都是灾害风险评估和防范的关键。

表 1 水力型灾害孕育背景观测指标汇总表

指标类型		观测内容	单位	观测频次	备注
区域位置	地理位置	经度、纬度	° ′ ″	—	
		海拔	m	—	
气候类型	气候	气候类型	—	—	
地质指标	地质构造	构造单元演变	—	—	
		节理#	—	—	

续表

指标类型		观测内容	单位	观测频次	备注
地质指标	地层岩性	地层出露顺序#	—	—	
		岩石矿物组成	—	—	
		破碎程度#	—	—	
	水文地质	渗漏#	—	—	
		地下水位#	m	1次/a	
地形地貌因子	地貌特征	地貌成因	—	—	
		地貌形态	—	—	
		地貌发育阶段	—	—	幼、中、老
		相对高差	m	—	
	流域特征	流域面积	km²	—	
		流域形状	—	—	
		沟道长度	m	—	
		沟道宽度	m	—	
		沟道比降	%	—	
		河型	—	—	
		河势	—	—	
	坡面特征	坡度	°	1次/5 a	
		坡长	m	1次/5 a	
		坡向	°	—	
		坡型	—	1次/5 a	
土壤与地表覆被指标	土壤剖面	土层深度	m	1次/5 a	
		剖面特征	—	1次/5 a	
	土壤物理性质	土壤机械组成（级配）	%	1次/5 a	
		土壤密度	g/cm³	1次/a	
		团聚体稳定性	mm 或%	1次/2 a	可用平均重量直径（MWD），单位为 mm；或>0.25 mm 水稳性团聚体含量，单位为%。
		团聚体粒径分布（particle size distribution，PSD）	%	1次/2 a	
		土壤有机质含量	g/kg	1次/a	
		土壤含水量	%	1次/月	有条件的站点可采用自动观测设备进行观测
		土壤持水特征曲线	—	1次/5 a	
		土壤孔隙度	%	1次/a	
		土壤饱和入渗速率	mm/min	1次/2 a	
		土壤饱和含水量	%	1次/2 a	
		田间持水量	%	1次/2 a	
		液限*	%	1次/5 a	
		塑限*	%	—	
		土壤发育节理	—	—	

指标类型		观测内容	单位	观测频次	备注
土壤与地表覆被指标	风化基岩或腐泥岩物理性质*	腐泥岩厚度	cm	—	
		基岩风化为腐泥岩速率	mm/ka	—	
		风化速率			
		风化基岩裂隙孔隙度*	%	—	
		风化基岩总孔隙度*	%	—	
		裂隙密度*	个/m	—	
	地表覆被	地表覆被类型	—	1次/2 a	参照国标分类
		植被覆盖度	%	1次/2 a	
土地利用	土地利用	土地利用类型	—	1次/5 a	
		各土地利用类型面积占比	km²	1次/5 a	
		冰雪覆盖面积	km²	1次/5 a	
工程措施与人类活动*	人口	总人口	人		人口与各类承灾体信息,参见附录 C 中附表 C3 与附表 C4
		空间分布	—		
		人口密度	人/m³		
	房屋	用途	—		
		结构	—		
		建筑总面积	km²		
	公路	类型	—		
		长度	km		
		总资产	万元		
	铁路	长度	km		
		总财产	万元		
	其他基础设施	类型	—		
		面积	km²		
		长度	km		
		总财产	万元		

*为叮选指标,#为加强性指标,下同。

6.2.2　水力型灾害形成观测指标

水力型灾害形成观测指标包括气象条件、水文条件、沙源演变条件等类型(表 2)。气象条件指标是灾害的诱发条件,是形成过程研究的基本要素。气象条件指标中,大气降水指标主要包括降水类型、降水量与降水历时;空气温湿度指标主要包括空气温度、空气湿度;风指标主要包括距地面 2 m 高度的风速和风向;水面蒸发指标主要包括潜在蒸发量。水文条件指标是定量研究灾害形成过程的关键指标,特别强调监测灾害发生的极端过程,如土壤含水量、土壤温度、壤中流流量、地下水位等。沙源演变条件指标主要包括水沙过程、侵蚀量或输沙量、侵蚀沟发育、侵蚀沟形态变化等。上述观测指标实现了从短期到长期、从渐变到突变，从接触到非接触对灾害的全面观测。除特殊注明外，相关指标在综合观测场和辅助观测场进行观测。

表 2　水力型灾害形成观测指标汇总表

指标类型		观测内容	观测频率	位置	备注
气象条件	大气降水	降水类型	—	气象观测场	降雨、降雪、冰雹等
		降水量	1 次/30 min		
		降水历时	场次		
	空气温湿度	空气温度	1 次/30 min		逐日统计最低、最高、平均气温
		空气湿度	1 次/30 min		逐日统计最低、最高、平均湿度
	风	2 m 风速	1 次/30 min		
		2 m 风向	1 次/30 min		
	水面蒸发*	潜在蒸发量	1 次/d		
水文条件	土壤温湿度	土壤含水量	1 次/30 min		诱发因素、形成条件：距地表 0～10 cm、10～20 cm、20～30 cm、30～40 cm、40～50 cm，深度不足时，可按实际土层深度进行测量；冻融区可拓展至永冻层；可视情况增加观测频次
		土壤温度	1 次/30 min		
	壤中流、地下水动态*	壤中流流量*	1 次/30 min	出口断面	
		地下水位*	1 次/30 min	观测井	测盅、水位自动记录仪、孔隙水压力计、钻孔渗压计、测流仪
	径流	基流量	1 次/月	沿程	雷达水位计、流速仪（堰塞溃决流量应急测量主要是采用无人机或远程雷达测速仪）
		表面流速	1 次/10 min		
		水位	1 次/10 min		
		断面流量	1 次/10 min		
		峰值流量	场次		
沙源演变条件	水沙过程		场次	坡面/集水区	有条件的站点可采用自动泥沙观测仪进行过程观测
	侵蚀量或输沙量	t	场次		有条件的站点可采用自动泥沙观测仪进行过程观测
	侵蚀沟发育*	—	场次		UAV，有条件的站点可采用三维激光扫描仪或激光雷达进行观测
	侵蚀沟形态变化	—	场次		UAV，有条件的站点可采用三维激光扫描仪或激光雷达进行观测

注：UAV. 无人机，unmanned aerial vehicle。

6.2.3　水力型灾害动力学特征观测指标

认识灾害动力学特征，有助于定量研究灾害发生的规模、能量转化和侵蚀放大过程。灾害动力学特征观测指标主要包括输沙要素、运动特征、动力学指标（表 3）。输沙要素主要包括悬移质输沙率、推移质输沙率、一次输沙总量、最大输沙量和年输沙量；运动特征主要包括暴发时间、历时、爬高、流面宽度和阵流次数；动力学指标主要包括流速、流深、流量、流态等。相关指标除特殊注明外，均在综合观测场、辅助观测场和调查点同时观测。

表 3　水力型灾害动力学特征观测指标汇总表

指标类型	观测内容	单位	观测频率	位置	备注
输沙要素	悬移质输沙率	kg/s	非汛期：1 次/d	上中下游关键断面	地声监测仪、运动图像采集仪、激光测距系统、径流量测量系统、水沙采样系统
			汛期：1 次/30 min	—	
	推移质输沙率*	kg/s	非汛期：1 次/d		
			汛期：1 次/60 min		
	一次输沙总量#	t	场次	上中下游关键断面	
	最大输沙量	t	场次		
	年输沙量	t	—		
运动特征	暴发时间	min	场次	—	物位仪、雷达、运动图像采集仪、人工辅助计时
	历时	min	场次		
	爬高	m	场次		物位仪、雷达、运动图像采集仪
	流面宽度	m	场次		
	阵流次数#	次	场次		
动力学指标	流速	m/s	1 次/30 min	上下游监测断面	物位仪、雷达、运动图像采集仪、人工辅助计时
	流深	m	1 次/30 min		
	流量	m³/s	1 次/30 min		
	流态	—	1 次/30 min		

6.2.4　水力型灾害成灾过程观测指标

成灾过程观测指标主要包括冲淤要素、堆积要素和成灾要素（表 4），对于认识灾害的强度与受灾范围、灾害预警和防治具有重要意义。冲淤要素主要包括河（沟）床演变，如断面形态、比降等；堆积要素主要包括堆积结构与性质，如堆积层理、堆积粒序、堆积物形态等；成灾要素主要包括成灾暴雨条件、灾害体与承灾体易损性要素观测等，主要在灾害发生前、中、后进行观测。相关指标除特殊注明外，均在综合观测场、辅助观测场和调查点同时观测。

表 4　水力型灾害成灾过程观测指标汇总表

指标类型	观测内容		单位	观测频率	位置	观测设备
冲淤要素	河（沟）床演变	河床级配	—	场次	关键断面与河段	UAV、全球定位系统的差分测量系统、人工采样等
		断面形态	—			
		比降	—			
		河型	—			
堆积要素	堆积结构与性质	堆积层理	—		沿程堆积区	山洪泥石流采样系统、3D 激光扫描、激光粒度仪等
		堆积粒序	—			

续表

指标类型		观测内容	单位	观测频率	位置	观测设备
堆积要素	堆积结构与性质	堆积物形态	—		沿程堆积区	山洪泥石流采样系统、3D 激光扫描、激光粒度仪等
		漂木数量与位置*	—			
成灾要素	灾害体与承灾体易损性要素观测	成灾暴雨条件	汇流滞时	h	场次	成灾区域	高清监控摄像机、无人机、应变计、倾角仪、沉降仪等
		承灾体用途				
		承灾体结构类型	木结构、砌体结构、框架结构、钢结构等			
		破坏类型	冲击破坏、淤埋破坏、摩擦破坏			
		破坏程度	—			

6.3 灾种类别专项观测指标体系

灾种类别专项观测指标主要包括流域单元源区极端水土流失灾害、大规模山洪泥石流灾害、高风险堰塞溃决灾害等特殊内容，绝大多数观测指标在长期观测任务中均有体现，考虑到灾种类别专项观测任务的迫切性和特殊性，对于一些灾害变化或影响敏感的观测指标，观测频次加密；对于灾害变化或影响不敏感的指标，则按照长期观测要求进行；对于特殊要求的观测指标进行补充完善；对于突发性、偶然性、大规模及高风险灾害需要临时应急观测，从而形成灾种类别层面专项观测和评估指标体系。

6.3.1 极端水土流失灾害观测指标

极端水土流失灾害观测涉及原位灾害和异地灾害两种类型，主要针对其激发条件、形成过程、灾害动力学特征、成灾过程等的观测和临时应急调查（表5～表8）。

（1）激发条件观测指标

极端水土流失灾害激发条件观测指标包括气象条件、水文条件、土壤性质、土地利用与地表覆盖等类型，具体详见表5。

表5　极端水土流失灾害激发条件观测指标汇总表

指标类型	观测内容	单位	观测频率	位置	备注
气象条件	极端降雨日数	d	—	气象观测场	应采用中国气象局极端降雨标准，即预计 1 h 降水量达 70 mm 以上，或 6 h 降水量达 100 mm 以上，或 24 h 降水量达 150 mm 以上
	逐段降雨量	mm	1 次/5 min		
	逐日降雨量	mm	1 次/d		
	最大时段降雨强度	mm/h	1 次/5 min		应计算 10 min、30 min、60 min、120 min、240 min 及以上的最大降雨强度

指标类型	观测内容	单位	观测频率	位置	备注
气象条件	降雨历时	min	场次		1 h 降雨量≥10 mm
	极端降雨笼罩面积*	km²	场次		
	雪深*	cm	1 次/h		冻融侵蚀区
	积雪密度*	g/cm³	1 次/h		冻融侵蚀区，雪特性分析仪
水文条件	土壤导水率	cm/h	1 次/a	关键断面	
	土壤饱和导水率	cm/h	1 次/a		
	土壤水势*	kPa	1 次/5 min		
	土壤孔隙水压力*	Pa	1 次/5 min		
	土壤蓄水容量	cm³/cm³	1 次/30 min	—	宇宙射线中子仪
	地表流量	m³	1 次/30 min	关键断面	
	汇流时间	min	场次		
	壤中流流量*	m³	1 次/30 min		
	壤中流出露位置*	—	—	—	
	径流系数	—	—	坡面	
	融雪径流量*	mm	1 次/10 min	关键断面	冻融侵蚀区
	融雪径流历时*	min	场次		
土壤性质	土壤冻结深度*	cm	1 次/d	观测场	冻融侵蚀区
	土壤融化速率*	mm/h	1 次/30 min		冻融侵蚀区
	土壤抗剪强度	Pa	1 次/a		
土地利用与地表覆盖	植被覆盖类型	—	1 次/a	流域/坡面	
	植被覆盖度	%	1 次/a		
	枯落物厚度	cm	1 次/a		

（2）形成过程观测指标

极端水土流失灾害形成过程观测指标主要包括坡沟系统水沙过程、灾害链（片蚀-细沟-侵蚀沟）演变阶段与形态特征、水土流失特征等类型（表 6）。

表 6　极端水土流失灾害形成过程观测指标汇总表

指标类型	观测内容	单位	观测频率	位置	备注
坡沟系统水沙过程	产流历时	min	场次	典型坡沟系统	有条件的站点可采用自动泥沙观测仪进行过程观测
	产汇流过程	mm/min	场次		
	含沙量	kg/m³	1 次/30 min		
	泥沙输移过程	kg/min	场次		
	最大含沙量	kg/m³	场次		
	径流量	m³	1 次/10 min		
	最大洪峰流量	m³/s	1 次/10 min		
	侵蚀量	t	1 次/10 min		
	输沙量	t	1 次/10 min		

续表

指标类型	观测内容	单位	观测频率	位置	备注
灾害链演变阶段与形态特征	细沟密度*	m/m²		坡面	UAV
	片蚀-细沟-侵蚀沟演变阶段	—		典型坡沟系统	
	侵蚀沟发育*	—			
	侵蚀沟数量	个			应测定长度大于10m的沟道，UAV-地面测量
	侵蚀沟宽度	m			UAV-地面测量
	侵蚀沟深度	m			
	侵蚀沟长度	m	场次		
	侵蚀沟比降	%			
	侵蚀沟密度	m/km²			
	割裂度	%			
水土流失特征	机械组成	%		典型坡沟系统	吸管法、比重计法或激光粒度分析仪
	侵蚀强度	t/km²			
	淤积量	t			
	输沙率	kg/s		典型坡沟系统、流域	
	输沙模数	t/(km²·a)			
	块体位移	m		典型坡沟系统	
	沉积体体积*	m³			
	沉积体密度*	g/cm³			

（3）灾害动力学特征观测指标

极端水土流失灾害动力学特征观测指标主要包括水动力学特征和土力学特征（表 7）。

表 7　极端水土流失灾害动力学特征观测指标汇总表

指标类型	观测内容	单位	观测频率	位置	备注
水动力学特征	流速	m/s	1 次/10 min	沿程典型断面	
	径流深	mm			
	流量	L/min			
	壤中流流量	L/min			
	地下水位变动*	cm	1 次/d		
	融雪流量	L/min			
	水文连通性指数*	—		流域、坡面	
土力学特征	土壤抗剪强度	kPa	场次	沿程典型断面	
	土壤黏结力	kPa			
	土壤崩解速率*	kg/min			

（4）成灾过程观测指标

极端水土流失灾害成灾过程观测指标主要包括沟道形态、冲淤要素、成灾要素等，具体指标见表 8。

表 8 极端水土流失灾害成灾过程观测指标汇总表

指标类型	观测内容	单位	观测频率	位置	备注
沟道形态	沟头溯源侵蚀速率	m/a	场次	典型坡沟系统	
	沟深变化率	%			
	地表割裂度#	km^2/km^2			
	侧壁崩塌量	m^3			
冲淤要素	沟道比降变化率	%			
	冲积物机械组成	%			
	最大输沙量	m^3			
	沉积位置	—			
	沉积深度	m			
成灾要素	城镇淹没面积	m^2		流域	
	矿山淹没面积	m^2			
	农田淹没面积	m^2			
	农田损毁面积	m^2			
	淹没水深	m			
	淹没时间	d			
	泥沙淤积厚度	m			
	作物减产面积	m^2			
	作物绝收面积	m^2			
	交通设施冲毁量	m			
	水利设施冲毁量	m			
	生活设施冲毁量	个			

6.3.2 大规模山洪泥石流灾害观测指标

大规模山洪泥石流灾害观测涉及山洪和泥石流两种灾害，主要针对灾害诱发条件与形成过程，运动过程，堆积与成灾过程，地貌短期、长期演变过程等观测与临时应急调查。

（1）灾害诱发条件与形成过程观测指标

大规模山洪泥石流灾害诱发条件与形成过程观测包括诱发与形成条件观测（气象条件、水文条件、固体物质来源条件）和机理观测（土壤水力特征、土壤侵蚀与破坏过程）（表 9）。

表 9 大规模山洪泥石流灾害诱发条件与形成过程观测指标汇总表

指标分类	观测内容	单位	观测频率	位置	备注
气象条件	降雨总量	mm	场次	气象观测场	降雨驱动型灾害，中低山区
	降雨历时	h			
	降雨强度	mm/5 min	1 次/5 min		
	降雪量	mm	场次		融雪驱动型灾害，中高山区
	降雪历时	h			
	积雪深度*	cm	1 次/d		
	空气温度	℃	1 次/30 min		
	蒸发量*	mm	1 次/30 min		
	雪面雨日数*	d	场次		雨雪混合驱动型灾害，中高山区
	雪面雨量*	mm			
水文条件	坡面产流量*	mm	场次	—	有条件的站点可采用自动泥沙观测仪进行过程观测
	坡面产沙量*	kg			
	土壤体积含水量	%	1 次/5 min	土壤剖面	诱发因素、形成条件：距 0 cm、10 cm、20 cm、30 cm、40 cm、50 cm，深度不够按照最深来测量
	土壤温度	℃			
	树干截流量	mm		植被类型	
	壤中流*	—	场次	剖面层理间	测盅、水位自动记录仪、孔隙水压力计、钻孔渗压计、测流仪
	冰雪（冻土）消融水量*	L/(min·cm)	季节性、过程	气象观测场	极端升温或雪面雨诱发冰雪洪水过程
	冰雪（冻土）消融历时*	min	季节性		
土壤水力特征	土壤水势*	J/g	1 次/5 min	剖面层理	土壤水势仪、土体孔隙水压力测试仪
	土体孔隙水压力	Pa	1 次/5 min		
	土体强度*	kPa	1 次/5 min		
土壤侵蚀与破坏过程	坡面侵蚀	—	场次	—	
	沟谷侵蚀	—		主河道/支流	
	块体位移	m		坡面	
	块体变形#	m			
固体物质来源条件	物质成分	—	场次	—	
	固体含量	%		—	
	黏土含量	%		—	吸管法、比重计法或激光粒度仪
	土石体积	m³		—	
	坡体稳定性*	—		坡面	全球定位系统、3D 激光扫描、无人机摄影装置等

（2）运动过程观测指标

大规模山洪泥石流灾害运动过程观测指标包括运动特征与条件（灾害事件动态要素）、动力学要素（动力学、静力学和流变学要素）和流体特征要素（固体物质组成与物理性质）（表 10）。

表 10　大规模山洪泥石流灾害运动过程观测指标汇总表

指标类型		观测内容	单位	观测频率	位置	备注
运动特征与条件		暴发时间	min	场次	关键水文断面	物位仪、雷达、运动图像采集仪、人工辅助计时
		历时	min			
		爬高#	m			物位仪、雷达、运动图像采集仪
		流面宽度#	m			
		阵流次数*	次			
动力学要素		流速	m/s	1 次/5 min	关键水文断面	动力学参数,物位仪、雷达、运动图像采集仪、人工辅助计时
		流深	m			
		流量	m³/s			
		洪水波传播时间*	min	场次		
		流态*	—	1 次/5 min		
		流体动压力*	Pa			动力学参数,二向力仪
		剪切力*	Pa			
		龙头冲击力*	N			动力学参数,冲击力测试桩、冲击力传感器
		石块冲击力*	N			
		环境振动(地声、次声)频谱*	Hz	1 次/s		动力学参数,地声、次声测定装置
		容重密度*	N/m³	场次	—	静力学参数,激光粒度仪、流变仪、直剪仪、固结仪等
		颗粒体积浓度*	%		—	静力学、流变学参数,塑限液限测定仪
		塑限#	%		—	
		液限#	%		—	
		黏度系数#	Pa·s		—	
		屈服应力#	kPa		—	
		触变能量#	J		—	
流体特征要素	固体物质组成	岩性*	—	场次	—	光谱分析
		矿物成分	—		—	激光粒度仪、流变仪、直剪仪、固结仪等
	物理性质	块度	—		—	激光粒度仪
		颗粒级配	—		—	激光粒度仪
		黏度*(洪水、稀性、黏性)	Pa·s		—	黏度计
		密度*	kg/m³		—	密度计

(3)堆积与成灾过程观测指标

大规模山洪泥石流灾害堆积过程观测指标包括输沙要素(输沙量)、冲淤要素(与主河交汇情况、主河水沙、主河河床)和堆积要素(堆积结构与性质、堆积扇发育过程)等类型(表 11)。

表 11　大规模山洪泥石流灾害堆积与成灾过程观测指标汇总表

指标类型		观测内容	单位	观测频率	位置	观测设备
输沙要素	输沙量	悬移质输沙率	kg/s	非汛期：1 次/周	上中下游关键断面	地声监测仪、运动图像采集仪、激光测距系统、径流量测量系统、泥石流采样系统
				汛期：1 次/30 min		
		推移质输沙率*	kg/s	非汛期：1 次/周	上中下游关键断面	
				汛期：1 次/30 min		
		一次输沙总量	m³	场次	上中下游关键断面	
		年输沙量	m³			
冲淤要素	与主河交汇情况	交汇过程	—	场次	汇合口	全球定位系统、3D激光扫描、无人机摄影装置等
		洲滩形态	—			
	主河水沙	主河流量#	m³/s	场次	—	径流量测量系统
		悬移质*	m³		关键断面	泥石流采样系统3D激光扫描、激光粒度仪等
		推移质*	m³			
	主河河床	平面形态*	—	场次	关键断面与河段	
		断面形态	—			
		比降	—			
		边岸地形	—			
		弯道超高*	m			
堆积要素	堆积结构与性质	堆积层理	—	场次	沿程堆积区	山洪泥石流采样系统、3D激光扫描、激光粒度仪等
		堆积粒序	—			
		堆积物构造	—			
		漂木数量与位置*	—			
	堆积扇发育过程	漫流	—	场次	堆积扇区	全球定位系统、3D激光扫描、无人机摄影装置等
		改道	—			
		堆积形态	—			
		堆积速率	—			
		淹没水深	m			
		受灾面积	ha			

注：ha.公顷，1 ha = 1 hm²。

（4）地貌短期、长期演变过程观测指标

大规模山洪泥石流灾害地貌短期、长期演变过程观测，基于形态成因统一和内外营力兼顾进行地貌分类，根据长期山地地貌类型观测，绘制中、大比例尺的流域地貌图，确定地貌随时间发展过程及其与极端灾害的相互作用（表12）。

表 12　大规模山洪泥石流灾害地貌短、长期演变过程观测指标汇总表

指标类型		观测内容	单位	观测频率	位置	观测设备
滑坡前后植被的演变		NDVI	—	1 次/a	—	遥感影像
		胸径*	cm			胸径尺
地貌类型	地貌形态	地貌面海拔	km	短期、长期，以年为单位	关键扰动区	全球定位系统、3D 激光扫描、无人机摄影装置、常规地质调查设备等
		相对起伏度	km			
		坡度	°			
	地貌分布	地貌形态面积	km²			
地貌发展过程	地貌过程	物质输入*	t			泥石流采样系统、3D 激光扫描、激光粒度仪等
		物质输出*	t			
		高程变化量	m			全球定位系统、3D 激光扫描、无人机摄影装置、常规地质调查设备等
		坡面变化量	°			
	水文过程	产流面积	m²			流量堰、激光测距系统、水位监测仪等
		沟道拓宽	m			全球定位系统、3D 激光扫描、无人机摄影装置等
		沟道深度	m			

注：NDVI. 归一化植被指数，normalized differential vegetation index。

6.3.3　高风险堰塞溃决灾害观测指标

高风险堰塞溃决灾害主要包括泥石流堰塞溃决型灾害、滑坡堰塞溃决型灾害、冰碛堰塞溃决型灾害、冰川堰塞溃决型灾害、人工坝溃决型灾害等，观测要素要求从短期到长期、从渐变到突变、从接触到非接触对堰塞湖的全面观测。观测指标根据灾害形成过程分为诱发条件与形成过程、溃决过程、运动及成灾过程。

（1）诱发条件与形成过程观测指标

高风险堰塞溃决灾害诱发条件与形成过程观测指标主要包括气象指标、水文指标、堰塞坝指标和潜在诱发源指标。其中，气象指标为长期观测，表征堰塞湖在长期尺度的孕灾环境，可用于堰塞湖长时间尺度的发育趋势预测。水文指标包括水位、径流等特征指标，是表征堰塞湖水源补给–排泄平衡的关键指标（表 13）。

表 13　高风险堰塞溃决灾害诱发条件与形成过程观测指标汇总表

指标类型	指标类别	观测指标	单位	观测频次	备注
气象指标	空气温度	最低温度	℃	由定时值获取	
		最高温度	℃	由定时值获取	
		定时温度	℃	1 次/h	

续表

指标类型	指标类别	观测指标	单位	观测频次	备注
气象指标	土壤温度	0 cm 深度地温	℃	1 次/h	对冰川地区堰塞坝进行测量
		100 cm 深度地温	℃		
		200 cm 深度地温	℃		
		300 cm 深度地温	℃		
水文指标	径流补给	径流补给流量	m³/s	1 次/10 min	
		融水补给速率	m/s		
	湖面水位	最低高程	m	由定时值获取	
		最高高程	m	由定时值获取	
		定时高程	m	1 次/h	
	泄流出口	流速	m/s	1 次/5 min	
		流量	m³/s		
		溃口水位高程	m		
	沿程径流指标	水位	m		
		流速	m/s		
		流量	m³/s		
堰塞坝指标	形态指标	坝体长	m	1 次/月	冰川区新形成的堰塞坝，1 次/h
		坝体宽	m		
		坝体高	m		
		坝体体积	m³		
		最高水位	m		
	物质组成	含冰体积分数	%		
		粒径级配	—		
	泄流	出流形式	漫顶、渗流		
	溃口形态	溃口形态	—	1 次/10 min	
		溃口宽度	m		
		溃口深度	m		
潜在诱发源指标	崩塌、滑坡、冰崩	潜在灾害体体积	m³	1 次/3 月	
		潜在入水体积	m³		
		潜在涌浪高度	m		
	泥石流	潜在来流量	m³		
		潜在入水体积	m³		
		潜在涌浪高度	m		

（2）溃决过程观测指标

高风险堰塞溃决灾害溃决过程观测指标包含堰塞湖径流指标、堰塞坝形态指标以及震动指标，可反映坝体的稳定性（表 14）。

表14 高风险堰塞溃决灾害溃决过程观测指标汇总表

指标类型	指标类别	观测指标	单位	观测频次	备注
堰塞湖径流指标	湖面水位	最低高程	m	1次/10 min	
		最高高程	m		
	泄流出口	流速	m/s		
		流量	m³/s		
		溃口水位高度	m		
堰塞坝形态指标	形态指标	坝体长	m	1次/a	对新形成的堰塞坝,初期测量频率调整为1次/10 min
		坝体宽	m		
		坝体高	m		
		坝体体积	m³		
		最高水位	m		
	溃口形态	溃口形态	—		
		溃口宽度	m		
		溃口深度	m		
震动指标	震动学指标#	坝体地震波速剖面	空间-波速的二维剖面	1次/d	
		地震波速随时间变化率	%		
		坝体内部界面深度	m		
		场地峰值频率	Hz		

（3）运动及成灾过程观测指标

高风险堰塞溃决灾害运动及成灾过程观测主要涉及灾害的动力特性（洪水速度、洪水水位、洪水流量）观测及震动学特征观测（表15）。

表15 高风险堰塞溃决灾害运动及成灾过程观测指标汇总表

指标类型	指标类别	观测指标	单位	观测频次	备注
水动力学指标	洪水演进	演进距离	m	由定时值获取	
		洪水水位	m	由定时值获取	
		洪水速度	m/s	1次/min	
		洪水流量	m³/s		
		淹没范围	m		
		淹没面积	m²	由定时值获取	
		振幅均方根	counts	1次/30 min	
		频率范围	Hz		
		持续时间	s	触发阈值后输出	
		峰值振幅	counts		
		功率谱密度	dB		

注：counts.计数。

7 站点布局原则与要求

7.1 布局原则

7.1.1 总体原则

根据国家防灾减灾战略需求和地表水力型灾害学科发展需求，结合我国水力型灾害分布与发育特征，合理布局水土流失、山洪泥石流和堰塞溃决等灾害观测站网，分期建设，有序推进，逐步建成布局合理、功能完备、管理规范、运行高效、具有国际影响力的国家野外科学观测研究站网，兼具野外观测、研究、示范和服务的功能，为水力型灾害科学研究与防灾减灾技术研发提供长期、连续、系统、配套的原型观测数据支撑，进而完善站点布局、提升研究水平、强化原型观测、优化管理服务、增强支撑能力。同时，应考虑多过程、多尺度灾害机理的复杂性和防灾减灾的应用导向性与需求性的总体原则。

7.1.2 设站原则

水力型灾害设站应秉承代表性、典型性、可持续性、可支撑性及开放性的原则，根据全国水力型灾害发生的频率、规模、类型、条件、成因等特点和要求进行总体布局和规划。

（1）区域代表性

能够代表气候、地质地貌、生态环境等自然条件与灾害易发的规律，结合区域实际情况，形成站点数量合理、有主有次、覆盖面广且避免交叉重复的水力型灾害观测研究网络，确保观测数据的代表性与相对普适性。

（2）灾种典型性

根据区域特征和灾害发育特征，台站可选择具有典型的水力型灾害，如水土流失、山洪泥石流、堰塞溃决等单灾种或多灾种（灾害链）进行科学观测，用于揭示自然条件变化（内外动力耦合变化）和人类活动影响下的特定水力型灾害发生、演化与成灾规律。

（3）观测可持续性

设站应考虑灾害的活跃性与长期可持续观测的特点，且观测站点应具有长期运行和维护能力，地点选择应规避未来可能的自然环境变化和社会经济发展导致观测中断的风险。此外，台站可坚持一站多能，观测设施建设应具有足够的灵活性和扩展性，以适应长期观测的要求。

（4）保障能力的可支撑性

设站应具有健全的台站制度、高素质的人才队伍、适宜的观测场地、丰富的科研积累、可长期观测的监测设备，支撑和保障台站的长期运行和科学管理。

（5）平台开放性

设站应考虑设施、仪器设备、样品标本、观测数据等开放共享，鼓励合作协同发展，提高观测和研究的综合服务能力，而且应考虑对地方和国家、社会、行业的服务和咨询功能。

7.1.3　选址原则

水力型灾害领域野外站选址应秉承典型性与持续稳定性、观测要素完整性与系统性、安全性、可达性原则，根据水力型灾害特有灾种和场址特点，保障灾害观测技术的可靠性和长期性。

（1）典型性与持续稳定性

选址应考虑灾种（如水土流失、山洪泥石流、堰塞溃决等）的典型性和发育特征，如山洪与冰川堰塞湖灾害的差异性观测，具备长期、持续、稳定的观测条件和环境。

（2）观测要素完整性与系统性

选址应考虑灾种观测要素完整性与系统性，包括诱发因素、形成条件、运动演化规律、成灾过程等多过程、多阶段的观测要素与参数，确保灾害观测要素的系统性、数据观测的可靠性。

（3）安全性

观测设备与设施、办公楼建设选址，以及安装、运行、维护期间，应考虑灾害的规模对观测设备与设施的潜在威胁，且考虑到站点的安全和保护需求，站点周边应建立围栏等人为控制设施。

（4）可达性

站点选址应在科学观测基础上选择在交通便利、易于管护的地理位置，确保观测设备的正常运行和数据的及时采集。

7.2 观测体系布设与要求

为保证观测和研究工作的长期性与可持续性，必须建立固定的观测场地（应有长期使用权），配置必要的观测设施（包括生活、工作与实验设施）。野外站观测场地系统分为长期观测场地系统和专项观测场地系统两大类，前者服务于水力型灾害形成、运动演化及成灾机制研究的长期科学观测目标，后者则支撑灾种类别层面的特殊加密、针对性灾害防控等观测研究，精准、科学服务于监测预警预报、应急减灾等方面的国家重大需求与科技发展。

图3展示了一个成熟的国家水力型灾害野外观测场地体系构成示意图，所有观测场地建立在一个完整的流域内，由不同的观测场有机组合而形成的坡面—沟道—支流—干流（点）的专项观测场地系统。

图3　国家地表水力型灾害野外观测场地体系构成示意图

7.2.1 长期观测场地系统

地表水力型灾害在坡面、沟道、小流域、支流与干流尺度逐级演变与放大，极大提高了灾害的风险性，构成了坡面-沟道-小流域-支流-干流灾害链。依照水土流失灾害-山洪泥石流灾害-堰塞溃决灾害的关联性,可将水力型灾害链划分源区(坡面和沟道侵蚀)、中游沟谷区水沙灾害(山洪泥石流灾害)、支干流汇合区堰塞溃决灾害,据此将水力型灾害链观测场分为坡面径流泥沙观测场、坡沟系统侵蚀观测场、侵蚀放大观测场、小流域水沙过程观测场、沟谷山洪泥石流观测场、支干流堰塞溃决观测场六个部分,以更合理地观测和认识灾害链的形成与发生机制。均设置灾害梯度过程观测场、辅助观测场、野外控制实验场和调查样区等。根据水力型灾害类型及发生特点,观测场地也可以适当调整。

(1)观测场布设基本原则

主要包括:

1)体现灾害链条完整性原则;
2)兼顾代表性和典型性相结合原则;
3)体现区域灾种特色与灾害链条相融合原则;
4)遵循点面结合布设原则;
5)兼备稳定性、便利性、可操作性的仪器布设区。

(2)梯度灾害观测场

主要包括:

1)坡面径流泥沙观测。

选取小流域典型坡面,布设坡面径流小区或自然坡面径流场进行地表、壤中流及风化基岩地下水径流观测(图4)。如有完整的零级山坡小流域(闭合系统),也可进行科学合理的水沙过程观测。

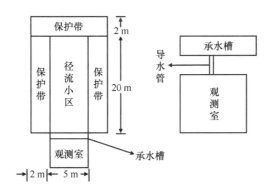

图4 坡面径流小区

2)坡沟系统径流侵蚀观测。

选取代表性小流域坡沟系统,布设自然坡面径流场,利用自动径流泥沙装置或分级径流桶（径流池）观测坡沟系统水沙过程，并结合 UAV 技术监测侵蚀沟发育过程和沟道冲淤过程。

3）侵蚀规模放大观测场。

选取代表性小流域坡沟系统，布设坡面产汇流—侵蚀—产沙—输沙过程对沟道侵蚀作用放大的观测场、沟道快速发育对小流域水沙灾害放大作用的观测场，并结合 UAV 技术观测侵蚀沟形态演变与水沙传递和沉积发生过程。

4）小流域水沙过程监测。

在小流域有代表性的断面或流域出口设置卡口站（把口站）观测小流域水沙过程。小流域控制站的观测设施主要是量水堰，具体有测流槽和测流堰两种类型。测流槽适用于任何含沙量的情形，主要有 H 型测流槽（适用于流量小于 3.2 m³/s 的小流域）、三角形测流槽（适用于流量大于 3.2 m³/s 的小流域）和巴歇尔槽（适用于含沙量较小、设计流量较大时）等。测流堰多适用于含沙量较低的情形，含沙量大时，易造成堰前淤积，影响流量观测。现场布设时应根据历史降雨资料计算得到的小流域洪峰流量和含沙量情况，选择不同的测流槽或测流堰，同时应在测流堰中布设量水堰和径流泥沙的自动观测设备，分别用于对径流和泥沙要素进行观测。

5）沟谷山洪泥石流观测场。

选择自然完整性高、自然过程保存完好的区域，尽可能减小人类活动对观测的干扰。观测场地应覆盖在泥石流补给区、流动区和堆积区，观测点应布设在严重侵蚀区内，可根据侵蚀强度的发展趋势和变化适时调整；考虑泥石流沟道地形、地质条件，一般在流通区纵坡、横断面形态变化处和地质条件变化处，以及弯道处等，都应布设泥石流观测点。在降雨区域，观测场地应选择泥石流形成区及其暴雨带内、泥沟道或流域内滑坡、崩塌和松散物质储量最大的范围内及沟道上方。观测点布设数量视泥石流沟或流域面积和观测点代表性好坏而定。观测点宜以网格状方式布设，泥石流沟或流域面积小时也可采用三角形方式布设。

观测对象应优先选择区域内最具代表性的沟谷，观测场地布设应考虑目标区域的以下因素：流域面积较大、主沟长度较长、土体侵蚀较严重、可松散颗粒物质储量较大、地形较陡、降水强度较大且降水集中期较长、类型具有区域典型性、发育过程较完整、发生频率较高、最大流速与流量较大、最高容重较高、最大泥深较深、最大输沙量与固体径流量较大；同时应与其他典型泥石流观测地点进行对比，确认其代表性。

观测场地应以保护观测人员与观测设备安全为前提，充分考虑安全因素进行布设，优先选择高于泥石流历史最高水位的平缓地区，回避土体松散、坡面稳定性差的区域，并且预留安全空间。同时，必须充分考虑下游保护区（居民点、重要设施等）撤离等防灾救灾所需提前警报的时间和泥石流运动速度。泥位观测点布设在防护点上游的基岩跌水或卡口处部位，且在其区间河段内无其他径流补给或补给量可忽略不计。

6）干支流堰塞溃决观测场。

观测区域应选择堰塞坝体完整性较高、沉积地貌过程保存完好的区域，以减小后期改造对观测结果的干扰。观测区域应覆盖堰塞湖的形成区、堰塞坝体及可能的溃坝区域，尤其关注堰塞坝的上游、坝体以及下游出水口的区域。

观测点重点布设在潜在的高风险区域，如堰塞湖的蓄水区、堰塞坝体及下游溃坝潜在影响区。观测点的布置应考虑堰塞坝地形、地质条件，特别是坝体结构变化明显、地质条件不稳定地区，如溢流区。针对堰塞湖区，观测点应设于最可能影响堰塞湖稳定性的区域，如易发生滑坡或坍塌的区域。

观测点数量应根据堰塞湖和堰塞坝的大小、风险等级和观测点的代表性确定。观测点宜以线性方式布设，以确保覆盖所有上下游影响区域。

观测对象优先选择区域内具代表性、高风险的堰塞湖。考虑的因素包括堰塞湖面积、堰塞坝物质组成、坝体形态、场地频率等。观测场地的布置必须保护观测人员和设备的安全，优先选择高出历史最高水位的平缓地区，避开土体松散、坡面稳定性差的区域。

7.2.2 专项观测场地系统

专项观测场地现阶段关注源区极端水土流失灾害、沟谷特大山洪泥石流灾害、干流高风险堰塞溃决灾害等潜在大规模、高风险灾害的机理过程观测与临时应急方面，进行特大水力性灾害的早期识别与防范，科学支撑国家与地方应急预案与评估技术体系。

主要由源区水土流失观测场地系统、沟谷山洪泥石流观测场地系统、支干流堰塞溃决观测场地系统以及临时应急观测系统等组成。观测场地与 7.2.1 节内容较为一致，其中临时应急观测系统是针对极端灾害临时、加密进行设置，确保监测设备的非接触性、安全性，如移动气象站、临时测流系统等。

7.3 场地附加条件

7.3.1 源头坡面水土流失灾害

针对山区流域高发、易发的水土流失灾害，应充分考虑极端降雨易发区、地形狭窄破碎区和土壤易侵蚀区等，建立坡沟系统径流泥沙观测场、侵蚀规模放大观测场以及定位调查点。

（1）坡沟系统径流泥沙观测场

基于代表性气象水文、地形地貌、土壤植被、土地利用等自然条件，针对小流域选取典型水土流失灾害易发区，建立坡沟系统径流泥沙观测场。常规的坡沟系统径流泥沙观测场规格由当地典型坡沟系统的集水区面积而定，其设施一般包括边埂、保护带、汇流槽、导流管、径流泥沙收集设施（如径流桶或径流池）和排水系统等。有条件的地方可以安装自动径流泥沙观测设备。

（2）侵蚀规模放大观测场

选取有代表性的坡沟系统，确定小流域选取极端水土流失灾害易发区，建立坡面产汇流—侵蚀—产沙—输沙过程对沟道侵蚀作用放大的坡沟系统观测场、沟道快速发育对小流域侵蚀规模放大作用的小流域水沙过程观测场。常规侵蚀规模放大作用坡沟系统观测规格由当地典型坡沟系统的集水区面积而定，其观测设施一般包括边埂、保护带、汇流槽、导流管、径流泥沙收集设施（如径流桶或径流池）和排水系统等，有条件的地方可以安装自动径流泥沙观测设备。小流域水沙过程观测场的规格由当地典型小流域面积而定，测流设施主要是量水堰。

（3）定位调查点

针对选取的极端水土流失灾害易发区，设置定位观测点，融合空–天–地监测技术和野外调查，观测极端水土流失灾害对大规模山洪泥石流和堰塞溃决灾害的放大作用。

7.3.2　大规模山洪泥石流与堰塞溃决灾害

特大山洪泥石流灾害是极端水土流失灾害的特殊形式，可针对灾害规模适当调整监测设备与观测场。

对于高风险堰塞湖水位监测条件，水位监测站点一般布设在水面平稳、受风浪或其他因素影响较小、便于安装设备和观测的地点，尤其是震后形成的堰塞湖，水位监测站点要选择岸坡相对稳固处设置，以避免余震带来次生滑坡的影响。一般水位观测应设置水尺和自记水位计，有条件时可用遥测水位计或自动测报水位计。

常规水文水动力观测设备（如雷达流速仪、水位计、测力板、激光测距仪等）在大规模山洪泥石流灾害与堰塞溃决灾害中极易被破坏，存在较大风险。专项观测站还应配备覆盖范围广、高灵敏度、高分辨率的非接触设备（如地震动监测仪），观测区域灾害事件运动过程的波形振幅、频谱等特征。建立山洪泥石流、堰塞溃决灾害事件波形数据库，构建灾害体运动速度（m/s）、冲击力（N）特征与地面震动信号峰值速度（m/s）、信号频率（Hz）、能量变化（dB）、持续时间（s）等特征之间的关系，进而为特大灾害事件的早期识别与区域应急预案提供科学支撑。

　　对灾害运动特征的观测，一般需要配备 3～4 个测震仪组成小孔径近源场观测台阵，参考 Schimmel 和 Hübl（2016）文献。观测场地条件应满足：①地质结构稳定、岩石坚硬的区域；②场地平坦与坚实；③远离人为、电磁干扰；④可接近性和安全性；⑤配备通信、电力条件支撑。具体参考地震国家标准《水库地震监测技术要求》（GB/T 31077—2014）。

8 观测技术方法

随着新的水力型灾害观测技术和方法不断涌现，相应的仪器设备也在不断更新，本规范建议结合传统经典的技术方法，采用与国际接轨的最新技术方法和观测设备，提高指标观测的效率。为保证观测指标的连续性、可比性，在观测方法调整前，需多种方法同时观测一段时间，以便对不同方法获得的观测数据进行校正。

8.1 灾害孕育背景观测技术方法

8.1.1 地理位置

海拔和经纬度可使用数字高程模型（digital elevation model，DEM）提取、全球定位系统测量等方法。

8.1.2 气候类型

气候是大气物理特征的长期平均状态，与天气不同，它具有一定的稳定性。根据世界气象组织（World Meteorological Organization，WMO）的规定，一个标准气候计算时间为 30 年。中国现有气候类型分为热带季风气候、亚热带季风气候、温带季风气候、温带大陆性气候和高山高原气候。

8.1.3 地形概况

地形一般分为平原、丘陵和山地，可根据实际情况进一步细化和备注。
平原：平坦、开阔，且相对高差小于 50 m；
丘陵：没有明显的脉络，坡度较缓和，且相对高差小于 100 m；
山地：起伏大、峰谷明显，高程在 500 m 以上，相对高差在 100 m 以上。

8.1.4 坡度

用数字高程模型（DEM）提取或采用罗盘等工具测量，共分为六个等级。

Ⅰ级为平坡：0°≤坡度<5°；

Ⅱ级为缓坡：5°≤坡度<15°；

Ⅲ级为斜坡：15°≤坡度<25°；

Ⅳ级为陡坡：25°≤坡度<35°；

Ⅴ级为急坡：35°≤坡度<45°；

Ⅵ级为险坡：≥45°。

在平原区或漫岗丘陵区可参考当地坡度分级确定坡度等级。

8.1.5　坡向

用数字高程模型（DEM）提取或采用罗盘等工具测量，共分为八个方向。

北坡：337°≤方位角<360°，0°≤方位角<22°；

东北坡：方22°≤方位角<67°；

东坡：67°≤方位角<112°；

东南坡：112°≤方位角<157°；

南坡：157°≤方位角<202°；

西南坡：202°≤方位角<247°；

西坡：247°≤方位角<292°；

西北坡：292°≤方位角<337°。

8.1.6　坡位

采用观察法，坡位分为脊部、上坡、中坡、下坡、山谷、平地六个坡位。

脊部：山脉的分水线及其两侧各下降垂直高度15 m的范围；

上坡：从脊部以下至山谷范围内的山坡三等分后的最上等分部位；

中坡：三等分的中坡位；

下坡：三等分的下坡位；

山谷（或山洼）：汇水线两侧的谷地，若样地处于其他部位中出现的局部山洼，也按山谷记载；

平地：平原或台地的地段。

8.1.7　地貌

按大地形确定样地所在的地貌，共分为六类。

极高山：海拔≥5000 m的山地；

高山：3500 m≤海拔<5000 m的山地；

中山：1000 m≤海拔<3500 m 的山地；

低山：海拔<1000 m 的山地；

丘陵：没有明显的脉络坡度较缓和且相对高差小于 100 m；

平原：平坦开阔，起伏很小。

8.1.8 风化带（土壤、腐泥岩）剖面观测

风化带剖面是指从地面向下挖掘至新鲜基岩所裸露的一段垂直切面。通过对土层深度、颜色结构、土岩界面位置、风化基岩层的裂隙发育等要素的观测，是认识鉴别土壤类型，调查获取有效土层厚度、耕层厚度、剖面质地构型、地下水埋深、障碍层及其出现深度等土壤水力特性。主要观测内容包括土层深度、土壤剖面特征（颜色、结构等）以及基岩风化程度。相关方法可参考刘金涛等（2020）。

8.1.9 土壤机械组成

采用吸管法、比重计法或激光粒度分析仪测定土壤机械组成。具体方法参见《土工试验方法标准》（GB/T 50123—2019）、《土壤 粒度的测定 吸液管法和比重计法》（HJ 1068—2019）和《森林土壤分析方法》（LY/T 1210～1275—1999）。

8.1.10 土壤密度

采用环刀法测定土壤密度，又称土壤干容重，通过挖掘土壤剖面，使用环刀逐层采集土壤样本。具体方法参见《土工试验方法标准》（GB/T 50123—2019）和《水土保持试验规程》（SL 419—2007）。

8.1.11 土壤孔隙度

采用环刀法确定土壤孔隙度。具体方法参见《水土保持试验规程》（SL 419—2007）。有条件的站点亦可选用图像处理技术或水银压入法等进行测定。

8.1.12 土壤入渗率

土壤入渗率，又称土壤入渗速率或土壤渗透速率，是指单位时间内地表单位面积土壤的入渗水量。可通过田间入渗试验获得，如单环法、双环法、圆盘法、HOOD 入渗仪、GULPH 入渗仪、人工模拟降雨等测量计算得出，一般采用双环法测量土壤入渗特性。具体方法参见《土壤物理性质测定法》（中国科学院南京土壤研究所土壤物理研究室，1987）或《水土保持试验规程》（SL 419—2007）。

8.1.13 稳定入渗速率

稳定入渗速率为土壤达到稳定入渗后，连续五个时段内的土壤入渗速率的均值。具体方法参见《土壤物理性质测定法》（中国科学院南京土壤研究所土壤物理研究室，1987）或《水土保持试验规程》（SL 419—2007）。

8.1.14 初始入渗速率

由于初始观测阶段读数误差和系统误差存在较大估测，所以土壤初始入渗速率采用前 3 min 的累计入渗量计算获得。具体方法参见《土壤物理性质测定法》（中国科学院南京土壤研究所土壤物理研究室，1987）或《水土保持试验规程》（SL 419—2007）。

8.1.15 土壤含水量

土壤含水量是土壤中所含水分的数量。一般采用烘干称重法测定土壤重量含水量，亦可采用张力计法、电阻法、中子法、γ 射线法、驻波比法、时域反射法、高频振荡法及光学法等进行土壤体积含水量的测定。具体方法参见《土工试验方法标准》（GB/T 50123—2019）、《水土保持试验规程》（SL 419—2007）和《土壤干物质和水分的测定重量法》（HJ 613—2011）。

8.1.16 田间持水量

田间持水量是指在不受地下水影响的自然条件下，土壤所能保持最大数量的土壤水分。通常用环刀法测定，具体方法参见《土工试验方法标准》（GB/T 50123—2019）、《水土保持试验规程》（SL 419—2007）和《土壤检测　第 22 部分：土壤田间持水量的测定—环刀法》（NY/T 1121.22—2010）。

8.1.17 土壤饱和含水量

采用环刀法在实验室直接测得，即将装有原状土的环刀，上下表面放入与环刀横截面面积相同的滤纸后，将环刀刀刃端盖上有孔底盖，并置于蒸馏水中 24 h 使土壤充分饱和，称量环刀和土壤湿土重并记录此时土壤含水量，即为土壤饱和含水量。具体方法参见《土壤物理性质测定法》（中国科学院南京土壤研究所土壤物理研究室，1987）。

8.1.18 坝高

坝高指原河谷底面到坝体溢流最低点之间垂直距离。使用免棱镜全站仪、高精度全球定位系统进行测量。若发生漫溢性溃决，坝体的最低处则是最初开始溃决的部位。对重大灾害形成的堰塞坝，高度低于 10 m 的堰塞坝风险较低。堰塞坝可分为四类：坝高<30 m，为低坝；坝高在 30～60 m，为中低坝；坝高在 60～90 m，为中高坝；坝高>90 m，为高坝。具体方法参见《堰塞湖风险等级划分与应急处置技术规范》（SL/T 450—2021）。

8.1.19 坝长

坝长指堰塞坝顶在垂直于河谷主轴方向上的长度，可使用激光测距仪或无人机测量。沿坝轴的最大长度（横河向长）常影响堰塞湖的规模。根据坝长分类：坝长<100 m，为小型；坝长在 100～200 m，为中小型；200～500 m，为中型；坝长>500 m，为大型。具体方法参见《堰塞湖风险等级划分与应急处置技术规范》（SL/T 450—2021）。

8.1.20 坝宽

坝宽指堰塞坝底在平行于河谷主轴方向上的长度，可使用激光测距仪或无人机测量。坝体发生溃决，坝体最窄处最容易贯通形成溃口。根据堰塞坝最窄宽度（顺河向长）分类：<100 m，为小型；100～200 m，为中小型；200～500 m，为中型；>500 m，为大型。具体方法参见《堰塞湖风险等级划分与应急处置技术规范》（SL/T 450—2021）。

8.1.21 坝体上、下游边坡坡度

泥石流或滑坡堵塞河道形成的堰塞坝，上、下游边坡的角度影响坝体稳定性。上、下游边坡坡度可通过 1：5 万 DEM，无人机三维建模结合遥感影像提取，紧急情况可典型控制点的高程和距离进行测算。坡体稳定性计算可根据 Guo 等（2022）方法进行计算。对坝体上、下游边坡分别进行如下分类：上游边坡坡度<10°，不易产生崩滑；坡度在 10°～20°，易有少量崩滑，坡度在>20°～35°，易发生大量崩滑；坡度>35°，极易发生大量崩滑。下游边坡坡度<10°，不易产生崩滑；坡度在 10°～20°，易有少量崩滑；坡度在>20°～35°，易发生大量崩滑；坡度>35°，极易发生大量崩滑。

8.1.22 坝体体积

堵塞在河谷的部分滑坡体体积。可通过卫星遥感影像，数字高程地形进行计算。具体方法：①通过航拍测绘，获取堰塞湖物源区、堰塞体、上下游河道高精度地形数字高程数据。②使用 USV（APACHE 3）系统测量堰塞湖水下地形。③卫星。水情信息报送常采用卫星通信，如遥测站点统一选用北斗卫星，人工站点普遍配备卫星电话，确保水雨情信息的及时发送。此外，也可采用多平台、多时相的卫星遥感传输数据，对堰塞湖进行多时相监测，结合数字高程模型定量确定各时相的湖水水位（中国生态系统研究网络科学委员会，2007）。

8.1.23 承灾体人口分布

1）工作区划出房屋建筑与非房屋建筑分布区，非房屋建筑分布区的人口分布密度值为0。

2）房屋建筑分布区，根据人口分布特征与分布密度值的差异性，划出人口分布调查单元。

3）野外利用电子地图服务可直接圈绘并计算人口分布调查单元面积。

4）填写工作区人口分布调查表（附录 C），并计算人口分布调查单元的人口分布密度值。

5）根据工作区各人口分布调查单元的人口分布密度值，编制工作区人口分布密度图。

8.1.24 承灾体分布

1）根据财产分布特征与分布密度值的差异性，按"区内相似，区际相异"原则划出财产分布调查单元，即按地质灾害承灾体类型进行财产分布调查单元划分。

2）野外奥维互动地图（谷歌影像图）可直接圈绘并计算出财产分布调查单元面积。

3）填写工作区财产分布调查表（附录 C），并计算出财产分布调查单元的财产分布密度值。

4）根据工作区各财产分布调查单元的财产分布密度值，编制工作区财产分布密度图。

8.1.25 房屋承灾体

房屋建筑调查的内容包括其基本信息（名称信息、建筑地址）、建筑信息（建筑概况、结构类型、安全鉴定情况、用途、是否保护性建筑）和设防与破坏情况（抗震加固情况、抗震构造措施、改造情况、变形损伤情况）等三大方面信息。具体调查方法与指标参见第一次全国自然灾害综合风险普查技术规范《城镇房屋建筑调查技术导则》（FXPC/ZJ G-02），并根据附录 C 核算价值。

8.1.26 公路承灾体

公路承灾体调查的主要内容确定为公路的位置、类型、线路级别，运输能力及综合影响，具体调查方法与指标参见《自然灾害综合风险公路承灾体普查技术指南》（中华人民共和国交通运输部，2021）。

8.1.27 铁路承灾体

参照 8.1.26 公路承灾体调查技术。

8.1.28 过水管道承载体

过水管道承载体主要调查管道的位置、长度、根数、管龄、管材、断面尺寸（管径）等方面，具体调查方法与指标参见《市政设施承灾体普查技术导则》（FXPC/ZJ G-01）。

8.2 灾害形成观测技术方法

8.2.1 气象要素

8.2.1.1 气压

根据野外实际情况可自动观测和人工观测。具体观测方法参见《地面气象观测规范 气压》（GB/T 35225—2017）。

8.2.1.2 风

（1）2 m 风速

本规范按每小时连续观测距地面 2 m 高度的风速。记录单位、记录方法、仪器安装与维护可参见《地面气象观测规范 风向和风速》（GB/T 35227—2017）。

（2）2 m 风向

本规范按每小时连续观测 2 m 风向。记录单位、记录方法、仪器安装与维护可参见《地面气象观测规范 风向和风速》（GB/T 35227—2017）。

8.2.1.3 空气温度

（1）最低温度

本规范按每小时记录空气最低温度，具体观测方法可参见《地面气象观测规范 空气温度和湿度》（GB/T 35226—2017）。

（2）最高温度

本规范按每小时记录空气最高温度，具体观测方法可参见《地面气象观测规范 空气温度和湿度》（GB/T 35226—2017）。

（3）定时温度

本规范按每小时记录空气定时温度，具体观测方法可参见《地面气象观测规范 空气温度和湿度》（GB/T 35226—2017）。

8.2.1.4 地表及土壤温度

本规范按一定时间间隔监测地表及土壤温度，包括地表最高温度、地表最低温度、地表定时温度及浅层地温（5 cm、10 cm、15 cm 和 20 cm）。地表温度和浅层地温的观测地段，宜设在观测场内南部平整出的裸地上，地段面积为 4 m×2 m。地表疏松、平整、无草，并与观测场地面相平。地表温度和浅层地温的自动观测地段设在安装地表温度表和浅层地温表东侧的裸地内。具体观测方法可参见《地面气象观测规范 地温》（GB/T 35233—2017）。

8.2.1.5 空气湿度

本规范按每小时记录空气相对湿度，具体可参见《地面气象观测规范 空气温度和湿度》（GB/T 35226—2017）。

8.2.1.6 辐射

（1）太阳辐射

太阳辐射按每小时连续观测，采用四分量辐射表自动连续测定。具体测定方法参见《地面气象观测规范 自动观测》（GB/T 35237—2017）和《陆地生态系统大气环境观测指标与规范》（胡波等，2019）。

（2）日照时数

日照时数按每小时连续观测，采用日照计自动连续测定。具体测定方法参见《地面气象观测规范　自动观测》（GB/T 35237—2017）和《陆地生态系统大气环境观测指标与规范》（胡波等，2019）。

8.2.1.7　冻土

（1）深度

对含有水分的土壤因温度下降到 0 ℃ 或 0 ℃ 以下而呈冻结的状态的观测场地需测量各冻土层上下限深度，以厘米（cm）为单位。地表温度降到 0 ℃ 或 0 ℃ 以下时开始观测，直至土壤完全解冻为止，每日 8 时观测一次。具体测定方法可参见《地面气象观测规范　冻土》（GB/T 35234—2017）。

（2）冻结期

统计冻土观测数据样本，按冻融循环期统计出每次的冻土冻结期，以 d 为单位。

（3）融化期

统计冻土观测数据样本，按冻融循环期统计出每次的冻土融化期，以 d 为单位。

8.2.1.8　大气降水

（1）降雨量

用自动记录雨量计（日记、月记等）测定降雨量，每 5 min 记录一次。仪器放置在标准气象场地的空旷地上，或者用特殊设施（如森林蒸散观测铁塔）架设在林冠上方。观测方法参见《地面气象观测规范　降水量》（GB/T 35228—2017）。

（2）降雨历时

统计每次降雪的持续时间，单位为 h 或 min，每场一次。

（3）降雨强度

参考中国气象主管部门规定的降水强度等级确定每次降雨的强度。

（4）降雪量

降雪量是雪融化成水的降水量。发生降雪时，须将雨量器的承雨器换成承雪口，取走储水器（直接用雨量器外筒接收降雪，如 TRwS 或 T200BM3 系列）。观测时将接收的固体降水取回室内，待融化后量取，或用称重法测量，相关方法可参考车涛等（2020）。

观测地段一般选择在观测场附近平坦、开阔的地方，或较有代表性的、比较平坦的雪面。

（5）降雪历时

统计每次降雪的持续时间，单位为 h，每场一次。

（6）积雪深度

积雪表面到下垫面的垂直深度，单位为厘米（cm）。积雪深度可采用人工观测和自动观测两种方法，具体参见地面气象观测规范《地面气象观测规范　雪深与雪压》（GB/T 35229—2017）。

（7）雪层温度

雪层温度是指积雪表面沿垂直方向一定深度的特定雪层的温度，单位通常为摄氏度（℃）或开尔文（K）。

使用设备：双针温度计（量程-50～50 ℃，精度为±0.05 ℃）、Snow Fork 设备等监测。

测量步骤：

1）将温度计打开，双针放置于空气中校正，当温度计显示数值稳定并且两个热敏探针响应的温度保持相同时，校正完成，记录空气温度。

2）将热敏探针放置积雪表面，如有太阳光照，需应用塑料遮光板遮挡光线，将热敏探针放置阴影处，待显示屏读数稳定，记录显示屏数据为雪表温度。

3）以 5 cm 或者 2 cm 为间隔（观测间隔根据需求和实际雪深而定），将热敏探针自上而下或自下而上水平插入。待读数稳定后记录数据，读数精确到 0.01 ℃。

4）温度测量完成后，将热敏探针放置于积雪和地表交界面，待度数稳定后，记录数据即为地表温度。

5）为确保温度测量值的准确性，每个剖面观测三组温度，然后取平均值。

注意事项：

1）温度计使用前需要在大气中校准。

2）测量雪坑周围大气温度时，如有阳光，人背对太阳站立，手持温度计的热敏探针于阴影处。

3）测量雪表温度时，应用塑料遮光板遮挡光线，将热敏探针放置阴影处。待温度计显示屏温度稳定后，读取数据。

4）测量上层积雪时，由于太阳光依然会穿透雪层，会影响测量温度的准确性。

5）任何时候在整个积雪层中，雪层温度都不可能大于 0 ℃，如测量值出现大于 0 ℃，请检查是否遮光或校准。

6）温度计探针应插入雪层深处（探针至少深入 5 cm），避免空气温度对其产生干扰。

（8）积雪含水量

积雪含水量（积雪湿度）是描述积雪中实际液态水含量多少的指标。积雪介质中液态水质量与积雪总质量的比值，称为重量含水量；积雪介质中液态水体积与包括孔隙在内的积雪介质总体积的比值，称为体积含水量，二者都用百分比（%）表示。在野外观测中，对于积雪体积含水量经验定量估计的方法如表 16 所示。

表 16 积雪体积含水量定量估计表

类型	湿度指数	代码	含水率范围	具体描述
干燥	1	D	0	雪层温度都在 0 ℃ 以下，分散的雪花颗粒在挤压时几乎没有相互黏附的倾向
潮湿	2	M	<3	雪层温度为 0 ℃，液态水在 10×放大倍数下是不可见的。分散的雪晶体有明显黏在一起的倾向
润湿	3	W	3～8	雪层温度为 0 ℃，液态水在 10×放大倍数下是可见的。对积雪压缩水不能渗出
湿润	4	V	8～15	雪层温度为 0 ℃，对积雪适度挤压后水可以被压出（雪晶体呈现连锁状态）
浸湿	5	S	>15	雪晶体被水浸湿，这时候空气占整个空间的 20%～40%

定量观测采用热融法或介电常数反演法测量积雪含水量。

热融法测量积雪（体积）含水量具体要求如下。

使用设备：双针温度计（量程–50～50 ℃，精度为±0.05 ℃），电子天平，绝热保温杯。

测量步骤：

1）测定绝热保温杯质量为 m_1。

2）将 50～60 g 的 50 ℃ 左右温水加入绝热保温杯，测定质量为 m_2。

3）测定温水的温度为 T_1。

4）从雪表自下而上以每 5 cm 为一个测量点，应用平铲在待测雪层中取雪样。

5）然后把雪样（15～20 g）加入保温杯之中，均匀混合，直到雪全部融化，等其温度达到稳定测其温度为 T_2。

6）使用天平测加入热水和雪样本保温杯其质量为 m_3。

7）温水的质量为 $M_1=m_2-m_1$，雪样的质量为 $M_2=m_3-m_2$。根据公式计算可得雪层含水量（W）为

$$W = \left\{ 1 - \frac{1}{79.6} \left[\frac{M_1 (T_1 - T_2)}{M_2} - T_2 \right] \right\} \times 100\% \qquad (1)$$

注意事项：

1）加入的待测雪样为温水的 1/3 左右；

2）应迅速将雪样加入保温杯中，减少温水的热量耗散。

介电常数反演法：通过测量积雪的介电常数来反演积雪含水量是目前野外积雪含水量观测的最快捷、使用最广泛的方法，在中国区域常采用 Snow Fork 仪器来测量积雪含水量，也可获得积雪密度参数。需要注意的是，Snow Fork 观测值普遍存在低估现象。因此，需要对 Snow Fork 的测量数值进行系统纠偏。基于 Snow Fork 测量的介电常数、积雪含水量和积雪密度的公式如下：

$$\varepsilon' = \left(\frac{890}{f} \right)^2 = \left(\frac{f_{air}}{f} \right)^2 \qquad (2)$$

$$B_{air} = 0.04 (f - 400) \qquad (3)$$

$$W_{S_v} = -0.06 + \sqrt{0.06^2 + \frac{\varepsilon''}{0.0075 f}} \qquad (4)$$

$$\varepsilon'' = \frac{B - B_{air}}{f \varepsilon'} \qquad (5)$$

$$\rho_s = -1.25142857 + \sqrt{1.2142857 - \frac{1 + 8.7 W_{S_v} + 70 W_{S_v}^2 - \varepsilon'}{0.7} + W_{S_v}} \qquad (6)$$

$$W_{S_w} = \frac{W_{S_v}}{\rho_s} \qquad (7)$$

式中，f 为共振频率，MHz；f_{air} 为大气共振频率，MHz；ρ_s 为积雪密度；B 为 3 dB 宽带，MHz；B_{air} 为空气 3 dB 宽带，MHz；W_{S_v} 为液态水体积含水量，%；W_{S_w} 为液态水质量含水量，%；ε' 为介电常数实部；ε'' 为介电常数虚部。

（9）积雪密度

积雪密度是指单位体积中积雪的质量，包括干雪、融水和水汽质量之和，通常单位为 g/cm³ 或者 kg/m³。雪密度也是雪深和雪水当量的函数，三者之间数值关系为：雪密度=雪水当量/雪深。目前，野外常用测量积雪密度方法有称重法和介电常数反演法。

称重法使用设备：雪盒（长 6.5 cm×宽 5.5 cm×高 3 cm，体积为 100 cm³）、高精度电子天平或弹簧拉力秤、毛刷。

测量步骤：

1）将电子天平放置平坦处，调平归零。

2）从积雪表层开始，将方形盒水平推入待测雪层中，当积雪完全掩盖刀具后，应用平铲揭去上层积雪，然后用盖子切割使样品和整个积雪分离。

3）然后将积雪样品轻轻倒置天平托盘中，并用毛刷将黏附在方形盒内的积雪清扫至天平托盘中。

4）待天平稳定后，读取显示屏数字并记录样品重量和位置。雪密度为样品重量除以方形盒雪样品取样器体积。

注意事项：

1）用特定取样器采取和切割积雪样品时，需注意积雪应充满方形雪盒，不得留有空缺。

2）对积雪含水量较高的积雪，黏附性强。应注意，在采样后用毛刷对采样容器外部清理积雪。在将积雪倒入天平托盘后，检查方形盒内积雪是否完全倒入，如有残留的积雪，需用毛刷清扫至天平托盘中。

3）每测量一次应对天平进行调零。

介电常数反演法测量积雪密度利用 Snow Fork 测量积雪的介电常数，根据介电常数反演计算积雪密度。

对于不同测量方法在同一雪层观测的密度值具有显著的差异，不同性质的积雪差异的大小也不同。因此在野外操作中，根据实际情况选择积雪密度测量系统。如果应用 Snow Fork 测量积雪密度时，测量前应在测量区域通过实验将 Snow Fork 测量积雪密度和方形盒取样测量的积雪密度进行标定和校正。

（10）水面蒸发

水面蒸发是水循环过程的一个重要环节，目前，尚无直接测定天然水体水面蒸发的方法。通常确定水面蒸发的方法有器测法、水量平衡法、热量平衡法、湍流扩散法、经验公式法等。本规范采用国家标准的 E601B 蒸发皿测定，样点选择、仪器布设及数据计算与整理参见《水面蒸发观测规范》（SL 630—2013）。

8.2.2 坡面水沙要素

8.2.2.1 地表覆盖

地表覆盖度宜采用照相法。若采用目估法，应不定期用样线法进行校正。流域或区域测定宜采用无人机（UAV）摄影或卫星遥感解译法。具体方法参考《全国生态状况调查评估技术规范——森林生态系统野外观测》（HJ 1167—2021）、《森林资源规划设计调查技术规程》（GB/T 26424—2010）、《径流小区布设与监测技术规程》（DB 41/T 2078—2020）。

8.2.2.2 地表粗糙度

地表糙度宜链条法、照相法或无人机法。

1）链条法：将选定的测定区域按照一定间距进行地表轮廓线测定。对于人工土槽，用链条沿坡面方向测定地表轮廓线，共测定 40 组轮廓线，每组轮廓线间隔 1 cm，裸地土槽和根系土槽测定方式相同；对于野外径流小区，由于坡面较长，沿坡面方向测定误差相对较大，因此用链条在垂直于坡面方向横向测定地表轮廓线，坡上、坡中和坡下分别测定 100 组轮廓线，每组间隔 1 cm，共计测定 300 组轮廓线；裸地小区和根系小区测定方式相同。地表糙度用弯曲性指数为

$$T=(L-L_0)/L_0 \tag{8}$$

式中，L 为地表轮廓线长度，cm；L_0 为地表轮廓线的水平长度，cm。

2）照相法和无人机法：在摄影区四周做明显的标记（测量各点之间的距离建立相对坐标系），采用照相机或无人机对测定区域进行多角度拍摄（简称照相机法和无人机法）。将拍摄照片导入图像处理软件，根据实际距离输入标记点坐标软件运行进行拼接，获得摄影区的数字高程模型（DEM），并基于地理信息系统软件计算获得地表弯曲性指数。

8.2.2.3 地下水水位

地下水水位测量主要测量静水位埋藏深度和高程，手工法测水位时，用布卷尺、钢卷尺、测绳等测具测量井口固定点至地下水水面垂直距离，当连续两次静水位测量数值之差在±1 cm/10 m 以内时，测量合格，否则需要重新测量；有条件的地区，可采用自记水位仪、电测水位仪或地下水多参数自动监测仪进行水位测量；水位测量结果以 m 为单位，记至小数点后两位。具体观测方法参考《地下水环境监测技术规范》（HJ 164—2020）。

8.2.2.4 地表产流量

地表产流量采用径流小区法测定。具体参见《土壤质量 农田地表径流监测方法》（GB/T 41222—2021）。

8.2.2.5 壤中流流量

壤中流主要发生在土壤-岩石界面以及不同物理特性土层界面上，这些界面下方通常为透水性较差的相对不透水层。壤中流的观测需在径流场下端（出口）开挖排水沟并修筑挡墙（预留排水孔），排水沟应开挖至土壤风化基岩界面，

在挡水墙不同高度设置若干导流槽以汇集径流场的壤中出流，导流槽数量视土壤发生分层情况而定，旨在控制不同土壤层间的产流。在导流槽的终端，用导管将壤中径流引入量水器或堰槽进行观测，具体通过自记雨量计或微型量水堰进行测量。

8.2.2.6　含沙量

含沙量宜采用烘干法、比重法或红外线测量法等。具体参见《红壤区坡面径流小区径流泥沙监测技术规范》（DB 36/T 1590—2022）。

8.2.2.7　水土流失及其破坏模式

主要从坡面侵蚀和沟道侵蚀方式，以及水蚀、重力侵蚀、冻融侵蚀和复合侵蚀等水土流失类型进行观测，尤其对重力侵蚀中滑移式崩塌、倾倒式崩塌、坠落式崩塌等对河道输沙的贡献程度或是否堵塞水体（江河、湖泊、坝库等）进行分析；其观测主要通过现场调查、定位观测和无人机航测等手段实现。如沟道侵蚀（崩岗）及其破坏模式：在侵蚀沟分布密集区（西北黄土高原、东北黑土沟蚀分布密集区）和南方崩岗分布密集区，水力和重力作用下侵蚀沟发育和崩岗发生等现象。冻融侵蚀与破坏模式：在高寒区由于寒冻和热融作用交替进行，使地表土体和松散物质发生蠕动、滑塌和泥流等现象。人为侵蚀与破坏模式：人们不合理地利用自然资源和经济开发中造成新的土壤侵蚀现象，如开矿、采石、修路、建房及工程建设等产生的大量弃土、尾砂、矿渣等带来的泥沙流失。复合侵蚀与破坏模式：在两种或两种以上侵蚀外营力作用下，土壤、土体或其他地面组成物质被破坏、搬运和沉积过程，其也称混合侵蚀，包括冻融-融雪复合侵蚀、风力水力复合侵蚀（风水复合侵蚀）、冻融-风力-水力复合侵蚀、水力-重力复合侵蚀（如山洪泥石流）等。

8.2.3　堰塞溃决形成过程

8.2.3.1　堰塞体类型

堰塞体类型主要包括泥石流堰塞溃决型灾害、滑坡堰塞溃决型灾害、冰碛堰塞溃决型灾害、冰川堰塞溃决型灾害、人工坝溃决型灾害等，调查方法多样，旨在评估其组成、稳定性和潜在风险。以下是主要的调查方法及其使用的仪器。

地表调查：使用全球定位系统设备、测距仪、罗盘、地质锤、手持放大镜等工具开展现场调查，确定堰塞体的位置、尺寸、形态和组成，堰塞体表面特征，分析堰塞体结构附近山体的岩石类型、结构和断裂情况。

遥感调查：使用卫星图像、无人机航测等方法，通过卫星图像和高分辨率的空中照片进行堰塞提、堰塞湖及下游的三维模型构建，进一步实现对堰塞体范围、形态和变化进行评估。

地球物理调查：使用地震反射仪、地电阻仪、重力仪等仪器，开展物探测试，探测堰塞体的内部结构和物质分布。

钻孔调查：对大型堰塞体，进行原位钻探和取样，开展标贯、剪切原位实验。获取堰塞体内部的岩石和土壤样本，直接评估其组成和内部结构以及土力学强度指标。

水文调查：使用流速仪、水位计等仪器，测量堰塞湖的水位和流速，评估堰塞体对水流的影响；评估堰塞体的渗流速度对稳定性的影响。

8.2.3.2 堰塞体渗漏点及渗漏量

对未产生表面溢流的堰塞体，记录出渗点及其流量。

8.2.3.3 堰塞体物质结构

通过开展坑槽探、物探探测堰塞体结构，在堰塞体上采集土样，开展粒径级配实验测量其粒径组成（PSD 曲线），为堰塞湖溃决分析提供体力学参数。

对堰塞体进行取样，测量土体容重、土体抗剪等强度指标等土力学参数；以及渗透系数等水力学参数。

8.2.3.4 堰塞坝两侧坡体及堰塞湖岸稳定变形

（1）堰塞坝变形

堰塞坝监测一般包括表面变形和内部变形。表面变形观测包括竖向位移和水平位移，水平位移中包括垂直于坝轴线方向的横向水平位移和处于坝轴线方向的纵向水平位移；内部变形包括分层竖向位移、分层水平位移、界面位移和深层应变观测。主要依据红外热像仪、遥感影像数据进行短期、长期的监测。

堰塞湖白天的水位变化可采用可见光监测设备，红外热像仪在黑夜里可实现水位清晰监控。

地表位移监测主要利用简易排桩观测，桩间距离变化可以反映地表的水平位移和垂直位移，通过合理布设排桩，实现对堰塞坝表面变形的有效监测。

（2）湖岸两侧斜坡变形

主要观测堰塞体及堰塞湖周围崩塌、滑坡、泥石流及潜在不稳定斜坡的分布范围和规模；对冰川堰塞湖，增加潜在冰崩、冰碛土滑坡的分布范围及变形监测，预测可能产生的涌浪高度及危害范围，评估方法可参考郭剑等（2019）。

应急巡查堰塞体变形和渗流以及滑源区变形发展。巡视检查宜每天 1~2 次，在高水位时应增加次数；发现异常情况应连续监测、巡视，及时上报。应急处置期间，应对两岸不稳定地质体开展 24 h 不间断监测、巡视，发现异常情况及时发出预警。

对堰塞体及周边涉及应急抢险人员人身安全及重要抢险设备安全的不良地质体，必须开展实时监测预报，监测方法可采用地基合成孔径雷达（ground-based synthetic aperture radar，GB-SAR）、全球导航卫星系统（global navigation satellite system，GNSS）、无人机、视频监控、传感监测等。

裂缝监测可采用钢卷尺或手持实时差分定位（real-time kinematic，RTK）仪器等简易方法，堰塞体渗流和堰塞体及周边不良地质体变形可采用视频监视方法，相关方法可参考周家文等（2023）。

（3）堰塞湖水位监测

堰塞湖形成后，由于没有溢洪道和其他泄洪设施，坝前积水不断增加，水位不断升高甚至漫坝。漫坝洪水冲蚀坝顶和下游坝坡，使坝体变薄、变低，开始的破坏过程慢，随着溢流水量的增大而增快，最后可能突然溃决。坝溢流是天然土石坝破坏的最主要因素，必须进行堰塞湖水位的监测，实时了解上游水位的变化情况，在水位上升速度较快时发布预警。堰塞湖水位监测宜同时采用激光水位计和库水位标尺进行监测，其中激光水位计应布设于溃口附近，并设置较高的采样频率，可实时采集和传输当前水位。库水位应设置在固定位置如房屋建筑外墙或大型稳定建筑物之上，量程范围应覆盖枯水期水位到最大溃口高程。堰塞湖白天的水位变化可采用可见光监测设备，黑夜使用红外监测技术。

（4）堰塞湖库容

堰塞坝溢流最低点拦截的库区水体体积（通常为最大库容量）。

堰塞湖库容是决定堰塞湖危险性最为关键性的因子，也是分析预测堰塞湖坝前水位溃坝洪水流量等的基础，此参数可通过 1：5 万地形图生成的 DEM 获得。以《堰塞湖风险等级划分与应急放置技术规范》（SL 450—2021）中的分级方法为基础，划分如下：堰塞湖库容小于 10^6 m^3，为小型；堰塞湖库容在 10^6~10^7 m^3，为中小型；堰塞湖库容在 10^7~10^8 m^3，为中型；堰塞湖库容大于 10^8 m^3，为大型。

测量仪器：USV（APACHE 3）堰塞湖水下地形测量系统。

计算冰川附近的堰塞湖库容时，需考虑冰川融化情况，相关方法参考 Sattar 等（2021）。

8.3 灾害动力学特征观测技术方法

8.3.1 河道流量要素

8.3.1.1 水位

（1）水位

水位观测需要对目标河段及其支流沿程布置，流域出口断面需设置水位监测。一般可在观测河段均匀布置水位测量位置，对于地形、水力条件剧烈变化的河段（如弯道、陡坡等）则可考虑加密布置，布置密度为一般性河段密度的2～3倍。水位测量位置选择和布设可参考《水位观测标准》（GB/T 50138—2010）。

水位监测应选择分辨率为 0.1 cm 或 1.0 cm 的遥测水位计，可测水位变幅不小于 5 m 或 10 m。选用的水位计准确度、灵敏度、回差、重复性误差应满足《水文仪器基本参数及通用技术条件》（GB/T 15966—2017）。常用遥测水位计包括浮子式水位计、雷达式水位计、压力式水位计、超声波水位计、电子水尺、水位测针等，其技术要求满足《水文仪器基本参数及通用技术条件》（GB/T 15966—2017）的相关规定，根据现场情况进行选型，测量精度满足应用要求。

考虑山洪陡涨陡落且可能伴随巨石、漂木运动，优选雷达式水位计、超声波水位计及电子水尺作为水位测量方法。控制性断面水位监测方法可参考同沿程水位，优选雷达式水位计、超声波水位计及电子水尺作为水位测量方法。

高原地区选用水位计需注意仪器的工作大气压是否满足高原地区使用要求。

（2）洪痕

山洪过后沿程从下游到上游调查洪痕。主要通过两岸过水区域与非过水区域颜色差异判断洪水最高水位，通过全站仪、差分全球定位系统等设备测量沿程洪水最高水位的三维坐标，全站仪使用需满足《全站仪》（GB/T 27663—2011）的规定，要求相邻测点水平间距不低于 5 m 或 10 m。

针对代表性断面，可通过无人机或者带有定位功能的相机对河流两岸的洪痕进行拍摄，拍摄相邻照片长度和宽度方向的重叠度均应超过 80%，相机角度保持不变或角度差异小于 5°，通过基于图像的摄影测量方法（如 structure from motion, SfM）对两岸地形进行三维建模，相关方法可参考 Woodget 等（2015），然后在岸边模型中通过手动或自动方法提取洪痕的三维坐标沿程分布。

自动方法指的是基于建模产品（如三维点云、正射影像）的颜色差异识别洪水最高水位位置再提取洪痕位置的三维坐标。洪痕自动识别可以基于传统的图像处理方法（如边缘检测算子），也可数据训练建模，如卷积神经网络（convolutional neural networks，CNN），对两岸过水区域进行自动识别。

8.3.1.2 水深

（1）控制断面水深

控制断面一般修建宽顶堰或测流堰槽，控制断面水位测量由 8.3.1.1 节获取，水深通过水位减去堰顶高程获取。针对代表性断面，可考虑将压力式水位计固定在控制断面堰槽顶部，传感器周围由混凝土保护，洪水前率定读数与水深关系，洪水过程通过压力式水位计对水深进行连续测量，相关方法可参考 Zhang 等（2019）。

（2）沿程水深

沿程水深仅在枯水期测量，由测量人员手持钢尺、塔尺等刚性刻度接触床面，读取水面位置读数，即为水深。测量人员步行固定距离进行水深测量，要求相邻测点间水平距离不低于 5 m 或 10 m。每个测量位置至少测量三个位置处水深（含深泓线位置），取平均值作为该点水深值。

8.3.1.3 水面宽度

（1）洪水过程水面宽度

山洪过程的水面宽度变化可通过标定后的摄像机连续追踪。

摄像机沿观测河槽及支流布置，布置位置在两岸，高程需超过记录的最高洪水位 5～10 m，如没有历史洪水记录，则需超过河漫滩高程至少 10 m。摄像机基座需通过锚固或灌浆加固。

摄像机朝向应优选垂直向下，如受场地条件限制倾斜一定角度，需保证摄像机视场范围覆盖整个河道及河漫滩，固定摄像机倾斜角度，现场测量摄像机位置坐标，以及摄像机的俯仰角（pitch）、偏航角（yaw）和翻滚角（roll），便于后期对拍摄影像进行正射化处理。

通过全站仪或差分全球定位系统测量基座坐标测量摄像机，再测量竖直杆高度，要求水平及垂直精度达到 2 cm。三个倾角通过倾角仪、电子罗盘等测量，要求方位角精度达到 0.1°。

基于相机位置和倾角信息对拍摄图像及视频进行正射化，去除透视影响，基于摄像机感光元件尺寸及焦距将像素长度转换为绝对长度。利用处理后的图像提取水面边界，从而获取不同时刻的真实水面宽度。

（2）平滩河宽

平滩河宽可以基于拍摄洪水过程水面宽度的影像提取，即提取洪水淹没整个河槽即将漫过河漫滩时的水面宽度。

平滩河宽也可以通过洪水前后的现场测量确定，通过现场沿程测量河漫滩与河槽交界处的三维坐标，解算两岸对应位置之间的水平距离，即为平滩河宽。河漫滩与河槽交界处的三维坐标可通过全站仪或差分全球定位系统获取，全站仪使用需满足《全站仪》（GB/T 27663—2011）的规定。

8.3.1.4 流速

（1）表面流速

需满足对目标河段表面流速的连续观测要求，且为非接触式测量，一般通过固定式雷达流速计、手持式雷达流速计及大规模粒子跟踪测速大规模粒子图像测速（large-scale particle image velocimetry，LSPIV）实现。

固定式雷达流速计的基座一般固定于岸边基岩，基座连接"L"形杆将流速计固定于目标水面正上方，面向上游，倾斜度以 45°～60°区间为宜。手持式雷达测速计要求监测人员立于两岸安全位置，尽量面向来流方向测量。

LSPIV 基于标定后的测量摄像机追踪，摄像机位置及布置方法同 8.3.1.3 水面宽度中洪水过程水面宽度追踪方法。对拍摄的连续两帧图像首先进行正射化和尺度转换处理，然后识别水面区域，对非水面区域设置为掩膜不参与计算，对于识别出的水面区域基于水面纹理利用粒子图像测速（particle image velocimetry，PIV）方法计算流场信息，参考 Muste 等（2008）。

上述测速方法要求分辨率达到 0.01 m/s 或 0.1 m/s；准确度在流速超过 1 m/s 时相对误差不超过±5%，流速小于等于 1 m/s 时，相对误差不超过±3%。雷达流速计要求工作距离可以达到 50 m。LSPIV 方法要求摄像头采集分辨率最低达到 1080 p（1920 像素×1080 像素，逐行扫描），采样频率最低达到 20 fps（每秒帧数，frames per second）。

高原地区选用流速计需注意仪器的工作大气压、冰雪低温是否满足高原地区使用要求。

（2）垂向流速分布

枯水期由测量人员手持流速仪进行沿程测量。首先按 8.3.4.2 节中沿程水深的测量方法测量一个位置的水深，然后按照《水位观测标准》（GB/T 50138—2010）和《河流流量测验规范》（GB 50179—2015）中的推荐方法测量不同水深处的流速，从而获得该位置处的垂向流速分布。

流速仪可以使用手持式旋桨式流速仪、手持式声学多普勒流速仪（acoustic Doppler velocimetry，ADV），要求流速测量分辨率达到 0.1 cm/s 或 1 cm/s，流速范围达到 200 cm/s，准确度不低于实测流速的 5%。

汛期的垂向流速分布仅在某些控制断面进行测量，测量位置一般选择在永久性建筑物（如桥梁、堰）处，需要使用声学多普勒流速剖面仪（acoustic Doppler current velocimetry，ADCP）进行测量。选用的声学多普勒流速剖面仪的准确度、灵敏度、重复性误差等技术指标应满足规范《声学多普勒流速剖面仪》（GB/T 24558—2009）的要求。测量时，ADCP 的换能器垂直向下放置，且保持完全浸没。换能器可固定于桥墩上测量固定垂线的流速分布，也可以固定于有动力或无动力航船上，实现对控制断面的多个垂线的垂向流速分布的获取。

高原地区需注意 ADCP 的工作大气压及工作温度是否满足高原地区使用要求。

8.3.1.5 流量

（1）断面流量

断面流量可通过堰槽法、雷达测流法、声学多普勒流速剖面仪法、基于 LSPIV 测流法获取。

1）堰槽法测流主要采用巴歇尔槽、三角堰等规则堰型，在枯水期率定水位与流量关系，在洪水过程中主要测量水位变化获取流量变化情况。堰流法中的水位测量主要选择电子水尺、超声波水位计、高精度浮子式水位计，需满足《水文仪器基本参数及通用技术条件》（GB/T 15966—2017）中的相关技术要求规定，并根据现场情况进行选型，且水位测量精度满足 8.3.1.1 节中水位测量要求。测流堰修建位置需考虑抗冲性和自身稳定性要求，需满足百年一遇洪水设计标准。

2）雷达测流法基于雷达流速计测量得到的表面流速、水位计获取的水位及观测断面几何形态，利用连续性方程计算获得。其中雷达流速计的使用方法和要求同 8.3.1.3 节，水位测量方法和要求同 8.3.1.1 节，观测断面的几何形态在枯水期使用全站仪或差分全球定位系统获得，相关技术要求需满足《河流流量测验规范》（GB 50179—2015）。

3）声学多普勒流速剖面仪法通过固定在航船上的声学多普勒流速剖面仪进行走航式测量，积分各垂线的流速及水深获得断面流量，要求至少完成两个测回，流量取两个测回测量结果的平均值。声学多普勒流速剖面仪使用和技术要求需满足《声学多普勒流速剖面仪》（GB/T 24558—2009）的相关要求。需要说明的是，该方法一般在观测断面有桥的情况下使用，且不能连续观测。

4）基于 LSPIV 测流法主要通过 LSPIV 方法获取观测断面位置表面流速，然后基于水位和断面几何形态得到断面水深分布，将表面流速乘以某系数或者按对数流速垂线分布转化为垂线平均流速，通过积分流速和水深获得断面流量。断面几何形态测量同雷达测流法。

（2）洪峰流量

洪水流量过程的最大流量，参考（1）断面流量中的方法。

（3）峰现时间

洪水流量过程中出现洪峰的时间，参考（1）断面流量中的方法。

8.3.2　泥沙要素

（1）悬移质输沙率

悬移质输沙率有直接测量法和间接测量法。

直接法通过洪水过程连续采样，采样可参照规范《悬移质泥沙采样器》（SL 07—2006）相关技术要求。实验室通过比重法、沉降烘干法等对悬移质样品处理获得水体含沙量，依据采样时间间隔计算悬移质输沙率。

间接法可直接对水体测量，如光电法、电容法、共振法、超声波法、射线法等，基本可实现洪水过程的水体含沙量自动测量，再通过采样时间间隔计算悬移质输沙率。

考虑山洪过程较迅速，推荐使用间接法连续测量悬移质输沙率。

（2）推移质输沙率

山洪移质输沙率测量难度较大，尚无成熟准确方法。

可参考《河流推移质泥沙及床沙测验规程》（SL 43—92）使用推移质采样器测量。

另外，推移质输沙率可使用总应力装备测量，将防水总应力装备埋于观测断面，测量地磅宽度，连续记录地磅读数，需在枯水期对总应力设备进行维护，相关方法可参考 Zhang 等（2019）。

条件允许情况下也可以使用地震动检波器（geophone）测量，首先在枯水期率定震动信号与推移质输沙率关系，使用地震动检波器连续采集震动信号，反算推移质输沙率，相关方法可参考 Zhang 等（2024）和 Nicollier 等（2022）。

（3）总输沙率

总输沙率为悬移质输沙率与推移质输沙率之和。

8.3.3　堰塞溃决动力学过程

（1）堰塞溃口过水流量

在发生表面溢流的堰塞体（图 5），建立水文监测站，实时监测堰塞湖过流水位、流速、水深及断面宽度，测验方法参考 8.3.1 节和 8.3.2 节，需满足《水文仪器基本参数及通用技术条件》（GB/T 15966—2017）中的相关技术要求规定，根据实际情况进行科学测量。

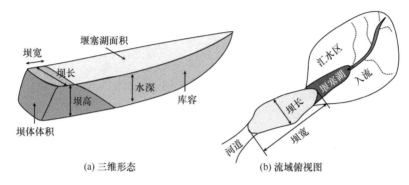

(a) 三维形态　　　　　　　　　(b) 流域俯视图

图 5　堰塞坝和堰塞湖的几何参数

测量仪器：激光流速、流深测量传感器、免棱镜全站仪、高精度全球定位系统。

（2）水深

堰塞湖在坝址处的蓄水深度。

测量仪器：USV（APACHE 3）堰塞湖水下地形测量系统，相关方法可参考钟启明（2021）。

（3）上游支流水源补给流量

调查堰塞湖的水源补给来源，监测流入堰塞湖各支流的流量变化；冰川堰塞湖，要监测冰川堰塞湖的融水速率，测验方法参考 8.3.1 节和 8.3.2 节，需满足《水文仪器基本参数及通用技术条件》（GB/T 15966—2017）中的相关技术要求规定，根据实际情况进行科学测量。

测量仪器：径流流量监测系统。

（4）下游河道流量

在堰塞体下游，监测河流的日常径流量。测验方法参考 8.3.1 节和 8.3.2 节，需满足《水文仪器基本参数及通用技术条件》（GB/T 15966—2017）中的相关技术要求规定，根据实际情况进行科学测量。

测量仪器：径流流量监测系统。

（5）涌浪波速

堰塞湖上下游布设地震动信号传感器，实时监测坝体渗流、边坡失稳、过流等变化及异常情况。现有的堰塞坝地震动监测手段主要包括测震观测、地表自由场强震观测、内部介质波速变化、地下流体观测等。测震与强震监测直接观测地震活动及其地表强烈震动效应，内部介质波速变化和地下流体观测主要用于监测坝体及其邻区地壳形变情况、库区断层形变情况、地下水渗流与扩散情况等，有助于分析坝体内部结构及其稳定性。

（6）震动学参数

针对堰塞坝体内部损伤及其演化过程精细化观测的要求，需建立 2～4 个长期监测点位，利用地震动设备采集坝体内部传播的多重散射波，开展坝体内部在不同时间的波速变化测量，利用波速变化表征介质的弹性模量，获得堰塞坝在受到不同影响下更为精准的协同演化过程。

对于固定灾害点的连续观测，通过测量震动学指标参数表征灾害运动过程。将特征时窗内信号振幅平方相加，再除以采样点数，开平方根得到振幅均方根（counts）。当振幅均方根大于阈值时，有效区分灾害运动过程中激发信号整体能量与噪声水平，判断灾害事件并确定能量持续时间（s），得到灾害运动过程时间。参考灾害运动过程时间，截取适当长度的南北向或东西向观测数据。统计峰值振幅（counts）参数，灾害运动引起的峰值振幅与规模大小成正相关。通过沿程观测台站出现峰值振幅的不同时刻与台站距离，估算灾害体运动速度（m/s）。

根据地震仪器响应参数将截取数据换算为速度量（m/s）。根据设备采样率和奈奎斯特定律，合理设计有限脉冲响应（finite impulse response，FIR）滤波器。将地面运动速度量进行傅里叶变换到频率域，确定灾害运动的主要频率范围（Hz）。进一步计算功率谱密度（dB），得到各时刻地震动信号一定频率范围内能量分布情况。根据 Tsai 等（2012）灾害体运动功率谱密度评估模型公式可以计算理论功率谱密度，通过观测和理论功率谱密度曲线拟合，可以估算灾害体运动中泥沙流量、造成主要冲击力石块的体积等重要参数。

$$P_{\mathrm{v}}^{\mathrm{T}}\left(t, f, D\right) \approx \frac{n}{t_{\mathrm{i}}} \frac{\pi^2 f^3 V_{\mathrm{P}}^2 w_{\mathrm{i}}^2}{v_{\mathrm{c}}^3 v_{\mathrm{u}}^2} \chi\left(\beta\right) \tag{9}$$

式中，v_{c} 为瑞利波的相速度；v_{u} 为瑞利波的群速度；f 为瑞利波的频率；V_{P} 为石块体积；$\dfrac{n}{t_{\mathrm{i}}}$ 为泥沙流量；$\chi\left(\beta\right)$ 为衰减因子。

（7）堰塞湖应急水文勘测

1）堰塞湖回水长度、水面平均宽度、平均水深、湖前水面到坝顶的高度等；

2）堰塞湖上下游河段的典型断面测量；

3）进出堰塞湖的流量和测时水位、蓄水量。

勘测方法参考 8.3.3 节堰塞溃决动力学过程，参考谢建丽（2013）。

8.4 成灾过程观测技术方法

8.4.1 冲淤要素

8.4.1.1 河床颗粒级配

河床颗粒级配测量包括床面颗粒级配特征和河床次表层颗粒级配特征，一般在洪水之前和之后对目标河段及支流进行现场测量，主要采用基于重量的筛分方法和基于粒径的采样方法。在代表性河段选五个左右采样位置，要求采样位置没有植被覆盖。

（1）床面采样

基于重量的采样方法：采样首先测量位置中粒径最大的颗粒的三轴（椭球 a、b、c 三轴）尺寸，用刀铲向下挖 b 轴深度、边长为 1 m 的小坑，该范围内的卵砾石及细砂等均采样。通过筛分法和称重法确定不同粒径级颗粒的重量，计算各粒径级别的总重量中的占比，绘制级配曲线，具体方法可参考《河流泥沙颗粒分析规程》（SL 42—2010）。

基于粒径的采样方法：在目标河段或河漫滩区域划定 10×10 的网格，网格边长一般为 0.2 m、0.5 m、1.0 m，可根据现场情况确定。测量者在每个网格节点任意捡起一个石块，测量其三轴尺寸，统计不同 b 轴尺寸数量，然后基于不同粒径级别数量占总数（100）比例绘制级配曲线。网格总数量可以超过 100，但不得低于 100，相关方法可参考 Bunte 和 Abt（2001）。

采样者也可以在现场采用"Z"字形行进路线，即从一岸向上游的另一岸沿直线行进，到达对岸后再向上游的对岸行进。行进方向建议从下游向上游，可减小测量者行进对原有地形的干扰。每行进固定距离任意捡起一个位于床面的石块，测量其三轴，最少测量 100 颗石块的三轴尺寸。卵砾石颗粒三轴尺寸可通过游标卡尺、直尺、直角尺测量。需要注意的是，基于粒径的采样方法不能获取粒径小于 2 mm 的颗粒信息，相关方法可参考 Bunte 和 Abt（2001）。

基于粒径的采样方法也可优化为现场摆放比例尺（如塔尺、钢尺），通过手持或者搭载于无人机的高分辨率相机对目标区域拍照，利用图像处理软件（如基于传统图像处理的 BASEGRAIN），参考 Detert 和 Weitbrecht（2012）文献或相关算法（如基于卷积神经网络的 GrainID，参考 Chen et al.，2022）自动识别图像中的石块，基于粒径方法得到床面级配曲线。

（2）次表层级配

次表层级配只能通过基于重量的筛分方法获取，首先按床面级配采样方法挖去床面颗粒，然后在采样坑继续向下挖取深度至少为次表层最大颗粒的 b 轴的物质作为样品（Bunte and Abt，2001），并筛分称重获得级配曲线。

对于水流较湍急无法通过挖取获得次表层物质样品的情况，则可以使用冻芯方法采样，即将钢探针插入河床后，注入干冰或液氮，急冻后去除钢探针，依托钢探针冻结的次表层物质再进行筛分和称重获取级配曲线。

需要说明的是，冻芯法采样质量一般低于 10 kg，较难取出粒径超过 64 mm 的颗粒，在测量较大颗粒粒径方面有一定局限。

8.4.1.2 平面形态

山洪沟平面形态测量可采用无人机摄影测量、激光扫描或者摄影测量方法。基于无人机机载激光雷达（light detection and ranging，LiDAR）对目标区域测量后可形成目标区域的三维点云，推荐可以同步获取颜色及材质信息的激光扫描仪。要求地形高程测量精度不低于±5 cm。高原地区需注意激光扫描仪的工作大气压及工作温度是否满足高原地区使用要求。然后基于高程信息或者点云颜色信息区分河道、河漫滩等，从而获取山区河流的平面形态。摄影测量方法即使用无人机搭载可见光摄像头对目标河段进行连续拍摄，要求拍摄图像清晰且满足一定重复度要求（一般无人机航线纵向和横向相邻两张照片的重叠率均不低于80%），图像序列通过 SfM 方法进行三维重构，具体要求与 8.3.1.1 节中的洪痕测量相同。现场需要布置控制点，其中心可以在图像中清晰识别，中心三维坐标使用全站仪或者差分全球定位系统测量，控制点应该在观测区段尽量均匀分布，水平间距不超过 50 m。利用摄影测量重构的观测区域三维点云或正射影像获得山区河流平面形态。

8.4.1.3 断面及比降

山洪沟的比降及关键断面需要在洪水前后进行测量。测量方法主要分为点测法及场测量。

点测法主要由测量人员手持全站仪或差分全球定位系统逐点进行三维坐标测量，全站仪使用需满足《全站仪》（GB/T 27663—2011）的规定。测量一般逐横断面开展，每个横断面相邻两测点的水平间距不应超过 0.5 m 或 1 m，关键地形形态需要有测点分布，比如最深点、两岸坡脚、两岸顶点等。相邻横断面间距设定依据河床形态确定，一般需要小于一个地貌单元（如阶梯-深潭、浅滩-深潭、簇群结构、肋状结构等）的沿水流方向长度。

场测法可通过激光扫描仪或摄影测量方法实现。激光扫描仪可为地基（TLS）或空基（如基于无人机），对目标区域扫描后形成地形的三维点云，推荐可以同步获取颜色及材质信息的激光扫描仪。要求测距超过 100 m，无水地形测量精度不低于±5 cm。高原地区需注意激光扫描仪的工作大气压及工作温度是否满足高原地区使用要求。

摄影测量方法，即使用无人机或安装在延长杆上的相机对目标河段进行连续拍摄，具体要求与 8.3.1.1 节中的洪痕测量及 8.4.1.2 节平面形态相同。

当使用摄影测量方法直接测量床面水下地形时，如水深不超过 0.2 m，可以不进行折射校正而直接使用 SfM 建模结果，但是如果水深超过 0.2 m，需要对 SfM 三维建模结果进行精细折射校正，否则推荐通过点测法获得水下地形，参考 Zhang 等（2022）。

关键横断面测量完毕后，通过各断面最低点的高差及水平距离可获得关键横断面之间的河床比降。此外，使用点测法沿河道深泓线专门测量纵断面，然后利用河道纵断面获取河床比降。

8.4.1.4 沟岸及超高测量

山洪沟的沟岸以及洪水超高位置测量一般在洪水前后在现场进行沿程测量。沟岸测量可以与断面测量结合，使用方法基本相同，如使用点测法和场测法。山洪超高测量主要集中弯道凹岸侧，可在山洪退水一周内结合沟岸测量进行，利用点测法（差分全球定位系统）或场测法（TLS、SfM）对洪痕位置及其对应的河道最低点的高程分别测量，计算高差，参考 8.3.1.1 节的洪痕测量方法。

8.4.2 堆积要素

沟道水沙运动造成的冲刷与堆积改变沟道形态和位置，一般在沟口开阔地会形成堆积扇，通过泥沙、沟道冲淤、沉积特征、河床演变等方面的观测，掌握水土耦合运动的冲淤变化、地形演化及对主河水沙影响的基础数据，参考康志成等（2004）。

（1）地形演变观测

特大水土流失、山洪泥石流或溃决灾害暴发时造成沟道的强烈冲刷和淤积，大幅度改变沟床的地形，为定量分析泥石流沟床冲淤变化状况，使用 RTK-全站仪测量沟道的特征断面，获得冲淤变化数据。泥石流沟道冲淤变化剧烈，断面观测难以全面反映地形演化，人工测量必须在泥石流暴发后进行。

　　断面实时冲淤测量：关键断面处配合泥石流运动学观测，对泥石流冲淤过程中的冲淤特征、断面变化、弯道超高等进行实时观测，获取泥石流运动过程的精细数据。测量方法有（红外）摄影测量、激光阵列测量等。

　　1）高精度地形测量：使用地表高精度测量技术，如 3D 扫描仪和无人机（UAV）对主沟、主支流交汇区等部位进行高精度的地形测量，完成沟岸冲刷、弯道超高堆积、沟床形态、堆积区漫流、改道、堆积形态、堆积速率以及主支沟交汇区沙滩形态、平面形态、河型等内容的观测。

　　2）大尺度地形测量：采用卫星遥感影像或无人机以获取沟道内的地形信息，从而得到整个沟道内的冲淤变化。

　　3）水下地形测量：特大山洪泥石流或堰塞体溃决所携带的大量固体颗粒物质常在支流主河汇口沉积，甚至影响主河的沟床演变以及主河水流的物理特征和流体特征。例如，泥石流入汇口多为含沙水流，水体不透明，为了监测泥石流对主河演化的影响，采用水下测量回声测深仪测量高精度的水下三维地形数据，解析水下堆积扇变化和淤积速率。地形测量数据，可为研究泥石流与主河交汇区的河床演化、泥石流入汇后主河泥沙输移特征及泥石流对水电工程的影响提供基础。

（2）堆积特征观测

　　1）堆积层理结构观测：用剖面观测、采样分析、高频天线雷达探测等方法观测不同类型泥石流堆积以后的沉积层序、结构和构造特征，结合现代泥石流运动和流核比等观测参数，探讨不同类型泥石流物理特征和性质。

　　2）堆积环境变化：利用热释光、光释光和孢粉等方法分析泥石流形成时的环境背景，为估计泥石流的重现期、判断泥石流沟的性质以及与全球环境变化关系提供依据。

9 数据汇交共享

9.1 元数据

元数据是数据管理的基础，用来描述数据的内容、产生过程、数据质量和其他特性。应制定元数据规范，完整记录数据观测背景信息，一般需包括时间、地点、方法、设备和人员等。

9.2 数据集

数据集产品是针对科学研究的需要，对原始观测数据进行再加工得到的数据，其处理流程、文件名和数据格式等需遵守相关标准规范。

9.3 数据整编

文件存储和整编应参考相应标准，每年应进行整编；文件整编以时间为线索，统计数据起止时间、种类及个数等信息；整编后的资料应经过人工检查。

9.4 数据汇交原则

9.4.1 真实可靠

按照本规范开展监测获取数据，并对数据定期汇总整理，确保数据质量，保证汇交数据的真实性和可靠性。

9.4.2 科学规范

数据按照相关标准规范或要求加工处理，确保汇交数据的可发现性、可获取性、可操作性和可重复利用性。

9.4.3 及时完整

在既定的时间内，按时完整地向数据管理方提交数据，保证数据的及时性和完整性。

9.5 数据汇交流程

9.5.1 汇交数据制备

遵循数据汇交相关标准规范，将采集的数据进行处理，按照规定形成元数据、数据实体等文件。

9.5.2 数据提交

确保数据质量可靠，格式规范，并编制数据说明文档，提交至数据管理方。

9.5.3 数据审核

数据管理方根据数据管理规范，对汇交数据进行形式审查和质量认定，若数据存在问题，数据提交方应及时修改并重新提交。数据管理方确定数据无误后，对数据分类、编目、标识和加工后进行入库。

9.6 数据库建设

日地空间环境观测数据包括元数据、时间序列观测数据和产品数据等，具有多层次、长时间序列的特点。数据库建设应遵循规范化、统一性和可扩展性等原则。

9.7 数据备份

长期观测的数据和文档需在野外站和数据中心进行备份，制定数据存储备份规范，完善对数据的安全保护。

9.8 数据共享与发布

根据国家对科学数据共享的有关要求，制定数据共享与发布条例，分级分类实现科学数据的有效共享。

10　保 障 措 施

10.1　人员保障

每站至少配备三名固定全职人员专职负责日常观测、设备维护和数据整理等相关工作。

10.2　设备保障

为了保证所获数据的可比性，同类常规观测设备建议采用一致型号的监测仪器设备；建立野外站仪器设备定期维护、定期检测规章制度，由专人负责定期对野外站设备进行检修维护。

10.3　技术保障

依托单位常设技术保障部门，定期举办观测技术、设备维护和数据处理等专项培训，保障设备稳定运行、数据连续可靠。

参 考 文 献

车涛, 等. 2020. 中国积雪地面观测规范. 北京: 科学出版社.

崔鹏, 邹强. 2016. 山洪泥石流风险评估与风险管理理论与方法. 地理科学进展, (2): 137-147.

崔鹏, 等. 2013. 堰塞湖及其风险控制. 北京: 科学出版社.

崔鹏, 邓宏艳, 王成华, 等. 2018. 山地灾害. 北京: 高等教育出版社.

郭剑, 沈伟, 李同录, 等. 2019. 一种流动性滑坡涌浪动力学模型. 水科学进展, 30: 273-281.

胡波, 刘广仁, 王跃思, 等. 2019. 陆地生态系统大气环境观测指标与规范. 北京: 中国环境出版集团.

焦菊英, 王志杰, 魏艳红, 等. 2017. 延河流域极端暴雨下侵蚀产沙特征野外观测分析. 农业工程学报, 33(13): 159-167.

康志成, 李焯芬, 马蔼乃, 等. 2004. 中国泥石流研究. 北京: 科学出版社.

康志成, 崔鹏, 韦方强, 等. 2006. 中国科学院东川泥石流观测研究站观测实验资料集: 1961—1984. 北京: 科学出版社.

刘金涛, 韩小乐, 陈喜, 等. 2020. 山坡表层关键带结构与水文过程. 北京: 科学出版社.

孙鸿烈, 等. 2018. 地学大辞典. 北京: 科学出版社.

汤洁. 2003. 全球大气监测观测指南. 北京: 气象出版社.

唐邦兴, 李宪文, 吴积善, 等. 1994. 山洪泥石流滑坡灾害及防治. 北京: 科学出版社.

王彬, 郑粉莉, 王玉玺. 2012. 东北典型薄层黑土区土壤可蚀性模型适用性分析. 农业工程学报, 28(6): 126-131.

王万忠, 焦菊英. 2018. 黄土高原降雨侵蚀产沙与水土保持减沙. 北京: 科学出版社.

吴积善, 康志成, 田连权, 等. 1990. 云南蒋家沟泥石流观测研究. 北京: 科学出版社.

谢建丽. 2013. 堰塞湖除险过程中的水文监测计算与分析. 兰州: 甘肃人民出版社.

徐锡蒙, 郑粉莉, 覃超, 等. 2019. 黄土丘陵沟壑区浅沟发育动态监测与形态定量研究. 农业机械学报, 50(4): 274-282.

张鹏, 郑粉莉, 王彬, 等. 2008. 高精度 GPS 三维激光扫描和测针板三种测量技术监测沟蚀过程的对比研究. 水土保持通报, 28(5): 11-15, 20.

郑粉莉, 江忠善, 高学田. 2008. 水蚀过程与预报模型. 北京: 科学出版社.

郑粉莉, 徐锡蒙, 韩勇. 2023. 浅沟和切沟侵蚀研究. 北京: 科学出版社.

中国科学院南京土壤研究所土壤物理研究室. 1987. 土壤物理性质测定法. 北京: 科学出版社.

中华人民共和国交通运输部. 2021. 自然灾害综合风险公路承灾体普查技术指南. 北京: 人民交通出版社.

中国生态系统研究网络科学委员会. 2007. 生态系统大气观测规范. 北京: 中国环境科学出版社.

钟启明, 陈生水, 王琳. 2021. 堰塞湖致灾风险评估技术及应用. 北京: 科学出版社.

周家文, 等. 2023. 滑坡堰塞湖灾害机理与风险防控. 北京: 科学出版社.

Bunte K, Abt S R. 2001. Sampling surface and subsurface particle-size distributions in wadable gravel-and cobble-bed streams for analysis in sediment transport, hydraulics, and streambed monitoring. US Department of Agriculture, Forest Service, Rocky Mountain Research Station.

Chen X, Hassan M A, Fu X. 2022. Convolutional neural networks for image-based sediment detection applied to a large terrestrial and airborne dataset. Earth Surface Dynamics, 10: 349-366.

Dammeier F, Moore J R, Haslinger F, et al. 2011. Characterization of alpine rockslides using statistical analysis of seismic signals. Journal of Geophysical Research, 116: F04024.

Detert M, Weitbrecht V. 2012. Automatic object detection to analyze the geometry of gravel grains—a free stand-alone tool. In: Murillo-Muñoz R E (ed). River Flow 2012. London: Taylor & Francis Group: 595-600.

Guo J, Cui P, Qin M, et al. 2022. Response of ancient landslide stability to a debris flow: a multi-hazard chain in China. Bulletin of Engineering Geology and the Environment, 81(7), DOI:10.1007/s10064-022-02745-5.

Muste M, Fujita I, Hauet A. 2008. Large-scale particle image velocimetry for measurements in riverine environments. Water Resources Research, 44(4), https://doi.org/10.1029/2008WR006950 [2024-10-30].

Nanni U, Roux P, Gimbert F, et al. 2022. Dynamic imaging of glacier structures at high-resolution using source localization with a dense seismic array. Geophysical Research Letters, 49(6): https://doi.org/10.1029/2021GL095996 [2024-10-30].

Nicollier T, Antoniazza G, Ammann L, et al. 2022. Toward a general calibration of the Swiss Plate geophone system for fractional bedload transport. Earth Surface Dynamics, 10(5): 929-951.

Sattar A, Goswami A, Kulkarni A V, et al. 2021. Future glacial lake outburst flood (GLOF) hazard of the South Lhonak Lake, Sikkim Himalaya. Geomorphology, 388: 107783.

Schimmel A, Hübl J. 2016. Automatic detection of debris flows and debris floods based on a combination of infrasound and seismic signals. Landslides, 13: 1181-1196.

Tsai V C, Minchew B, Lamb M P, et al. 2012. A physical model for seismic noise generation from sediment transport in rivers. Geophysical Research Letters, 39(2): 189-202.

Woodget A S, Carbonneau P E, Visser F, et al. 2015. Quantifying submerged fluvial topography using hyperspatial resolution UAS imagery and structure from motion photogrammetry. Earth Surface Processes and Landforms, 40(1): 47-64.

World Meteorological Organization (WMO). 1983. Guide to Meteorological Instruments and Methods of Observation, 5th ed. Switzerland: Geneva.

Zhang C, Sun A, Hassan M A, et al. 2022. Assessing through-water structure-from-motion photo-grammetry in gravel-bed rivers under controlled conditions. Remote Sensing, 14(21), DOI: 10.3390/rs14215351.

Zhang G, Cui P, Yin Y, et al. 2019. Real-time monitoring and estimation of the discharge of flash floods in a steep mountain catchment. Hydrological Processes, 33(25): 3195-3212.

Zhang G, Cui P, Gualtieri C, et al. 2021. Stormflow generation in a humid forest watershed controlled by antecedent wetness and rainfall amounts. Journal of Hydrology, 603, DOI: 10.1016/j.jhydrol.2021.127107.

Zhang Z, Tan Y J, Walter F, et al. 2024. Seismic monitoring and geomorphic impacts of the catastrophic 2018 Baige landslide hazard cascades in the Tibetan Plateau. Journal of Geophysical Research: Earth Surface, 129(2): e2023JF007363.

附　　录

为方便各野外站开展野外调查、实验分析和数据汇交，基于水力型灾害相关调查分析内容设计了下列表格，仅供各野外站参考。

附录 A
水力型灾害孕育背景调查表

附表 A1　观测区流域基本情况调查表

_____流域基本情况调查汇总表

地理位置：_____省_____县_____乡（镇）_____村

地理坐标：东经_____北纬_____

流域面积（km²）	地貌类型	平均海拔（m）		最高海拔（m）	最低海拔（m）
流域长度（km）					
流域宽度（km）	坡度组成（%）				
平均坡度（°）	<5°	5°~8°	8°~15°	15°~25°	25°~35°	>35°
平均坡长（m）					
沟壑密度（km/km²）	土壤				
沟谷裂度（%）	土壤类型	土壤质地		土壤结构	有效土层厚度（cm）
沟道纵比降（%）					
植被类型	土地利用结构（hm²）				
植被覆盖率（%）	耕地	园地	林地	牧草地	其他农用地	荒地	其他
土壤容许流失量[t/(km²·a)]					
灾害发生频率（高、中、低）	社会经济状况				
灾害（类型）发生历史	流域内人口（人）	流域内劳力（人）	人均基本农田（hm²）	平均粮食单产（kg/hm²）	人均粮食（kg/人）	农村生产总值（万元）	人均纯收入（元）
流域综合治理度（%）					

调查人：　　　　　填表人：　　　　　核查人：

填写日期：　　　　年　　　　月　　　　日

附表 A2　流域土壤、腐泥岩剖面调查登记表

_____流域土壤剖面调查登记表

样点基本情况													土壤		土壤剖面						
样点编号	样点名称	相片编号	日期	地貌类型	经度(°)	纬度(°)	海拔高度(m)	样点地貌部位	坡度	坡向	坡长	土地利用类型	植被类型	样点排水状况	土壤类型	主要成土过程	母质类型	A层(cm)	AC层(cm)	AB层(cm)	B层(cm)	BC层(cm)	C层(cm)	有效土层厚度(cm)

调查人：　　　填表人：　　　核查人：

填写日期：　　　年　　　月　　　日

附录 B
水力型灾害形成与动力学特征记录表

附表 B1　灾害形成的水文径流场基本信息表

_____径流场基本信息表

监测点编码_____；小流域编码_____

小区编号	建立年月	地点	设置目的	观测项目	分流孔数目	分流孔高度(m)	分流桶横断面积(m²)	小区未加盖池槽面积(m²)	集流桶横断面积(m²)	小区特征											灾害防控措施				
										水平坡长(m)	小区宽度(m)	小区面积(m²)	坡度(°)	坡向(°)	坡位	土壤类型	土层厚度(m)	有机质含量(%)	基岩种类	植物种类	植被覆盖度(%)	工程措施类型	规格	生物措施种类	苗木规格	苗木数量

填表人：　　　　　校对人：　　　　　审核人：

填表日期：年　　　月　　　日

附表 B2　径流场次降雨径流泥沙监测结果表

_____径流场次降雨径流泥沙监测结果表

监测点编码_____；小流域编码_____

小区编号	降水				降雨前土壤含水量(%)	植被盖度(%)	径流			泥沙				侵蚀强度(kg/m²)	备注
	日期	降水量(mm)	历时(min)	I_{30}(mm/h)			分流桶径流量Q_1(m³)	集流桶径流量Q_2(m³)	径流总量Q_1+Q_2n(m³)	分流桶泥沙量G_1(kg)	集流桶泥沙量G_2(kg)	集流槽泥沙重G_3(kg)	泥沙总量$G_1+G_2n+G_3$(kg)		
															n为分流孔数目

填表人：　　　　　校对人：　　　　　审核人：

填表日期：　　　年　　　月　　　日

附表 B3   流域含沙量观测记录表

_____小流域含沙量观测记录表

监测点名称/编码_____/_____；小流域编码_____

观测日期：__年__月__日

测次	水样编号	水样容积（mL）	样盒号	样盒重（g）	样盒+干泥沙重（g）	干泥沙重（g）	单点含沙量（kg/m³）	垂线平均含沙量（kg/m³）	断面平均含沙量（kg/m³）

观测人：   复核人：   审核人：

填表日期：年   月   日

附表 B4　流域年次径流泥沙测验成果表

_____流域_____年次径流泥沙测验成果表

监测点名称/编码_____/_____；小流域编码_____

降水次序	径流次序	降水							径流				泥沙		成灾特征		
		起			止	历时（min）	一次降水量（mm）	一次平均降水强度	最大30 min降水强度	浑水深（mm）	清水深（mm）	浑水径流系数	清水径流系数	含沙量（kg/m³）	输沙模数（t/km²）	淤埋	冲击	掏蚀
		月	日	时分	时分													

填表人：　　复核人：　　审核人：

填表日期：　　年　　月　　日

附录 C
特大水力型灾害成灾调查与分析记录表

附表 C1　山洪泥石流灾害调查与分析记录表

勘察方法		工作精度	量与单位	工作量	布置范围或工作内容
遥感调查		1：25000	面积/km²		
地形测量		1：50000～1：5000	面积/km²		
		1：2000～1：500	面积/km²		
		1：500～1：50	面积/km²		
工程地质测绘		1：50000～1：5000	面积/km²		
		1：2000～1：500	面积/km²		
		1：500～1：50	面积/km²		
勘探	钻探	拦沙坝	孔数/个		
			进尺/m		
		重点物源	孔数/个		
			进尺/m		
	探井	谷坊坝	数量/个		
			进尺/m		
		排导槽	数量/个		
			进尺/m		
		重点物源	数量/个		
			进尺/m		
	槽探	拦沙坝	数量/个		
			体积/m³		
		谷坊坝	数量/个		
			体积/m³		
		排导槽	数量/个		
			体积/m³		
		重点物源	数量/个		
			体积/m³		
	物探		剖面长度/km		

续表

勘察方法		工作精度	量与单位	工作量	布置范围或工作内容
现场试验	动力触探		孔数/个		
			进尺/m		
	渗透实验		组		
室内试验	土工试验		组		
	水样试验		件		

填表人：　　复核人：　　审核人：

填表日期：　　年　月　日

附表 C2　堰塞溃决灾害调查与分析记录表

站名		区站号	
堰塞湖名称		编号	
经度		纬度	
所在河流		所属水系	
堰塞湖长度		堰塞湖宽度	
主要水源补给形式		水源排泄方式	
堰塞湖面形态简图			
形成原因介绍调查 （冰川/火山/滑坡/泥石流/冰碛/其他）			
潜在入水物源类型			
潜在入水物源类型		潜在入水物源体积	

填表人：　　复核人：　　审核人：

填表日期：　　年　月　日

附表 C3　灾害人口分布调查表

调查单元编号		范围 坐标	经度1： 经度2：	纬度1： 纬度2：
地理位置		县（市）　　街道（乡、镇）　　村　　组		
调查单元面积		_____ m²		
调查单元人口	常驻人口	_____ 户　　_____ 人		
	流动人口	_____ 户　　_____ 人		
调查单元面积总计：_____ m²　　调查单元人口总计：_____ 人				
调查单元人口分布密度值：_____ 人/m²				

填表人：　　复核人：　　审核人：

填表日期：　　年　月　日

附表 C4 灾害财产分布调查表

调查单元编号		范围坐标	经度1: 经度2:	纬度1: 纬度2:
地理位置		县（市） 街道（乡、镇） 村 组		
调查单元				
财产类型：□房屋 □公路 □铁路 □基础设施 □土地 □水资源				
房屋	用途：□学校 □工厂 □商场 □店铺 □住宅 □养殖	结构：□钢板 □土木 □砌体 □砖混 □混合 □框架	民房____栋 层数：□一层 □二层 □三层 □四层 □其他	建筑总面积： _____m² 总财产： ____万元
基础设施 （公路）	类型：□高速 □省级 □县级 □乡级 □其他	长度____km 长度____km 长度____km 长度____km 长度____km	总财产：_____万元	
基础设施 （铁路）	长度____km		总财产：_____万元	
基础设施 （其他）	类型：□市政 □水利 □电力 □通信 □广播影视 □政权设施		面积：_____km² 总财产：_____万元	
土地	类型：□草地 □耕地 □林地 □果园 □采掘地 □灌木林 □露岩地 □建筑空地 □农村空地		面积：_____亩 总财产：_____万元	
水资源	类型：□池塘 □泉水 □其他水域		面积：_____亩 总财产：_____万元	
调查单元面积总计：_____m² 调查单元财产总计：_____万元				
调查单元财产分布密度值_____万元/m²				

填表人：   复核人：   审核人：

填表日期：   年   月   日

附表 C5　灾害易损性评价地物分类表

一级类型	二级类型	三级类型	单价/（元/m²）
城镇用地	居民地	平房	500
		二层楼房	700
		三层楼房	1000
		四层楼房	1000
		五层楼房	1000
		六层楼房	1000
		七`层楼房	1000
		八层楼房	1400
		九层楼房	1400
	特殊用地	公共用地	400
		城市空地	300
交通用地	公路	城市绿地	400
		主街道	800
		次街道	500

填表人：　　　复核人：　　　审核人：

填表日期：　　　年　　　月

附表 C6　灾后成灾要素及灾情损失核查表

调查单元编号		范围坐标	经度1：经度2：	纬度1：纬度2：
地理位置		县（市）　　街道（乡、镇）　　村　　组		
调查单元面积		_____ m²		
受灾人口	紧急避险转移人口	_____ 户 _____ 人		
	紧急转移安置人口	_____ 户 _____ 人		
	因灾重伤人口	_____ 户 _____ 人		
	因灾死亡人口	_____ 户 _____ 人		
房屋损毁	房屋结构	_____ 类型（A. 钢混；B.砖混；C. 砖木；D. 土木；E. 其他）		
	建筑年代	_____ 年		
	淹没水深	_____ m		
	倒损原因	_____		
	损毁程度	_____ 间（A. 倒塌；B. 严重损坏；C. 一般损坏）		
基础设施损毁	淹没水深	_____ m		
	损毁类型	（A. 铁路；B. 道路；C. 水利设施；D. 电力；E. 通讯；F. 医疗；G. 其他）		
	损毁原因	_____		
	损毁数量	_____ km（m、套、个）		
农业损失	主要品种	_____ ［A. 玉米；B. 水稻；C. 小麦；D. 经济作物（果园）］		
	生长期	_____ （A. 播种期；B. 生长期；C. 成熟期）		
	淹没水深	_____ m		
	受灾面积	_____ hm²		
	绝收面积	_____ hm²		
	作物平均产量	_____ kg		
	作物平均价格	_____ 元		

填表人：　　复核人：　　审核人：

填表日期：　　年　　月　　日

编写委员会　主编

国家野外科学观测研究站观测技术规范

第　四　卷

地球物理与地表动力灾害

重力型灾害

唐辉明　刘清秉　张国栋　王海刚 等

科学出版社

北京

内 容 简 介

开展长期的、规范化的科学观测是国家野外科学观测研究站的首要任务，也是获取高质量科学数据和开展联网研究的基础与保障。本系列规范以国家战略需求和长期地球物理与地表动力灾害研究为导向，指出了地球物理与地表动力灾害领域野外站观测技术规范的基本任务与内容，提出了野外站长期观测与专项观测相结合的技术体系，明确了本领域不同类型野外站的观测指标体系、观测技术方法和观测场地建设要求，制定了明确的数据汇交与管理要求，以保证观测数据的长期性、稳定性和可比性，从而推动开展全国和区域尺度的联网观测与研究。本系列规范适用于指导地球物理与地表动力灾害领域国家野外科学观测研究站以及相关行业部门野外站开展观测研究工作。

本系列规范可供地球物理学、空间物理学、天文学、灾害学、水文学、水力学、水土保持学、地貌学、自然地理学、工程地质学等学科领域科研人员开展野外观测研究工作参考使用。

图书在版编目（CIP）数据

国家野外科学观测研究站观测技术规范. 第四卷，地球物理与地表动力灾害 / 编写委员会主编. -- 北京：科学出版社，2025.5.
ISBN 978-7-03-081962-8

Ⅰ. N24-65；P3-65；P694-65

中国国家版本馆 CIP 数据核字第 2025DV1099 号

责任编辑：韦 沁 徐诗颖 / 责任校对：何艳萍
责任印制：肖 兴 / 封面设计：北京美光设计制版有限公司

科 学 出 版 社 出版

北京东黄城根北街 16 号
邮政编码：100717
http://www.sciencep.com

北京市金木堂数码科技有限公司印刷
科学出版社发行 各地新华书店经销
*

2025 年 5 月第 一 版 开本：720×1000 1/16
2025 年 5 月第一次印刷 印张：39 1/2
字数：8 000 000

定价：**498.00 元**（全五册）
（如有印装质量问题，我社负责调换）

"国家野外科学观测研究站观测技术规范"丛书

指导委员会

主　任：张雨东

副主任：兰玉杰　苏　靖

成　员：黄灿宏　王瑞丹　李　哲　刘克佳　石　蕾　徐　波
　　　　李宗洋

科学委员会

主　任：陈宜瑜

成　员（按姓氏笔画排序）：

于贵瑞　王　赤　王艳芬　朴世龙　朱教君　刘世荣

刘丛强　孙和平　李晓刚　吴孔明　张小曳　张劲泉

张福锁　陈维江　周广胜　侯保荣　姚檀栋　秦伯强

徐明岗　唐华俊　黄　卫　崔　鹏　康世昌　康绍忠

葛剑平　蒋兴良　傅伯杰　赖远明　魏辅文

编写委员会

主 任：于贵瑞

副主任：葛剑平　何洪林

成 员（按姓氏笔画排序）：

于秀波　马　力　马伟强　马志强　王　凡　王　扬

王　霄　王飞腾　王天明　王兰民　王旭东　王志强

王克林　王君波　王彦林　王艳芬　王铁军　王效科

王辉民　卢红艳　白永飞　朱广伟　朱立平　任　佳

任玉芬　邬光剑　刘文德　刘世荣　刘丛强　刘立波

米湘成　孙晓霞　买买提艾力·买买提依明　苏　文

杜文涛　杜翠薇　李　新　李久乐　李发东　李庆康

李国主　李晓刚　李新荣　杨　鹏　杨朝晖　肖　倩

吴　军　吴俊升　吴通华　辛晓平　宋长春　张　伟

张　琳　张文菊　张达威　张劲泉　张雷明　张锦鹏

陈　石　陈　继　陈　磊　陈洪松　罗为群　周　莉

周广胜　周公旦　周伟奇　周益林　郑　珊　赵秀宽

赵新全　郝晓华　胡国铮　秦伯强　聂　玮　聂永刚

贾路路　夏少霞　高　源　高天明　高连明　高清竹

郭学兵　唐辉明　黄　辉　崔　鹏　康世昌　彭　韬

斯确多吉　　韩广轩　程学群　谢　平　谭会娟

潘颜霞　戴晓琴

第四卷 地球物理与地表动力灾害
编写委员会

主　任：崔　鹏

副主任：陈　石　刘立波　唐辉明　王兰民　郑粉莉　贾路路
　　　　赵秀宽　周公旦　张国涛

成　员（按姓氏笔画排序）：
　　　　王　霄　王海刚　卢红艳　任　佳　刘清秉　安张辉
　　　　许建东　李国主　张国栋　郝　臻　蒲小武

重力型灾害编写组

唐辉明　刘清秉　张国栋　王海刚　李长冬　卢全中
郝建盛　谭钦文　张永权　崔一飞　王菁莪　刘军旗
易　武　卢书强　王云龙　宁　迪

序　一

国家野外科学观测研究站作为"分布式野外实验室"，是国家科技创新体系组成部分，也是重要的国家科技创新基地之一。国家野外科学观测研究站面向社会经济和科技发展战略需求，依据我国自然条件与人为活动的地理分布规律进行科学布局，开展野外长期定位观测和科学试验研究，实现理论突破、技术创新和人才培养，通过开放共享服务，为科技创新提供支撑和条件保障。

2005 年，受科技部的委托，我作为"科技部野外科学观测研究站专家组"副组长参与了国家野外科学观测研究站的建设工作，见证了国家野外科学观测研究站的快速发展。截至 2021 年底，我国已建成 167 个国家野外科学观测研究站，在长期基础数据获取、自然现象和规律认知、技术研发应用等方面发挥了重要作用，为国家生态安全、粮食安全、国土安全和装备安全等方面做出了突出贡献，一大批中青年科学家依托国家野外科学观测研究站得以茁壮成长，有力提升了我国野外科学观测研究的国际地位。

通过长期野外定位观测获取科学数据，是国家野外站的重要职能。建立规范化的观测技术体系则是保障野外站获取高质量、长期连续科学数据、开展联网研究的根本。科技部高度重视国家野外站的标准化建设工作，并成立了全国科技平台标准化技术委员会野外科学观测研究标准专家组，启动了国家野外站观测技术规范的研究编制工作。我全程参加了技术规范的高水平专家研讨评审会，欣慰地看到通过不同领域的野外台站站长、一线监测人员和科研人员的共同努力，目前国家野外站五大领域的观测技术规范已经基本编制完成，将以丛书形式分领域出版。

面对国家社会经济发展的科技需求，国家野外站也亟须从顶层设计、基础能力和运行管理等方面，进一步加强体系化建设，才能更有效实现国家重大需求的科技支撑。我相信，"国家野外科学观测研究站观测技术规范"丛书的出版一方面将促进国家野外站管理的规范化，另一方面将有效推动国家野外站观测研究工作的长期稳定发展，并取得更高水平研究成果，更有效地支撑国家重大科技需求。

中国科学院院士　陈宜瑜

序 二

当前我国经济已由高速增长阶段转向高质量发展阶段，资源环境约束日渐增大。推动经济社会绿色化、低碳化发展是生态文明建设的核心，是实现高质量发展的关键。依托野外站开展长期观测与研究，推动生态系统与生物多样性、地球物理与地表动力灾害、材料腐蚀降解与基础设施安全等五大领域的学科发展，是支撑国家社会经济高质量发展和助力新质生产力的重要基础性保障。

标准化和规范化的观测技术体系是国家野外站开展协同观测，并获取高质量联网观测数据的前提与基础。国家野外站由来自于不同行业部门的观测站组成，在台站定位、主要任务和领域方向等方面存在不同程度的差异，对野外站规范化协同观测和标准化数据积累的影响日益明显。目前国家野外站存在观测体系不统一、部分野外站类型规范化技术体系缺乏的突出问题，亟须在现有野外站观测技术体系基础上，制定标准化的观测技术规范，以保障国家野外站长期观测和研究的科学性，观测任务实施的统一性与规范性，更有效地服务于国家重大科技需求和学科建设发展。

2021 年 6 月，科技部基础司和国家科技基础条件平台中心启动了国家野外站观测技术规范的研究编制工作，并成立了全国科技平台标准化技术委员会"野外科学观测研究标准专家组"，组织不同领域技术骨干开展野外站观测技术规范的编写工作。两年多来，数百名野外站一线科研人员开展全力协作，围绕技术规范的编制进行了百余次不同规模的研讨和修改。作为野外科学观测研究标准专家组组长，我参与了技术规范编制工作的整个过程，也见证了野外站科研精神的传承，很欣慰地看到一支甘心扎根野外、勇于奉献和致力于野外科学观测研究科技队伍的成长。随着国家野外站五大领域的观测技术规范编制工作的完成，该成果将以丛书形式陆续出版，并将很快开展相应的野外站宣贯工作，从而有效推动国家野外科学观测研究站的规范化建设与运行管理，为更好地发挥国家野外站科技平台作用，助力实现我国高水平科技自立自强提供基础性支撑。

中国科学院院士 于贵瑞

前　言

地球是人类赖以生存的家园，然而自然灾害的频发与复杂的地球系统动态变化息息相关。固体地球物理、日地空间环境、水力型灾害、重力型灾害和地震灾害等多领域的观测研究，不仅是人类探索地球系统演化规律、理解自然灾害成因和机制的关键基础，而且是服务于国家防灾减灾战略需求、保障社会经济可持续发展的重要支撑。近年来，随着全球气候变化、极端自然事件频发以及人类活动的加剧，自然灾害的发生呈现出更为复杂的态势。这不仅对科学研究提出了更高的要求，也对灾害观测和预警体系建设提出了更大的挑战。

国家野外科学观测研究站作为长期定位观测和科学研究的基础平台，在推动科学认知突破、服务国家重大科技任务以及满足防灾减灾重大需求等方面发挥了不可替代的作用。近年来，我国在固体地球物理、日地空间环境、水力型灾害、重力型灾害及地震灾害等领域已建成一批国家级和省部级野外科学观测研究站。这些站点通过长期监测和科学研究，积累了大量宝贵的数据与经验。然而，观测技术与方法的快速发展，以及不同站点间监测目标和任务的多样性，也带来了数据标准不一、规范化不足等问题，亟须制定系统化、规范化的观测指标体系和技术规范，以实现观测数据的高质量、可比性和共享性，为深入研究灾害成因、演化规律及风险防控提供科学依据。

为此，本系列规范围绕固体地球物理、日地空间环境、水力型灾害、重力型灾害和地震灾害五大领域，系统梳理了相关领域长期科学观测的目标、任务与内容，结合国家不同发展阶段的重大需求，构建了统一的观测指标体系和技术方法，制定了规范化的观测流程与数据管理标准。本系列规范的编写遵循系统性、科学性、先进性和可操作性的原则，充分参考国内外已有技术规范和研究成果，结合我国野外观测研究的实际需求，力求为未来的联网观测与数据共享提供科学指导，支撑国家防灾减灾战略目标的实施。

固体地球物理分册着眼于固体地球物理学的长期定位观测，探索地球系统的动力学过程及其物质组成和演化规律，为能源资源开发和固体地球灾害防控提供科学支撑。

日地空间环境分册聚焦地球空间环境的状态及其变化规律，服务于"子午工程""北斗导航""载人航天"等重大科技任务，为空间活动安全和高技术系统运行提供保障。

水力型灾害分册立足于受全球气候变化和人类活动影响的地表水力型灾害，研究其成因、演化规律及防控策略，为山洪、泥石流、水土流失等灾害的监测预警与防治提供技术支持。

重力型灾害分册针对滑坡、崩塌、地面沉降、雪崩等灾害，构建孕灾环境与成灾机制的观测指标体系，为区域灾害风险评估与防控提供科学依据。

地震灾害分册重点研究强震孕育、地震动效应及次生灾害机理，服务于国家地震安全需求，提升地震灾害风险防控能力。

本系列规范的编写得到了科技部国家科技基础条件平台中心以及各领域专家的支持与指导，凝聚了科研机构、高等院校和相关行业部门的集体智慧。各分册在编写过程中，广泛征求了业内专家意见，经过反复讨论和修改，力求内容科学严谨、体系规范完整。但由于各领域的复杂性和规范化建设的长期性，不可避免地存在不足之处。我们真诚希望在实际应用中得到反馈和建议，以便在后续修订中不断完善，为我国自然灾害观测与科学研究提供更为有力的支撑。

我们相信，本系列规范的发布与推广，将有助于提升我国自然灾害观测研究的科学化、规范化水平，推动灾害风险防控能力的全面提升，为建设安全、韧性、可持续发展的社会提供重要保障。

编　者

2025 年 1 月

目　　录

1 引　　言

　　重力型灾害是地表物质在地球内外动力作用或人为地质作用下，受重力驱动发生变形运动，对人类生命财产、环境造成破坏和损失的一类地质现象和过程，主要包括滑坡–崩塌、地面沉降、地裂缝、雪崩灾害等。我国地质构造复杂、地形地貌起伏变化大，山地丘陵占国土面积的 65%，具有极易发生重力型灾害的物质条件。受全球气候变暖、极端气象水文事件增多、地震活动频繁和人类活动加剧的影响，我国重力型灾害呈长期高发态势，严重威胁经济社会可持续发展。因此，面向服务防灾减灾国家重大战略需求，亟须加强重力型灾害的观测和防控研究。建立重力型灾害领域野外科学观测研究站（简称野外站）是认识此类灾害长期演化与灾变机制的重要手段，规范化的观测方法是开展长期定位观测研究、预测预报和临灾应急抢险的关键，统一的观测体系和技术方法是野外站联网研究和优化布局的根本保证。近年来，我国重力型灾害领域野外科学观测研究站迅速增多，几乎涵盖了主要重力型灾害类型，不同站点对灾害孕灾环境、演化过程、运动规律、成灾机制等方面的观测研究各有侧重。然而，国家级、省部级等不同级别的野外站的发展水平层次不一，且观测技术体系不尽相同，迫切需要建立统一、规范的国家野外科学观测研究指标体系和观测技术方法，以获取长期、连续、高质量且可比较的观测数据，用于深入研究灾害形成机理、运动规律和成灾机制，研发具有针对性的灾害监测预警和工程治理技术，形成一套具有区域属性且相对普适性的防灾减灾理论与技术体系，有效支撑防灾减灾救灾"三个转变"和"四个精准"要求的实施，切实提高减灾成效。因此，为构建更为系统、统一、先进的观测指标体系，规范指导野外站联网观测和研究工作，有效提升野外台站服务国家战略需求能力和水平，特制定重力型灾害长期观测技术规范。

　　本规范以重力型灾害领域长期科学目标以及国家重大需求为导向，遵循系统性、科学性、先进性和可操作性的原则，以国内外已有重力型灾害观测技术规范为基础，系统梳理重力型灾害的孕灾条件、触发关键因子、渗流场-变形场-应力场耦合机制与成灾过程指标之间的逻辑关系，形成了服务重力型灾害长期科学目标的观测指标体系。本规范根据国家不同发展阶段的重大科技需求和防灾减灾的战略目标，设定了滑坡–崩塌、地面沉降、地裂缝、雪崩等不同灾种的特殊观测任务，系统梳理并补充完善了与各专项观测任务相对应的灾害要素指标，形成了面向监测预警的关键观测指标体系，为区域重力型灾害预警与防控、人居环境与工程安全、经济社会高质量发展提供科学支撑，服务于国家的防灾减灾重大科技目标和任务。

本规范主要包括引言、范围、规范引用文件、术语与定义、观测任务与内容、观测指标体系、观测场地布设、观测技术方法、观测设备架设与维护、数据汇交与共享、保障措施 11 个部分。本规范主要起草人：唐辉明、刘清秉、张国栋、王海刚、李长冬、卢全中、郝建盛、谭钦文、张永权、崔一飞、王菁莪、刘军旗、易武、卢书强、王云龙、宁迪。滑坡–崩塌灾害部分主要由唐辉明、刘清秉、张国栋、李长冬、谭钦文等编写，地面沉降和地裂缝灾害部分由王海刚、卢全中、王云龙、宁迪等编写，雪崩灾害部分是由郝建盛、崔一飞等编写。第 1 章、第 2 章由唐辉明与刘清秉编写；第 3 章由唐辉明、刘清秉、张国栋、王海刚、卢全中、郝建盛等编写；第 4 章由唐辉明、刘清秉、李长冬、谭钦文、张国栋、易武、卢书强、王海刚、王云龙、宁迪、崔一飞、郝建盛等编写；第 5 章由唐辉明、刘清秉、李长冬、王海刚编写；第 6 章由唐辉明、刘清秉、张国栋、王海刚、卢全中、郝建盛、谭钦文、崔一飞、易武等编写；第 7 章由唐辉明、刘清秉、张国栋、王海刚、卢全中、郝建盛、王菁莪、张永权等编写；第 8 章由唐辉明、刘清秉、谭钦文、卢书强、王云龙、崔一飞、郝建盛、王菁莪、张永权等编写；第 9 章由王海刚、谭钦文、张永权等编写；第 10 章由刘军旗编写；第 11 章由张永权编写。本规范由唐辉明与刘清秉统稿、审阅并修改。长安大学彭建兵院士、首都师范大学宫辉力教授、同济大学汪发武教授、西南交通大学程谦恭教授、中国矿业大学隋旺华教授、中国地质科学院地质力学研究所孙萍研究员、中国科学院水利部成都山地灾害与环境研究所周公旦研究员等审阅全稿并提出了修改意见。中国科学院地理科学与资源研究所崔鹏院士作为地球物理与地表动力灾害编写委员会主任给予了充分的指导和建议。中国科学院水利部成都山地灾害与环境研究所周公旦研究员作为编委会联系人，有力推动了规范实施过程中的沟通和交流，保障了规范的高标准、高质量完成。

本规范资助项目及单位主要包括科技部四司科技工作委托任务"国家野外站观测技术规范研究"、国家生态科学数据中心（NESDC）以及国家自然科学基金重大项目"重大滑坡预测预报基础研究"（42090050）。

本规范主要由中国地质大学（武汉）、三峡大学、中国地质环境监测院、长安大学、中国科学院地理科学与资源研究所、清华大学等单位牵头共同编制，已建国家与省部级野外站也积极参与和大力支持。2023 年 3 月接受委托任务后，迅速成立编写组并开展任务分工与前期调研，先后召开线上、线下会议近二十次，历时一年有余，经过反复讨论，明确了重力型灾害野外站长期监测的目标，确定了规范编制的基本原则、编制依据和主要内容。草稿编制完成之后，编写组多次向野外站和各级领导进行了汇报和交流，广泛征求专家意见和建议，并不断修改完善。

本规范涉及内容广泛，难免存在不妥之处，将在野外实地试用和问题反馈的基础上丰富完善。

2 范　围

　　本规范规定了重力型灾害长期共性观测和灾种类别层面（滑坡–崩塌、地面沉降、地裂缝、雪崩）专项观测的观测任务与内容、观测指标体系、观测场地布设、观测技术方法、观测设备架设与维护、数据汇交与共享，以及保障措施等技术要求。

　　本规范适用于重力型灾害领域国家野外科学观测研究站的长期定位观测和专项观测，其他相关类型灾害的长期观测和专项观测工作可参照执行。

3 规范引用文件

本规范的制定参考了下述规范性文件，文件中的条款通过本规范的引用而成为本规范的条款。凡是标注日期的引用文件，仅所注日期的版本适用于本规范；凡是未标注日期的引用文件，其最新版本（包括所有的修改单）适用于本规范。

GB 3838—2002 地表水环境质量标准

GB 4943.1—2022 音视频、信息技术和通信技术设备　第1部分：安全要求

GB 50026—2020 工程测量标准

GB 50052—2009 供配电系统设计规范

GB 50057—2010 建筑物防雷设计规范

GB/T 9361—2011 计算机场地安全要求

GB/T 11828.1—2019 水位测量仪器　第1部分：浮子式水位计

GB/T 11828.2—2022 水位测量仪器　第2部分：压力式水位计

GB/T 11828.3—2012 水位测量仪器　第3部分：地下水位计

GB/T 12897—2006 国家一、二等水准测量规范

GB/T 18314—2024 全球导航卫星系统（GNSS）测量规范

GB/T 23872.1—2009 岩土工程仪器　土压力计　第1部分：振弦式土压力计

GB/T 30522—2014 科技平台　元数据标准化基本原则与方法

GB/T 35225—2017 地面气象观测规范　气压

GB/T 35229—2017 地面气象观测规范　雪深与雪压

GB/T 35237—2017 地面气象观测规范　自动观测

GB/T 38204—2019 岩土工程仪器　测斜仪

DL/T 1045—2022 钢弦式孔隙水压力计

DZ 0022—1991 测斜仪通用技术条件

DZ/T 0017—2023 工程地质钻探规程

DZ/T 0072—2020 电阻率测深法技术规范

DZ/T 0133—1994 地下动态监测规程

DZ/T 0148—1994 水文地质钻探规程

DZ/T 0154—1995 地面沉降水准测量规范

DZ/T 0270—2014 地下水监测井建设规范

DZ/T 0221—2006 崩塌、滑坡、泥石流监测规范

DZ/T 0283—2015 地面沉降调查与监测规范

DZ/T 0446—2023 地面沉降和地裂缝光纤监测规程

HJ 91.2—2022 地表水环境质量监测技术规范

HJ 493—2009 水质样品的保存和管理技术规定

HJ 494—2009 水质采样技术指导

JGJ 8—2016 建筑变形测量规范

SL 21—2015 降水量观测规范

DB11/T 1677—2019 地质灾害监测技术规范

DB12/T 1118—2021 地面沉降监测分层标施工技术规程

DB12/T 1119—2021 地面沉降监测分层标设计规范

DB41/T 1979—2020 地面沉降监测基岩标、分层标建设与验收技术规范

DD 2006—02 地面沉降监测技术要求

DD 2014—11 地面沉降干涉雷达数据处理技术规程

DG/TJ 08—2051—2021 地面沉降监测与防治技术标准

T/CAGHP 007—2018 崩塌监测规范（试行）

T/CAGHP 008—2018 地裂缝地质灾害监测规范（试行）

T/CAGHP 009—2018 地质灾害应力应变监测技术规程（试行）

T/CAGHP 013—2018 地质灾害 InSAR 监测技术指南（试行）

T/CAGHP 014—2018 地质灾害地表变形监测技术规程（试行）

T/CAGHP 051—2018 地质灾害地面倾斜监测技术规程（试行）

T/CAGHP 052—2018 地质灾害深部位移监测技术规程（试行）

T/CAGHP 079—2022 地裂缝防治工程勘查规范（试行）

4 术语与定义

4.1 重力型灾害

重力型灾害（gravity-driven geohazards）又称重力型地质灾害，是地表物质在地球内外动力作用或人为地质作用下，受重力驱动发生变形运动，对人类生命财产、环境造成破坏和损失的一类地质现象和过程，主要包括滑坡、崩塌、地面沉降、地裂缝、雪崩等灾害。

4.2 地质灾害分类

地质灾害分类（geohazards classification）是根据地质灾害的成因、规模，或其他特征划分地质灾害的类型。

4.3 地质灾害分级

地质灾害分级（geohazards grading）是根据地质灾害事件的危害程度划分地质灾害的等级。

4.4 地质灾害灾情

地质灾害灾情（geohazards situation）指已发地质灾害造成的危害情况，包括地质灾害造成的人员伤亡情况、财产损失情况等。

4.5 地质灾害险情

地质灾害险情（geohazards risk）指潜在地质灾害发生后可能造成的危害情况，包括地质灾害可能造成的人员伤亡情况、财产损失情况等。

4.6 滑坡

滑坡（landslide）指斜坡岩土体在重力等因素作用下，依附滑动面（带）产生的向坡外以水平运动为主的运动或现象。

4.7 崩塌

崩塌（rockfall）指斜坡岩土体中被陡倾的张性破裂面分割的块体，突然脱离母体并以垂直运动为主，翻滚跳跃而下的现象或运动。

4.8 地面沉降

地面沉降（land subsidence）指因自然因素和人为活动引起松散地层压缩所导致的一定区域范围内地面高程降低的地质现象，包括在其发育过程中伴生的地裂缝现象。

4.9 地面沉降监测设施

地面沉降监测设施（land subsidence monitoring facility）指用于监测地面沉降动态的各类观测标志和设施，包括基岩标、分层标等观测标志和地下水监测孔等观测设施。

4.10 基岩标

基岩标（bedrock benchmark）指埋设在稳定基岩的地面水准观测标志。

4.11 分层标

分层标（benchmark for a specific layer）指埋设在不同深度松散土层分界面位置的地面水准观测标志。

4.12 地下水监测孔

地下水监测孔（groundwater level monitoring well）指用于监测地下含水层（组）中水的动态变化的管井设施。

4.13 孔隙水压力监测孔

孔隙水压力监测孔（pore water pressure monitoring hole）指用于监测黏性土层的渗流压力的管井设施。

4.14　地下水人工回灌井

地下水人工回灌井（groundwater artificial recharge well）指用于地下水人工回灌的（或同时具备开采与回灌功能的）管井设施。

4.15　全球导航卫星系统

全球导航卫星系统（global navigation satellite system，GNSS）又称天基 PNT 系统，指基于卫星的定位（posting）、导航（navigating）、授时（timing）系统。

4.16　合成孔径雷达干涉测量

合成孔径雷达干涉测量（interferometric synthetic aperture radar，InSAR）指利用合成孔径雷达（synthetic aperture radar，SAR）数据中的相位信息进行干涉测量处理，结合雷达参数和卫星位置信息反演地表三维地形及其微小变形的遥感技术。

4.17　差分合成孔径雷达干涉测量

差分合成孔径雷达干涉测量（differential-interferometric synthetic aperture radar，D-InSAR）指对两幅 SAR 影像进行干涉差分处理，提取地表变化信息的干涉测量手段。

4.18　永久散射体

永久散射体（permanent scatterer，PS）是指对雷达波的后向散射较强，且在长时间跨度 InSAR 图像序列中稳定的地物目标。

4.19　点目标

点目标（point object）指基于永久散射体合成孔径雷达干涉测量（permanent scatterer-interferometric synthetic aperture radar，PS-InSAR）技术提取的永久散射体。

4.20　角反射器

角反射器（corner reflector，CR）采用金属材料制成，是与雷达波的入射方向保持最佳夹角的人工反射装置。

4.21 水准测量

水准测量（leveling）指用水准仪和水准尺测定地面上两点间高差的方法，通过水准测量技术可以测量地面沉降量。

4.22 地裂缝

地裂缝（ground fissure）指地表岩土体开裂，在地面形成的具有一定规模和分布规律的裂缝，可在自然或人为因素作用下产生，如断层活动（蠕滑或地震）或过量抽取地下水造成的区域性地表开裂。

4.23 构造地裂缝

构造地裂缝（tectonic ground fissure）指由下伏构造（多为断层）控制，地表开裂或变形产生的地裂缝。

4.24 隐伏地裂缝

隐伏地裂缝（buried/hidden ground fissure）指在地表没有明显出露，隐藏于近地表土体中的地裂缝。

4.25 主地裂缝

主地裂缝（main ground fissure）指在一系列地裂缝组成的地裂缝带中，延伸长度和活动程度最大的地裂缝。

4.26 分支地裂缝

分支地裂缝（branching ground fissure）指由主地裂缝派生，且在剖面上与主地裂缝相交，规模和活动程度相对较小的地裂缝。

4.27 次级地裂缝

次级地裂缝（secondary ground fissure）指与主地裂缝伴生，在剖面上不与主地裂缝相交，位于主地裂缝附近，产状与主地裂缝相近，规模相对较小的地裂缝。

4.28 地裂缝观测场地

地裂缝观测场地（observation site of ground fissure）指为获取地裂缝发育特征及其影响因素等相关指标而设立的场地及设施。

4.29 地裂缝影响带

地裂缝影响带（deformation zone of ground fissure）指位于地裂缝两侧，受地裂缝活动影响并在地表产生变形或形成破裂的区域，包括地裂缝主变形区（strong deformation zone of ground fissure）和地裂缝微变形区（weak deformation zone of ground fissure）。

4.30 地裂缝主变形带

地裂缝主变形带（strong deformation zone of ground fissure）指地裂缝影响带内地表变形明显或次级破裂发育的区域。

4.31 地裂缝微变形带

地裂缝微变形带（weak deformation zone of ground fissure）指地裂缝影响带内地表变形相对较弱及次级破裂不发育的区域。

4.32 雪崩

雪崩（snow avalanche）指山坡积雪失稳，大量积雪或裹挟树木和泥土顺坡向下滑动的自然现象。

4.33 雪崩抛程

雪崩抛程（snow avalanche path length）指滑动积雪从滑动始发区到停滞运动的堆积区的距离。

4.34 雪深

雪深（snow depth）即积雪的总高度，指从基准面（地表面、冰面）到积雪表面的垂直距离。

4.35 雪层密度

积雪密度（snow density）指单位体积中积雪的质量，常用单位为 kg/m³。

4.36 雪层含水率

雪层含水率（liquid water content in snow），又称积雪湿度，是描述积雪中实际液态水含量的指标，用百分比（%）表示。

4.37 雪层温度

雪层温度（snow temperature）指积雪垂直方向一定深度的雪层的温度，单位通常为摄氏度（℃）。

4.38 积雪硬度

积雪硬度（snow hardness）指单位面积积雪承受抵抗力的大小，反映积雪的塑性压缩破坏能力，通常单位为 Pa

4.39 积雪剪切强度

积雪剪切强度（snow shear strength）指承受剪切力的能力，通常单位为 Pa。积雪的剪切强度由积雪中雪晶体之间的范德华力、静电力以及内摩擦力决定，因此积雪的剪切强度能够客观地反映出积雪内部雪颗粒之间的黏结程度的强弱。

5　观测任务与内容

5.1　总则

1）坚持以目标为导向的原则。以目标确定观测内容，以观测内容确定观测要素和具体指标，构建目标导向的观测内容和指标体系。

2）坚持长期观测和专项观测相结合的原则。以长期观测为基础，拓展专项观测任务，建立专项观测指标体系，实现专项研究目标。

3）坚持台站责任与特色相结合的原则。长期观测指标各站必选（其中有些个别指标可根据情况申请选测），专项观测指标可基于各站的研究特色及实际情况做出选择。

4）遵从科学性、前瞻性、系统性、先进性、可操作性的原则。充分考虑各项观测内容及要素的相互关联性，强调多要素、多过程、多尺度的综合观测。

5.2　观测任务目标

本规范制定的基本原则是坚持以目标为导向，基于目标确定观测内容和指标体系。

地质灾害长期监测目标主要包括以下两个，

1）长期科学目标：揭示地质灾害长期发展演化的规律和机制，

2）阶段性国家需求：服务于国家和区域发展的重大需求。

其中，长期科学目标长期坚持不变，为各站观测任务的必选项；阶段性国家需求将根据国家需求进行制定，基于各站特点确定适宜的方向，为可选项。

长期观测任务和专项研究任务的目标具体如下，

1）长期观测任务的科学目标：基于重力型灾害的地质孕育背景和成生演化机制，建立长期、连续、高效的重力型灾害综合观测体系，积累地质灾害观测数据，构建地质灾害系统数据库，研究重力型灾害形成、演化、成灾的动力机制，研发重力型灾害预测、预防与工程治理关键技术，为我国地质灾害防治、国家重大工程建设的地质安全保障、生态文明建设和经济社会可持续发展提供理论依据和技术支撑。

2）专项研究任务的目标：针对滑坡–崩塌、地面沉降、地裂缝、雪崩等重力型灾害的主要灾种类别，建立专项观测指标体系，构建针对性防治策略，服务于国家和地方重大需求，为保障国家重大工程安全、生态文明建设和山区可持续发展提供理论依据和技术支撑。

5.3　观测内容

　　基于长期观测和专项研究两大任务，进而形成长期观测和专项研究两个指标体系。这两个观测指标体系间密切相关，但又存在一定差别。前者是长期、低频的，后者是短期、高频的；前者是基础，后者是基于专项任务的要求，在前者基础上通过指标筛选、观测频度调整或观测指标补充等措施形成（图1）。

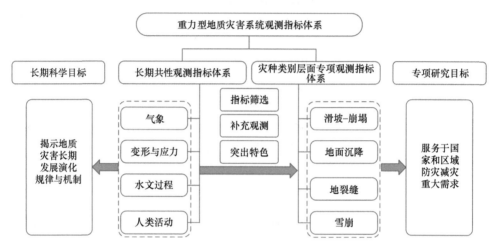

图 1　重力型地质灾害长期观测与专项观测体系内容

6 观测指标体系

6.1 目标导向的观测指标体系

6.1.1 目标导向性

重力型灾害领域野外站观测指标体系的建设，需以服务于防灾减灾为核心。基于现代实验测量技术，建立以灾害观测和实验研究为核心的地质灾害观测体系，科学地将地质灾害过程研究置于地质环境变化及其对区域（全球）环境变化影响与响应的整体研究中，遵循一体化综合集成的研究方法，以地表动力影响下的地貌过程为核心，探索物质能量转化迁移的规律及其灾变机理与环境效应，发展基于现代科学技术成就的地质灾害防控科学理论与技术体系。

6.1.2 共性和个性兼顾

不同重力型灾害的观测指标体系，同时表现出共通性与特殊性。灾害观测必须反映区域基本的气象条件、水文条件、灾害地质体变形状态等共通的观测内容，但不同灾种各有其独特的发展过程与运动形式。因此，在进行重力型灾害长期共性观测的基础上，应根据不同区域地质条件与不同灾种特色，选择专项观测要素，制定具体观测技术方法，对具体灾害现象与过程开展针对性观测。

6.2 长期共性观测指标体系

6.2.1 气象观测指标

与地质灾害相关的气象观测内容主要包括降水、风场，以及温度、湿度等，进行气象因素与灾害体稳定性的综合相关性分析，具体观测指标见表 1。

6.2.2 变形与应力观测指标

地质灾害变形与应力观测内容包括地表变形、地下变形与应力，其中，地表变形又分为地表绝对位移和地表相对位移，具体观测指标见表 2。

表 1　气象观测指标

观测内容	观测指标	观测频次	观测位置	观测时间	单位	观测方法	建议观测设备
降水	降雨量	实时	地表	降雨时	mm	自动	雨量计
	降雨强度	实时	地表	降雨时	mm/h	自动	雨量计
	降雪量	实时	地表	降雪后	mm	自动	雪量计
	融雪量	实时	地表	降雪后	mm/h	自动	雪量计
风场	风向	实时	地表	长期	°	自动	风向仪
	风速	实时	地表	长期	m/s	自动	风速仪
温度、湿度	温度	实时	地表	长期	℃	自动	温度计
	湿度	实时	地表	长期	%	自动	湿度计

表 2　变形与应力观测指标

观测内容	观测指标	观测频次	观测位置	观测时间	单位	观测方法	建议观测设备
地表绝对位移	三维位移（水平位移、沉降）	实时	地表	全年	mm	自动	全站仪、水准仪、沉降仪、全球导航卫星系统、激光雷达、合成孔径雷达等
地表相对位移	裂缝	实时	地表	全年	mm	自动	裂缝计
	地面倾斜	实时	地表	全年	°	自动	倾角仪
	地表变形速度	实时	地表	全年	mm/s	自动	位移计
地下变形	地下倾斜	实时	地下	全年	°	自动	钻孔倾斜仪
	地下剪切位移	实时	地下	全年	mm	自动	钻孔倾斜仪、分布式光纤测量仪、时域反射测量仪等
	地下沉降	实时	地下	全年	mm	自动	沉降仪
应力	岩土应力	实时	地下	全年	kPa	自动	土压力计、应力计等

6.2.3　水文过程观测指标

地质灾害水文过程观测内容主要包括地表水、地下水、含水率及水质，具体观测指标见表 3。

表 3　水文过程观测指标

观测内容	观测指标	观测频次	观测位置	观测时间	单位	观测方法	建议观测设备
地表水	水位	4 次/d	地表水体	全年	m	自动	水位计
地下水	水位	4 次/d	地下水体	全年	m	自动	水位计
含水率	土壤含水率	根据需要确定	地表土壤	全年	%	自动	土壤湿度计
	雪层含水率	根据需要确定	积雪	全年	%	自动	积雪特性分析仪
水质	pH，侵蚀性的 CO_2、Ca^{2+}、Mg^{2+}、Na^+、K^+、HCO_3^-、SO_4^{2-}、Cl^- 等	根据需要确定	地表水体、地下水体	根据需要确定	见 8.1.3.2 节	人工	水质分析仪

地下水观测主要是观测灾害地质体内及周边的泉、井、钻孔、平硐、竖井等的地下水的水位、水量、水温和孔隙水压力等动态指标，掌握地下水的变化规律，分析地下水与地表水、库水、大气降水的关系，进行地下水动态指标与灾害地质体变形的相关分析。

地表水观测主要是观测与灾害地质体相关的江、河或水库等地表水体的水位、流速、流量等动态指标，分析其与地下水、大气降水的联系，分析地表水冲蚀与灾害地质体变形的关系等。

含水率观测主要是观测地表土壤和积雪内的含水率变化情况，分析其与地表岩土和雪场变形的相关关系。

水质观测主要是观测灾害地质体内及周边地下水、地表水的水化学成分变化情况，分析其与灾害地质体变形的相关关系。

6.2.4 人类活动观测指标

人类活动观测是指对影响地质灾害的工程活动进行的观测。观测内容主要包括：道路、管网、房屋等开发及基础设施建设活动；码头、堆场等水路设施建设活动；水库蓄水及运行造成的水位变化；水渠、水槽、水塘等农业活动，具体观测指标见表4。

表 4　人类活动观测指标

观测内容	观测指标	观测频次	观测位置	观测时间	单位	观测方法	建议观测设备
开发及基础设施建设活动	建设规模、类型	活动频次	活动范围	根据需要确定	—	人工巡查	—
码头、堆场等水路设施建设活动	建设规模、类型	活动频次	活动范围	根据需要确定	—	人工巡查	—
水库蓄水及运行	水位变化	根据需要确定	库水	全年	m/d	自动	水位计
农业活动	建设规模、类型	根据需要确定	活动范围	根据需要确定	—	人工巡查	—

6.3 灾种类别层面专项观测指标体系

6.3.1 滑坡–崩塌观测指标

6.3.1.1 滑坡–崩塌与防治结构相互作用观测指标

滑坡–崩塌与防治结构相互作用的观测内容主要包括防治结构变形、防治结构内力、防治结构劣化（开裂）和滑坡–崩塌与防治结构界面。防治结构变形观测指标包括结构水平（侧向）位移和倾斜变形；防治结构内力观测指标包括应力和应变；防治结构劣化（开裂）观测指标主要包括防治结构裂纹尺寸、分布与贯通趋势；滑坡–崩塌与防治结构界面观测指标包括滑坡–崩塌与防治结构界面内力分布，具体观测指标见表5。

表5 滑坡–崩塌与防治结构相互作用观测指标

观测内容	观测指标	观测频次	单位	观测设备
防治结构变形	水平（侧向）位移	3次/月	mm/d	全站仪
	倾斜变形	连续观测	mm/h	柔性测斜仪
防治结构内力	应力	连续观测	MPa	钢筋计
	应变	连续观测	—	应变计、分布式光纤
防治结构劣化（开裂）	裂纹尺寸、分布与贯通趋势	据危险程度	—	人工测量、三维激光扫描
滑坡–崩塌与防治结构界面	内力分布	连续观测	MPa	土压计、分布式光纤

6.3.1.2 滑带大变形观测指标

滑坡地质灾害在滑带附近的观测内容主要包括滑带变形、地下水和作用力，部分指标与共性常规指标虽名称上有重合，但着重于滑带部位的观测内容，另外需要解决各个指标在滑带大变形条件下的观测问题，具体观测指标见表6。

表6 滑带大变形观测指标

观测内容	观测指标	观测频次	观测位置	观测时间	单位	观测方法	建议观测设备
滑带变形	位移	实时	滑带	长期	mm	自动	柔性测斜仪
	倾角	实时	滑带	长期	°	自动	测斜仪
地下水	水位	实时	滑坡体	涨水期	mm	自动	水位计
	流向	实时	滑坡体	涨水期	°	多孔势头差	水位计
	孔隙水压力	实施	滑带	涨水期	Pa	孔外探爪	孔隙水压计
作用力	土压力	实时	滑带	长期	kPa	自动	土压力计
	结构应力	实时	滑带	长期	kPa	测斜管应力	应变计

6.3.2 地面沉降专项观测指标

6.3.2.1 深层地下水回灌过程观测指标

深层地下水回灌是地面沉降防控的重要手段，观测指标主要有回灌量、回扬量、回灌压力、水位、水温、水质等内容，实现实时监测；部分指标与共性常规指标虽名称上有重合，但侧重于深层地下水回灌时的观测参数，具体观测指标见表7。

表 7 深层地下水回灌过程观测指标

观测指标		观测频率	单位	观测精度	观测时间	观测方法	建议观测设备
回灌量		1 次/旬	m³	1 m³	回灌结束前	自动	测量仪
回扬量		粗砂砾石 1 次/2 d、中细砂 1 次/d、粉砂 1~2 次/d	m³	1 m³	回扬结束前	自动	测量仪
回灌压力		与回扬量的观测频率一致	MPa	0.01 MPa	回扬开始前	自动	测压计
水位		实时	m	0.01 m	全流程	自动	水位计
水温	回灌原水	2~4 次/a	℃	0.5 ℃	回灌过程中,与水样采集同步监测	自动	测度计
	地下水					自动	测度计
水质	回灌原水	2~4 次/a	—	—	成井时首次取样,回灌过程中回灌原水与地下水应同步取样	人工	水质分析仪
	地下水		—	—		人工	水质分析仪

6.3.2.2 深层分层观测指标

深层分层观测内容包括变形量和地下水两部分,其中变形量观测指标包括压缩和回弹,地下水观测指标包括水位、水温和孔隙水压力;部分指标与共性常规指标虽名称上有重合,但侧重于深部不同地层和含水层组参数变化,具体观测指标见表8。

表 8 深层分层观测指标

观测内容	观测指标	观测频次	单位	观测精度	观测方法	观测设备
变形量	压缩	1 次/6 h	mm	0.1 mm	自动化	静力水准仪、光纤
	回弹	1 次/6 h	mm	0.1 mm	自动化	静力水准仪、光纤
地下水	水位	1 次/6 h	m	0.01 m	自动化	水位计、光纤
	水温	1 次/6 h	℃	0.5 ℃	自动化	测温计、光纤
	孔隙水压力	1 次/6 h	kPa	0.5 kPa	自动化	孔隙水压力计

6.3.3 地裂缝观测指标

地裂缝观测是地裂缝风险评价和致灾机理研究的基础,包括地裂缝发生的时间及发展历史,不同地裂缝活动时期对地面建筑、堤坝水渠、道路桥梁、隧道洞室、管道等设施的破坏过程、破坏程度和破坏类型等,圈定成灾范围,估计灾害损失。其观测指标包括裂纹尺寸、分布与影响范围,水平拉张、垂直和水平扭动位移,应力、应变等,具体观测指标见表9。

表 9　地裂缝观测指标

观测内容	观测指标	观测频次	单位	观测设备
受灾体开裂	裂纹尺寸、分布与影响范围	据危险程度	—	人工测量、三维激光扫描、全站仪等
受灾体变形	水平拉张位移	3 次/月或连续观测	mm/d	人工测量或裂缝计、激光测距仪
	垂直位移	3 次/月或连续观测	mm/d	人工测量或裂缝计、激光测距仪
	水平扭动位移	3 次/月或连续观测	mm/h	人工测量或裂缝计、激光测距仪
受灾体结构内力	应力	连续观测	MPa	钢筋计
	应变	连续观测	—	应变计、分布式光纤

6.3.4　雪崩观测指标

6.3.4.1　积雪物理特性观测指标

积雪是雪崩的基本组成物质，积雪物理特性观测是雪崩观测的核心部分。积雪物理特性观测内容主要包括雪量、雪深、雪密度、雪层含水率、雪层温度、雪层类型、雪层硬度、雪层剪切强度，具体观测指标见表 10。

表 10　积雪物理特性观测指标

观测内容	观测指标	观测频次	观测位置	观测时间	单位	观测方法	建议观测设备
雪量	降雪量	实时	地表	全年	mm	自动	雪量计
雪深	雪深	实时	地表	全年	m	见 8.2.4.1 节	雪尺
雪密度	密度	实时	地表	全年	kg/m³	见 8.2.4.1 节	积雪特性分析仪
雪层含水率	含水率	实时	地表	全年	%	见 8.2.4.1 节	积雪特性分析仪
雪层温度	温度	实时	地表	根据需要确定	℃	见 8.2.4.1 节	温度计
雪层类型	类型	每日三次，北京时间 8 时、14 时、20 时	地表	根据需要确定	—	见 8.2.4.1 节	雪形态观测卡
雪层硬度	硬度	每日三次，北京时间 8 时、14 时、20 时	地表	根据需要确定	Pa	见 8.2.4.1 节	硬度计
雪层剪切强度	强度	每日三次，北京时间 8 时、14 时、20 时	地表	根据需要确定	Pa	见 8.2.4.1 节	指针式推拉力计

6.3.4.2　雪崩堆积体观测指标

雪崩堆积体观测内容主要包括雪崩始发区特征、雪崩堆积区特征和雪崩类型。雪崩始发区特征观测指标包括雪崩发生时间、雪崩始发区面积、雪崩始发区海拔、雪崩始发区坡度和雪崩始发区坡向；雪崩堆积区特征观测指标包括雪崩堆积体面积、雪崩堆积体密度和雪崩危险等级，具体观测指标见表 11。

表 11　雪崩堆积体观测指标

观测内容	观测指标	观测频次	观测位置	观测时间	单位	观测方法	建议观测设备
雪崩始发区特征	雪崩发生时间	实时	地表	全年	—	自动	视频摄像头
	雪崩始发区面积	实时	地表	发生后观测	m²	见 8.2.4.2 节	测距仪
	雪崩始发区海拔	实时	地表	发生后观测	m	见 8.2.4.2 节	GPS
	雪崩始发区坡度	实时	地表	发生后观测	°	见 8.2.4.2 节	用数字高程模型（DEM）提取或坡度计
	雪崩始发区坡向	实时	地表	发生后观测	°	见 8.2.4.2 节	用数字高程模型（DEM）提取或罗盘
雪崩堆积区特征	雪崩堆积体面积	实时	地表	发生后观测	m²	见 8.2.4.2 节	测距仪
	雪崩堆积体密度	实时	地表	发生后观测	kg/m³	见 8.2.4.2 节	积雪密度测量盒
	雪崩危险等级	实时	地表	发生后观测	—	见 8.2.4.2 节	—
雪崩类型	类型	实时	地表	发生后观测	—	见 8.2.4.2 节	—

7 观测场地布设

7.1 观测站点的布局原则

（1）总体原则

根据国家防灾减灾战略需求和重力型灾害学科发展需求，结合我国重力型灾害的分布与发育特征，合理布局滑坡–崩塌、地面沉降、地裂缝、雪崩等灾害观测站网，分期建设，有序推进，全国逐步建成布局合理、功能完备、管理规范、运行高效、具有国际影响力的国家野外科学观测研究站网，并兼有野外观测、研究、示范和服务的功能，为重力型灾害科学研究与防灾减灾技术研发提供长期连续、系统配套的原型观测数据支撑，进而完善站点布局，提升研究水平，强化原型观测，优化管理服务，增强支撑能力。总体上，需突出多过程、多尺度灾害机理的复杂性以及防灾减灾应用的导向性与需求性。

（2）设站原则

重力型灾害设站应秉承代表性、典型性、可持续性、可支撑性及开放性的原则，根据全国重力型灾害发生的频率、规模、类型、条件、成因等特点和要求进行总体布局和规划。

a. 区域代表性

能够代表气候、地质地貌、生态环境等自然条件与灾害易发的规律，结合区域实际情况，形成站点数量合理、有主有次、覆盖面广且避免交叉重复的重力型灾害观测研究网络，确保观测数据的代表性与相对普适性。

b. 灾种典型性

根据区域特征和灾害发育特征，台站可选择具有典型性的重力型灾害进行科学观测，如滑坡、崩塌、地裂缝、地面沉降等单个灾种或多个灾种（灾害链），用于揭示自然条件变化（内外动力耦合变化）、人类活动影响下的特定重力型灾害发生、演化与成灾规律。

c. 观测可持续性

设站应考虑灾害的活跃性与能被长期可持续观测的特点，且观测站点应具有长期运行能力，地点选择应规避未来可能的自然环境变化和社会经济发展导致观测中断的风险。此外，台站可坚持一站多能，观测设施建设应具有足够的灵活性和扩展性，以适应长期观测的要求。

d. 保障能力的可支撑性

所设站点应具有健全的台站制度、高素质的人才队伍、适宜的观测场地、丰富的科研积累、具有长期观测能力的监测设备，以支撑和保障台站的长期运行和科学管理。

e. 平台开放性

设站应考虑设施、仪器设备、样品标本、观测数据等的开放共享，鼓励协同观测发展，提高观测和研究的综合服务能力，综合考虑对国家与地方、社会、行业的服务和咨询功能。

（3）选址原则

重力型灾害观测设备与站点的选址应秉承典型性与稳定性、观测要素完整性与系统性、安全性、可达性原则，根据重力型灾害特有灾种和场址特点，保障灾害观测技术的可靠性和长期性。

a. 典型性与稳定性

观测设备的选址应考虑灾种（如滑坡–崩塌、地面沉降、地裂缝、雪崩等）的典型性和发育特征，如滑坡与崩塌灾害的差异性观测，应具备长期、持续、稳定的观测条件和环境。

b. 观测要素完整性与系统性

选址应考虑灾种观测要素的完整性和系统性，包括诱发因素、形成条件、运动演化规律、成灾过程等多过程、多阶段的观测要素与参数，确保灾害观测要素的系统性、观测数据的可靠性。

c. 安全性

在观测设备与设施的选址、建设、安装、运行，以及维护期间，应考虑灾害的规模及其对观测设备与设施的潜在威胁，且考虑到站点的安全和保护需求，站点周边应建设围栏等人为控制设施。

d. 可达性

站点选址应在科学观测基础上选择在交通便利、易于管护的地理位置,确保观测设备的正常运行和数据的及时采集。

7.2 场地基本布设条件

观测场地的布设应以能有效涵盖各种地质灾害观测要素为原则,选择区域内有代表性的地段或试验场。同时,应充分考虑地质灾害研究成果对于区域内生态环境、重大工程安全、人民生产生活的作用,优先选择具有较高防灾减灾需求的地区布设观测场地。

观测场地的布设应综合考虑灾害体范围内基本地质与环境条件要素,根据灾害体地质特征及其范围大小、形状、地形地貌特征、视通条件和施测要求布设。观测场地和监测网络布设,需全面收集和掌握地质调(勘)查等资料作为基础依据,这些资料包括:

(1)地质勘察报告(或说明书)

主要内容包括:

1)自然条件和地质条件,包括区域水文气象条件、地形地貌、地层岩性、地质构造、地震、新构造运动等。

2)灾害体特征和成因,包括规模、类型、一般特征、形成条件、发育演化过程,以及总体变形、活动特征等。

3)灾害体稳定性评价,包括岩土体物理力学参数,当前稳定性计算、试验结果和综合评价结果,进一步可能的变形破坏和活动的方式、规模、主要诱发因素、影响因素等。

(2)能满足监测点(网)布设的地形图、地质图(含平面图和剖面图),以及附近建设现状和规划图

观测场地面积应覆盖灾害体边界和变形破坏后可能影响的区域范围,监测网由监测剖面(测线)和监测点(测点)组成三位立体监测体系,监测网的布设应能达到系统监测灾害体变形量、变形方向、运动轨迹,掌握其时空动态变化和发展趋势,满足预测预报精度等要求。地形观测点应选在四周空旷平坦、不受突变地形、树木、建筑物以及烟尘等障碍物的影响,且风力影响小的地段。不能避免障碍物影响时,四周障碍物与仪器的距离不得小于障碍物顶高与仪器口高差的两倍。观测点应根据测线建立的变形地段、块体及其组合特征进行布设,应布设在测线上或测线两侧。每个观测点均应具备独立的观测、预报功能。

7.3　长期共性观测场地布设

7.3.1　气象观测场地布设

1）地质灾害的气象观测点应布设在灾害体附近地基稳定的区域。

2）观测场地应选在地形开阔、平坦的区域，避免高陡斜坡、建筑或构筑物遮挡影响。

3）地质灾害范围较大时，气象观测点布设应考虑不同区域的地形地貌差异，选取对灾害观测范围具有代表性的位置安装观测设备，必要时可设置多个气象观测点。

4）地质灾害范围内地形高差较大时，气象观测点布设应考虑不同海拔对温度、湿度的影响，在不同高程处设置多个气象观测点。

5）气象观测点应避开施工区、工业区、化工厂等会产生粉尘、废气及震动从而影响观测的区域。

7.3.2　变形与应力观测场地布设

1）观测区域应覆盖地质灾害及边界以外的一定范围，并能监测灾害体变形的整体变化趋势。

2）变形监测网由基准点和位移监测点组成，应根据地质灾害规模、地形地质条件、变形特征、影响范围、监测级别、通视条件和施测要求进行布设。

3）变形监测基准点应布置在地质灾害范围以外一定距离的稳定位置，且视线开阔、便于区域联测；监测区域内应布设不少于两个基准点，对于规模较大、监测条件较复杂或重要地区应增设基准点；变形监测点应安设在稳定、便于与基准点联测的位置，且与基准点构成合理的网形。

4）监测网形可根据地质灾害规模、形状、变形特征、致灾条件和监测环境等因素确定。当变形方向和边界明确时，监测网可布设成十字形或方格形；当变形方向和边界不明确时，监测网宜布设成放射网形或采用多种网形结合的策略。

5）监测线（点）应根据灾害体的形态、变形特征、通视条件进行布设；监测线应采用主、辅剖面法布设，纵、横监测线布设数量不少于一条；当需布设多条监测线时，线间距宜为 20～30 m；主监测线应结合地质灾害分区，沿主要变形方向布设；监测线应延伸至地质灾害范围以外一定距离。

6）GNSS 监测网视场内障碍物的高度角不宜超过 15°；离电视台、电台、微波站等大功率无线电发射源的距离不应小于 200 m，离高压输电线和微波无线电信号传输通道的距离不应小于 50 m，附近不应有能够强烈反射卫星信号的大面积水域、大型建筑及热源等。

7）采用 InSAR 方法监测时，如在植被发育地区及沿海产业带地区，宜布设角发射器（CR）增强干涉效果；CR 基准点应固定在稳定且易长期保护的区域，基座和拉线亦应保持长期稳定；CR 基准点点位应远离大功率无线电发射源和高压输电线，距离分别不小于 200 m 和 100 m；CR 基准点点位附近不应有能强烈干扰基准点接收卫星信号的物体，并应远离镜面建（构）筑物等强反射体。

7.3.3　水文过程观测场地布设

7.3.3.1　地下水

地下水动态监测分为人工监测和自动化监测，采用水位计、孔隙水压力计、渗压计、土壤含水量测定仪等设备，监测致灾体内部及周边泉、井、钻孔、平硐、竖井等位置的地下水的水位、水量、孔隙水压力、含水量等指标的动态变化。监测点的布设应符合下列要求：

1）地下水监测点布设应与水文地质单元相结合，以获得代表性的地下水信息。

2）监测网点可以是已有的地下水监测孔或新建的孔。这些孔应该具有足够的深度以测量地下水位的变化，并且要确保孔内不会被杂质污染。

3）地下水动态监测点应根据致灾体水文地质条件及变形特征布设，并与监测线相一致，监测井的布局应适度考虑形成区域的纵向、横向水文地质监测剖面。

4）地下水位监测点宜布设在致灾体中部、后部，尽可能和深部位移监测点相对应。

5）监测井（孔）应远离地表水体，应修筑井台，防止地表水倒灌。

6）修建保护装置，避免监测井（孔）和监测仪器设备遭受破坏，并应及时清淤。

7.3.3.2　水质

水质监测可采用人工取样化验和自动化检测仪现场监测，水质监测项目可根据试验目的而定。

1）地下水采样点的选择应基于地质灾害的特性和地区的需求，应综合考虑区域水文地质条件和土地利用等情况，选择靠近潜在污染源或潜在受影响区域的地点进行采样。

2）采样主要在枯水期进行，对主要水源地分析异常点进行检查采样，并采集相应的地表水样品。至于地下水采样点的分布密度，在山区和丘陵区应按 1 组/100 km^2 进行采集，平原地区应按 3~4 组/100 km^2 进行采集。

3）监测项目的选择应根据地质灾害的特点和所关心的污染物质而定。常见的水质监测项目包括 pH、溶解氧浓度、浊度、总悬浮物、重金属、有机物质等，取决于潜在的污染源和监测目标。

4）无论是采用人工取样化验还是自动化检测仪进行监测，监测设备的安装和维护条件都非常重要。设备应安装在易于访问且不易受到地质灾害影响的地点。

5）水质监测通常需要持续性监测，以检测短期和长期的水质变化。因此，监测站点应具备长期运营和数据记录的能力。

7.3.3.3　孔隙水压力

孔隙水压力监测项目主要使用的观测仪器为孔隙水压力计与数字式频率仪。在孔隙水压力计类型的选择方面，应根据工程测试的目的、土层的渗透性质和测试期的长短等条件，选用封闭式（电测式、流体压力式）或开口式（各种开口测量管、水位计）。在测试孔和测点的布设策略方面，应结合场地地质调查环境和作业条件综合考虑。孔隙水压力计的埋设方法应根据测试孔、测点布设数量级土的性质等条件，选用钻孔埋设法、压力埋设法和填埋法。监测点的布设应符合下列要求：

1）电测式孔隙水压力计应绝缘可靠，埋入土中的导线不宜有接头，所使用电源的电压值应在允许范围内。

2）液压式孔隙水压力管路中不得有气泡，导管与接头不应渗漏，各部分连接必须牢固。

3）监测点宜根据施工监测对象、测试目的和场地条件等灵活布置，数量不宜少于三个。

4）监测点宜在水压力变化影响深度范围内按土层布置，竖向间距宜为 4～5 m，涉及多层承压水层时应适当加密。

5）当一孔内埋设多个孔隙水压力计时，间隔不应小于 1 m，并做好各元件间的封闭隔离措施。

7.3.3.4　地表水

1）观测场应具备良好的交通、电力、清洁水、通信、采水点距离、采水扬程、枯水期采水可行性和运行维护安全性等条件。

2）观测场宜为水质分布均匀、流速稳定的平直流段，距上游入河口或排污口的距离大于 1 km，原则上与原有的监测断面一致或相近。

3）固定站房、小型式站房场地宜为平地，应具备恒温、隔热、防雨和报警等功能。

4）观测场地应选择在地表水与地下水有水力联系、致灾体变形活动强烈的部位。

5）观测场地须能全面反映被监测区域湖库水质的真实状况，避免设置在回水区、死水区，以及容易淤积区域和水草生长处。

6）水上固定平台站和水上浮标（船）应配备太阳能、风能等供电设备，具备警示防撞和报警等功能。

7.3.4 人类活动观测场地布设

1）人类活动观测场地应布设在地质灾害体边界和变形破坏后潜在影响区域范围内，超出灾害体最大破坏范围的人类活动不作为观测对象。

2）人类活动观测场地与条件应根据具体活动类型、活动规模、活动持续周期综合确定，以人类活动与地质灾害体互馈影响机制为基础，以人类活动影响触发地质灾害的关键因子的长期可观测性为准则。

3）采用人工巡查与调查方式开展人类活动观测的场地，应根据活动持续过程的影响区域范围确定；采用固定设备对于人类活动相关因子进行观测时，设备布设场地应根据观测因子的发生频率、接收精度、观测稳定性综合确定。

7.4 灾种类别层面专项观测场地条件

7.4.1 滑坡–崩塌专项观测场地条件

7.4.1.1 滑坡–崩塌与防治结构相互作用观测场地条件

1）观测场地应避免人工活动、工程扰动等外界因素干扰，及其导致内力、变形等高精度指标产生的较大误差。

2）观测场地须准确探明潜在崩塌体、崩滑面、滑体、滑动带（软弱带）、滑床等关键结构的位置分布，避免仪器安放位置与监测对象存在偏差。

3）应力、应变等深埋观测仪器原则上应和防治结构绑定后同步施工观测。

7.4.1.2 滑带大变形观测布设条件

1）滑带观测应选择在对变形敏感的代表性位置布设监测钻孔，钻孔位置沿坡体纵、横剖面布设，覆盖整个滑坡敏感范围。

2）主监测线应布设在主要变形（或潜在变形）的坡体上，纵贯整个滑坡体，与初步认定的滑动方向平行。

3）依据滑坡体体量设定监测孔数量，至少包含纵向与横向各三个监测孔，可按"十""田""井"等形状布设，交叉点的监测孔在纵、横方向可共用。

4）监测孔应从地表竖向贯穿滑坡体，底部嵌入稳定地层深度达 3～5 m，监测孔成孔内径不小于 60 mm。

5）监测孔应安装配套的防护设施，主要包括孔内套管、测斜管、观测窗筛管、孔口盖等，监测孔贯穿多个滑带则应在每层滑带位置预留观测开口。

6）监测孔的变形基准默认是钻孔底部的稳定地层，当不确定底部是否绝对稳定时，可增加孔口位置的 GNSS 绝对定位装置作为辅助基准。

7.4.2 地面沉降专项观测场地条件

7.4.2.1 深层地下水回灌过程观测

1）深层地下水回灌包括专门回灌井、观测井两部分。

2）深层地下水回灌应布设在地面沉降发育区或低水位区，总体上呈十字形。

3）场地应具备建设施工、长期保护和通水通电等条件，且 50 m 范围内无污染源，选址应保证回灌区周边环境安全，不恶化地下水环境，避免引起次生地质环境问题。

4）回灌目的含水层具备较好的储水能力，且水质无腐蚀性。

5）观测井观测层位与回灌井同层，同时做好止水封闭，避免目的含水层与其他含水层相连通。

7.4.2.2 深层分层监测

1）地面沉降深层分层监测设施包括基岩标、分层标、地下水位监测孔、孔隙水压力监测孔、光纤观测孔等。

2）基岩标的布设位置可选择在测区内或靠近测区的基岩露头上；在松散沉积物厚度较大的地区，基岩标的标底可设置在主要地下水开采层之下的稳定地层中。分层标宜埋设在地面沉降漏斗中心、漏斗边缘、多个漏斗结合部和监测目标地层变化部位。

3）在分层标布设时，宜在同层含水层组布设地下水位观测井，宜在同层次黏土层中布设孔隙水压力观测井。

4）选址应具备施工机械设备条件、动力条件、环境保护条件，以及施工工艺对地质条件的适应性；应考虑施工机械的进出场及现场储放条件；水、电及施工所需材料的供应条件。

5）基岩标、分层标、地下水位监测孔、孔隙水压力监测孔、光纤观测孔等设施工完成后，其外部宜建造标房或窨井等长期保护设施。

6）基岩标、分层标埋设后一般经过联测确认监测信号稳定后，方可进行观测。

7.4.3 地裂缝专项观测场地条件

7.4.3.1 一般规定

1）地裂缝观测应建立固定场地，场地应不受人类活动影响，特殊设施应根据设备的环境和精度要求建设，应避免相关因素的干扰。

2）地裂缝观测场地须跨越地裂缝，观测设施应布设在地裂缝的两侧。要求将观测场地设置于所在区域中地裂缝出露明显、现象典型且具代表性、目前还在活动且未来还会继续活动的地段。不同成因类型、不同活动程度的地裂缝，宜分别设置观测场地。

3）地裂缝综合观测场地应在查明地质环境条件的基础上，针对有利于地裂缝发育的影响因素、诱发因素和地裂缝本身活动特征等有关指标进行观测，便于开展综合研究，服务于国家重大需求和科技发展。

4）地裂缝综合观测场地包括水准观测场地、三维形变观测场地、光纤观测场地、卫星定位系统观测场地、InSAR 观测场地、分层标观测场地、地下水位动态观测场地和受灾体观测场地等。

7.4.3.2 跨裂缝受灾体的观测场地条件

1）对于跨越地裂缝的重要工程设施地段，为进行地裂缝灾害预警，应设置观测场地，观测设施布设的范围应大于地裂缝的影响带。

2）对于可能跨越隐伏地裂缝的重要工程设施地段，也可以设置观测场地，但应先通过勘探方法查明地裂缝的位置，估计地裂缝的致灾范围。

3）应力、应变等预埋观测仪器原则上应和受灾体结构绑定后同步施工观测。

7.4.4 雪崩专项观测场地条件

7.4.4.1 积雪物理特性观测

积雪观测场地应靠近雪崩频发位置，选址应位于不易被雪崩冲击、影响的地点。应依据国家气象观测规范，设置观测场地与布设观测设备，开展常规气象要素和积雪物理特征要素的长期观测，具体建设参考《地面气象观测规范　自动观测》（GB/T 35237—2017）。

7.4.4.2 雪崩堆积体观测

雪崩观测场地需选择在一个雪季节（雪覆盖的季节）内雪崩至少发生三次的沟谷或斜坡区。在正对雪崩活动区域的安全位置建设至少高 15 m 的观测塔开展雪崩观测。

8 观测技术方法

8.1 长期共性观测技术方法

8.1.1 气象观测技术方法

通过标准气象站，实时对大气降雨、降雪、融雪、风向、风速、气温、湿度等气象要素进行全天候现场监测。气象观测台站依据现有自动气象站组成流域气象监测网络，为地质灾害预测预报、环境背景变化趋势分析等提供基础数据。在现有流域雨量观测点的基础上，考虑流域高程分布、面积密度等要求，沿高度梯度加密雨量观测点，并通过无线传输方式（通用分组无线服务，general packet radio service，GPRS；卫星传输）实时将监测降雨量发送到中心控制站，为地质灾害预测预报、流量计算等提供基础数据。通过车载天气雷达，实时对流域未来降雨趋势开展流动监测，用于预报、反演、估算和监测地面降水，通过雷达回波和研究区中的下垫面耦合，针对不同层次的地质灾害预报模型提供多时空尺度的地面降水参数。雷达回波擅长连续监测小范围内的强对流天气，遥测雨量点能够实时监测降水，这两种方法相互结合，互为补充，构成了较为完整的不同时空尺度、满足不同预报精度的降水预报和监测体系。

8.1.2 变形与应力观测技术方法

8.1.2.1 地表变形观测

（1）绝对位移监测方法

a. 大地测量法

常规大地测量法是指通过测角、测边、水准等技术来测定变形的方法，包括监测二维（X、Y）水平位移两（或三）方向的前方交会法、双边距离交会法，监测单方向水平位移的视准线法、小角法、测距法，监测垂直（Z）方向位移的几何水准测量法、精密三角高程测量法等。

大地测量法需要在待监测的灾害岩土体上设置固定的监测桩，在其外围稳定地段设置固定的测站桩。两种桩均用混凝土制成，埋设深度应在 0.5～1.0 m 以下，冻结区的埋设深度应在冻结层下 0.5 m。常用的监测仪器包括用于高精度测角、测距的光学仪器和光电测距仪器，以及经纬仪、水准仪、光电测距仪、全站式电子速测仪等。优点是技术成熟、精度高、资料可靠、信息量大；缺点是受地形视通条件和气候影响较大。

1）前方交会法。

前方交会就是将经纬仪分别安置在两个已知点上，向待定点观测水平角，然后根据已知点的坐标和观测角度计算待定点的坐标。

① 测角交会法宜采用三点交会，交会角应为 30°～150°，基线边长不大于 600 m；

② 使用边角交会法、导线测量法、极坐标法进行水平位移观测时，边长不得大于 1000 m；

③ 交会法、导线法或极坐标法可按误差理论公式估算观测精度，从而得到观测误差。

2）视准线法。

视准线法是以位于两个固定点间的经纬仪的视线作为基准线，测量变形观测点到基准线间的距离，从而确定偏离值的方法。

3）小角法。

小角法是水平位移监测中常用的方法，通过测定基准线方向与观测点的视线方向之间的微小角度，从而计算观测点相对于基准线的偏离值。

使用小角法观测地质灾害地表水平位移时应符合下列规定：

① 小角度测量适用于观测点不在同一直线上或不规则的观测点。视准线应按平行于待测地质灾害监测剖面线布置，观测点偏离视准线的偏角不应超过 30″；

② 仪器应架设在变形区外，且测站点与观测点不宜太远，起始方向与工作基点与观测点连线之间的夹角宜小于 5°；

③ 当垂直角超过±3″时，应进行垂直角倾斜改正。

b. GNSS 测量法

利用 GNSS 静态相对定位技术进行监测网观测，获取崩滑体上的监测点相对于崩滑体外稳定的基准点的三维（X、Y、H）位移、方向及速率。

GNSS 测量法的传统作业模式是周期观测模式，即利用几台 GNSS 接收机，人工定期按布设网型和设计观测时段到监测点上布设接收机逐个采集数据，采集完后将接收机取回室内，下载数据并采用专用软件解算出监测点的坐标，通过与前期的监测结果进行比较来反映变形情况。另外一种作业模式是连续观测（或称全自动观测）模式，即在每个监测点上安置一台 GNSS 接收机，不间断地进行全天候自动监测，并通过有线或无线通信技术将观测数据传回室内，再进行近实时处理，快速反映变形情况。后者相对于前者需要投入更高的建设及维护成本。

GNSS 测量法具有精度高、全天候、无须监测网点间通视、自动化程度高等特点；缺点是在山区卫星信号易被遮挡，多路径效应较为严重，对测量有一定影响。

c. InSAR 测量法

充分利用 SAR 数据源，综合运用 Offset-SAR、D-InSAR、SBAS-InSAR、PS-InSAR 及其他 TS-InSAR 方法进行监测，实现米级、分米级、厘米级、毫米级等各尺度变形的连续覆盖。InSAR 测量法具有卫星遥感数据监测大范围、非接触、高密度、可回溯、高性价比等优点；但也存在受地表干涉条件限制、受 SAR 数据来源制约、监测获得的位移方向存在模糊性、监测结果为相对变形等缺点。理论上 InSAR 测量法适合所有对象，对缓慢变形、雷达波反射稳定的滑坡监测有优势，尤其是大区域分布滑坡、群发滑坡、大型滑坡、不易通达地区滑坡等。

d. 近景摄影测量法

利用陆摄经纬仪等设施进行测量，将仪器安置在两个不同位置的测点上，同时对滑坡监测点摄影，构成立体图像，利用立体坐标仪量测图像上各测点的三维坐标。近景摄影测量法的优点是外业工作简便，获得的图像是滑坡变形的真实记录，可随时进行比较；缺点是精度不及常规测量法，设站受地形限制，内业工作量大。主要适用于变形速率较大的滑坡监测。

e. 遥感（remote sensing，RS）法

利用地球卫星、飞机和相应的摄影、测量装置等，周期性地拍摄滑坡的变形，适用于大范围、区域性的滑坡的变形监测。

（2）相对位移监测方法（测缝法）

a. 简易监测法

用钢尺、水泥砂浆片、玻璃片等工具进行监测。在滑坡等灾害体产生的裂缝、滑面、软弱面两侧设标记或埋桩（混凝土桩、石桩等）、插筋（钢筋、木筋等），或在裂缝、滑面、软弱带上贴水泥砂浆片、玻璃片等，用钢尺定时量测其变化（张开、闭合、位错、下沉等）。该监测法简便易行、投入快、成本低、便于普及、直观性强，但精度稍差，适用于各种滑坡、崩塌的不同变形阶段的监测，特别适用于群测、群防监测。

b. 机测法

用双向或三向测缝计、收敛计、伸缩计等进行观测，监测对象和监测内容与简易监测法相同。机测法的优点是成果资料直观可靠、精度高，是滑坡变形监测

的主要和重要方法。

8.1.2.2 地下变形观测

灾害岩土体地下变形观测的主要技术方法为钻孔倾斜仪观测法，若灾害体内开挖有隧洞（平硐），可采用洞内裂缝观测、洞室收敛观测、隧洞（平硐）沉降观测等常规观测方法。可根据实际需要，结合灾害岩土体地下变形活动特点及形成机理，采用其他合理有效的观测新技术方法。

（1）钻孔倾斜仪观测技术方法

1）采用竖井钻机在灾害岩土体敏感位置钻设监测孔，终孔直径（Φ）为91 mm。钻孔底部应深入基岩或稳定地层 2 m 以上，作为位移换算的固定基准点，否则应当在孔口位置增设 GNSS 位移参考点。

2）监测孔中布设带十字卡槽的测斜管，测斜管材质可选 PVC、ABS、铝合金等，规格可选 Φ53 mm、Φ65 mm、Φ70 mm、Φ90 mm。测斜管与钻孔间隙填充沙子或混凝土，确保测斜管与钻孔紧密接触，孔口测斜管高出地面的高度为100~300 mm，管口用端盖防护以防止杂物堵塞测斜管。

3）利用测斜仪在测斜管内获取各个等间距（一般为 0.5 m 或 1 m）测点位置的倾斜角，通过三角函数换算滑坡水平位移沿竖向钻孔的分布，其中底端为水平位移零点，可增加孔口配套的 GNSS 参考坐标点将测斜数据转换为绝对位移。

4）钻孔测斜仪包括滑动式测斜仪和固定式测斜仪。滑动式测斜仪适用于人工监测，通过人工提拉测斜仪，使探头在钻孔中移动等间距后停顿，读取记录数据。固定式测斜仪适用于自动化监测，包含多个测斜单元，固定布设在监测钻孔中。

（2）地下隧洞（平硐）变形观测技术方法

当需要观测的灾害岩土体内开挖有隧洞（平硐）时，对洞内裂缝、洞室收敛、隧洞（平硐）沉降等现象进行直接观测，能更直观地监测到灾害体地下变形信息。

1）洞内裂缝观测：采用裂缝计、拉线位移计、测量卡尺、三维激光扫描等获取裂缝宽度、长度及扩展信息。

2）洞室收敛观测：采用收敛计、拉线位移计、三维激光扫描等监测洞室内受力变形及收敛状态。

3）隧洞（平硐）沉降观测：采用静力水准仪、全站仪等进行沉降观测。

8.1.2.3 应力场观测

灾害岩土体应力观测技术方法包括应力应变计观测和时域反射观测，通过直埋或附着于工程结构进行观测。

1）应力应变计观测：观测传感设备包括地应力计、压缩应力计、管式应变计、锚索（杆）测力计、土压力计等，选择某一种传感设备后需配套相应的信号解调与采集仪器。将传感设备埋设于钻孔、平硐、竖井内，监测灾害岩土体内不同深度的应力应变情况，对拉力区和压力区进行辨识。

2）时域反射观测：观测设备包括时域反射仪（time-domain reflectometer，TDR）和光学时域反射仪（optic time-domain reflectometer，OTDR），通过钻孔在岩土体不同深度埋设时域反射同轴电缆（或光纤），利用时域反射仪（光纤解调仪）采集获取岩土体应力应变信息。

8.1.3 水文过程观测技术方法

8.1.3.1 地下水位观测

利用电磁波探测手段监测水位，从雷达水位传感天线发射雷达脉冲，天线接收从水面反射回来的脉冲，并记录电磁波传播的时间（T），由于电磁波的传播速度（C）是个常数，从而得出雷达水位传感天线到水面的距离（D）。基于这种原理的观测设备是雷达水位计。利用静压测量原理监测水位，当液位变送器投入到被测液体中某一深度时，传感器迎液面受到压力的同时，通过导气不锈钢将液体的压力引入到传感器的正压腔，再将液面上的大气压（P_0）与传感器的负压腔相连，以抵消传感器背面的 P_0，使传感器测得压力为 $\rho g h$，通过测取压力（P），可以得到液位深度。基于这种原理的观测设备主要是压力式水位计。

利用水的微弱性导电性原理，测量电极的水位获取数据，优点是监测误差不会受环境因素影响，只取决于电极间距。基于这种原理的观测设备是电子水尺。

利用高频超声波脉冲监测水位，由超声波换能器（探头）发出高频脉冲声波，遇到被测物位（物料）表面被反射，反射回波被换能器接收转换成电信号，并通过声波发射和接收之间的时间来计算传感器到被测液体表面的距离。基于这种原理的观测设备是超声波液位计。

8.1.3.2 地下水水质观测

（1）pH 测量

采用离子选择电极测量法，通过测量特定离子的电位差来确定水中的离子浓度。不同的电极用于测量不同的离子，如 pH 电极、氨电极、硝酸盐电极等。基于这种原理的观测设备主要有水质分析仪。

（2）电导率测量

采用电化学测量方法，将两块平行的极板放到被测水体中，在极板的两端加上一定的电势（通常为正弦波电压），然后测量极板间流过的电流，根据欧姆定律，当已知电极常数（J），并测出溶液电阻（R）或电导（G）时，即可求出电导率。基于这种原理的观测设备主要有电导率仪。

（3）溶解氧测量

采用电化学测量方法，基于氧气在液体中的溶解和电化学反应的原理，测得水中溶解氧的浓度。基于这种原理的观测设备主要有溶解氧测定仪。

（4）重金属测量

采用吸收光谱法、原子荧光光谱法或电化学法，对水样中的重金属离子进行测量。其中，电化学法是最常用的方法之一，通过在电极上施加一定的电压，使水样中的重金属离子在电极上发生氧化还原反应，从而产生电流，根据电流的大小可以计算出重金属离子的浓度。基于这种原理的观测设备有水质重金属检测仪。

8.1.3.3 孔隙水压力观测

1）采用差动测量手段，基于电桥电路的平衡原理，通过差动测量电阻值的变化来推断孔隙水压力的变化。基于这种原理的观测设备有差动电阻式孔隙水压力计。

2）利用振弦的共振振动，通过监测共振频率的变化来推断孔隙水压力的变化。基于这种原理的观测设备有振弦式孔隙水压力计。

3）利用电桥测量方法，通过测量电阻传感器的电阻值变化来实现对孔隙水压力的测量。基于这种原理的观测设备是压阻式渗压计。

4）通过测量硅晶体的微小应变变化来推断孔隙水压力的变化。基于这种原理的观测设备是硅压式渗压计。

8.1.3.4 地表水观测

（1）水质测量

采用离子选择电极测量法精确检测水体的多个关键水质参数，如 pH、电导率、溶解氧、浊度、叶绿素 a 浓度等。基于这种原理的观测设备是多参数水质分析仪。

（2）水温测量

利用电桥测量方法测量水温，如根据导体电阻随温度而变化的规律来测量温度的温度计。基于这种原理的观测设备是电阻温度计。

（3）流量测量

采用电磁感应或超声波法，通过测量水流通过传感器的速度，并结合水体的截面积计算流量。基于这种原理的观测设备是流速计。

采用激光光束法，通过测量水体中悬浮颗粒的速度，从而推断水流速度。基于这种原理的观测设备主要有激光多普勒流速计。

（4）水位测量

利用浮子、压力和声波等提供水面涨落变化信息。基于这种原理的观测设备主要有浮子式水位计、压力式水位计、超声波水位计。

8.1.4 人类活动观测技术方法

1）人类活动观测的技术方法根据不同活动类型对地质灾害体产生影响的监测项目确定。

2）对于可能会对地质灾害体的边界条件、应力状态造成重要影响的人类活动，如掘洞、削坡、爆破、加载及水利设施的运营等，应通过人工巡查和固定设备定位监测相结合的方法，对影响灾害体的加载范围、卸载范围、频次、强度、震动烈度等进行观测。

3）人类活动，如施工爆破作业产生的振动效应，是作用于崩滑体的特殊荷载，应采用地震仪等设备，监测活动区内及外围受到影响发生的振动效应的振动强度、振动速率、主振频率等参数。

4）人类活动，如水利工程库水位调度，对涉及的地质灾害有重要影响，应根据工程实际调度情况，采用水位计等仪器进行水位监测。

5）人类活动，如森林砍伐，导致斜坡表层植改造，应采用遥感监测技术观测斜坡植被分布变化。

6）人类活动监测应与地质灾害体变形监测同步进行，当人类活动导致灾害体出现加速位移变形时，应停止该项活动。

8.2 灾种类别层面专项观测技术方法

8.2.1 滑坡–崩塌专项观测技术方法

8.2.1.1 滑坡–崩塌与防治结构相互作用

（1）防治结构变形观测

a. 水平（侧向）位移

针对抗滑桩、挡土墙等具有一定尺寸规模的防治结构，可在其顶部安装观测点，通过全站仪定期观测水平位移、垂直位移等指标，实现对防治结构侧向位移这一重要指标的监测。

b. 倾斜变形

将柔性测斜条带同防治结构受力面紧密贴合，通过获取条带在垂直空间的姿态，可实时掌握防治结构被测面的姿态及变化过程。进一步通过桩身姿态估算抗滑桩所受的弯矩、剪力和抗滑力，定量确定抗滑桩的受力状态。

（2）防治结构内力观测

1）应力防治结构的应力监测可通过将钢筋计与防治结构（桩、锚等）的钢筋焊接在一起，实现对防治结构内力的实时监测。例如，在抗滑桩纵向受拉筋中的一根钢筋上设置若干个钢筋计，当滑坡有推力作用于抗滑桩时，抗滑桩中的主筋将受到拉张，从而改变安装在主筋上的钢筋计的振动频率，通过频率仪测得钢弦的频率变化，即可测出钢筋所受作用力的大小。

2）应变防治结构的应变监测是在浇筑混凝土前安装混凝土应变计，采用应变计量测防治结构不同深度的变形量。也可利用分布式光纤开展监测，即将光纤与防治结构受力主筋捆绑在一起，灌浆完成后，待混凝土完全固结时，光纤与防治结构成为一体，保持同步变形，从而实现监测钢筋在受力过程中的应变变化的目的。

（3）防治结构开裂观测

裂缝观测应测定防治结构上裂缝分布的位置和裂缝的走向、长度、宽度、深度、错距及其变化程度。观测的裂缝数量视需要而定，对主要的或变化大的裂缝应进行观测，以便根据这些资料分析其产生裂缝的原因及其对结构安全的影响，及时采取有效措施处理。为了观测裂缝的发展情况，要在裂缝处设置观测标志。对标志设置的基本要求是当裂缝展开时，标志能相应地开裂或变化，并能正确地反映防治结构上裂缝的发展情况，一般采用石膏板标志、白铁片标志、埋钉法等。

（4）滑坡与防治结构界面观测

在滑坡与防治结构界面根据监测对象和监测精度安装土压力计，土压力计埋设在防治结构和土体之间。通常采用振动钢弦式土压力盒，其将土压力转换成振动钢弦的频率加以测量，通过换算得到土压力值。此外，也可通过在滑坡与防治结构界面埋设光纤，测得界面的内力分布。

8.2.1.2 滑带大变形观测

滑带大变形观测的主要技术方法包括钻孔柔性测斜方法、变形耦合管道轨迹观测方法。可根据实际需要，结合滑带空间展布和埋深特征，采用其他合理有效的观测新技术方法。

（1）钻孔柔性测斜技术方法

柔性测斜仪由一系列连续相接的含加速度传感器的微电子机械系统（micro-electro-mechanical system，MEMS）构成，系统可自动确定每个传感器单元的空间形态，从而实现对滑坡滑带部位的大变形状态下的三维变形监测。在钻孔中安装时，无须使用传统导槽型测斜管，仅使用普通 30 mm 小直径 PVC 导管加以保护即可，相较传统的固定测斜仪，柔性测斜仪可大幅减少钻孔与测斜管成本。

安装时，根据滑带埋深布设钻孔，确保传感器的总长度等于钻孔的深度。准备与孔深相同长度，内径为 30 mm 的 PVC 管。可采用两种安装方式：①将 PVC 管安装在钻孔中，之后再将柔性测斜仪顺序放入 PVC 管中。②将柔性测斜仪全部放入 PVC 管，再整体放入钻孔中。通常现场宽阔的场地可以按照第二种方式操作，狭窄区域按照第一种方式操作。

若传感器自重较大，现场需要配备一根不锈钢丝绳，长度要大于孔深。将不锈钢丝绳一端与传感器的底端相连，并固定好，用这根钢丝绳控制传感器下放的速度，也可以起到保护传感器的作用。同时，将准备好的灌浆管绑到仪器的外侧，与仪器一同下放。在整个安装过程中，要注意对终端电缆的保护，防止被划破。对于露出电缆的芯线，暂用防尘或绝缘胶带包裹缠紧，防止进水。

按上述操作，直到柔性测斜仪全部放入 PVC 管，将传感器固定到 PVC 管的外壳上，使传感器不会在 PVC 管内移动。

监测数据可通过连接笔记本电脑现场采集，也可由自动采集设备采集，并通过远程通信方式（RS485，3G 或 4G 通信网络等），自动发送传输，通过数据分析软件在线分析观测数据。

（2）变形耦合管道轨迹观测技术方法

1）采用非开挖水平定向钻井方法在滑坡体钻设水平孔，钻孔横贯滑坡边界，在钻孔中布设内径为 $\Phi70\sim100$ mm 的 PE 变形耦合管道。如果需要把管道埋设在滑坡体浅层位置，可选择开挖沟槽以铺设变形耦合管道的方法。

2）在预埋的变形耦合管道中穿入牵引绳，管道入口端预留同等长度的回程牵引绳。孔口两端分别安装一套自动控制卷扬牵引装置，牵引管道轨迹测量仪在变形耦合管道中往复运动并记录管道轨迹。

3）管道轨迹测量仪为惯性测量系统，主要获取管道中各个采样点位置距孔口的行程、俯仰角、方位角等信息，通过位置与姿态信息计算管道轨迹，不同时间段管道轨迹的差值即为滑坡体的变形分布信息。

8.2.2 地面沉降专项观测技术方法

8.2.2.1 深层地下水回灌过程观测

1）深层地下水专门回灌井一般采用真空回灌或压力回灌。真空回灌适用于地下水静水位埋深较大的含水层；压力回灌适用于地下水静水位埋深较小或其他不宜采用真空回灌的含水层。

2）真空回灌井内水位以上至电动控制阀之间的管路应具备良好的密封条件；压力回灌井的过滤器网的抗压强度应满足压力回灌要求，且井管与泵座均应密封。

3）专门回灌井的设计应包括钻孔口径、终孔孔深、井管口径、井壁管、过滤器、沉淀管长度，以及填砾、止水与封孔层位等。

4）专门回灌井的成井工艺应按照地下水观测井的成井工艺执行。

5）回灌管路系统宜由输水管路、进水管路、回流管路和排水管路组成，配备可满足有压和无压两种回灌井的管路装置。

6）回灌水源应采用自来水或符合饮用水标准的其他水源。

7）回灌过程可采用智能化设备控制，实现回灌和回扬的远程操作，以及水位和水量的实时监测。

8.2.2.2 深层分层监测

深层分层监测包括基岩标观测、分层标观测、地下水位观测、孔隙水压力观测、光纤观测等。

（1）基岩标观测

1）基岩标终孔目的层进入稳定基岩深度应大于 2 m，孔底岩体强度满足承载要求。

2）基岩标的主要部件包括保护管、标杆、扶正器、标底、测量标志点，标型结构参见附图 B1。

3）基岩标结构选型符合下列要求：浅层基岩标、中深层基岩标保护管宜选用单层结构，标杆可采用"一径到底"结构；深层基岩标保护管宜选用两层结构，标杆应采用"宝塔形"结构；超深基岩标保护管宜选用三层及以上结构，标杆应采用"宝塔形"结构。

4）标杆和保护管一般安装静力水准仪，以开展自动化监测。水准监测仪器的选型、检定校准和技术指标应按《国家一、二等水准测量规范》（GB/T 12897—2006）执行。

5）基岩标应纳入区域地面沉降水准监测网，并定期通过平差计算测量基岩标水准高程。

（2）分层标观测

1）分层标标底应埋设在监测目的层上的黏性土层内。

2）分层标结构宜选用具有保护管、无缝钢管标杆和滚轮金属扶正器的标型，标底宜配有滑筒、插钎及护管托盘，并应满足下列要求：标杆必须与标底托盘、插钎连为一体；保护管底部必须安装滑筒装置，并应根据地层特征调整保护管底部与标底的合理间距；标杆与保护管之间必须安装扶正器；在保护管与钻孔间隙内宜采用下部投黏土球止水、上部灌注水泥浆或填土加固。分层标标型结构参见附图 B2。

3）标杆和保护管一般安装静力水准仪以开展自动化监测。水准监测仪器的选型、检定校准和技术指标应按《国家一、二等水准测量规范》（GB/T 12897—2006）执行。

4）分层标应纳入区域地面沉降水准监测网，并定期通过平差计算测量分层标水准高程。

5）自动化监测数据应及时传输到数据中心，每月下载整理；录入的数据应进行质量检查；每年应对监测数据进行汇总整理。

（3）地下水位观测

1）地下水位观测孔应结合分层标布置，设置在主要开采的含水层（组）中。

2）地下水位观测孔的孔径应满足洗井维护的要求，井管外径宜不小于 139.7 mm。松散层孔壁与管壁的环状间隙不小于 100 mm。

3）地下水位观测孔主要部件有井壁管、滤水管、沉淀管，结构参见附图 B3。

4）地下水位观测孔结构选型宜符合下列要求：浅层监测孔、中深层监测孔井管宜采用"一径到底"结构；深层监测孔、超深层监测孔井管宜选用泵室管-井壁管变径结构。

5）地下水位观测孔成标后应进行洗井，洗井方法应根据含水层类型及监测深度确定，宜采用活塞及空压机交替洗井，当抽出的地下水含沙量达到设计标准，且地下水的单位涌水量与该含水层附近供水井相近或二次活塞洗井的单位涌水量不再增加时，可停止洗井。

6）地下水位观测孔应采用人工和自动化相结合的观测手段，测量结果相互验证；自动化监测数据应及时传输到数据中心，每月下载整理；录入数据应进行质量检查；每年应对监测数据进行汇总整理。

（4）孔隙水压力观测

1）孔隙水压力观测孔埋设于分层标监测目的层的黏性土层中。

2）孔隙水压力观测孔部件包括测管、网管，结构参见附图 B4。根据观测孔深度，采用相应长度的测管；测管下端安装网管，网管长度不宜小于 200 mm。

3）孔隙水压力观测孔成标工艺应根据埋设深度、布设方式及土的性质等条件确定；网管应准确安装在监测目的地层中。网管到达孔底后应将管内换成清水，清除管内泥浆及孔底沉渣，保证网管的畅通；网管周围应投入适量砾料，确保网管与监测目的地层的水力连通；网管上部应采取止水措施，确保网管与监测目的层的上部地层的水力隔绝。

4）宜采用自动化观测方式。

（5）光纤观测

1）地面沉降光纤观测内容主要包括岩土体整体竖向变形及其分布、岩土体局部竖向变形及其分布、孔隙水压力和地下水位（包括潜水位和承压水位）。

2）对于地层变形大小及其分布的观测，采用全分布式光纤感测技术，如布里渊光时域反射技术（brillouin optical time-domain reflectometry，BOTDR）、布里渊光频域分析技术（brillouin optical frequency-domain analysis，BOFDA）、布里渊光时域分析技术（brillouin optical time-domain analysis，BOTDA）等；对于变形、温度、水位等的监测，采用准分布式光纤感测技术，如光纤光栅时分复用技术（fiber bragg grating time-division multiplexing，FBG-TDM）和光纤光栅波分复用技术（fiber bragg grating wavelength division multiplexing，FBG-WDM）等。

3）不同深度的地面沉降监测孔，观测技术选择原则如下：深度大于 20 m 的地面沉降监测孔，可采用 BOTDR、BOFDA、BOTDA 等的全分布式光纤感测技术，以及采用 FBG-TDM 类的准分布式光纤感测技术；深度小于 20 m 的地面沉降监测孔，可采用 FBG-TDM 类和 FBG-WDM 类的准分布式光纤感测技术；需要自动化监测的地面沉降监测孔，宜采用 FBG-TDM 类或 FBG-WDM 类的准分布式光纤感测技术。

4）观测孔施工完工后，选择相应的仪器设备进行现场测试。

5）正式测试开始前，应根据试测得到的布里渊频谱、光损、应变和中心波长等信息，确定合理的光纤解调仪测试参数。应采集三次有效的监测数据，取其平均值作为初始监测结果。

6）每次观测时应保持仪器测试参数一致。

8.2.3 地裂缝专项观测技术方法

8.2.3.1 跨裂缝受灾体开裂观测

受灾体裂缝观测应测定受灾体结构上裂缝的分布位置，以及裂缝的走向、倾角、长度、宽度、深度、错距、变化程度及其力学性质。观测的裂缝数量视需要而定，对主要的或变化大的裂缝应进行观测。为确定地裂缝的致灾范围，宜观测和统计地裂缝影响范围内的所有裂缝，并根据裂缝宽度大小或变化程度划分主变形区和微变形区。

为了观测裂缝的发展情况，需在裂缝两侧设置观测标志。对设置标志的基本要求：当裂缝发展时，标志能相应地开裂或变化，并能正确地反映受灾体结构上裂缝的发展情况；标志应具有可供量测的明晰端面或中心；一般采用石膏板标志、金属片标志等，长期观测时宜采用镶嵌或埋入墙面的金属标志，短期观测时可采用油漆平行线标志或粘贴金属片标志。

8.2.3.2 跨裂缝受灾体变形观测

根据对受灾体裂缝两侧设置的测点在不同时间的距离、角度及其变化量的量测，换算出裂缝宽度、水平拉张位移和垂直位移，根据测量时间间隔进一步计算出水平拉张活动速率和垂直活动速率；当存在水平扭动位移时，也应进行量测和计算。测点宜布置在裂缝变化最大或活动最强的位置；裂缝较多时，可以布设多个测点，并进行测点变形的统计与分析。测点位置应固定，便于通过同一测点多期观测数据的计算，分析裂缝的变化情况。

8.2.3.3 跨裂缝受灾体结构内力观测

（1）应力

受灾体结构的应力观测可通过将钢筋计与受灾体结构钢筋焊接在一起，实现对结构内力的实时观测。钢筋计宜布置在与地裂缝垂直或大角度相交的受灾体结构内用于承受拉应力的主筋上，并在同一主筋的不同位置设置多个钢筋计，进行测点应力的计算与统计分析，以确定结构的应力分区。钢筋计布设的范围宜大于地裂缝的影响范围，其数量可根据实际情况确定。对于地裂缝呈小角度相交的受灾体结构，其致灾范围较大，钢筋计布置的范围应扩大。

（2）应变

受灾体结构的应变观测仪器可以根据需要布置在结构的不同部位，包括表面、内部和内表面等。观测结构体内部的应变时，需预先在结构施工时同步埋设观测仪器。观测仪器可采用应变计或分布式光纤，其中应变计布设的范围及数量与钢筋计一致,分布式光纤宜与结构受力主筋捆绑在一起。

8.2.4 雪崩专项观测技术方法

8.2.4.1 积雪物理特性观测

(1)降雪量观测技术方法

应用重力测量方法,通过容器收集一定面积的降雪,测量所收集雪量的质量,从而获得降雪量。基于这种原理的观测设备是称重式雪量计。

(2)雪深观测技术方法

将直尺贴于雪剖面,并保证直尺与地面垂直。如果采用折叠尺,将折叠尺折叠成"几"字形或三角形,保证在积雪观测过程中尺子竖立稳定,然后贴于剖面。记录雪深数据为雪面对应的雪尺刻度减去地面对应雪尺刻度(通常地面对应的刻度为 0 m),读数精确到 0.001 m。

雪剖面的选择和切剖参考《中国积雪地面观测规范》[①]。

样点选择、仪器布设及数据计算与整理参见《地面气象观测规范 雪深与雪压》(GB/T 35229—2017)和《中国积雪地面观测规范》。

(3)雪密度观测技术方法

1)整个雪层雪密度观测技术方法:在待观测区域选择一块典型样地,将雪桶垂直于地面插入雪层,带有锯齿的敞口端朝下,根据雪桶上的刻度记录雪深;用雪铲将雪桶周围的积雪清除,然后将雪铲沿着雪桶口平插进入雪层,使雪铲面完全封住雪桶口,然后将雪桶倒过来,在这个过程中,雪铲一直保持完全封住雪桶口的状态,以免积雪漏出导致低估;用带雪压刻度的秤钩住称装有积雪的雪桶,移动圆形砝码,直到秤杆水平,此时记录雪压;雪密度则是用雪压除以雪深获取。

该方法样点选择、仪器布设及数据计算与整理参见《地面气象观测规范 雪深与雪压》(GB/T 35229—2017)。

2)逐个雪层雪密度观测技术方法:将电子天平放置平坦之处,调平、调零。利用量雪器取雪,常用的量雪器有三角形和方形两种。如果是三角形量雪器,将量雪器平行于待测雪层并轻轻推入,尽量避免破坏本来的结构,直到完全进入雪层,然后将量雪器的盖子沿着固定槽推入雪层盖住量雪器,将取得的雪封在量雪器内;如果是方形量雪器,则将方形盒水平推入待测雪层中,当积雪完全掩盖刀具后,应用平铲揭去上层积雪,然后用盖子切割使样品和整个积雪分离。用毛刷去掉黏附在

---

① 车涛,等. 2020. 中国积雪地面观测规范. 北京:科学出版社.

量雪器外围的积雪;将装有积雪样品轻轻倒置天平托盘中,再用毛刷将黏附在量雪器内的积雪清扫至天平托盘中。待天平稳定后,读取显示屏数字并记录样品重量和位置;为防止积雪取样不小心掉在天平托盘外,可以将取好雪样的量雪器直接放在托盘上称其重量,待天平稳定记录其重量。雪密度为样品重量除以量雪器体积。

该方法的样点选择、仪器布设及数据计算与整理参见《中国积雪地面观测规范》。

(4)雪层含水率观测技术方法

积雪雪层含水率应采用积雪物理特性观测仪直接测量,样点选择、仪器布设及数据计算与整理参见《中国积雪地面观测规范》。

积雪雪层含水率应采用积雪湿度定量估计的方法记录,定量估计方法见表12。

表12　雪层含水率定量估计表

类型	湿度指数	代码	含水率范围	具体描述
干燥	1	D	0	雪层温度都在0℃以下,分散的雪花颗粒在挤压时几乎没有相互黏附的倾向
潮湿	2	M	<3%	雪层温度为0℃,液态水在10倍的放大倍数下是不可见的。分散的雪晶体有明显黏附在一起的倾向
润湿	3	W	3%~8%	雪层温度为0℃,液态水在10倍的放大倍数下是可见的。压缩积雪水不能渗出
湿润	4	V	8%~15%	雪层温度为0℃,适度挤压积雪后水可以被压出(雪晶体呈现连锁状态)
浸湿	5	S	>15%	雪晶体被水浸湿,这时候空气占整个空间的20%~40%

注:样点选择、仪器布设及数据计算与整理参见《中国积雪地面观测规范》。

(5)雪层类型观测技术方法

积雪由于自身压力、水汽和温度等影响,不断进行形变。不同时间降雪形成的雪层,其形态结构完全不同,造成整个积雪由多层形态特征不同的雪晶体组成。使用相机对雪剖面进行拍照,相机的垂直参考线与雪尺平行;拍照时要求影像里的雪尺刻度清晰、雪层自然分层分界线清晰;观察自然分层分界线,直视雪尺,记录每一个雪层位置和厚度,然后再确定不同雪层的类型;应用毛刷将待测雪颗粒轻扫在雪粒径板上部,然后使用放大镜观测雪颗粒形态,对比参考雪形态观测卡片,确认雪晶体形态以后,记录代码;对于表层积雪,如有阳光照射,观测时应用遮光板遮住光线或者使用毛刷将待测雪颗粒轻扫在雪粒径板上,取样雪颗粒后迅速拿到阴影处进行观测。

雪形态观测卡片和雪晶体形态代码参见《中国积雪地面观测规范》。

样点选择、仪器布设及数据计算与整理参见《中国积雪地面观测规范》。

(6)雪层温度观测技术方法

将温度计打开,两个热敏探针放置于空气中校正,当温度计显示数值稳定并且两个热敏探针响应的温度保持相同时，校正完成；然后将热敏探针放置积雪表面，如有太阳光照，需应用塑料遮光板遮挡光线，将热敏探针放置于阴影处，待显示屏读数稳定，记录显示屏数据为雪表温度；以 50 mm 为间隔，将热敏探针自上而下水平插入，等待 10 s 读数稳定后记录数据，读数精确到 0.01 ℃；温度自上而下测量完成后，将热敏探针放置于积雪和地表交界面，待度数稳定后，记录数据为地表温度；为保证温度测量值的准确性，建议每个剖面观测三组温度，然后取平均值。

样点选择、仪器布设及数据计算与整理参见《中国积雪地面观测规范》。

（7）雪层硬度观测技术方法

雪层硬度观测使用硬度计（量程为 100 N，由直径为 15 mm 的接触底盘、刻度表盘、测力计传感器构成）。检查推拉力计的传感系统是否正常，仪表调零复位；在待测积雪表面划定 1 m×1 m 的测量样地，将接触底盘放于雪表面，打开开关；然后用力等速推动推拉力计，使接触底盘压破雪面；读数并记录，在测量样地内反复测量 12 次。积雪表面硬度为测量的推力（W，单位：N）除以推拉力计的底盘面积（S，单位：mm^2）。

样点选择、仪器布设及数据计算与整理参见《地面气象观测规范 雪深与雪压》（GB/T 35229—2017）和《中国积雪地面观测规范》。

（8）雪层剪切强度观测技术方法

雪层剪切强度使用指针式推拉力计（量程为 100 N，由直径为 15 mm 接触底盘、刻度表盘、测力计传感器构成）和剪切盒（有效剪切面积为 0.025 m^2）观测。检查推拉力计仪器的传感系统是否正常，仪表调零复位；将待测雪层以上部分积雪用平铲移除，然后用剪切盒插入积雪直至剪切盒完全没入积雪中（可采用锤子轻轻敲打剪切盒，使其完全没入）；使用平铲将剪切盒与外围积雪分开，然后应用推拉力计迅速拉伸，直至拉切雪层和原始雪层完全错位，记录推拉力计的数值；为了降低测量误差，对一个待测雪层至少测量 12 次，记录平均值。雪层剪切强度为推拉力计的数值除以有效剪切面积（0.025 m^2）。

样点选择、仪器布设及数据计算与整理参见《地面气象观测规范 雪深与雪压》（GB/T 35229—2017）和《中国积雪地面观测规范》。

8.2.4.2 雪崩堆积体观测

（1）雪崩始发区特征观测技术方法

a. 雪崩发生时间

应用视频摄像头监控雪崩频发区，记录视频图像，并自动记录雪崩发生时间。

b. 雪崩始发区面积

雪崩由山坡局部积雪坍塌形成，坍塌面积决定该雪崩的规模。通过激光测距仪对雪崩源面积进行测量。测量人员位于与雪崩发生区平行的安全位置，应用无人机或者激光测距仪测量雪崩始发区的宽度和长度，然后计算雪崩始发区面积。

c. 雪崩始发区海拔

雪崩始发区海拔和经纬度使用数字高程模型（digital elevation model，DEM）提取或通过全球定位系统（global positioning system，GPS）测量获取。

d. 雪崩始发区坡度

雪崩始发区坡度用 DEM 数据提取或采用罗盘等工具测量，共分为五个等级，
Ⅰ级为缓坡：5°≤坡度＜15°；
Ⅱ级为斜坡：15°≤坡度＜25°；
Ⅲ级为陡坡：25°≤坡度＜35°；
Ⅳ级为急坡：35°≤坡度＜45°；
Ⅴ级为险坡：≥45°。

e. 雪崩始发区坡向

雪崩始发区坡向用 DEM 数据提取或采用罗盘等工具测量，共分为八个方向，
北坡：337°≤方位角＜360°，0°≤方位角＜22°；
东北坡：22°≤方位角＜67°；
东坡：67°≤方位角＜112°；
东南坡：112°≤方位角＜157°；
南坡：157°≤方位角＜202°；
西南坡：202°≤方位角＜247°；
西坡：247°≤方位角＜292°；
西北坡：292°≤方位角＜337°。

（2）雪崩堆积区特征观测技术方法

a. 雪崩堆积体面积

应用无人机或者激光测距仪测量雪崩堆积体宽度和长度，然后计算雪崩堆积体面积。

b. 雪崩堆积体密度

同 7.2.4.1 节中雪密度观测技术方法。

c. 雪崩危险等级

雪崩堆积体质量根据雪崩堆积体体积和堆积体密度的乘积获得，根据雪崩堆积体质量记录雪崩危险等级，见表 13。

表 13 雪崩危险等级表

危险等级	堆积体质量/t
小	<10
中	10~100
较大	100~1000
大	>1000

（3）雪崩类型观测技术方法

作为雪崩最基本的物质构成，积雪的特征对雪崩而言至关重要，根据雪崩发生时积雪的雪层含水率，通常将雪崩分为干雪雪崩（雪层含水率小于 3%）和湿雪雪崩（雪层含水率超过 3%）。山坡积雪受自重力作用沿着一定的滑动面滑动，根据雪崩发生后积雪滑动面位置不同，可将雪崩分为全层雪崩和表层雪崩。其中，全层雪崩指滑动面为地面，受到剪切破坏后的底部积雪与表层土壤相对滑动形成的雪崩；表层雪崩则指雪崩发生时积雪之间出现相对滑动，受到剪切破坏的中上部积雪沿着特定的雪层下滑。综合积雪滑动面位置与雪层含水率，将雪崩划分为全层干雪崩（full-layer dust avalanche，FDA）、全层湿雪崩（full-layer wet avalanche，FWA）、表层干雪崩（surface dust avalanche，SDA）和表层湿雪崩（surface wet avalanche，SWA）。雪崩发生后观测人员目视记录雪崩类型。

9 观测设备架设与维护

观测设备在架设时，相关人员需接受专业技术与安全培训，学习相关规范条款，并严格按要求执行。观测设备需配备专人定时监视和维护，保证仪器的正常运行和采集数据的准确性。所有测量仪器在安装之前必须经过严格的测试和标定，并在现场安装、试运行期间反复接受检验。

9.1 长期共性观测设备架设与维护

9.1.1 气象观测设备

（1）观测设备架设

1）气象观测场内的仪器布置应互不影响且便于观测操作。

2）仪器安装的高度和深度以观测场地面为基准。

3）温度计安装高度为 1.25～2 m；湿度计安装在温度计上层横隔板上；雨量器安装高度为 70 cm；风速器和风向器安装高度为 10～12 m，安装时参考方向通常设置为正北；气压计的安装高度以便于操作为准。

4）多年平均降雪量占年降水量达 20%以上的地区，观测降雪量的雨量器（计）安装高度宜为 2.0 m；积雪深的地区，可适当提高，但不应超过 3.0 m。

5）气象仪器的安装应确保基座和杆式雨量器（计）的基础及立杆稳固，防止仪器在暴风雨中发生抖动和倾斜。基座顶部必须平整，以保证雨量器水平放置，确保测量精度。

6）仪器安装完毕，应复核承雨器口是否水平，测定安装高度和观测场地面高程。

（2）观测设备维护

1）气象观测仪器设备应定期进行校验和检定，不应使用未经检定、超过检定周期或检定不合格的仪器。每次校验和检定的结果应当详细记录，包括日期、校准参数、结果，以及负责人员信息，并妥善保存以备查阅。

2）观测仪器设备应经常维护和定期检修，经常性清洁仪器，记录设备状态信息，以保证在检定周期内仪器的技术性能符合要求，发现仪器有故障时，应及时维修或更换。

3）每年定期对防雷设施进行全面检查，确保能有效抵御雷击风险；每年也需定期对接地电阻进行检测，防止因接地不良导致安全隐患。

9.1.2 变形与应力观测设备

变形与应力观测设备架设前应进行校正、标定和测试，确保设备可正常工作后方可架设使用，且观测设备架设应按照设备说明书的流程和要求执行，架设完成后应进行系统测试，确认设备正常运行后才可投入使用。观测设备架设、测试过程应进行详细记录。

9.1.2.1 GNSS 地表位移自动观测设备架设与维护

（1）仪器架设

1）太阳能板架设：将太阳能板牢固地安装在站杆上，确保其倾斜面朝正南方，并引出电源线。电源线应做好清晰的正负极标记（如红色为正极，黑色为负极），标记需耐久、防水。

2）站杆固定及电源线铺设：预先浇筑坚固的混凝土基墩，确保基墩尺寸和深度符合设计要求。使用水平仪校准后，将站杆垂直且稳固地固定在基墩上，确保站杆的垂直度误差不超过±0.5°。太阳能板及风机（如有）的电源线应通过预先埋设的地下管道连接到 GNSS 站杆上，管道材料需具备防水、防潮、耐腐蚀性能，确保电缆的安全和长期可靠性。

3）电源线连接及蓄电池安装：连接太阳能板和蓄电池时，使用的导线截面积不小于 1.5 mm²；若太阳能板与设备之间的距离大于 10 m，建议采用截面积为 2.5 mm² 的导线以减少电压降。务必注意太阳能板和蓄电池的正负极连接，避免接反或接错。将蓄电池放入 GNSS 站杆上，确保其安装稳固且通风良好，远离高温源，避免过热影响性能和寿命。连接太阳能板的电源线与蓄电池的正负极，确保连接牢固且无松动。

4）设备连接：将 SIM 卡装入设备，将 GPRS 天线和 GNSS 天线分别连接到对应的接口上，确保连接牢固。整理站杆内部的线缆，避免 GPRS 天线和 GNSS 馈线压在蓄电池下面，以免影响信号接收和数据传输。

5）系统调试：检查卫星信号锁定情况、数据采集质量、通讯模块的工作状态等，确保一切正常。调试完成后，罩上天线罩并用防盗螺丝固定，确保设备的安全性和防护性。

（2）仪器维护

按照设备说明书要求进行定期检定和维护。

9.1.2.2　地表裂缝自动监测仪器架设与维护

（1）仪器架设

1）裂缝变形观测点宜布设在具有代表性的最大裂缝处及可能的破裂面部位。对于长度大于 2 m 的裂缝不应少于两组观测标志，其中一组应在裂缝的最宽处，另一组应在裂缝的末端。每组应使用两个对应的标志，分别设在裂缝的两侧，确保能够准确监测裂缝的扩展和变形情况。

2）裂缝变形观测标志宜在裂缝两侧埋设固定棱镜、专用反光片或刻十字丝的金属标志，当人工无法接近或存在较高风险的裂缝位置，可采用记录裂缝两侧固定特征点（如建筑物的角点、岩石的突起等）作为观测标志。

3）根据裂缝两侧地面岩土性质的不同应制作稳固且具备可供精确量测的明晰端面、刻线或固定接触点的观测标志。在基岩区域，可采用刻画平行线标志或粘贴玻璃片、砂浆片、金属片、石膏饼等标志；在土层区域，可采用埋设木桩，混凝土桩或钢筋等标志，观测标志距离裂缝边缘不宜小于 30 cm，埋入地面深度不宜小于50 cm，并用水泥砂浆或混凝土加固桩脚部位确保其稳定性。

4）在进行传感器和观测标志的安装时，必须确保其稳定性和安全性。岩质地面推荐使用钻孔并配合膨胀螺钉的方式来进行固定，以确保传感器和观测标志的牢固。土质地面可以通过埋设混凝土桩（墩）来辅助固定以增强其稳定性。

5）位错观测标志宜根据裂缝的宽度、地形条件、地质特征等条件埋设，量测时应采取有效措施（如使用高精度测量仪器、固定支架等）确保垂直和水平位移两个变量的准确性；观测标志安装应稳固，安装过程中，应记录或刻画裂缝一侧标志在另一侧标志上的投影或相对位置的初始值或投影点，这些初始值是后续监测数据对比的基础，确保能够准确反映裂缝的变化情况。

（2）仪器维护

按照设备说明书要求进行定期检定和维护。

9.1.2.3　钻孔测斜仪架设与维护

（1）仪器架设

1）确定监测区域主滑方向或倾覆方向，架设时保证探头极性一致。

2）在组装传感器组时，应按照编号顺序依次连接传感器、连接杆、牵引钢丝绳以及孔口吊环，确保各部件之间，特别是探头与连接杆及轮组件的连接处紧固无误。完成组装后，需将传感器的通信线缆拉直，并将其与传感器、连接杆和牵引钢丝牢固地捆绑在一起，要求相邻捆绑点之间的距离不超过 2 m。

3）将组装完毕的传感器组对准导槽，缓慢且平稳地放入测斜管内，直至达到预定的设计位置。若传感器组重量较大，建议使用起吊装置辅助安装，以确保操作的安全性。

4）传感器组下放过程中，必须保持传感器通信线缆处于绷直状态，同时应对各传感器进行持续测试，确认探头数据输出正常方可继续下放，否则应及时取出、更换或维修。

5）传感器组下放完成后，将牵引钢丝绳末端吊环悬挂于孔口，将通信线缆整理、标记。

6）进行最后一次测试，传感器输出正常后，完成架设。

（2）仪器维护

1）按照设备说明书要求进行定期检定和维护。

2）包装好的测斜仪贮存地附近应无酸性、碱性及其他腐蚀性物质，应能适应下列环境条件及贮存要求：

① 环境温度为-40～60 ℃；

② 环境相对湿度不大于 90%（40 ℃）。

9.1.2.4　岩土体压力计架设与维护

（1）仪器架设

1）用螺栓、垫片从终端机法兰盘向下穿过四个底板固定孔，用螺母进行第一次固定，然后将终端机底板上边四个螺栓长出的部分插入一体化支架的法兰盘上，用螺母将终端机与法兰盘拧紧固定。

2）将锂聚合物电池架设到终端机内，确保电池稳固放置。

3）架设太阳能电池板，先连接控制器与蓄电池，再连接控制器与负载，最后连接控制器与太阳能电池板，太阳能板面向正南。

4）将传感器接到采集终端机上。

5）如需在地下安装，首先进行钻孔作业，确保钻孔直径和深度符合压力计的设计要求。钻孔后应清理孔内的碎屑和水分，保证孔壁光滑，减少对传感器的影响。

6）为防止钻孔塌陷或外部物质进入，可在安装前先放入适当的保护套管。套管应留有足够的空间让压力计顺利放入，并在顶部密封，防止水和其他物质进入。

7）将岩土体压力计缓慢放入钻孔中，确保其与孔壁紧密接触。可以使用专用的安装工具（如导向器）帮助定位，确保压力计垂直且稳定地坐落在预定位置。

8）将压力计的通信线缆拉至地面，并与采集终端机相连。确保线缆路径平直，避免扭结或过度弯曲，同时做好防水处理。

9）在压力计安装完毕后，用细砂或膨胀性材料填充钻孔，确保压力计周围均匀受力。最后，对孔口进行密封处理，防止地下水渗入或外部环境因素影响测量结果。

10）安装完成后，立即开始监测数据，记录初始读数，并定期进行数据校验，确保测量精度。

（2）仪器维护

1）具有实时观测需要的地质灾害应力应变监测工作，应制定专门的运行与维护制度。

2）应按使用说明书的要求进行定期标定和维护。

3）地质灾害应力应变监测系统的维护应包括以下内容：

① 硬件设施维护，包括仪器各模块测试、仪器校正、传感器标定和供电设施维护。

② 软件的更新与维护，包括参数设置、参数显示、存储正确性确认、系统版本升级、系统漏洞修复和系统补丁增装。

③ 每周应至少开展一次监测进展、仪器设备运转的现场巡视检查。

④ 每月应至少开展一次设备运行状态检测。

⑤ 每年应至少开展一次硬件和软件全面检测。

9.1.2.5　地面测斜仪架设与维护

（1）仪器架设

1）在人员易到达的地点，应优先选用便携式倾斜仪，每次观测时安置倾斜仪，测完取下。

2）选择固定式倾斜仪的适用条件：

① 难以经常性安置倾斜仪的地方。

② 倾斜仪设置点安全，不易受到碰动或损害的地方。

③ 地形有较大变化，人员到达现场困难或出现安全隐患时。

④ 采用遥测或自动化观测的观测方法时。

3）固定式倾斜仪架设要求：

① 地面倾斜观测应设置稳定的观测标石或基准板，标石表面应平整光滑，标石高出地面的距离不超过 30 cm，同分量两仪器的标石之间的高差不超过 3 mm。标石尺寸根据倾斜仪的型号确定。

② 在坚固的岩石或建筑物上设置观测点，可不设标石，但仍应设置安置平面或基准板。

③ 在有风化层或完整性差的岩土体表面，一般应设置标石，标石上需设置安置平面或基准板；另一种方法是不设标石，采用锚杆或钢管桩将基准板基座直接

与岩土体固结成一体。基准板可水平或垂直架设,用水泥砂浆或树脂胶等黏结材料将基准板固定在岩土体表面。基准板可选用陶瓷板或不锈钢板。

④ 设置标石上的安置平面或基准板时,应用常规大地测量仪器(如全站仪、GPS 等)按精密放样方法将安置平面或基准板中心设置在参考坐标系统(X, Y)中设计的位置上(X、Y 方向应分别为东西、南北方向)。

⑤ 安置倾斜仪时,必须确保倾斜仪的中心应对准安置平面或基准板中心,两条轴线方向应与安置平面或基准板上的两条划线方向一致。使用水平仪或其他水平装置调整倾斜仪上架设支架的定位螺钉,确保仪器的调平误差不得大于仪器量程的 10%。

⑥ 基准板架设结束后,应详细记录测点高程、平面坐标、各组定位螺栓的方位和整个架设过程的竣工情况。

⑦ 倾斜仪和测点固定安置 24 h 以上,待到读数稳定后进行初始值观测,初始值观测宜每隔 30 min 测一次,每次测试的读数互差不大于 5″,取连续三次所读数值的中间值作为观测基准值,同一倾斜仪重复测试不宜少于三次,可就地直接读取读数,也可设置遥测读数器进行读数。每次观测的数据应详细记录,包括观测时间、读数值、测点编号等信息。

⑧ 倾斜仪架设好后,应将仪器编号和设计位置做好记录存档,并严格保护好仪器引出线,传感器的电源线和信号线接头应注意焊接牢固,包扎严密,避免受潮漏电。

⑨ 固定式倾斜仪应考虑雨、雪、阳光、温度等环境因素的影响,必要时应设置保护装置,保护装置的尺寸应大于倾斜仪框架尺寸,同时设置防雷保护措施。

4)便携式倾斜仪架设要求:

① 便携式倾斜仪观测点设置可根据监测部位的具体需求灵活布设,确保覆盖关键监测区域。

② 同一监测点重复测试次数不宜少于三次,测试数据间差值应小于 1% F.S.(全量程),取中间值作为该次测值。

③ 测量完成后,将定位螺钉拧开,取下倾斜仪,进行下一个监测点的测量。

④ 应定期测量基准板的表面斜度,以确定转动变形的大小、方向和速率。

⑤ 倾斜仪可布设为一个测量单元独立工作,亦可多测点布设,测出被测岩土体的各段倾斜量,描述变形体的变形曲线。倾斜仪可回收重复使用,并可方便地实现倾斜测量的自动化。

⑥ 倾斜仪用毕,应放置在干燥、通风、无腐蚀性气体的室内,定期给充电电池充电,同时应定期用角度器校验倾斜仪的传感器。

5)摆式倾斜仪、气泡倾斜仪、电子倾斜仪等均应根据测量方式的不同按照规范架设要求进行架设。

6）当多套仪器同台架设时，应符合下列要求：

① 可采用同类或两类倾斜仪器近距离布设观测，以获取对比观测数据。

② 同类或不同类型倾斜仪器近距离布设时，各分量方位角、仪器灵敏度应调整至一致或相近。

（2）仪器维护

1）应按仪器说明书进行检定与维护。

2）在经济、技术条件具备的情况下，逐步实现观测数据采集自动化和实时监测。

9.1.3 水文过程观测设备

9.1.3.1 地下水位

（1）概述

地下水位自动监测系统利用物联网技术，结合各大运营商的 5G 或 4G 无线网络、窄带物联网（narrow band internet of things，NB-IoT）等网络，对地下水位数据进行实时采集，通过水利遥测终端对数据进行实时传输，以便后端可以远程获取地下水位数据。监测地下水位可以及时掌握致灾体的变形情况，预测致灾体的发生和发展趋势。通过对地下水位变化的长期监测和分析，可以评估致灾体的稳定性，为地质灾害防治提供科学依据。

（2）系统组成

地下水位自动监测系统方案由四个部分组成：监测中心、通信网络、低功耗遥测终端、水位计。

监测中心是整个监控系统的核心，监测每个监测点的实时数据，并将这些数据生成各种报表和曲线；通信网络采用 4G 网络；低功耗遥测终端将采集水位计的数据并无线传输到监控中心，超低功耗，内置电池工作五年以上；水位计用于测量监测井水位。

（3）系统功能及性能指标

a. 系统功能

具有探测地下水位的能力，实时获取致灾体内部及周围的地下水位动态变化数据，具有数据自动传输和远程控制等功能。

b. 性能指标

测量范围：300～2200 mm；

工作温度：−20～450 ℃；

工作压力：0～6.4 MPa。

（4）设备架设要求

1）按地下水监测（钻）孔施工和成孔要求检查钻孔班报表，核定设计的花管长度与深度、包裹滤网、填砂砾深度、填黏土隔离地表水等。

2）松散层中的监测孔，应设置滤水管。滤水管外周边回填的砂砾石厚度不宜小于 30 mm，粒径、级配及填埋部位应符合设计。

3）孔口保护管架设：孔口保护管与孔口平台固结牢固，固结长度不小于 1 m；孔口保护管与滤水管同轴度允许偏差最大为 6 mm（居中），两者之间间隙用固管砂浆填充饱满，基本平齐滤水管口（低于管口 3～10 mm），保护管内清洁；孔口保护管出露平台高度符合设计并确保孔口保护管上的一个小孔露出平台；孔口保护管帽与滤水管口间距一般为 300～350 m；孔口保护盖开合顺畅，符合设计要求。

4）测压管在钻孔套管取出前及时架设，架设时要严格控制测压管的垂直度。测压管架设完成后要及时塞住孔口，防止孔内掉落杂物。

5）测压管接长：在测压管需要接长时需要用长度为 2 m 的镂空外衬管套住加长管和被加长管，确保对接平直，对接焊要注意保证管内壁不留焊渣，确保管内壁平顺无毛刺；也可采用外管箍方式进行接长，但要确保管箍直径小于钻孔套管内径。

6）管外回填：测压管依次下入设计深度后，调整好测压管垂直度，测压管与孔壁间采用动水细砂料回填，回填距管口 0.5 m 深度后采用黏土球回填并夯实。

7）将水压计架设到距离孔底 200～300 mm 的位置，在架设之前获取初始读数，记录下后用于以后计算水位变化使用。

8）将水位计传感器接到终端机上。

（5）设备安装要点

1）地下水监测孔钻探施工基本要求按《工程地质钻探规程》（DZ/T 0017—2023）和《水文地质钻探规程》（DZ/T 0148—1994）实施。

2）监测孔孔口可参照《地下水监测井建设规范》（DZ/T 0270—2014）进行保护。

3）采用自计式水位计监测地下水位时，自计式水位计应放置于距测管底 3 m 处，并做好传感器牵引钢丝绳及通信线缆的防腐等工作。

（6）设备运行维护要点

1）每年汛前应对水位计从灵敏度和精度等方面进行全面检查维护。

2）较大洪水前应进行一次全面检查维护，洪水期间应加强检查管护。

3）驻测站宜每天检查水位计工作状态，巡测站可每 2～5 周检查一次。

9.1.3.2 地下水水质

（1）概述

多参数分析仪是一种专门设计用于分析地下水的多个关键水质参数的仪器。这些参数通常包括水温、pH、电导率、浊度、溶解氧、化学氧需氧量（chemical oxygen demand，COD）、总氮（total nitrogen，TN）、总磷（total phosphate，TP）等。这种分析仪的主要目的是实时或定期监测地下水的水质，以评估潜在的地质灾害风险和水资源的质量。

（2）系统组成

多参数水质分析仪主要结构组件包括控制单元、进水取样单元、储水槽、排水单元、留样单元、传感器组件等。

控制单元是仪器的核心，负责管理和监控整个分析过程，它包括一个中央处理器和控制电路，用于执行测量程序、协调各个组件的操作，并记录数据。进水取样单元用于采集水样，将水体引入仪器中供分析使用，它通常包括取水泵和进水管道，以确保水样的稳定供应。储水槽是一个容器，用于临时存储水样，这可以平稳供应水样，以确保分析的准确性和一致性。留样单元用于存储样品以供将来的比较、复查或分析，这有助于验证分析结果的准确性和稳定性。传感器组件包括多个传感器或探头，用于测量不同的水质参数，每个传感器用于测量特定参数，如 pH 传感器测量酸碱度，电导率传感器测量电导率，溶解氧传感器测量氧气含量，浊度传感器测量水体浊度等。

（3）系统功能及性能指标

a. 系统功能

多参数水质分析仪分为简分析、全分析和专项分析三种。简分析在野外进行，分析项目少，但要求快而及时，适用于初步了解大面积范围内各含水层中地下水的主要化学成分。专项分析的项目根据具体任务的需要而定。多参数水质分析仪可快速而准确的定性定量分析，并可全自动、智能化、实时在线、多参数同时进行分析，同时给出结果并打印报告单。

b. 性能指标

测量方法：电极法测量；

在线测量方式：任意设定间隔时间启动仪器在线测量模式；

测量范围（含量，单位为 mg/L）：$0.3 \leqslant F \leqslant 190$，$1 \leqslant NO_3\text{-}N \leqslant 850$，$2 \leqslant pH \leqslant 12$；

分辨率：0.1 mV；

电位示值误差：$\leqslant \pm 1\%$ F.S.；

响应速度：60 s 达到 97%；

测量周期：3 min；

重复性误差：$F \leqslant \pm 5\%$，$NO_3 \leqslant \pm 5\%$，$pH \leqslant \pm 5\%$；

电源与温湿度：交流电（AC）220 ± 22 V、50 Hz，$8 \sim 40$ ℃，$\leqslant 90\%$。

（4）设备架设要求

1）干燥、通风且满足设备运行环境温度（5～40 ℃）的室内。

2）不能有水滴滴到仪器上，避免阳光直射。

3）避免强电磁场干扰。

4）避免强腐蚀性气体。

5）将传感器安装在有代表性、便于取样操作的取样点附近，传感器和取样点之间的距离推荐最大值不超过 1.5 m（5 ft）。

（5）设备安装要点

1）固定设备安装时，必须保证设备竖直，否则影响传感器测量精度，甚至污损传感器。

2）排水是依靠水的自身重力排出，因此排水管应尽量短、直、矮，中间不能拱起或打圈。

3）进水安装时，对于水质差或不稳定的环境，推荐用户自行加装前置过滤器，以避免杂质进入设备，堵塞设备内部水路，造成故障。

4）电化学电极安装后，必须立即通水保持电化学电极敏感部件湿润，余氯电极、二氧化氯电极和臭氧电极还需要保持水样中具有持续的消毒剂，以免微生物滋生堵塞电极敏感器件。

（6）设备运行维护要点

1）定期清洁：定期清洁仪器的检测室和传感器，避免污染物积累影响检测精度。

2）定期校准：定期校准仪器，确保检测结果的准确性和稳定性。

3）避免震动：使用过程中避免仪器受到震动，以免影响检测结果。

4）避免水浸泡：避免仪器长时间浸泡在水中，以免损坏仪器。

5）定期维护：定期对仪器进行维护，如更换电池、更换传感器等。

9.1.3.3 孔隙水压力

（1）概述

孔隙水压力计是一种关键的地下水位和土壤压力监测工具，为科学研究和工程应用提供了宝贵的数据，有助于更好地理解地下水体和土壤的动态变化，以及潜在的地质风险。孔隙水压力计按仪器类型可分为差动电阻式、振弦式、压阻式及硅压式等。振弦式渗压计与硅压式扬压力计都能适用于长期埋设在水工结构物或其他混凝土结构物及土体内，测量结构物或土体内部的渗透（孔隙）水压力，并可同步测量埋设点的温度。渗压计加装配套附件可在测压管道、地基钻孔中使用，渗压计为全不锈钢结构，20 mm×120 mm 的灵巧体积使其可方便放置在需要测量的狭小部位。硅压式扬压力计为智能传感器，输出信号为物理量及温度，气压自动补偿。振弦式渗压计具有智能识别功能。

（2）系统组成

孔隙水压力计通常为封闭双管型，由读数系统和循环水系统组成。其中，读数系统由水管探头、水管和压力表组成，探头有圆板式和锥形两种，两种都有进出水管与测头内腔相通；水管采用聚乙烯或尼龙管，长度尽量从探头连接到观察室，避免接头；压力表既用于真空，也用于压力。

（3）系统功能及性能指标

a. 系统功能

孔隙水压力计可用来测量孔隙水或其他流体压力。所测得的数据可评估地下水流的情况，并用于工程项目的设计和监测。

b. 性能指标

量程：0.2～2 MPa；

分辨率：0.05% F.S.；

使用环境温度：−10～80 ℃

综合误差：≤1.0% F.S.。

（4）设备架设要求

1）孔隙水压力计应能在温度为 0～40 ℃ 的环境中正常工作。

2）孔隙水压力计应能在其量程范围内的水压力下正常工作。

（5）设备安装要点

1）孔隙水压力计的变送器需要在无压力和电源的情况下安装。

2）传感器可垂直、倾斜或水平安装在罐和槽内，并应确保防止沉淀物等杂质掩埋和堵塞传感器的探头部分。

3）孔隙水压力计的导气电缆除了用作电源和信号传输外，在大气补偿中也起着关键作用。安装时，要避免将电缆锁得太紧或弯曲得太厉害，以防气体导管堵塞或断裂。

4）如果需要在现场安装延长电缆，须确保布线部分保持干燥和通风。严禁浸泡，避免湿气和污物堵塞电缆中间的大气连接管，否则会损坏变送器，或导致测量不准。

5）尽量安装在温度梯度变化不大的地方。

6）当测量其他高温介质时，注意不要让介质温度超过变送器的工作温度。如有必要，应安装冷却装置。

7）当介质波动较大时，固定传感器的探头部分，如给传感器加配重或固定套。在孔隙水压力计测量流动水中的水位时，可以在水中插入或安装一根钢管或 PVC 管，在管内水流的反方向开几个不同高度的小孔，使水进入管内。

（6）设备运行维护要点

1）储存环境温度：$-20 \sim 60\ ^\circ\mathrm{C}$；

2）储存环境相对湿度：不大于 85%；

3）储存渗压计的附近不得有酸性、碱性及其他腐蚀性物质；

4）储存时间最长不得大于一年，超过一年应进行检验。

9.1.3.4 地表水

（1）概述

地表水动态监测宜采用自动化监测系统，监测设备包括水位计、流速仪、流量计等，采用固定站房、简易式站房、小型站房、水上固定平台站、水上浮标（船）等方式，监测与致灾体有关的江、河、水库、沟、渠等地表水体的水位、流速、流量等动态变化。

（2）系统组成

地表水自动监测站由水站和数据平台组成，包括采配水单元、控制单元、检测单元、数据采集与传输单元四个部分。

采配水单元是保证整个系统正常运转、获取正确数据的关键部分，必须保证所提供的水样可靠、有效，包括采水单元、预处理单元和配水单元，采水单元包含采水方式、采水泵、采水管路铺设等；预处理单元为不同监测项目配备预处理装置，以满足分析仪器对水样的沉降时间和过滤精度等要求；配水单元直接向自动监测仪器供水，其提供的水质、水压和水量均需满足自动监测仪器的要求。控制单元是控制系统内各个单元协调工作的指挥中心。检测单元是水质自动监测系统的核心部分，由满足各检测项目要求的自动监测仪器组成。监测仪器的选择原则为仪器测定精度满足水质分析要求，且符合国家规定的分析方法要求。所选择的仪器需要配置合理、性能稳定、运行维护成本合理、维护量少、二次污染少。数据采集与传输单元要求能够按照分析周期自动执行数据采集和传输任务，并实现远程控制、自动加密与备份，采集装置按照国家标准，采用统一的通信协议，以有线或无线的方式实现数据及主要状态参数的传输。

（3）系统功能及性能指标

a. 系统功能

地表水自动监测站用于监测和记录地表水体的水位、水质等参数。它的功能包括实时监测水位、记录水质数据，这些站点还能自动传输数据。

b. 性能指标

水质自动监测站适应于地表水水质、水位、温度等监测场景，可根据现场监测要求，灵活配置监测因子。

（4）设备架设要求

1）水站放置的地面要求平整、水平、无震动。建议水站安装地面应高于取样口地面 300 mm 以上，并保证所布管道中间不得有凸起或凹陷。请勿设置在严禁烟火的场所，避开产生强磁场、强电场、高频率的设备。使用含挥发性有机物多的试样时，由于有可能产生易燃物质，务请注意。

2）水站可室内安装，也可室外安装。室内安装时，安装环境需符合水站正常工作条件；室外安装时，需根据现场条件建设必要水泥地基，避免水淹、沉降等其他外界因素的影响。

3）水站供电负荷等级和供电要求应按现行国家标准《供配电系统设计规范》（GB 50052—2009）的规定执行。

4）站房应根据仪器、设备、生活等对水质、水压和水量的不同要求分别设置给水系统。

5）通信方式应选择至少两家通信运营商，无线传输网络（固定 IP 优先）应满足数据传输要求及视频远程查看要求，传输带宽不小于 20 Mbit/s（bit 为比特，量纲一）。

6）站房防雷系统应符合现行国家标准《建筑物防雷设计规范》(GB 50057—2010) 的规定，并应由具有相关资质的单位进行设计、施工以及验收。

（5）设备安装要点

1）柜体拼接：柜体安装地面应平整坚实，柜体和仪器不应有电位差，机柜间不应有电位差，应就近接入等电位接地网。

2）集成线路连接：集成管线路应做到水电分离、标识清晰、流路走向明确、设计合理、便于维护。

3）集成辅助设备安装：应安装不间断电源设备，以确保市电切断后，分析仪器仍能完成当前测试周期和待机 1 h；应安装在线预处理装置和除藻装置，要求所安装的预处理装置不能改变水样的代表性。

4）分析仪器安装要求：五参数测量仪器的供水不经过任何预处理，直接进行水质分析；其他仪器应尽量缩短取样管与取样杯之间的输送管路长度。

5）辅助设施安装：自动灭火装置应固定牢固且朝向仪器方向，应辐射所有分析设备；自动留样单元应与采配水单元连接，当监测数据异常时，能够自动留样；视频监控单元应确保全方位、多视角、无盲区、全天候监控；可远程监视水站设备及采水单元等的运行情况。

（6）设备运行维护要点

1）检查站房基础设施，包括完整性及相关状况（周边环境、站房主体、门窗密闭、站房外观、供电线路、光纤线路、供水设施情况等）；

2）检查站房配套设施，主要包括安防设备、照明设施、消防系统、室内设备供电单元、室内温控单元、室内外监控单元、化验设施、生活设施等；

3）检查站房避雷设施，根据实际情况进行防锈处理，每年进行一次防雷检测；

4）检查站房屋顶防水情况，根据实际情况进行防水修缮；

5）检查站房主体结构情况；

6）检查站房仪器间排水槽情况；

7）检查水塔工作运行情况，并对水泵进行养护或者更换；

8）做好保养检修工作记录，重要的工作内容拍照留档。

9.1.4 人类活动相关观测设备

1）采用人工巡查与调查方式对人类活动进行观测，涉及的调查设备根据活动场地类型和活动影响区间综合确定实际布设方式。

2）采用固定式传感器设备对人类活动进行观测，传感器布设根据观测内容的产生频次、接受精度，以及对灾害体的影响路径、影响范围进行。

3）人类活动中涉及应力、位移变形、水位等观测内容的设备布设，参照其他共性指标观测设备的布设原则和方式进行，应注意人类活动对观测设备的扰动和破坏，加强设备定期维护保养和检修。

9.2　灾种类别层面专项观测设备架设与维护

9.2.1　滑坡–崩塌专项观测设备

9.2.1.1　滑坡与防治结构相互作用观测设备架设与维护

（1）设备架设原则

1）变形观测设备（如全站仪）在架设过程中要预先考虑设备的布设位置，确保设备稳固，尽可能降低工程施工扰动；

2）内力观测设备（如钢筋计、应变计）原则上要同防治结构绑定后同步施工；

3）滑坡与防治结构界面观测要在明确滑坡结构后精确安置仪器，将仪器和防治结构紧密贴合。

（2）设备维护原则

1）按照设备说明书要求进行定期检定和维护；

2）选择防水等级较高、不易腐蚀的产品。

9.2.1.2　滑带大变形观测设备架设与维护

（1）仪器架设

1）将带十字卡槽的测斜管埋入监测孔，确保其中一组卡槽朝向主滑方向，滑带附近的观测位置采用定制开口的套管替换测斜管，测斜管与孔壁的间隙用细砂填充，确保测斜管稳固且与孔壁紧密接触，减少外界干扰。

2）通过测斜管十字卡槽定位，柔性测斜探头的两个敏感轴分别朝向主滑方向和法向，确保探头的法线以不扭转状态置入监测孔。采用不锈钢、塑料、硅胶等耐酸碱腐蚀材料制作柔性测斜仪探头的条带支撑架，对测斜单元节点进行固定。

3）若设备附带了孔外监测装置，可借助钻孔摄像仪辅助定位，对准测斜管开口位置开启孔外探爪并插入孔外土体，确保监测装置与测斜管的精确对齐。

4）孔口高出地面 20～50 cm，安装防护盖板，避免杂物和地表雨水倒灌钻孔而影响监测结果的准确性。

5）在孔口附近安装配套设备，包括主机箱、数据采集器、太阳能电源等。为避免植被蔓延覆盖监测孔和设备，可在监测点位置铺设硬化地坪和安装防护网。

（2）仪器维护

1）定期检查数据接入联网状态，及时发现故障并进行维修，保障监测数据的连续性和准确性。

2）连续阴雨天气条件下，应随时关注仪器太阳能供电情况，如仪器供电不足，应人工更换满电电瓶，或采用辅助措施现场补充电量，定期清理监测点附近的快生植物。

3）按照设备说明书要求进行定期检定和维护。

9.2.2 地面沉降专项观测设备

9.2.2.1 深层地下水回灌过程观测设备架设与维护

（1）深层地下水回灌观测设备架设

1）深层地下水回灌井回灌管路系统一般由输水管路、进水管路、回流管路和排水管路组成。将输水管路由水源引至回灌井附近，确保管道连接牢固，无泄漏。使用耐腐蚀材料（如 PVC、不锈钢）以适应地下环境。在回灌井顶部安装进水管路，确保其与输水管路无缝连接。进水管应配备过滤装置，防止大颗粒物质进入井内。在回灌井底部设置回流管路，用于回扬过程中排出的水引导至指定处理或排放区域。回流管应具备足够的直径以确保水流顺畅。在回灌井周围安装排水管路，用于排除回扬过程中产生的浑水或其他废液，确保其不会对环境造成污染。排水管应设有防倒流装置，避免外部水体倒灌。

2）深层地下水回灌过程采用智能化设备控制，采用自动化回灌和回扬，实现回灌量、回扬量、回灌压力、水位、水温等自动化监测。

3）专门回灌井的水样采集、保存和送检应符合相关规定。

4）专门回灌井应定期进行回扬，回扬以浑水出尽、清水稳定后停止为宜。

（2）深层地下水回灌观测设备维护

1）回灌井常规维护保养应包括以下内容：深井泵电动机的维护保养；深井泵维护保养；过滤器网堵塞物质和沉淀管沉积泥沙的清除。

2）回灌井维修检查可采用抽水检查、砂器检查及井下电视检查等方法。抽水检查主要包括观察记录电动机运转状况，地下水静水位、动水位的变化情况，回扬水质物质特性，以及出浑水、泥沙情况；砂器检查主要包括制作砂器和支架护套，在实心重杆上装备好重杆连接器、伸缩杆连接器和活塞伸缩杆，并用螺帽将活塞伸缩杆上的支架护套固定在等砂器上，将装好等砂器的实心重杆放到井内静水位以下不同深度上下抽动，用卷扬机缓慢吊出砂器，查看砂器内的积沙情况，判定漏洞或裂缝位置；井下电视检查是一种采用井下电视检查井管错列和过滤器堵塞、破裂状况的方法，可以从地面显示屏上直接观察到井内存在的各种损坏、故障。

9.2.2.2 深层分层监测设备架设与维护

（1）深层分层监测设备架设

1）基岩标分层标采用静力水准监测系统，仪器选型、检定校准和技术指标应按《国家一、二等水准测量规范》（GB/T 12897—2006）执行。宜使用固定的监测仪器，确保标尺与水准仪相匹配，不宜互换使用，保证数据的一致性。

2）地下水位、孔隙水压力自动监测仪器根据水位深度、监测精度等进行选型。选择适合的传感器和数据采集器，确保能够准确反映地下水资源的变化情况。安装时应注意传感器的埋设深度和位置，确保其处于最佳监测点。

3）光纤监测孔，根据光纤感测技术选取合适的监测系统，分为分布式感测光缆配套设备和密集分布式光缆配套设备。分布式感测光缆适用于大范围、连续监测，密集分布式光缆则更适合高精度、局部监测。安装过程中，确保光缆铺设路径平直，避免扭结或过度弯曲，并做好防水处理，防止光缆受损。

4）监测仪器应按使用说明定期校准，保存相关记录。

（2）深层分层监测设备维护

1）监测设备建设完成后应安装保护装置和标志牌，且采取稳固耐久、防腐抗蚀、保持垂直稳定等保护措施，应在实地绘制点之记，并进行定期巡查维护。

2）监测设备的巡查维护包括保护用房、基岩标、分层标、地下水观测井、孔隙水压力观测井、光纤孔等监测设施及附属设施。

3）监测设备应定期进行检查评估，发现异常（破坏）或周边有工程活动影响时，应及时上报并进行维修处理；监测数据出现异常时，应及时进行现场核查，并调查监测设施所在地的地质环境条件变化情况。

4）监测设备应定期进行除锈、防腐等保养措施；保护装置或水准测量标志等发生改变或破坏时，应及时修复。

9.2.3 地裂缝专项观测设备

9.2.3.1 跨裂缝受灾体开裂观测设备架设与维护

（1）仪器架设

1）根据裂缝的宽度、深度、预期变形量以及监测精度要求，选择合适的裂缝计型号；确保所选仪器能够准确反映裂缝的状态和特征；选择裂缝最活跃且具有代表性的位置进行安装，确保能够全面反映裂缝的变化情况。

2）裂缝计应固定在牢固可靠的支架上，且支架能够承受水平方向上的荷载；支架的间距应大小适中，通常在 50～100 cm，确保能够测量拉伸和压缩方向的变形量及可能最大值。

3）裂缝计安装时应平行于被测结构的表面，并垂直于裂缝；应保持裂缝计的水平度和垂直度，避免出现倾斜或扭曲等问题，确保仪器能自由伸缩。

4）裂缝计调试和校准过程中，应认真检查测量数据的准确性和可靠性，避免出现误差、误判等问题；安装、埋设过程中应注意检测，测缝计安装前后读数值差应小于 30F（模数值）。

（2）仪器维护

1）仪器应在额定测量范围内工作。

2）仪器在安装及使用过程中，应避免剧烈振动，重点保护好传感器及测量杆及其连接口，避免碰撞、摔落、受损伤和变形等情况的发生。

3）在使用过程中，应注意定期清洁设备，保持其干净卫生。

9.2.3.2　跨裂缝受灾体变形观测设备架设与维护

（1）仪器架设

1）跨裂缝受灾体变形观测设备宜监测两个水平向分量和一个竖直向分量的位移。

2）跨裂缝受灾体变形观测应尽量采用自动化的实时监测方法，其中竖直向位移分量的监测可采用静力水准仪，水平向位移分量监测可采用裂缝计或伸缩计。

3）各监测仪器应布设在裂缝两侧或变形区两侧，并采用仪器墩进行固定，仪器墩不应受裂缝本身活动的影响。测量竖直和水平伸缩方向变形的仪器应垂直裂缝走向或与其大角度相交（建议角度大于 60°）。

（2）设备维护

1）按照设备说明书要求进行定期检定和维护。

2）各监测仪器上应布设温度探头，监测温度变化，以便于对监测数据进行温度修正。

9.2.3.3　跨裂缝受灾体结构内力观测设备架设与维护

（1）仪器架设

1）受灾体结构的内力观测设备（如钢筋计、应变计），钢筋计宜布置在与地裂缝垂直或大角度相交（建议角度大于 60°）的受灾体结构的主筋上，布设范围宜大于地裂缝的影响范围，原则上要同被测结构绑定后同步施工，确保其与结构同步受力。

2）受灾体结构的应变观测可以根据需要布置在结构的不同部位，包括表面、内部和内表面等；观测结构体内部的应变时，需预先在结构施工时同步埋设。

（2）设备维护

1）按照设备说明书要求进行定期检定和维护。

2）选择防水等级较高、不易腐蚀的产品。

9.2.4 雪崩专项观测设备

9.2.4.1 积雪物理特性观测设备架设与维护

（1）降雪量观测设备架设与维护

a. 仪器架设

1）仪器安装的高度和深度以观测场地面为基准。

2）安装在周围积雪雪面平整、风速低的位置。

3）称重式雪量计安装高度大于 2.0 m。

4）安装仪器的基座、立杆应稳固，保证仪器在暴风雨中不发生抖动和倾斜，基座顶部应平整。

5）仪器安装完毕，应复核量雪器口是否水平，测定安装高度和观测场地面高程。

b. 观测设备维护

1）观测仪器设备应定期进行校验和检定，不应使用未经检定、超过检定周期或检定不合格的仪器。

2）观测仪器设备应经常维护和定期检修，清洁仪器，记录设备状态信息，以保证在检定周期内仪器的技术性能符合要求。发现仪器有故障时，及时维修或更换。

3）每年定期对防雷设施进行全面检查，对接地电阻进行检测。

4）在经济、技术条件具备的情况下，逐步实现观测数据采集自动化和实时监测。

（2）积雪特性分析仪架设与维护

a. 仪器架设

1）仪器安装的高度和深度以观测场地面为基准。

2）安装在周围积雪雪面平整、风速低的位置。

3）设备安装至区域平均雪深位置。

4）安装仪器的基座、立杆应稳固，保证仪器在暴风雨中不发生抖动和倾斜，基座顶部应平整。

5）仪器安装完毕，应复核量雪器口是否水平，测定安装高度和观测场地面高程。

b. 仪器维护

按照设备说明书要求进行定期检定和维护。

9.2.4.2 雪崩堆积体观测设备架设与维护

a. 仪器架设

1）视频监测设备安装在雪崩气浪影响范围之外。

2）视频监测设备摄像头可扫射覆盖雪崩始发区、堆积区。

b. 仪器维护

按照设备说明书要求进行定期检定和维护。

10 数据汇交与共享

10.1 元数据

元数据包括数据的属性、定义、来源、格式、质量、安全性、访问方式、使用规则等，是数据管理的基础。重力型灾害科学观测数据的元数据描述信息、元数据标准化原则和元数据标准化流程应符合《科技平台 元数据标准化基本原则与方法》（GB/T 30522—2014）的规定。

科学数据汇交可根据实际需要遵照《科技平台 元数据标准化基本原则与方法》（GB/T 30522—2014）的规则对元数据进行扩展，并提供比元数据更详细的数据说明文档。

10.2 数据整编

数据整编是对原始数据的规范化整理，应参考相应标准，每年进行整编，以时间为线索，统计数据种类、名称、起止时间、观测频率、数据数量、观测仪器等信息；整编后的资料应经过人工检查。

10.3 数据汇交原则

10.3.1 真实可靠

按照本规范开展监测并获取数据，对数据定期进行检查、整理和汇总，确保数据质量，保证汇交数据的真实性和可靠性。

10.3.2 科学规范

数据管理遵循国家科学数据管理规范。

数据加工处理应遵循 FAIR 原则，即可发现性（findability）、可获取性（accessibility）、互操作性（interoperability）和可重复利用性（reusability）。

可发现性是指数据可以被编目，然后被搜索和发现。可获取性是指在条件允许的情况下，能够获取信息资源或信息线索。互操作性是要建立一个被广泛认可的，关于数据交换、数据安全和信息传递的规范、标准、方法、过程或实践等准则，从技术、结构、语义和组织等不同层次实现数据互操作的标准化。可重复利用性是指数据可以被重复利用。

10.3.3 及时完整

在既定的时间内，按时、完整地向数据管理方提交数据，保证数据的及时性和完整性。

10.4 数据汇交流程

10.4.1 汇交数据制备

遵循数据汇交相关标准规范，将采集的数据进行处理，按照规定形成科学数据实体、科学数据描述信息（元数据）、科学数据辅助工具软件等数据文件，并对所汇交内容进行数据整编，应经过以下步骤。

1）整理数据：将数据按照一定的规则进行分类和归档，便于后续的处理。

2）清洗数据：对于数据中存在的错漏、重复、无效或不一致的信息进行清洗和筛选，确保数据的准确性和完整性。

3）格式化数据：将数据按照要求的格式进行规范化和标准化，便于后续的处理和分析。

4）编制数据说明：对于数据的来源、采集时间、处理方法、数据类型、数据格式等进行详细的说明，便于其他人理解和使用。

5）打包数据：将整理好的数据根据其特征进行打包，可以采用压缩文件的形式进行打包，确保数据的安全和完整性。

10.4.2 数据提交

数据提交方应确保数据质量可靠、格式规范，并编制数据说明文档，将打包好的数据上传到指定的数据平台或者存储介质中，确保数据能够被访问和使用。

10.4.3 数据审核

数据管理方根据数据管理规范，对汇交数据进行形式审查和质量认定，若数据存在问题，数据提交方应及时修改并重新提交。数据管理方确定数据无误后，对数据分类、编目、标识和加工后进行入库。

10.5　数据库建设

观测数据包括元数据、时间序列观测数据等，具有多层次、长时间序列的特点。数据库建设应使用国家或行业标准的术语和编码，遵循规范化、统一性和可扩展性等原则。

10.6　数据备份

长期观测的数据和文档需在野外站和数据中心进行备份，制定数据存储备份规范，完善对数据的安全保护。

10.6.1　数据备份方案

1）定期备份：将数据定期复制到另一个设备或媒介上，以便在需要时恢复数据。可以选择每天、每周或每月备份数据，具体取决于需要备份的数据量和重要性。

2）多媒体备份：将数据备份到不同类型的媒介上，以确保数据备份的完整性和可用性。

3）增量备份：每次只备份更新的数据。

4）完全备份：备份整个数据集，包括所有文件和文件夹。

5）离线备份：将数据备份到一个物理位置，不与计算机或网络连接。

6）自动备份：设置备份计划和规则，使备份过程自动化。

7）测试恢复：定期测试备份数据的可用性和完整性。

10.6.2　数据存储设备安全标准

1）设备保障标准：制定是为了确保设备的正常运行和使用，保证设备的安全性、可靠性和稳定性；同时，也可以提高设备的使用寿命和效率，降低维护成本和故障率。

2）设备安全标准：规定设备的安全性能要求，包括安全防护措施、安全操作规程等。

3）设备维护标准：规定设备的维护周期、维护方法、维护要求等。

4）设备检测标准：规定设备的检测周期、检测方法、检测要求等。

5）设备保养标准：规定设备的保养周期、保养方法、保养要求等。

6）设备质量标准：规定设备的质量要求、质量检验方法等。

7）设备使用标准：规定设备的使用范围、使用方法、使用要求等。

8）设备备件标准：规定设备备件的选用、使用、更换等要求。

9）设备环保标准：规定设备的环境保护要求，包括废水、废气、废渣等处理要求。

10.7 数据共享与发布

数据管理方做好数据的日常运行管理和维护工作，形成数据目录，根据数据的开放条件、开放对象和审核程序等，在保障数据安全的前提下，向用户开放共享。为了便于数据共享，数据管理方应建设运行数据共享系统，根据国家对科学数据共享的有关要求，分级、分类制定数据共享与发布条例，提供多种数据快速发现、访问、下载的入口，实现科学、有效的数据共享。

11 保 障 措 施

11.1 人员保障

每站至少配备三名固定全职人员专职负责日常观测、设备维护和数据整理等相关工作，依托单位保障人员的编制、工资待遇等。同时，观测人员需具有地质灾害观测相关的专业岗位资格证书、培训记录或学习背景，熟悉观测设备的基本原理，具备对观测设备日常运行维护和一定的故障排查的能力。

11.2 设备保障

为了保证所获数据的可比性，同类常规观测设备建议采用一致型号的监测仪器设备；建立野外站仪器设备定期维护、定期检测规章制度，由专人负责定期对野外台站设备进行检修维护。

11.3 技术保障

依托单位常设技术保障部门，定期举办观测技术、设备维护和数据处理等专项培训，保障设备稳定运行、数据连续可靠，保证采样、监测和分析的质量。

附　　录

附录 A
滑坡–崩塌调查与分析表

名称						省　　县（市）　　乡　　村　　组					
野外编号	滑坡时间	□时代不详的老滑坡 □现代滑坡发生时间 年　月　日		地理位置	坐标 （m）	X: Y:			标高 （m）	冠部: 趾尖:	
室内编号					经度：E　°　′　″，纬度：N　°　′　″						
滑坡类型				滑体性质			□岩体　□碎块石　□土质				
斜坡环境	地质环境	地层岩性			地质构造		微地貌		地下水类型		
		成因时代	岩性	产状	构造部位	地震烈度	□陡崖　□缓坡 □陡坡　□平台		□孔隙水　□承压水 □裂隙水　□潜水 □岩溶水　□上层滞水		
	自然地理环境	降雨量（mm）			水文						
		年均	日最大	时最大	洪水位（m）	枯水位（m）	滑坡相对河流的位置				
							□右岸　□左岸　□凹岸　□凸岸				
	原始斜坡	外形			滑前坡体结构特征						
		坡高（m）	坡度（°）	外形	斜坡结构类型		控滑结构面				
				□上凸			类型				
				□下凹							
				□平直			产状				
				□阶状							
滑坡基本特征	外形特征	长度（m）	宽度（m）	厚度（m）	面积（m²）	体积（m³）	坡度（°）	坡向	平面形态	剖面形态	
									□半圆　□矩形 □舌形	□凸形　□凹形 □线形　□阶状	
	结构特征	滑体特征					滑床特征				
		岩性	结构	碎石含量（%）	碎石大小（m）		成因时代	岩性	产状		
			□可辨层次 □零乱								
		滑面及滑带特征									
		形态	埋深（m）	倾向（°）	倾角（°）	厚度（m）	滑带土名称	滑带土性状			
	地下水	埋深（m）	露头				补给类型				
			□上升泉　　□下降泉　□溢水点				□降雨　　□地表水补给 □融雪　　□人工补给				
	土地使用	□旱地　□水田　□草地　□灌木　□森林　□裸露									

		名称	部位	特征	初现时间
滑坡基本特征	现今变形破坏迹象	□拉裂缝 □剪裂缝 □地面隆起 □地面沉陷 □剥落、坠落 □树木歪斜 □建筑物变形			
影响因素	地质因素	□极度发育节理 □软弱基座 □破碎风化岩/基岩接触	□结构面走向与坡向平行 □透水层下伏相对隔水层 □强风化层与弱风化层界面		□结构面倾角小于坡脚 □覆盖层与基岩界面
	地貌因素	□斜坡陡峭	□坡脚遭侵蚀	□超载堆积	
	物理因素	□风化　□冻融　□胀缩 含水率、孔隙水压力升高		□累进性破坏造成的抗剪强度降低 □水位涨落　□地震　□洪水	
	人为因素	□开挖坡过陡 □人工爆破影响	□坡脚开挖 □水源渗漏	□坡后建设超载 □灌溉	□蓄水位降落　□滥伐树木
	主导因素	□暴雨	□地震	□工程活动	
稳定性分析	可能复活诱发因素	□降雨 □坡脚冲刷	□地震 □坡体切割	□加载 □风化	□开挖坡脚　□爆破 □卸荷　□动水压力
	现今	□稳定	□基本稳定	□潜在不稳定	□不稳定
	趋势	□稳定	□基本稳定	□潜在不稳定	□不稳定
损失评估	受威胁人数（人）		受威胁财产（万元）		
观测建议	□定期目视检查	□安装简易观测设施	□地面位移观测	□深部位移观测	
防治建议	□避让 □支挡	□地表排水 □锚固	□地下排水 □灌浆	□削方减载 □种植植被　□压脚	□坡面防护
群测群防员					
斜坡平面及剖面图	平面图		剖面图		

调查＿＿＿＿＿　　填表＿＿＿＿＿　　审核＿＿＿＿＿　　日期：＿＿＿年　＿＿＿月　＿＿＿日

调查单位：

附录 B
地面沉降调查与分析表

统一编号			野外编号		
地理位置					
2000 国家大地坐标系	经度	° ′ ″		高程（m）	
	纬度	° ′ ″			
地质环境特征					
人类活动					
地面沉降特征及成因					
造成的灾害现状及趋势					
防治现状、效果及建议					
备注					
平面位置图					
项目名称					
调查单位				调查时间	
调查人		记录人		审核人	

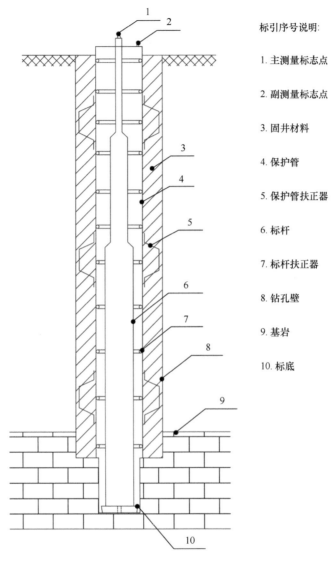

标引序号说明:

1. 主测量标志点

2. 副测量标志点

3. 固井材料

4. 保护管

5. 保护管扶正器

6. 标杆

7. 标杆扶正器

8. 钻孔壁

9. 基岩

10. 标底

附图 B1　基岩标标型结构示意图

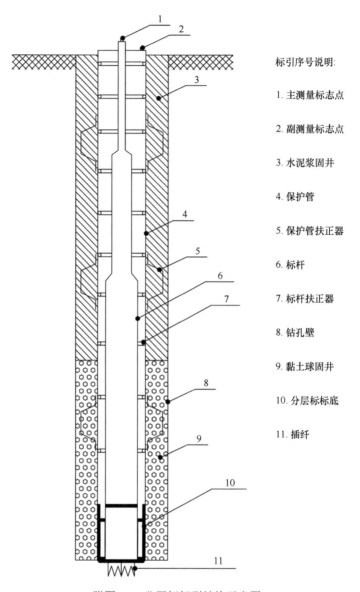

标引序号说明:

1. 主测量标志点

2. 副测量标志点

3. 水泥浆固井

4. 保护管

5. 保护管扶正器

6. 标杆

7. 标杆扶正器

8. 钻孔壁

9. 黏土球固井

10. 分层标标底

11. 插纤

附图 B2 分层标标型结构示意图

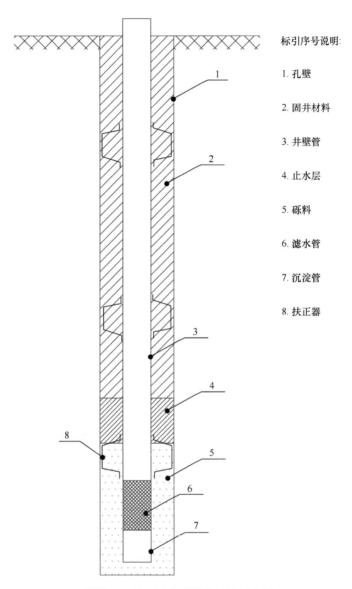

标引序号说明:

1. 孔壁

2. 固井材料

3. 井壁管

4. 止水层

5. 砾料

6. 滤水管

7. 沉淀管

8. 扶正器

附图 B3　地下水位观测孔结构示意图

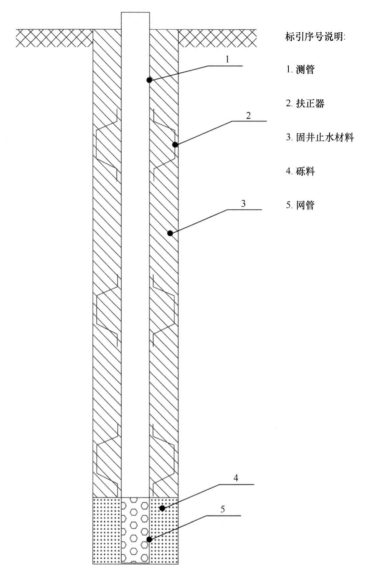

标引序号说明:

1. 测管

2. 扶正器

3. 固井止水材料

4. 砾料

5. 网管

附图 B4   孔隙水压力观测孔结构示意图

附录 C
地裂缝调查与分析表

附表 C1　水准对点监测记录表　　　　（单位：mm）

点号	位置	第一组读数				第二组读数			
		往	返	往	返	往	返	往	返

监测人：　　　　　　　　　监测时间：　　　年　　月　　日

附表 C2　短水准剖面监测记录表　　　　（单位：mm）

剖面	点号	位置	点号					
			第一组读数			第二组读数		

监测人：　　　　　　　　　监测时间：　　　年　　月　　日

附表 C3 地裂缝光纤观测施工记录表

工程名称				工程地点	
				GPS定位	经度：E °′″ 纬度：N °′″
设计长度（m）		挖沟长度（m）		布设长度（m）	
设计深度（m）		挖沟深度（m）		布设深度（m）	
传感器类型					

光纤施工过程（文字或者简图）							
分布式传感光缆布设情况（数量、位置、成活率）							
编号	光缆	头尾标尺记录		布设长度	回路情况	成活断点情况	测试数据记录编号
		孔底（头）	孔口（尾）				

光纤光栅传感器布设情况（数量、位置、成活率）							
编号	传感器	设计位置	布设位置	出厂编号	成活断点情况	布设前后测试数据	
						前	后

施工人： 记录人： 审核人： 填表日期： 年 月 日

附表 C4　地裂缝光纤观测记录表

工程名称		工程地点		
工程名称		GPS 定位	经度：E　　°　′　″ 纬度：N　　°　′　″	
测试人员		填写人		
传感器类型				
布设长度（m）		填写日期		
施工成果图					
分布式传感光缆测试情况（数量、位置、长度、断点）					
编号	光缆	布设长度/m	测试长度/m	回路情况	成活断点情况	测试数据文件名称
光纤光栅传感器测试情况（数量、位置、成活率）					
编号	传感器	布设位置	出厂编号	成活断点情况	测试数据	
					温度补偿波长（nm）	测试波长（nm）

施工人：　　　　　记录人：　　　　　审核人：　　　　　填表日期：　　年　　月　　日

附表 C5　地下水动态监测记录表

县（区）　　　年　　月

井号		地面标高/m				
位置		井口至地面/m				
观测时间			水位	水温（℃）	气温（℃）	天气	观测者	备注
日	时	分	井口测点至水面（m）					
总计								
平均								
工作中的问题意见及要求								

校对　　　　　　　　　月　　　日　　第　　页

附录 D
雪崩调查与分析表

附表 D1 积雪物理特性调查表

日期			时间		记录及观测人	
天气						
下垫面类型	经度（°）		纬度（°）		海拔（m）	
雪深（m）						
分层固定	雪层温度（℃）	雪密度（kg/m³）	液态水含量	剪切强度（Pa）	硬度（Pa）	雪层类型
0～5						
5～10						

附表 D2 雪崩属性调查表

日期			时间		记录及观测人	
天气						
下垫面类型		始发区经度（°）		始发区纬度（°）		始发区海拔（m）
雪崩类型	沟谷/坡面		散状/板状		干/湿	表层/全层
雪崩始发区特征	始发区宽度（m）		雪崩堆积区特征		堆积体长度（m）	
	始发区长（m）				堆积体宽度（m）	
	参考区雪深（m）				堆积体高度（m）	
	参考区雪密度（kg/m³）				堆积体密度（kg/m³）	
雪崩堆积体的成分和特点						
雪崩发生前的天气情景						

编写委员会　主编

国家野外科学观测研究站观测技术规范

第　四　卷

地球物理与地表动力灾害

地　震　灾　害

王兰民　蒲小武　郝　臻　许建东　等

科　学　出　版　社
北　京

内 容 简 介

开展长期的、规范化的科学观测是国家野外科学观测研究站的首要任务，也是获取高质量科学数据和开展联网研究的基础与保障。本系列规范以国家战略需求和长期地球物理与地表动力灾害研究为导向，指出了地球物理与地表动力灾害领域野外站观测技术规范的基本任务与内容，提出了野外站长期观测与专项观测相结合的技术体系，明确了本领域不同类型野外站的观测指标体系、观测技术方法和观测场地建设要求，制定了明确的数据汇交与管理要求，以保证观测数据的长期性、稳定性和可比性，从而推动开展全国和区域尺度的联网观测与研究。本系列规范适用于指导地球物理与地表动力灾害领域国家野外科学观测研究站以及相关行业部门野外站开展观测研究工作。

本系列规范可供地球物理学、空间物理学、天文学、灾害学、水文学、水力学、水土保持学、地貌学、自然地理学、工程地质学等学科领域科研人员开展野外观测研究工作参考使用。

图书在版编目（CIP）数据

国家野外科学观测研究站观测技术规范. 第四卷，地球物理与地表动力灾害 / 编写委员会主编. -- 北京 : 科学出版社，2025.5.
ISBN 978-7-03-081962-8

Ⅰ. N24-65；P3-65；P694-65

中国国家版本馆 CIP 数据核字第 2025DV1099 号

责任编辑：韦 沁 徐诗颖 / 责任校对：何艳萍
责任印制：肖 兴 / 封面设计：北京美光设计制版有限公司

科 学 出 版 社 出版

北京东黄城根北街 16 号
邮政编码：100717
http://www.sciencep.com

北京市金木堂数码科技有限公司印刷
科学出版社发行　各地新华书店经销
*

2025 年 5 月第 一 版　开本：720×1000　1/16
2025 年 5 月第一次印刷　印张：39 1/2
字数：8 000 000

定价：498.00 元（全五册）
（如有印装质量问题，我社负责调换）

"国家野外科学观测研究站观测技术规范"丛书

指导委员会

主　任：张雨东

副主任：兰玉杰　苏　靖

成　员：黄灿宏　王瑞丹　李　哲　刘克佳　石　蕾　徐　波
　　　　李宗洋

科学委员会

主　任：陈宜瑜

成　员（按姓氏笔画排序）：

　　　　于贵瑞　王　赤　王艳芬　朴世龙　朱教君　刘世荣
　　　　刘丛强　孙和平　李晓刚　吴孔明　张小曳　张劲泉
　　　　张福锁　陈维江　周广胜　侯保荣　姚檀栋　秦伯强
　　　　徐明岗　唐华俊　黄　卫　崔　鹏　康世昌　康绍忠
　　　　葛剑平　蒋兴良　傅伯杰　赖远明　魏辅文

编写委员会

主　任：于贵瑞

副主任：葛剑平　何洪林

成　员（按姓氏笔画排序）：

于秀波　马　力　马伟强　马志强　王　凡　王　扬
王　霄　王飞腾　王天明　王兰民　王旭东　王志强
王克林　王君波　王彦林　王艳芬　王铁军　王效科
王辉民　卢红艳　白永飞　朱广伟　朱立平　任　佳
任玉芬　邬光剑　刘文德　刘世荣　刘丛强　刘立波
米湘成　孙晓霞　买买提艾力·买买提依明　苏　文
杜文涛　杜翠薇　李　新　李久乐　李发东　李庆康
李国主　李晓刚　李新荣　杨　鹏　杨朝晖　肖　倩
吴　军　吴俊升　吴通华　辛晓平　宋长春　张　伟
张　琳　张文菊　张达威　张劲泉　张雷明　张锦鹏
陈　石　陈　继　陈　磊　陈洪松　罗为群　周　莉
周广胜　周公旦　周伟奇　周益林　郑　珊　赵秀宽
赵新全　郝晓华　胡国铮　秦伯强　聂　玮　聂永刚
贾路路　夏少霞　高　源　高天明　高连明　高清竹
郭学兵　唐辉明　黄　辉　崔　鹏　康世昌　彭　韬
斯确多吉　　　韩广轩　程学群　谢　平　谭会娟
潘颜霞　戴晓琴

第四卷 地球物理与地表动力灾害
编写委员会

主　任：崔　鹏

副主任：陈　石　刘立波　唐辉明　王兰民　郑粉莉　贾路路
　　　　赵秀宽　周公旦　张国涛

成　员（按姓氏笔画顺序）：
　　　　王　霄　王海刚　卢红艳　任　佳　刘清秉　安张辉
　　　　许建东　李国主　张国栋　郝　臻　蒲小武

地震灾害编写组

王兰民　蒲小武　郝　臻　许建东　姜振海　陈继锋
安张辉　刘白云　秦满忠　李晨桦　苏鹤军　甘卫军
令赟刚　潘章容　石文兵　钟美娇　田　野　张元生
王　平　张卫东　闫万生　陈军营　潘颖凌　柴少峰
夏晓雨　许世阳　卢育霞

序　一

国家野外科学观测研究站作为"分布式野外实验室"，是国家科技创新体系组成部分，也是重要的国家科技创新基地之一。国家野外科学观测研究站面向社会经济和科技发展战略需求，依据我国自然条件与人为活动的地理分布规律进行科学布局，开展野外长期定位观测和科学试验研究，实现理论突破、技术创新和人才培养，通过开放共享服务，为科技创新提供支撑和条件保障。

2005 年，受科技部的委托，我作为"科技部野外科学观测研究站专家组"副组长参与了国家野外科学观测研究站的建设工作，见证了国家野外科学观测研究站的快速发展。截至 2021 年底，我国已建成 167 个国家野外科学观测研究站，在长期基础数据获取、自然现象和规律认知、技术研发应用等方面发挥了重要作用，为国家生态安全、粮食安全、国土安全和装备安全等方面做出了突出贡献，一大批中青年科学家依托国家野外科学观测研究站得以茁壮成长，有力提升了我国野外科学观测研究的国际地位。

通过长期野外定位观测获取科学数据，是国家野外站的重要职能。建立规范化的观测技术体系则是保障野外站获取高质量、长期连续科学数据、开展联网研究的根本。科技部高度重视国家野外站的标准化建设工作，并成立了全国科技平台标准化技术委员会野外科学观测研究标准专家组，启动了国家野外站观测技术规范的研究编制工作。我全程参加了技术规范的高水平专家研讨评审会，欣慰地看到通过不同领域的野外台站站长、一线监测人员和科研人员的共同努力，目前国家野外站五大领域的观测技术规范已经基本编制完成，将以丛书形式分领域出版。

面对国家社会经济发展的科技需求，国家野外站也亟须从顶层设计、基础能力和运行管理等方面，进一步加强体系化建设，才能更有效实现国家重大需求的科技支撑。我相信，"国家野外科学观测研究站观测技术规范"丛书的出版一方面将促进国家野外站管理的规范化，另一方面将有效推动国家野外站观测研究工作的长期稳定发展，并取得更高水平研究成果，更有效地支撑国家重大科技需求。

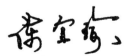

中国科学院院士　陈宜瑜

序 二

当前我国经济已由高速增长阶段转向高质量发展阶段，资源环境约束日渐增大。推动经济社会绿色化、低碳化发展是生态文明建设的核心，是实现高质量发展的关键。依托野外站开展长期观测与研究，推动生态系统与生物多样性、地球物理与地表动力灾害、材料腐蚀降解与基础设施安全等五大领域的学科发展，是支撑国家社会经济高质量发展和助力新质生产力的重要基础性保障。

标准化和规范化的观测技术体系是国家野外站开展协同观测，并获取高质量联网观测数据的前提与基础。国家野外站由来自于不同行业部门的观测站组成，在台站定位、主要任务和领域方向等方面存在不同程度的差异，对野外站规范化协同观测和标准化数据积累的影响日益明显。目前国家野外站存在观测体系不统一、部分野外站类型规范化技术体系缺乏的突出问题，亟须在现有野外站观测技术体系基础上，制定标准化的观测技术规范，以保障国家野外站长期观测和研究的科学性，观测任务实施的统一性与规范性，更有效地服务于国家重大科技需求和学科建设发展。

2021年6月，科技部基础司和国家科技基础条件平台中心启动了国家野外站观测技术规范的研究编制工作，并成立了全国科技平台标准化技术委员会"野外科学观测研究标准专家组"，组织不同领域技术骨干开展野外站观测技术规范的编写工作。两年多来，数百名野外站一线科研人员开展全力协作，围绕技术规范的编制进行了百余次不同规模的研讨和修改。作为野外科学观测研究标准专家组组长，我参与了技术规范编制工作的整个过程，也见证了野外站科研精神的传承，很欣慰地看到一支甘心扎根野外、勇于奉献和致力于野外科学观测研究科技队伍的成长。随着国家野外站五大领域的观测技术规范编制工作的完成，该成果将以丛书形式陆续出版，并将很快开展相应的野外站宣贯工作，从而有效推动国家野外科学观测研究站的规范化建设与运行管理，为更好地发挥国家野外站科技平台作用，助力实现我国高水平科技自立自强提供基础性支撑。

中国科学院院士 于贵瑞

前　　言

地球是人类赖以生存的家园，然而自然灾害的频发与复杂的地球系统动态变化息息相关。固体地球物理、日地空间环境、水力型灾害、重力型灾害和地震灾害等多领域的观测研究，不仅是人类探索地球系统演化规律、理解自然灾害成因和机制的关键基础，而且是服务于国家防灾减灾战略需求、保障社会经济可持续发展的重要支撑。近年来，随着全球气候变化、极端自然事件频发以及人类活动的加剧，自然灾害的发生呈现出更为复杂的态势。这不仅对科学研究提出了更高的要求，也对灾害观测和预警体系建设提出了更大的挑战。

国家野外科学观测研究站作为长期定位观测和科学研究的基础平台，在推动科学认知突破、服务国家重大科技任务以及满足防灾减灾重大需求等方面发挥了不可替代的作用。近年来，我国在固体地球物理、日地空间环境、水力型灾害、重力型灾害及地震灾害等领域已建成一批国家级和省部级野外科学观测研究站。这些站点通过长期监测和科学研究，积累了大量宝贵的数据与经验。然而，观测技术与方法的快速发展，以及不同站点间监测目标和任务的多样性，也带来了数据标准不一、规范化不足等问题，亟须制定系统化、规范化的观测指标体系和技术规范，以实现观测数据的高质量、可比性和共享性，为深入研究灾害成因、演化规律及风险防控提供科学依据。

为此，本系列规范围绕固体地球物理、日地空间环境、水力型灾害、重力型灾害和地震灾害五大领域，系统梳理了相关领域长期科学观测的目标、任务与内容，结合国家不同发展阶段的重大需求，构建了统一的观测指标体系和技术方法，制定了规范化的观测流程与数据管理标准。本系列规范的编写遵循系统性、科学性、先进性和可操作性的原则，充分参考国内外已有技术规范和研究成果，结合我国野外观测研究的实际需求，力求为未来的联网观测与数据共享提供科学指导，支撑国家防灾减灾战略目标的实施。

固体地球物理分册着眼于固体地球物理学的长期定位观测，探索地球系统的动力学过程及其物质组成和演化规律，为能源资源开发和固体地球灾害防控提供科学支撑。

日地空间环境分册聚焦地球空间环境的状态及其变化规律，服务于"子午工程""北斗导航""载人航天"等重大科技任务，为空间活动安全和高技术系统运行提供保障。

水力型灾害分册立足于受全球气候变化和人类活动影响的地表水力型灾害，研究其成因、演化规律及防控策略，为山洪、泥石流、水土流失等灾害的监测预警与防治提供技术支持。

重力型灾害分册针对滑坡、崩塌、地面沉降、雪崩等灾害，构建孕灾环境与成灾机制的观测指标体系，为区域灾害风险评估与防控提供科学依据。

地震灾害分册重点研究强震孕育、地震动效应及次生灾害机理，服务于国家地震安全需求，提升地震灾害风险防控能力。

本系列规范的编写得到了科技部国家科技基础条件平台中心以及各领域专家的支持与指导，凝聚了科研机构、高等院校和相关行业部门的集体智慧。各分册在编写过程中，广泛征求了业内专家意见，经过反复讨论和修改，力求内容科学严谨、体系规范完整。但由于各领域的复杂性和规范化建设的长期性，不可避免地存在不足之处。我们真诚希望在实际应用中得到反馈和建议，以便在后续修订中不断完善，为我国自然灾害观测与科学研究提供更为有力的支撑。

我们相信，本系列规范的发布与推广，将有助于提升我国自然灾害观测研究的科学化、规范化水平，推动灾害风险防控能力的全面提升，为建设安全、韧性、可持续发展的社会提供重要保障。

编 者

2025 年 1 月

目　　录

1 引　言

　　我国是地震多发国家，也是全世界地震灾害最严重的国家之一。自 20 世纪 50 年代以来，我国地震死亡人数占所有自然灾害死亡人数的 57%，为群灾之首。因此，面向服务防灾减灾国家重大战略需求，亟须加强地震灾害的科学观测和联网研究。地震灾害领域国家野外科学观测研究站（简称野外站）的长期科学观测是认识此类灾害长期演变规律、突发成灾机制的重要手段，规范化的观测技术体系是开展长期定位观测研究、预测预报和灾害防控的关键，统一的观测指标体系和技术方法是野外站联网研究和优化布局的根本保证。长期以来，我国已建成了一定数量的地震灾害领域国家野外科学观测研究站，这些野外站在服务地震科学研究和国家地震安全需求方面发挥了重大作用，取得了显著的社会效益；为了进一步适应国家安全战略和防震减灾救灾重大需求，引导激励该类国家野外站拓展服务地震灾害风险防控领域，增设了具备条件的长期和专项观测项目。一方面，本规范可用于指导野外站观测项目建设，规范观测研究、运营、考核等；另一方面，本规范可作为新建地震灾害领域国家野外站的主导标准，指导新选野外站的建设、运营和考核，从而形成布局合理、特色突出、观测规范、研究可比的观测体系，更加有效地支撑防灾减灾救灾"三个转变"和"四个精准"要求的实施，更加有效提升野外站服务国家安全重大需求的能力和水平。

　　本规范首先针对长期地震灾害风险等基木问题，遵循系统性、科学性、先进性和可操作性的原则，以国内外已有地震灾害观测技术规范为基础，系统梳理强震孕育介质动态长期演变、地震灾害形成过程指标之间的逻辑关系，建立了服务地震灾害长期科学目标的观测指标体系；本规范还以国家和地方的地震安全需求为导向，针对国家和地方不同发展阶段的防灾减灾战略目标和重大科技需求，设定了区域地壳孕震信息场、场地地震动效应、断层活动灾害效应、火山活动灾害效应、矿山诱发地震灾害效应、水库诱发地震灾害效应、建（构）筑物与工程地震反应等专项观测任务，系统梳理并补充完善了与各专项观测任务相对应的灾害要素指标，为特定区域地震危险性分析、地震灾害风险评估、监测预警与防控、人居环境与工程安全、经济社会高质量发展提供科学支撑,服务于国家和地方的防灾减灾重大科技目标和任务。

本规范主要包括引言、范围、规范性引用文件、术语与定义、观测任务与内容、长期观测、专项观测、数据质量控制、数据汇交共享和保障措施等 10 个部分。本规范主要起草人:王兰民、蒲小武、郝臻、许建东、姜振海、陈继锋、安张辉、刘白云、秦满忠、李晨桦、苏鹤军、甘卫军、令赟刚、潘章容、石文兵、钟美娇、田野、张元生、王平、张卫东、闫万生、陈军营、潘颖凌、柴少峰、夏晓雨、许世阳、卢育霞。第 1 章、第 2 章由王兰民与郝臻编写;第 3 章由郝臻、蒲小武、陈继锋、姜振海等编写;第 4 章由王兰民、郝臻、蒲小武、陈继锋等编写;第 5 章由王兰民、郝臻、蒲小武等编写;第 6 章由陈继锋(6.1 节、6.6.1 节)、安张辉(6.2 节)、姜振海(6.3 节、6.6.2 节)、潘颖凌(6.4 节)、李晨桦(6.5 节)、郝臻(6.5 节)编写;第 7 章由秦满忠(7.1.1 节)、钟美娇(7.1.2 节)、闫万生(7.1.3 节)、潘颖凌(7.1.4 节)、苏鹤军(7.1.5 节)、安张辉(7.1.6 节)、潘章容(7.2 节、7.4 节)、蒲小武(7.3.1 节、7.3.2 节、7.3.3 节、7.6 节)、柴少峰(7.3.4 节)、许建东(7.5 节)、石文兵(7.7 节)、刘白云(7.8 节)等编写;第 8 章由郝臻、姜振海等编写;第 9 章、第 10 章由郝臻编写。本规范由郝臻与蒲小武统稿、审阅并修改。王兰民、甘卫军、许建东等审阅全稿并提出了修改意见。甘肃省地震局张元生副局长为规范编写做了有效的组织协调工作。中国科学院地理科学与资源研究所崔鹏院士作为地球物理与地表动力灾害编写委员会主任给了充分的指导和建议,中国科学院水利部成都山地灾害与环境研究所周公旦研究员作为本卷编写协调人,有力推动了规范编制过程中的沟通和交流,保障了规范的高标准、高质量完成。

本规范资助项目及单位主要包括科技部四司科技工作委托任务"国家野外站观测技术规范研究"、国家生态科学数据中心(NESDC)以及国家自然科学基金重点项目"黄土地震滑坡成灾机理与风险评估"(U1939209)。

本规范主要由甘肃省地震局(中国地震局兰州地震研究所)、中国地震局地质研究所牵头共同编制,中国地震局工程力学研究所、中国地震局地球物理研究所和已建国家与省部级灾害类野外观测研究站也给予了指导和大力支持。2023 年 3 月接受委托任务后,成立编写组并进行了任务分工、开展前期调研,先后召开线上、线下会议近二十次,历时一年有余,经过反复讨论,明确了地震灾害类野外站观测目标与任务,确定了规范编制的基本原则、编制依据和主要内容。草稿编制完成之后，编写组多次向多个国家野外站和各级领导进行了汇报和交流，广泛征求专家意见和建议，并不断修改完善。

本规范涉及指标体系庞杂，难免存在不妥之处，将在野外实地试用和问题反馈的基础上不断丰富完善。

2 范　围

　　本规范指出了地震灾害领域国家野外科学观测研究站的观测任务与内容，提出了野外站长期观测与专项观测相结合的技术体系，明确了地震灾害类野外站的观测指标体系、观测技术方法和观测场地建设要求，制定了明确的数据汇交与管理要求。

　　本规范适用于地震灾害领域国家野外科学观测研究站以及相关行业部门野外站开展观测研究工作。

3 规范性引用文件

本规范的制定参考了下述规范性文件，文件中的条款通过本规范的引用而成为本规范的条款。凡是标注日期的引用文件，仅所注日期的版本适用于本规范；凡是未标注日期的引用文件，其最新版本（包括所有的修改单）适用于本规范。

GB 17740—2017 地震震级的规定

GB 18306—2015 中国地震动参数区划图

GB 21075—2007 水库诱发地震危险性评价

GB 22021—2008 国家大地测量基本技术规定

GB 50021—2001 岩土工程勘察规范

GB/T 1.1—2020 标准化工作导则 第 1 部分：标准化文件的结构和起草规则

GB/T 12897—2006 国家一、二等水准测量规范

GB/T 17742—2020 中国地震烈度表

GB/T 18207.1—2008 防震减灾术语 第 1 部分：基本术语

GB/T 18207.2—2005 防震减灾术语 第 2 部分：专业术语

GB/T 18314—2024 全球导航卫星系统（GNSS）测量规范

GB/T 19531.1—2004 地震台站观测环境技术要求 第 1 部分：测震

GB/T 19531.2—2004 地震台站观测环境技术要求 第 2 部分：电磁观测

GB/T 19531.3—2004 地震台站观测环境技术要求 第 3 部分：形变观测

GB/T 19531.4—2004 地震台站观测环境技术要求 第 4 部分：地下流体观测

GB/T 20256—2019 国家重力控制测量规范

GB/T 24356—2009 测绘成果质量检查与验收

GB/T 35769—2017 卫星导航定位基准站网服务规范

DB/T 1—2008 地震数据分类与代码 第 1 部分：基本类别

DB/T 2—2003 地震波形数据交换格式

DB/T 3—2011 地震测项分类代码

DB/T 5—2015 地震水准测量规范

DB/T 4—2003 地震台站代码

DB/T 7—2003 地震台站建设规范 重力台站

DB/T 8.1—2003 地震台站建设规范 地形变台站 第 1 部分：洞室地倾斜和地应变台站

DB/T 8.2—2020 地震台站建设规范　地形变台站　第2部分：钻孔地倾斜和地应变台站

DB/T 8.3—2003 地震台站建设规范　地形变台站　第3部分：断层形变台站

DB/T 9—2004 地震台站建设规范　地磁台站

DB/T 10—2016 数字强震动加速度仪

DB/T 11.1—2007 地震数据分类与代码

DB/T 16—2006 地震台站建设规范　测震台站

DB/T 17—2018 地震台站建设规范　强震动台站

DB/T 18.1—2006 地震台站建设规范　地电台站　第1部分：地电阻率台站

DB/T 18.2—2006 地震台站建设规范　地电台站　第2部分：地电场台站

DB/T 19—2020 地震台站建设规范　全球导航卫星系统基准站

DB/T 20.1—2006 地震台站建设规范　地下流体台站　第1部分：水位和水温台站

DB/T 20.2—2006 地震台站建设规范　地下流体台站　第2部分：气氡和气汞台站

DB/T 22—2020 地震观测仪器进网技术要求　地震仪

DB/T 23—2007 地震观测仪器进网技术要求　重力仪

DB/T 29.1—2008 地震观测仪器进网技术要求　地电观测仪　第1部分：直流地电阻率仪

DB/T 29.2—2008 地震观测仪器进网技术要求　地电观测仪　第2部分：地电场仪

DB/T 30.1—2008 地震观测仪器进网技术要求　地磁观测仪　第1部分：磁通门磁力仪

DB/T 30.2—2008 地震观测仪器进网技术要求　地磁观测仪　第2部分：质子矢量磁力仪

DB/T 31.1—2008 地震观测仪器进网技术要求　地壳形变观测仪　第1部分：倾斜仪

DB/T 31.2—2008 地震观测仪器进网技术要求　地壳形变观测仪　第2部分：应变仪

DB/T 32.1—2008 地震观测仪器进网技术要求　地下流体观测仪　第1部分：压力式水位仪

DB/T 32.2—2008 地震观测仪器进网技术要求　地下流体观测仪　第2部分：测温仪

DB/T 32.3—2008 地震观测仪器进网技术要求　地下流体观测仪　第3部分：闪烁测氡仪

DB/T 33.1—2009　地震地电观测方法　地电阻率观测　第 1 部分：单极距观测

DB/T 33.2—2009　地震地电观测方法　地电阻率观测　第 2 部分：多极距观测

DB/T 33.3—2009　地震地电观测方法　地电阻率观测　第 3 部分：大地电磁重复测量

DB/T 34—2009　地震地电观测方法　地电场观测

DB/T 35—2009　地震地电观测方法　电磁扰动观测

DB/T 36—2010　地震台网设计技术要求　地电观测网

DB/T 37—2010　地震台网设计技术要求　地磁观测网

DB/T 38—2010　地震台网设计技术要求　地下流体观测网

DB/T 39—2010　地震台网设计技术要求　重力观测网

DB/T 40.1—2010　地震台网设计技术要求　地壳形变观测网　第 1 部分：固定站形变观测网

DB/T 40.2—2010　地震台网设计技术要求　地壳形变观测网　第 2 部分：流动形变观测网

DB/T 45—2012　地震地壳形变观测方法　地倾斜观测

DB/T 46—2012　地震地壳形变观测方法　洞体应变观测

DB/T 47—2012　地震地壳形变观测方法　跨断层位移测量

DB/T 48—2012　地震地下流体观测方法　井水位观测

DB/T 49—2012　地震地下流体观测方法　井水和泉水温度观测

DB/T 50—2012　地震地下流体观测方法　井水和泉水流量观测

DB/T 51—2012　地震前兆数据库结构　台站观测

DB/T 54—2013　地震地壳形变观测方法　钻孔应变观测

DB/T 60—2015　地震台站建设规范地震烈度速报与预警台站

DB/T 68—2017　地震台站综合防雷

DB/T 98—2024　绝对重力测量规范

JGJ/T 97—2011　工程抗震术语标准

JSGC-01　中国数字测震台网技术规程

Q/GDW 468—2010　红外测温仪、红外热像仪校准规范

GDEILB 007—2014　无人机数字航空摄影测量与遥感外业技术规范

CH 8016—1995　全球定位系统（GPS）测量型接收机检定规程

CHZ 29584—2010　低空数字航空摄影测量内业规范

4　术语与定义

4.1　观测

4.1.1　长期观测

长期观测（long-term observation）指服务于一定科学目的，对某一物理量开展的长时间、定点连续或定期观测。

4.1.2　专项观测

专项观测（special observation）指针对某些特定地震安全需求而在某个特定区域或工程开展的具体类别或某一种地震灾害的观测活动。

4.1.3　观测台阵

观测台阵（observation array）指根据研究目的，在一定研究区域按某一规则布设的一组观测仪器。

4.1.4　观测站

观测站（observation station）指满足技术标准要求，配置观测设备，进行连续观测的场地和设施。

4.1.5　全球导航卫星系统

全球导航卫星系统（global navigation satellite system，GNSS）指采用全球导航卫星无线电技术确定时间和目标空间位置的卫星系统。全球导航卫星系统目前主要包括中国的北斗导航卫星系统（BeiDou navigation satellite system，BDS）、美国的全球定位系统（global positioning system，GPS）、俄罗斯的格洛纳斯导航卫星系统（global navigation satellite system，GLONASS）、欧盟的伽利略导航卫星系统（Galileo navigation satellite system，简称 Galileo 系统）。

[来源：《卫星导航定位基准站网服务规范》（GB/T 35769—2017），3.1，有修改]

4.1.6　GNSS 基准站

GNSS 基准站（GNSS reference station）指对卫星导航信号进行长期连续观测，并通过通信设施将观测数据实时或者定时传送至数据中心的地面固定观测站。

[来源：《全球导航卫星系统（GNSS）测量规范》（GB/T 18314—2024），3.9，有修改]

4.1.7　观测墩

观测墩（observation pier）指安置观测仪器开展测量工作的固定装置。

4.1.8　GNSS 接收机

GNSS 接收机（GNSS receiver）指接收全球导航卫星系统卫星信号，提供伪距、载波相位等原始观测数据，用于高精度定位的 GNSS 终端设备。

4.1.9　地壳孕震介质

地壳孕震介质（seismogenic crustal medium）指地震孕育能够直接影响到物理、化学、力学等参量变化的地壳介质。

4.2　地震工程

4.2.1　抗震设防

抗震设防（seismic precaution）指各类工程结构按照规定的可靠性要求，针对可能遭遇的地震危害性所采取的工程和非工程的防御措施。

[来源：《工程抗震术语标准》（JGJ/T 97—2011）]

4.2.2　地震动

地震动（ground motion）指地震引起的地面运动。

[来源：《防震减灾术语　第 2 部分：专业术语》（GB/T 18207.2—2005）]

4.2.3　地震动参数

地震动参数（ground motion parameter）指表征地震引起的地面运动的物理参数，包括峰值、反应谱和持续时间等。

[来源：《防震减灾术语　第 2 部分：专业术语》（GB/T 18207.2—2005）]

4.2.4　地震动峰值加速度

地震动峰值加速度（peak ground acceleration，PGA）指地震动质点运动加速度的最大绝对值。

[来源：《防震减灾术语　第 2 部分：专业术语》（GB/T 18207.2—2005）]

4.2.5　地震动衰减规律

地震动衰减规律（attenuation law of ground motion）指地震动强度随着震源距或震中距增大而减小的统计关系。

[来源：《防震减灾术语　第 2 部分：专业术语》（GB/T 18207.2—2005）]

4.2.6　地震反应

地震反应（earthquake response）指地震动引起的工程结构内力与变形的动态反应。

[来源：《防震减灾术语　第 2 部分：专业术语》（GB/T 18207.2—2005）]

4.2.7　反应谱

反应谱（response spectrum）指在地震作用下，给定阻尼比的单质点体系的最大相对位移反应、最大相对速度反应或最大绝对加速度反应随质点自振周期变化的曲线。

[来源：《防震减灾术语　第 2 部分：专业术语》（GB/T 18207.2—2005）]

4.2.8　地震动反应谱特征周期

地震动反应谱特征周期（characteristic period of the seismic response spectrum）指地震动加速度反应谱开始下降点的周期。

[来源：《防震减灾术语　第 2 部分：专业术语》（GB/T 18207.2—2005）]

4.3　地震灾害

4.3.1　地震灾害

地震灾害（earthquake disaster）指地震造成的人员伤亡、财产损失、环境和社会功能的破坏。

[来源：《防震减灾术语 第 1 部分：基本术语》（GB/T 18207.1—2008）]

4.3.2 地震动效应

地震动效应（ground motion effect）指地震波传播时地面震动所产生的影响，如房屋因震动而破坏倒塌、震动引起的次生灾害等。

4.3.3 地震危险性

地震危险性（seismic hazard）指某一区域或场址可能遭遇的地震作用的潜势。

[来源：《工程抗震术语标准》（JGJ/T 97—2011）]

4.3.4 地震岩土灾害

地震岩土灾害（earthquake geotechnical disaster）指由地震诱发的滑坡、崩塌、场地液化、震陷等岩土体变形、失稳、失效、滑动等破坏现象。

4.3.5 地震滑坡

地震滑坡（earthquake-caused landslide）指地震动引起的岩体或土体沿倾斜面滑移的现象。

[来源：《防震减灾术语 第 2 部分：专业术语》（GB/T 18207.2—2005）]

4.3.6 液化

液化（liquefaction）指地震时土体由固态变为流态的现象。

[来源：《工程抗震术语标准》（JGJ/T 97—2011）]

4.3.7 震陷

震陷（subsidence due to earthquake）指在强烈地震作用下，由于土层加密、变形、液化和侧向扩张等导致工程结构或地面产生的下沉。

[来源：《工程抗震术语标准》（JGJ/T 97—2011）]

5 观测任务与内容

5.1 目标任务

本规范制定的基本原则是坚持目标导向,基于目标确定观测内容和观测指标。

1）长期科学目标:针对长期地震灾害风险等基本问题,揭示强震孕育介质动态长期演变规律,探索地震灾害形成机制及其预测预警预防新方法,为促进防震减灾事业发展和抗震韧性城乡建设提供科学依据。具体包括以下两个方面:

① 通过在固定站点架设观测设备开展多种地球物理场和地球化学场的长期连续观测,揭示强震孕育介质特性动态长期演变规律;

② 通过典型区域地震发生和传播过程中地震动场的观测,探索地震灾害形成机制及其预测预警预防方法,评估地震灾害长期风险及其动态演化、地震破坏范围与程度、地震灾害损失等。

2）国家和地方阶段性防灾减灾需求:针对某特定区域、工程场地、建筑与工程等开展天然地震、诱发地震、断层与火山活动灾害效应观测;开展地震灾害观测新方法、新技术、新设备试验研究,满足国家和地方阶段性防灾减灾需求。宜包含:

① 区域地震危险性评价;

② 区域地震灾害风险评估;

③ 断层活动灾害效应评价;

④ 火山活动灾害效应评价;

⑤ 典型场地地震动效应评价;

⑥ 建（构）筑物与工程抗震设防地震动参数科学性检验。

3）长期科学目标期坚持不变,为各站必选项;国家和地方阶段性防灾减灾需求各观测站应根据自身条件确定适宜的观测内容,为可选项。

5.2 观测内容

5.2.1 长期观测内容

1）长期观测应包含地震动、电磁、重力、形变、地下流体观测。

2）地震动观测应包括测震、强震动和地震烈度观测项目。

3）电磁观测应包括地磁场、地电阻率、地电场、电磁扰动观测项目。

4）重力观测应包括相对重力观测项目。

5）形变观测应包括地应变、地倾斜、GNSS 等观测项目。

6）地下流体观测应包含水位、水温、水氡、流量观测项目。

5.2.2　专项观测内容

1）各野外站可根据自身条件、国家和地方的防灾减灾需求，以服务于区域地震危险性评价、地震灾害风险评估为目标，根据灾害危险源和承灾体差异可设置以下八大类专项观测内容：

① 区域地壳介质孕震信息场观测；

② 场地地震动效应观测；

③ 岩土地震灾害观测；

④ 断层活动灾害效应观测；

⑤ 火山活动灾害效应观测；

⑥ 矿山诱发地震灾害效应观测；

⑦ 水库诱发地震灾害效应观测；

⑧ 建（构）筑物与工程地震反应观测。

2）区域地壳介质孕震信息场观测，宜包含区域的地壳介质波速场、地表温度场、重力场、地磁场、大地电磁场、构造地球化学场观测，以获取区域地震危险性信息。

3）场地地震动效应观测应开展地形地貌地震动效应和厚覆盖层地震动效应观测，可开展盆地地震动效应观测。

4）岩土地震灾害观测可开展地震滑坡、场地地震液化和场地震陷观测。

5）断层活动灾害效应观测可开展断层形变和近断层地震动效应观测。

6）火山活动灾害效应观测可开展火山地震、火山形变、火山气体观测。

7）矿山诱发地震灾害效应观测可开展矿山形变和矿山地震观测。

8）水库诱发地震灾害效应观测应开展水库地震和库坝地震反应观测。

9）建（构）筑与工程地震反应观测可开展建（构）筑物、高速铁路、油气管线、大型桥梁、电力设施、文物地震反应观测。

6 长 期 观 测

6.1 地震动观测

6.1.1 观测指标

地震动观测指标见表1。

表1 地震动观测指标

观测内容	观测项目	观测指标	观测设备	观测频度	测值单位
地震动观测	测震	地震动速度	地震仪	连续观测	m/s
	强震动	地震动加速度	强震仪	连续观测	m/s^2
	地震烈度	地震动加速度	烈度仪	连续观测	m/s^2

6.1.2 观测系统组成与设置

6.1.2.1 测震

1）观测系统应包含地震仪（有数据采集功能）或地震计、数据采集器、卫星定位−授时系统、通信系统、不间断电源（uninterrupted power supply，UPS）供电系统，系统组成见图1。

图1 测震观测系统示意图

SDH. 同步数字体系，synchronous digital hierarchy

2）观测环境应符合《地震台站观测环境技术要求 第 1 部分：测震》（GB/T 19531.1—2004）。

3）台站建设应符合《地震台站建设规范 测震台站》（DB/T 16—2016）。

4）观测仪器应符合《地震观测仪器进网技术要求 地震仪》（DB/T 22—2020）。

6.1.2.2 强震动

1）观测系统应包含强震仪（有数据采集功能）或加速度计、数据采集器、卫星定位–授时系统、通信系统、供电系统等，系统组成见图2。

图 2 强震动观测系统组成示意图

2）观测环境应符合《地震台站观测环境技术要求 第 1 部分：测震》（GB/T 19531.1—2004）。

3）台站建设应符合《地震台站建设规范 强震动台站》（DB/T 17—2018）。

4）观测仪器应符合《地震观测仪器进网技术要求 地震仪》（DB/T 22—2020）。

6.1.2.3 地震烈度

1）观测系统应包含烈度计、通信系统、供电系统等，系统组成见图3。

图 3 地震烈度观测系统组成示意图

2）观测环境应符合《地震台站建设规范地震烈度速报与预警台站》（DB/T 60—2015）。

3）台站建设应符合《地震台站建设规范 强震动台站》（DB/T 17—2018）。

4）观测仪器应符合《地震观测仪器进网技术要求 地震仪》（DB/T 22—2020）。

6.1.3 观测技术方法

6.1.3.1 测震

1）测震台站观测的物理量为地面运动速度，应采取连续自动观测方式，波形数据的采样率应不低于 100 Hz，宜采用卫星系统提供授时。

2）应根据观测到的地震事件波形自动测定和人工校核确定地震时间、空间、强度等物理量，包括发震时刻、震中经纬度、震源深度和震级等参数，方法如下：

① 应采用多台测定发震时刻并给出误差。发震日期采用公历日期，格式为 YYYY/MM/DD；发震时刻采用北京时间小时、分钟、秒，格式为 HH：MM：SS.S。

② 应优先选取近台和布局合理的地震台站震相到时资料，震中经纬度正负符号采用东经和北纬为正，西经和南纬为负，单位为度（°），数据应至少保留到小数点后两位。

③ 天然地震事件的震源深度值可采用发震时刻、震中经纬度等参数联合反演求解，或使用深度震相等方法单独反演获得，反演深度不稳定时也可用历史统计值确定震源深度，其值不应为 0 或空值。非天然地震的深度值应为空值或固定深度为 0 km，震源深度的单位为千米（km），数据应保留到个位。

④ 震级应符合《地震震级的规定》（GB 17740—2017）的规定，测定各类震级并给出相应的发布震级，测定的震级应采用多台平均值，结果保留到小数点后一位。

6.1.3.2 强震动

1）强震动观测的物理量为地面运动加速度，宜采取连续自动观测方式，波形数据的采样率不低于 100 Hz，宜采用卫星系统提供定位和授时服务。

2）应根据观测到的地震事件波形自动测定或人工处理来测定最大加速度峰值、仪器烈度、地震烈度。

3）应根据《中国地震烈度表》（GB/T 17742—2020）进行格式转换、基线校正等常规数据处理，再采用以下方法计算仪器烈度值：

① 按照式（6.1）和式（6.2）计算三分向合成的加速度记录和速度记录。

$$a(t_i) = \sqrt{a^2(t_i)_{\mathrm{E-W}} + a^2(t_i)_{\mathrm{N-S}} + a^2(t_i)_{\mathrm{U-D}}} \qquad (6.1)$$

$$v(t_i) = \sqrt{v^2(t_i)_{\mathrm{E-W}} + v^2(t_i)_{\mathrm{N-S}} + v^2(t_i)_{\mathrm{U-D}}} \qquad (6.2)$$

式中，$a(t_i)$、$v(t_i)$ 分别为 t_i 时刻合成的加速度和速度；下标 E–W、N–S 和 N–D 分别代表东西向、南北向和垂直向。

② 根据式（6.3）和式（6.4）计算地震动峰值加速度（PGA）和地震动峰值速度（peak ground velocity，PGV）。

$$PGA = \max\left[a\left(t_i\right)\right] \tag{6.3}$$

$$PGV = \max\left[v\left(t_i\right)\right] \tag{6.4}$$

③ 按式（6.5）和式（6.6）计算应用 PGA 得到的地震烈度计算值（I_A）和应用 PGV 得到的地震烈度计算值（I_V）。

$$I_A = 3.17\log_{10}\left(PGA\right) + 6.59 \tag{6.5}$$

$$I_V = 3.00\log_{10}\left(PGV\right) + 9.77 \tag{6.6}$$

④ 根据《中国地震烈度表》（GB/T 17742—2020）中地震烈度与地震烈度计算值（I_I）的对应关系，计算地震烈度值。

⑤ 按式（6.7）计算地震烈度计算值 I_I，结果可取小数点后一位有效数字，I_I 小于 1.0 时取 1.0，I_I 大于 12.0 取 12.0。

$$I_I = \begin{cases} I_V, & I_A > 6.0\text{且}I_V > 6.0 \\ \left(I_A + I_V\right)/2, & I_A < 6.0\text{或}I_V < 6.0 \end{cases} \tag{6.7}$$

6.1.3.3 地震烈度

1）地震烈度观测的物理量为地面运动加速度，宜采取自动连续观测方式，波形数据的采样率不低于 100 Hz，宜采用卫星定位系统提供定位和授时服务。

2）根据观测到的地震事件波形自动测定或人工处理来测定最大加速度峰值并自动换算为仪器地震烈度。

6.2 电磁观测

6.2.1 观测指标

电磁观测指标见表 2。

表 2　电磁观测指标

观测内容	观测项目	观测指标	观测设备	观测频度	测值单位
地电观测	地电阻率	电阻率	地电阻率仪	连续观测	Ω·m
	地电场	地电场	电场仪	连续观测	mV/km
	电磁扰动	地电场	电磁扰动仪	连续观测	mV/km
		地磁场		连续观测	nT
地磁观测	地磁相对观测	磁偏角（D），水平分量（H）、垂直分量（Z），温度（T_c）	绝对地磁仪	连续观测	', nT, ℃
	地磁绝对观测	地磁场总强度（F），磁偏角（D）、磁倾角（I）	相对地磁仪	定期观测	NT, '

6.2.2 观测系统设置与组成

6.2.2.1 地电阻率

1）地电阻率观测系统由观测装置、测量仪器和检定系统组成，系统组成见图4。

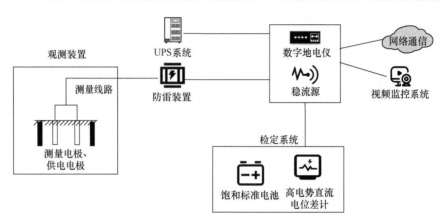

图4 地电阻率观测系统组成示意图

2）观测环境应符合《地震台站观测环境技术要求 第2部分：电磁观测》（GB/T 19531.2—2004）。

3）台站建设应符合《地震台站建设规范 地电台站 第1部分：地电阻率台站》（DB/T 18.1—2006）和《地震地电场观测方法 地电阻率观测 第1部分：单极距观测》（DB/T 33.1—2009）。

4）观测装置应由电极、测量线路、配线箱组成，布设方式应符合《地震地电观测方法 地电阻率观测 第1部分：单极距观测》（DB/T 33.1—2009）。

5）观测仪器宜包含数字地电仪和稳流源，应符合《地震观测仪器进网技术要求地电观测仪 第1部分：直流地电阻率仪》（DB/T 29.1—2008）。

6）检定系统宜采用高电势直流电位差计，配备饱和标准电池，应具备不低于0.01级的电压标准。

6.2.2.2 地电场

1）地电场观测系统由观测装置、测量仪器和检定设备组成，系统组成见图5。

2）观测环境应符合《地震台站观测环境技术要求 第2部分：电磁观测》（GB/T 19531.2—2004）。

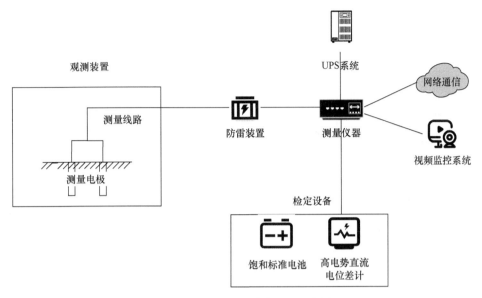

图 5　地电场观测系统组成示意图

3）台站建设应符合《地震台站建设规范　地电台站　第 2 部分：地电场台站》（DB/T 18.2—2006）和《地震地电场观测方法　地电场观测》（DB/T 34—2009）等。

4）观测装置应包括测量线路和测量电极，布设方式应符合《地震地电观测方法地电场观测》（DB/T 34—2009）。

5）观测仪器应符合《地震观测仪器进网技术要求　地电观测仪　第 2 部分：地电场仪》（DB/T 29.2—2008）。

6）检定设备宜采用高电势直流电位差计，配备饱和标准电池，应具备不低于0.01 级的电压标准。

6.2.2.3　电磁扰动

1）电磁扰动观测系统由观测装置、测量系统和检查系统组成，系统组成见图 6。

2）观测环境应符合《地震台站观测环境技术要求　第 2 部分：电磁观测》（GB/T 19531.2—2004）。

3）台站建设应符合《地震地电观测方法　电磁扰动观测》（DB/T 35—2009）。

4）观测装置应由电极、磁传感器、测量线路组成，布设方式应符合《地震地电观测方法　电磁扰动观测》（DB/T 35—2009）。

5）观测仪器应符合《地震观测仪器进网技术要求　地电观测仪　第 3 部分：电磁扰动仪》（DB/T 29.3—2008）。

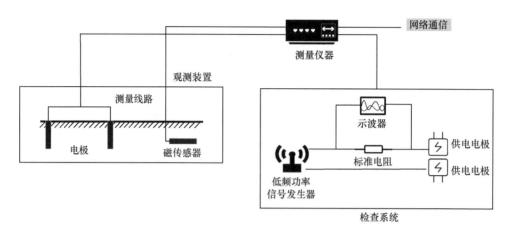

图6　电磁扰动观测系统组成示意图

6）检查系统应由低频功率信号发生器、标准电阻、示波器、供电电极和供电线组成。

6.2.2.4　地磁

1）地磁观测系统由绝对观测室、相对记录室、数据采集器、供电系统、数据处理和网络通信系统组成，系统组成见图7。

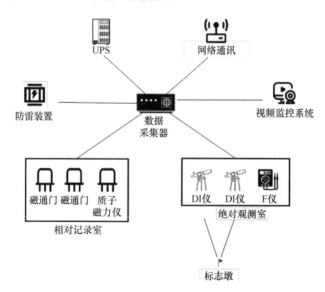

图7　地磁观测系统示意图

2）观测环境应符合《地震台站观测环境技术要求　第2部分：电磁观测》（GB/T 19531.2—2004）。

3）台站建设应符合《地震台站建设规范　地磁台站》（DB/T 9—2004）。

4）观测仪器应包含磁通门经纬仪、磁通门磁力仪、质子矢量磁力仪，应符合《地震观测仪器进网技术要求　地磁观测仪　第 1 部分：磁通门磁力仪》（DB/T 30.1—2008）和《地震观测仪器进网技术要求　地磁观测仪　第 2 部分：质子矢量磁力仪》（DB/T 30.2—2008）。

6.2.3　观测技术方法

6.2.3.1　地电阻率

1）地电阻率观测物理量为地下某一特定探测区内介质视电阻率，利用地电阻率观测系统通过供电极向大地提供直流电流并在大地中产生稳定人工电场，利用供电电流、装置系数以及测量电极人工电位差计算地电阻率，获取观测介质电性结构及其随时间变化。

2）应采取定时自动观测方式，每小时观测一次，产出地电阻率、相对均方根误差和自然电位数据。

6.2.3.2　地电场

1）地电场观测的物理量为地表固体不极化电极对之间的电场强度，利用地电场观测系统，通过测量电极对之间的电位差以及电极距，获取地电场强度（大地电场和自然电场）及其随时间的变化。

2）应采取连续自动观测方式，数据产出率不低于 1 次/min，产出电场强度数据。

6.2.3.3　电磁扰动

1）电磁扰动观测的物理量为地表电场强度和磁场强度，利用电磁扰动观测系统，在指定频段内测量地表电场、磁场的强度随时间的变化以及发生的电磁事件。

2）应采取连续自动观测方式，数据产出率不低于 1 次/min（事件采样率 50 Hz），产出电场强度数据、磁场强度数据。

6.2.3.4　地磁

1）应采用自动连续观测地磁偏角（D）、地磁水平分量（H）和地磁垂直分量（Z）的相对变化，或定期观测地磁偏角（D）、地磁倾角（I）和地磁总强度（F）的绝对值，角度单位为分（′），强度单位为 nT。

2）数据处理及通信系统应及时完成基线值、分钟值、时均值、日均值计算等数据处理、传输。

3）相对观测数据的采样率不低于 1 Hz，绝对观测一周不少于两次，每次观测取得两组有效观测数据。

6.3 形变观测

6.3.1 观测指标

形变观测指标见表3。

表3 形变观测指标

观测内容	观测项目	观测指标	观测设备	观测频度	测值单位
形变观测	地倾斜	倾角	倾斜仪	连续观测	″
	地应变	应变	应变仪	连续观测	无量纲
	GNSS	伪距	GNSS 接收机	连续观测	mm
	水准测量	高差	水准仪	间歇观测	mm
	基线测量	距离	测距仪	间歇观测	mm

6.3.2 观测系统组成与设置

6.3.2.1 水管倾斜

1）观测系统由钵体、浮子、连通管、探头、前置放大器、仪置主机、数据采集器、标定系统组成，系统组成见图8。

2）应配置网络通信系统、UPS 供电系统等辅助设备。

3）观测环境应符合《地震台站观测环境技术要求 第3部分：形变观测》（GB/T 19531.3—2004）。

4）台站建设应符合《地震台站建设规范 地形变台站 第1部分：洞室地倾斜和地应变台站》（DB/T 8.1—2003）和《地震台站建设规范 地形变台站 第2部分：钻孔地倾斜和地应变台站》（DB/T 8.2—2020）。

5）观测装置布设方式应符合《地震地壳形变观测方法 地倾斜观测》（DB/T 45—2012）。

6）观测仪器应符合《地震观测仪器进网技术要求 地壳形变观测仪 第1部分：倾斜仪》（DB/T 31.1—2008）。

7）标定系统宜采用内部充满水的标定筒和通过螺旋机构可以上下运动的标定棒组成。

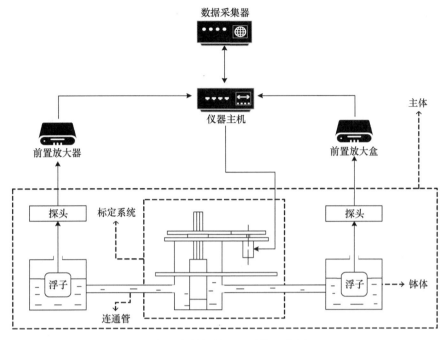

图 8　水管倾斜观测系统示意图

6.3.2.2　摆式倾斜

1）观测系统应包含摆体、前置放大器、仪器主机、数据采集器、标定系统，系统组成见图 9。

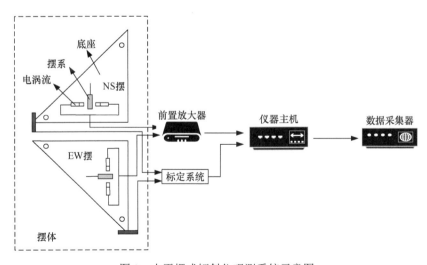

图 9　水平摆式倾斜仪观测系统示意图

2）应配置通信系统、UPS 供电系统等辅助设备。

3）观测环境应符合《地震台站观测环境技术要求　第 3 部分：形变观测》（GB/T 19531.3—2004）。

4）台站建设应符合《地震台站建设规范　地形变台站　第 1 部分：洞室地倾斜和地应变台站》（DB/T 8.1—2003）。

5）观测装置布设方式应符合《地震地壳形变观测方法　地倾斜观测》（DB/T 45—2012）。

6）观测仪器应符合《地震观测仪器进网技术要求　地壳形变观测仪　第 1 部分：倾斜仪》（DB/T 31.1—2008）。

7）标定系统由水银、水银杯、水银胀盒、软尼龙管、转梁、变速箱、平衡锤组成。

6.3.2.3　洞体应变

1）观测系统由基线、检测头、前置放大器、数据采集器、仪器主机、标定系统组成，系统组成见图 10。

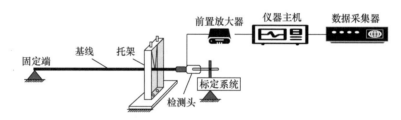

图 10　洞体应变观测系统示意图

2）应配置网络通信系统、UPS 供电系统等辅助设备。

3）观测环境应符合《地震台站观测环境技术要求　第 3 部分：形变观测》（GB/T 19531.3—2004）。

4）台站建设应符合《地震台站建设规范　地形变台站　第 1 部分：洞室地倾斜和地应变台站》（DB/T 8.1—2003）。

5）观测装置布设方式应符合《地震地壳形变观测方法　洞体应变观测》（DB/T 46—2012）。

6）观测仪器应符合《地震观测仪器进网技术要求　地壳形变观测仪　第 2 部分：应变仪》（DB/T 31.2—2008）。

7）标定系统可由步进电机、斜楔块、滑块和底座组成。

6.3.2.4　钻孔应变

1）观测系统由探头、仪器主机、数据采集器、防雷隔离电源、水位传感器、气压传感器组成，系统组成见图 11。

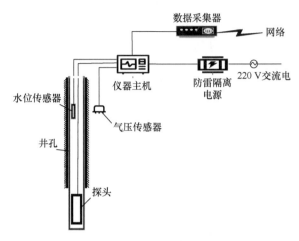

图 11　钻孔应变观测系统示意图

2）应配置网络通信系统、UPS 供电系统等辅助设备。

3）观测环境应符合《地震台站观测环境技术要求　第 3 部分：形变观测》（GB/T 19531.3—2004）。

4）台站建设应符合《地震台站建设规范　地形变台站　第 2 部分：钻孔地倾斜和地应变台站》（DB/T 8.2—2020）。

5）观测钻孔应符合《地震地壳形变观测方法　钻孔应变观测》（DB/T 54—2013）。

6）观测仪器应符合《地震观测仪器进网技术要求　地壳形变观测仪　第 2 部分：应变仪》（DB/T 31.2—2008）。

6.3.2.5　GNSS

1）观测系统由 GNSS 接收机、GNSS 天线、通信系统、供电系统、台站监控系统、防雷装置等组成，系统组成见图 12。

2）GNSS 站网布设应符合以下要求：

① 观测站应均匀地布设在主要构造块体，重要地震活动构造带应加密布设；

② 观测站应建设在稳固的基岩上，在无稳固基岩的地区，可按特殊标准建立在稳固的非基岩地层上；

③ 观测站应具有开阔的卫星净空环视，尽可能避免或减少建筑物、山体和树木对 15°以上四周环视的遮挡；

④ 观测站应具备正常运行条件，具有良好的数据传输条件、运维监控条件。

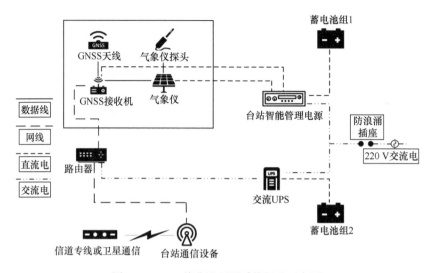

图 12　GNSS 基准站观测系统组成示意图

3）观测环境应符合《地震台站建设规范　全球导航卫星系统基准站》（DB/T 19—2020）和《岩土工程勘察规范》（GB 50021—2001）。

4）台站建设应符合《地震台站建设规范　全球导航卫星系统基准站》（DB/T 19—2020）和《地震台站综合防雷》（DB/T 68—2017）。

5）观测仪器应符合《全球定位系统（GPS）测量型接收机检定规程》（CH 8016—1995）、《国家大地测量基本技术规定》（GB 22021—2008）、《地壳运动监测技术规程》（地壳运动监测工程研究中心，2014）。

6.3.3　观测技术方法

6.3.3.1　地倾斜

1）地倾斜的观测对象是观测点地平面垂线与法线之间的夹角随时间的变化，单位为秒（″），具有大小和方向。

2）水管倾斜通过对仪器基线两端点间受地壳运动作用产生高差变化的观测，确定地面倾斜的变化。

3）摆式倾斜通过对仪器摆锤受重力及地壳运动作用产生位移（或偏转）的观测，确定地面倾斜的变化。

4）观测要求：

① 分辨力应优于 0.0002″；

② 固体潮频段的最大允许误差 MPE=0.003″；

③ 数据吐出率不低于 1 次/min；

④ 观测资料应能长期、连续、清晰地记录固体潮汐；

⑤ 在水库、河流、湖泊、海洋附近进行观测时，宜增设库、河、湖、海等的水位辅助观测，或收集主要干扰源的水位变化数据序列；

⑥ 当观测站附近有抽（注）水井工作时，应建立抽（注）水记录，有条件时宜观测抽水井抽水时的地下水位变化量。

6.3.3.2　地应变

1）洞体应变观测物理量为线应变，在水平洞体内对两点间距离的伸缩（线应变）随时间的变化进行连续观测。

2）洞体应变观测要求：

① 分辨力不大于 5×10^{-10}；

② 固体潮频段的最大允许误差应不大于 8×10^{-9}；

③ 测量范围应不小于 5×10^{-6}，可具备扩展量程；

④ 数据吐出率不低于 1 次/min；

⑤ 观测资料应能长期、连续、清晰地记录固体潮汐；

⑥ 在水库、河流、湖泊附近进行观测时，宜增设水库、河流、湖泊水位变化的观测，在沿海观测时，应收集测点附近验潮站的观测数据；

⑦ 当观测站附近有抽（注）水井工作时，应建立抽（注）水记录，有条件时宜记录地下水位变化量。

3）钻孔应变观测钻孔内应变随时间的相对变化，分为体应变观测和分量应变观测。

4）钻孔体应变观测钻孔中体积应变变化，分量钻孔应变用四个对称布设的元件观测钻孔内相应方向的水平应变状态变化。

5）钻孔应变观测要求：

① 分辨力应优于 5×10^{-9}；

② 固体潮频段的最大允许误差应不大于 8×10^{-9}；

③ 数据吐出率不低于 1 次/min；

④ 观测资料应能长期、连续、清晰地记录固体潮汐，固体潮 M_2 波月潮汐因子相对误差应不大于 0.05；

⑤ 在水库、河流、湖泊、海洋附近进行观测时，宜增设库、河、湖、海等的水位辅助观测，或收集主要干扰源的数据序列；

⑥ 当观测站附近有水井抽（注）水工作时，应建立抽（注）水记录，有条件时宜记录地下水位变化量。

6.3.3.3　GNSS

1）GNSS 观测物理量为 GNSS 接收机天线相位中心到 GNSS 卫星的伪距和

载波相位,观测方式为定点连续自动观测。单个观测站精确位置随时间的变化(坐标变化时间序列)可由单个站的观测数据会同区域或全球 GNSS 参考站数据计算得到。观测站间的几何关系及其随时间的相对变化应由多个 GNSS 观测站的同步观测结果计算得到。

2)采样间隔为 30 s、1 s 的日常观测数据应通过通信信道实时传输至数据中心;在特殊情况下(如发生地震或震情紧张时),经远程人工触发,将 0.02 s 的 GNSS 观测数据传输至数据处理中心。

3)采样间隔为 30 s 的气温(℃)、相对湿度(%)和气压(hPa)数据,通过通信信道实时传输至数据中心。

6.4 重力观测

6.4.1 观测指标

重力观测指标见表 4。

表 4 重力观测指标

观测内容	观测项目	观测指标	观测设备	观测频度	测值单位
重力观测	相对重力	重力加速度	相对重力仪	连续观测	m/s^2

6.4.2 观测系统组成与设置

1)重力观测系统由重力仪、电子箱、网络数据采集控制器、GPS 天线、UPS、网络通信系统组成,系统组成见图 13。

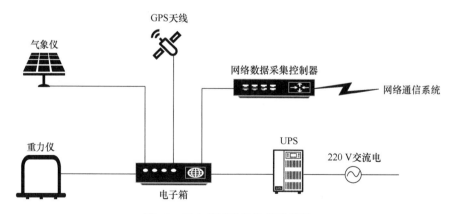

图 13 重力观测系统组成示意图

2）观测环境应符合《地震台站观测环境技术要求 第 3 部分：形变观测》（GB/T 19531.3—2004）。

3）台站建设应符合《地震台站建设规范 重力台站》（DB/T 7—2003）。

4）观测平台可选用基岩、专用水泥标石、固定建筑物或其他观测平台等形式中的一种。

5）观测仪器应符合《地震观测仪器进网技术要求 重力仪》（DB/T 23—2007）。

6.4.3 观测技术方法

1）相对重力观测量为测点的重力加速度随时间的变化。有两种观测类型，一种观测对象是地球重力场的潮汐变化及非潮汐变化；另一种观测对象是地球重力场中的潮汐变化及长周期变化。

2）重力观测要求如下，

① 分辨力：$\leqslant 1 \times 10^{-8}\,m/s^2$。

② 重复性标准差：$\leqslant 5 \times 10^{-8}\,m/s^2$。

③ 采样率：不低于 1 次/min。

④ 应能长期、连续、清晰地记录固体潮汐，月尺度资料分析的 M_2 波月潮幅因子标准偏差应不大于 0.005。

⑤ 带有恒温装置的重力仪，其内恒温的控温精度应优于 0.01 ℃；温控区域温度变化的绝对值应不大于 0.1 ℃。

6.5 地下流体观测

6.5.1 观测指标

地下流体观测指标见表 5。

表 5 地下流体观测指标

观测内容	观测项目	观测指标	观测设备	观测频度	测值单位
地下流体	水位	水位埋深	水位仪	连续观测	mm
	水温	水温度	水温仪	连续观测	℃
	水氡	氡浓度	测氡仪	定期观测	Bg/L
	流量	水流量	流量仪	连续观测	L/s

6.5.2 观测系统组成与设置

6.5.2.1 水位

1）观测系统由水位传感器、数据采集装置、UPS 和网络通信系统组成，水位传感器可选用浮子式或压力式，系统组成见图 14。

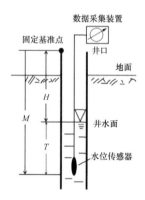

图 14 井水位观测系统示意图

2）观测环境应符合《地震台站观测环境技术要求 第 4 部分：地下流体观测》（GB/T 19531.4—2004）。

3）台站建设应符合《地震台站建设规范 地下流体台站 第 1 部分：水位和水温台站》（DB/T 20.1—2006）。

4）观测井应符合《地震地下流体观测方法 井水位观测》（DB/T 48—2012）。

5）观测仪器应符合《地震观测仪器进网技术要求 地下流体观测仪 第 1 部分：压力式水位仪》（DB/T 32.1—2008）。

6.5.2.2 水温

1）观测系统由水温探头、数据采集装置、UPS 和网络通信系统组成，系统组成见图 15。

2）观测环境应符合《地震台站观测环境技术要求 第 4 部分：地下流体观测》（GB/T 19531.4—2004）。

3）台站建设应符合《地震台站建设规范 地下流体台站 第 1 部分：水位和水温台站》（DB/T 20.1—2006）。

4）观测井应符合《地震地下流体观测方法 井水和泉水温度观测》（DB/T 49—2012）。

5）观测仪器应符合《地震观测仪器进网技术要求 地下流体观测仪 第 2 部分：测温仪》（DB/T 32.2—2008）。

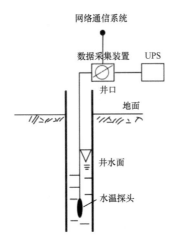

图 15　水温观测系统示意图

6.5.2.3　水氡

1）观测系统由水气分离装置、水氡仪、标定系统、供电系统、网络通信系统组成，系统组成见图 16。

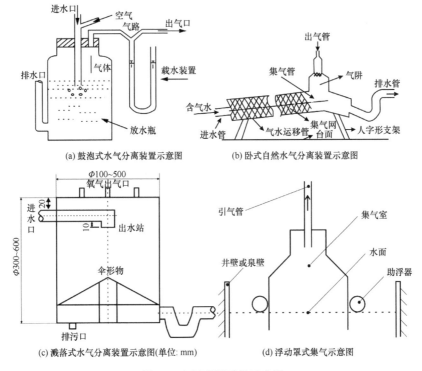

(a) 鼓泡式水气分离装置示意图　　(b) 卧式自然水气分离装置示意图

(c) 溅落式水气分离装置示意图(单位: mm)　　(d) 浮动罩式集气示意图

图 16　水氡观测系统示意图

2）观测环境应符合《地震台站观测环境技术要求 第4部分：地下流体观测》（GB/T 19531.4—2004）。

3）台站建设应符合《地震台站建设规范 地下流体台站 第2部分：气氡和气汞台站》（DB/T 20.2—2006）。

4）脱气装置应符合《地震台站建设规范 地下流体台站 第2部分：气氡和气汞台站》（DB/T 20.2—2006）中5.2条。

5）观测仪器应符合《地震观测仪器进网技术要求 地下流体观测仪 第3部分：闪烁测氡仪》（DB/T 32.3—2008）。

6.5.2.4 流量

1）观测系统由汇水管与导流装置组成，分为观测井流量装置与观测泉流量装置，系统组成见图17。

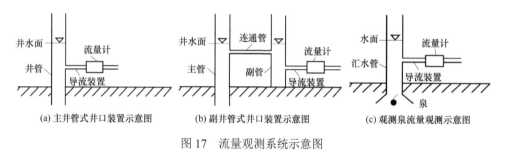

(a) 主井管式井口装置示意图　　(b) 副井管式井口装置示意图　　(c) 观测泉流量观测示意图

图17 流量观测系统示意图

2）观测环境应符合《地震台站观测环境技术要求 第4部分：地下流体观测》（GB/T 19531.4—2004）。

3）台站建设应符合《地震台站建设规范 地下流体台站 第1部分：水位和水温台站》（DB/T 20.1—2006）。

4）观测设施应符合《地震地下流体观测方法 井水和泉水流量观测》（DB/T 50—2012）。

5）观测仪器可采用堰式流量计、电磁流量计、涡轮流量计。

6.5.3 观测技术方法

6.5.3.1 水位

1）水位观测对象是承压水井中水面相对于基准面垂直距离随时间的变化。在固定观测点（井）上使用专用观测仪器，按照规定的观测技术要求，连续测量井水位随时间的变化，产出观测数据，获取与地震相关的信息。

2）水位观测数据包括原始数据和产出数据，应符合《地震地下流体观测方法　井水位观测》（DB/T 48—2012）中的 8.1 条和 8.3 条。

6.5.3.2　水温

1）水温观测对象是水井中水温度随时间的变化。水温观测方法可用精度为 0.1 ℃的水银温度计或数字温度计，插入流动水样里，3 min 后读数求得。

2）每个台站应备有一支标定过的标准温度计，每年 12 月或新温度计启用前，要与标准温度计自行校正；如新的校正值与原校正值之差不大于 0.1 ℃时，仍按原校正值进行校正；若大于 0.1 ℃时，按新的校正值进行校正。

3）水温观测数据应符合《地震地下流体观测方法　井水和泉水温度观测》（DB/T 49—2012）。

6.5.3.3　水氡

1）水氡观测的对象是地下水中逸出气和溶解气中的氡浓度，有自动观测和人工观测两种方式。

2）人工水氡观测应按照以下要求进行：

① 要固定经过专业训练的人员取水样。

② 用统一规格的玻璃扩散瓶负压于现场取水样，取水量严格控制为 100±5 mL。

③ 固定每日取水样的时间，前后不得超过半小时。对抽水井要通过试验，测出水氡变化与开泵延续时间的关系曲线，以选定开泵后的取水样时间。

④ 各观测水点要通过试验选择最佳井（泉）出水口装置，固定采样位置和深度。对于含气体较多的热水井（泉），还应采取适当措施，力求取到新鲜、无污染、无干扰且具有代表性的水样，以便能反映自然动态及其包含的地震信息。

⑤ 取水样的同时，要测量水温、流量和压力；测量仪表要定期校正；对水化学综合台站还要测量气温、气压，并记录气象（大风、降雨等）要素，对其余水化学台站亦应在附近气象部门收集有关资料。

⑥ 在取水样现场按"原始采样记录本登记表"项目逐一用铅笔（2H）填写清楚。其中，水样采取时间规定凡采取几个（三个或四个）水样的连续时间超过 5 min 者，要分别记录水样采取时间。

⑦ 水样运送过程中，应包装完好，注意防震、防冻和防漏失。水样从采取到测试的间隔时间，本地观测不得超过 12 h，异地观测（需用火车或汽车送样的）不得超过 36 h。

3）采取连续自动观测方式的水氡观测数据，数据产出率不低于 1 次/min。人工采样观测方式的水氡观测数据，数据产出率不低于 1 次/d。

4）应采用日平均值、五日平均值、月平均值等方法计算各种水氡浓度均值，组成水氡浓度长期时间序列数据集。

5）应采用提取水氡浓度异常信息的算法进行计算，获得有关构造和地震的水氡浓度异常变化信息。

6.5.3.4 流量

1）流量观测对象是井-含水层或泉-含水层系统中水流量随时间的变化。若为泉水，可引入已知体积的容器中，用秒表记录水流充满容器的时间，测量两次取其平均值，再换算成统一流量单位（L/s 或 m³/h）。

2）对流量较大的水源，可用三角堰法来测量。若为自流或抽水井，可在管道上安装涡轮变送器或流量计（如水表、浮子流量计等），将读数再换算成统一流量单位（L/s 或 m³/h）。若井孔上已安装有水位计、压力表，在取样时记录水位值（m）和水压值（Pa）。

3）流量观测数据应符合《地震地下流体观测方法　井水和泉水流量观测》（DB/T 50—2012）。

6.6 数据产品

6.6.1 地震动观测数据产品

1）地震动观测数据产品应包括地震目录、观测报告和波形数据产品。

2）观测报告主要包括地震目录、地震观测报告、强震动加速度、地震仪器烈度和地震专题报告等。

3）波形数据产品包括天然地震和非天然地震数据波事件、连续观测噪声数据等。

6.6.2 地球物理类观测数据产品

1）地球物理观测的数据产品应包括均值类、观测报告类及其他数据产品。

2）在预处理数据的基础上，应根据不同学科的需求产出整点值或时均值、日均值等均值类产品。

3）观测报告主要包括观测月报表、观测年报、数据处理分析报告等。其中，数据处理分析报告包括但不限于地震事件简报、同震及震后数据成果等应急产品、异常核实报告等。

4）不同的观测项目还可以产出以下不同的专业数据产品、图像或报告：

① 地倾斜观测、地应变观测、重力观测和井水位观测可以产出 M_2 波潮汐因子；

② 钻孔应变观测可以产出面应变；

③ 钻孔分量应变观测可以产出最小主应变、最大主应变和最大剪应变；

④ 地磁观测可以产出日变幅、K 指数、磁暴事件分析报告；

⑤ GNSS 站点可以产出站点位置时间序列、站点残差时间序列、基线时间序列。

7 专 项 观 测

7.1 区域地壳孕震信息场

7.1.1 区域地壳介质波速场

7.1.1.1 观测指标

区域地壳介质波速场观测指标见表 6。

表 6 区域地壳介质波速场观测指标

观测内容	观测项目	观测指标	观测设备	观测频度	测值单位
区域地壳介质波速场观测	气枪主动源重复探测	地壳介质纵波、横波速度	宽频带地震仪	定期观测	m/s
		波速比（v_P/v_S）	宽频带地震仪	定期观测	无量纲

7.1.1.2 观测系统组成与设置

1）区域地壳介质波速场的观测宜采用气枪主动源重复探测方式开展。

2）主动源重复探测系统由气枪震源激发装置和激发信号观测站网组成。系统组成见图 18。

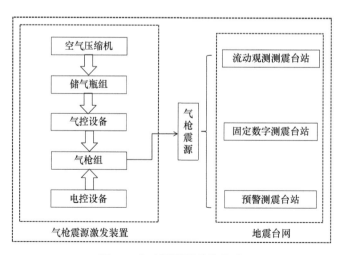

图 18 主动源探测系统组成

3）气枪震源激发装置由空气压缩机、储气瓶组、气枪组、气控设备、电控设备、激发浮台及辅助设备等组成。

4）激发信号观测站网由主动源观测区内的流动观测测震台站、固定数字测震台站和预警台站组成。

5）激发实验场建设要求：

① 应选在活动构造复杂的区域或地震活动频繁的区域。

② 具有一定容量及深度的水体。

③ 需收集场地完整的基础资料，包括水体大小、年水位变化数据、库底地形、周边环境及位置信息等。

④ 实验场应具备 10 kV 供电条件，激发水体最低水位应大于 10 m，在距气枪震源 2 km 范围内设置接收源信号的观测点。

⑤ 需设置空气压缩机、储气瓶组、气枪组、气控设备、电控设备、激发浮台等设备。

6）气枪震源设备安装要求：

① 空气压缩机应具备稳定可靠的运行能力，底座、隔振槽、水平、排污等应按照设计要求安装。

② 储气瓶组应具备安全可靠的储气功能，进气口设置气体干燥系统、油气分离系统及单向阀，出气口设置稳压装置，应安装牢固并配备安全阀。

③ 气控设备表显设施精度不应低于量程 6.5%，具备抗震性能，进气端配置 2 μm 过滤器，可独立控制气枪充排气。

④ 电控设施具备 GPS 自动授时功能，信号线接线牢固不虚接。

⑤ 气枪组具备稳定可靠的运行能力，宜使用同一方向排列，沉放深度应保持一致，使用钢链悬挂在激发浮台。

⑥ 激发浮台应具备抗冲击性，满载情况下浮力有一定冗余，具备可调整激发浮台位置的设施，宜设置单独控制气枪起降的塔台和维修间。

7）观测站网建设要求：

① 观测点宜布设在主要断层区域，均匀分布在半径 300 km 范围内自由场地或基岩上。

② 观测点应设置速度型地震计，各测点地震计均通过传输网络连接至数据采集器。

③ 观测设备应符合《地震观测仪器进网技术要求　地震仪》（DB/T 22—2020）。

④ 观测设备宜具备冗余度，便于后期替换和维护。

⑤ 供电设备具备维持观测台阵持续、稳定运行的供电能力。

⑥ 备用电源具备满足观测设备连续、稳定工作至少三天的能力。

⑦ 气管线具备抗压、抗潮等环境下稳定运行的输气能力。

⑧ 电缆线具备防水、防漏电、耐磨性能。

⑨ 气管线及电缆线接头具备易安装、防水、连通性佳的能力。

7.1.1.3 观测技术方法

1）用气枪震源进行周期性激发探测，根据气枪激发压力、激发水体和设定观测范围大小，以最远观测台站接收到有效激发信号为宜，选择每组 10~100 次激发。

2）利用观测站网对气枪主动源激发的地震动信号进行自动观测，根据观测精度要求，可采用低采样率或高采样率观测。

3）观测系统运行维护要求：

① 主动源激发前检查气枪管线及信号线接头处是否有松动或破损，如发现有松动或破损情况及时进行修复或更换。

② 每年必须完成不少于两次的气枪保养维护工作，及时更换磨损严重配件。

③ 检查气枪升降设备，确保能将气枪平稳提升及下放。

④ 定期检查枪架、激发平台、气枪观察井周围铁链及枪架提升钢丝绳，定期对铁链及钢丝绳进行更换，确保气枪设备安全。

⑤ 空压机运行前检查所有接头、阀门及安全阀是否泄漏，若有泄漏应及时排除；检查冷却系统防冻液液面、空压机机油液面、注油器机油液面，确保各项指标正常。

⑥ 开机前检查排污管道是否正常连接，确保危废物正常排入危废间收集井；定期更换润滑机油、防冻液、进排气阀及活塞环等易损件，确保机器在良好工况下运行。

⑦ 船舶驾驶前对驾驶舱进行检查，查看仪表是否正常，保证船舶正常适航；船舶行驶前要检查船舶的救生设备是否齐全，摆放位置是否正确，确保收放好救生设备；检查船上消防设备是否齐全，是否能够正常使用，摆放位置是否正确。

⑧ 定期检查趸船码头与气瓶船之间连接绳缆，保证气瓶船与趸船码头连接稳固；定期检查浮动设施四周防撞设施完整性，减少船舶停靠时发生刚性碰撞。

4）数据处理方法：

① 应选择气枪主动源近场参考台站，对参考台站记录的连续波形做去倾斜、去均值和滤波处理。

② 截取参考台站记录的某一次激发信号，对参考台站记录的连续记录波形进行互相关，得到高精度激发时刻。

③ 对观测台站记录的连续波形进行去倾斜、去均值和滤波。

④ 利用高精度激发时刻截取各观测台站记录的激发波形。

⑤ 叠加某一观测台站观测时期内所有激发波形记录，得到叠加信号 A。

⑥ 叠加该台站激发间隔内的一组（10~100次）激发波形记录，得到叠加信号 B。

⑦ 对信号 A 和信号 B 进行互相关，得到本组激发地震波走时变化。

⑧ 叠加方法包括线性叠加、相位加权叠加和均方根叠加等方法。

5）观测成果应包括数据文件、检查记录表和激发日志，激发日志格式应符合附录C。

7.1.2　区域地表温度场

7.1.2.1　观测指标

区域地表温度场观测指标见表7。

表7　区域地表温度场观测指标

观测内容	观测项目	观测指标	观测设备	观测频度	测值单位
区域地表温度场	热红外	地表温度	遥感卫星	定期观测	K

7.1.2.2　观测系统设置与组成

1）区域地表温度场的观测宜采用卫星热红外观测方式开展，热红外观测系统由观测卫星和地面系统组成。

2）观测卫星包括极轨卫星和相对静止卫星，宜为中国静止气象卫星。观测系统要求如下：

① 使用多通道扫描辐射计或多通道成像辐射计对地观测热红外数据。

② 成像辐射计由遮阳罩、辐射制冷器、辐冷支撑筒基准镜、红外光导线路盒、充氮管、太阳反射波段定标机构、仪器箱体和中强信号转接箱组成。

3）卫星地面系统应包括资料处理中心、指挥控制中心、高速数据接收利用站和应用示范站。

4）热红外数据接收系统由天线、高频分机、解调器、数据输入器和接收存储计算机组成（图19）。

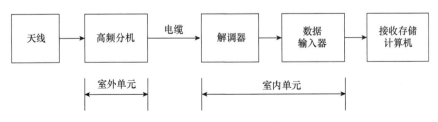

图19　热红外数据接收系统

7.1.2.3 观测技术方法

1）热红外观测的对象是地表辐射的能量，通过卫星扫描到并记录下来之后传回到地面接收站，经过标定后温度以 K 为单位表示。

2）卫星遥感器需经过辐射定标和光谱定标获得绝对辐射量（目标辐射亮度或反射率），主要包括卫星发射前定标、在轨星上定标、星地同步观测地面辐射矫正场定标等。

3）遥感器获取的辐射亮度须经过辐射纠正、几何纠正、大气纠正。

4）观测区域地震热红外异常时，宜采用夜间观测的热红外数据产品，宜进行去云预处理，宜采用提取地震异常信息的算法进行计算，以得到热红外的空间演化图集和长期的时间序列数据集。

7.1.3 区域地磁场

7.1.3.1 观测指标

区域地磁场观测指标见表 8。

表 8　区域地磁场观测指标

观测内容	观测项目	观测指标	观测设备	观测频度	测值单位
区域地磁场	流动地磁	地磁场总强度（F）	地磁仪	定期观测	nT
		地磁场总强度（F），磁偏角（D）、磁倾角（I）	地磁仪	定期观测	NT，′

7.1.3.2 观测系统组成与设置

1）区域地磁场观测宜采用流动地磁观测方式，宜设置地磁场总强度和地磁场矢量两类观测指标。

2）地磁场总强度观测由两套地磁总强度绝对观测仪、数据记录处理系统和观测标石组成；地磁场矢量观测由两套地磁总强度绝对观测仪、一套地磁偏角和地磁倾角绝对观测仪、两套差分 GNSS 接收机、数据记录处理系统和观测标石组成。

3）观测环境应符合《地震台站观测环境技术要求　第 2 部分：电磁观测》（GB/T 19531.2—2004）。

4）观测仪器——磁通门经纬仪、磁通门磁力仪、质子矢量磁力仪等应符合《地震观测仪器进网技术要求　地磁观测仪　第 1 部分：磁通门磁力仪》（DB/T 30.1—2008）和《地震观测仪器进网技术要求　地磁观测仪　第 2 部分：质子矢量磁力仪》（DB/T 30.2—2008）。

5）测网布设要求：

① 测网应覆盖观测目标区，且宜向四周外扩两个测点间距；

② 测网中的测点分布宜结合交通条件均匀分布；

③ 观测区内测点间距不宜大于 100 km。

6）测点布设要求：

① 应设在非磁异常区域；

② 应设在无人为干扰区域；

③ 宜设视野开阔区；

④ 离开直流轨道交通线的距离应大于 30 km；

⑤ 离普通轨道交通线的距离应大于 0.8 km；

⑥ 离开广播电台、雷达站的距离应大于 2 km；

⑦ 离开交流高压线的距离应大于 500 m；

⑧ 离开 3 级以上公路的距离应大于 800 m。

7.1.3.3　观测技术方法

1）测量全过程应符合《流动地磁测量基本技术要求（试行）》（中震测函〔2015〕39 号）的相关规定，测量过程按如下步骤开展：

① 利用 GNSS 和测点信息找到观测点位；

② 开展梯度与电位差测量，审查磁场环境是否满足工作要求；

③ 如不符合环境要求，应在原址附近重新选择新观测点位；

④ 架设 GNSS 仪器，进行第一次地理方位角测量；

⑤ 当进行地磁场矢量测量时开展 F、D、I 测量，当进行地磁场总强度测量时，开展 F 测量；

⑥ 架设 GNSS 仪器，进行第二次地理方位角测量；

⑦ 应现场解算方位角并计算校核地磁场观测结果。

2）观测要求：

① 测点四周水平梯度满足不大于 3 nT/m，垂直梯度满足不大于 5 nT/m，否则重新选点主测点和辅助测点 F 点，若较上期变化不小于 1.5 nT，要检查环境变化，同时对辅助 F 点的梯度进行测量，排除干扰；

② GNSS 测量环境要满足测量要求，主测点和辅助测点间距宜不小于 200 m，并无明显遮挡，否则应重新勘选测点测量；

③ 测量时应避开磁场剧烈变化时段，监视组间差变化，变化大于 4 nT 时停止观测等待磁场平静时重测；

④ 每组观测时间应不小于 4 min，不大于 9 min；

⑤ 观测不得少于六组数据，遇极端天气等特殊情况可观测四组；

⑥ 方位角解算，两次测量结果偏差应小于 6 s，否则要重新测量；

⑦ 检查观测数据，如果有质量问题重新测量。

3）数据处理：

① 收集校核所有观测数据形成野外观测数据集；

② 收集整理台站观测数据；

③ 利用台站分均值观测数据对野外观测数据日变化通化形成日变通化数据集；

④ 利用地磁场长期变化模型对日变通化数据进行长期变改正；

⑤ 利用两期观测数据差分得到岩石圈磁场变化等数据。

4）数据产出：

① 产出区域岩石圈磁场变化（D、I、H、X、Y、Z、F 各分量变化）数据；

② 各测点测量数据集、日变通化数据集、长期变改正数据集；

③ H 矢量、Z 矢量变化数据。

7.1.4 区域重力场

7.1.4.1 观测指标

区域重力场观测指标见表 9。

表 9　区域重力场观测指标

观测内容	观测项目	观测指标	观测设备	观测频度	测值单位
区域重力场	流动重力	相对重力加速度	相对重力仪	定期观测	m/s^2

7.1.4.2 观测系统组成与设置

1）区域重力场观测宜采用流动重力观测方式。

2）流动重力观测系统由观测点、流动重力仪和重力测量电子记簿组成。

3）测网布设要求：

① 流动重力测网应选定在主要地震带、地震重点防御区和具有地球物理学意义的地区。

② 流动重力测网的大小应与被观测的地质构造规模相适应；在条件许可时观测线路应尽量布设成环，测点的分布应力求均匀，各类测网布设时都要进行精度设计。

③ 流动重力联测路线的设计要考虑点位的间距、闭合时间的要求和交通便利条件等因素；观测路线以公路为主，水运、航空和铁路为辅。

④ 重力点应选在基础稳固且振动及其他干扰源影响小的地方,应远离陡峭地形、高大建筑物和大树等,避开地面沉降漏斗、冰川及地下水位剧烈变化地区。

4) 观测网建设应符合《地震台网设计技术要求　重力观测网》（DB/T 39—2010）。

5) 观测环境和场地的技术要求、勘选方法和结果表述应遵照《绝对重力测量规范》（DB/T 98—2024）和《地震台站建设规范　重力台站》（DB/T 7—2003）。

6) 观测仪器应符合《地震观测仪器进网技术要求　重力仪》（DB/T 23—2007）。

7.1.4.3　观测技术方法

1) 利用移动型相对重力仪沿观测路线,对两个以上的重力点进行串联式、往返式闭合观测,获取各相邻两重力点间重力加速度之差（重力段差）,并通过周期性重复观测,以获取区域重力场随时间的变化,提取地震前兆信息。

2) 观测流程:

① 在选定的固定重力点上,利用流动重力仪沿观测路线进行往返闭合观测获得重力点间的段差,汽车测线点距为 10~50 km。

② 经过一个观测周期后再进行重复观测,以求取区域重力场随时间的变化。重点地区复测周期为三个月到半年,非重点地区为半年到一年。

3) 观测数据按照《地震重力测量规范》（1997 年）进行流动重力数据资料处理,获取相应的重力点值、段差及其随时间的变化。

7.1.5　区域构造地球化学场

7.1.5.1　观测指标

区域构造地球化学场观测指标见表 10。

表 10　区域构造地球化学场观测指标

观测内容	观测项目	观测指标	观测设备	观测频度	测值单位
剖面氡浓度	气氡	氡强度,氡通量	测氡仪	1~2 次/a	Bq/L、无量纲、Bq/(m^2·min)
剖面汞浓度	气汞	汞强度	测汞仪	1~2 次/a	Ng/L、无量纲
剖面氢浓度	氢	氢强度	测氢仪	1~2 次/a	ppm(10^{-6})、无量纲
剖面二氧化碳浓度	二氧化碳	二氧化碳强度,二氧化碳通量	二氧化碳仪	1~2 次/a	%、无量纲、g/(m^2·min)

7.1.5.2　观测系统组成与设置

1) 区域构造地球化学场的观测宜采用流动构造地球化学观测方式,观测系统由取气装置（或集气装置）、连接管及测量仪器组成，系统组成见图20。

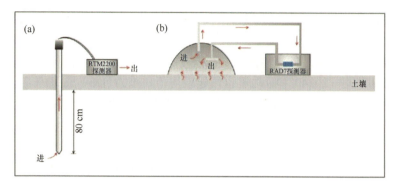

图 20　区域构造地球化学场观测系统组成

2）测线布设要求：

① 应选择全新世以来活动且发生过地震的断层；

② 应选择断裂带的主断层及周边活动断层；

③ 宜选择空间展布贯通性较好的断层；

④ 宜选择地表断层活动迹象明显或有露头和探槽的位置；

⑤ 宜选择次级断层中间及交汇点的部位；

⑥ 宜选择有其他前兆学科观测台站的位置，兼顾固定台网的观测能力；

⑦ 测线应尽量做到沿断裂带整体均匀布设、疏密合理；

⑧ 测线应垂直或高角度相交于断层走向或成网格状布设；

⑨ 测线长度主要根据测值是否达到相对稳定的背景值来决定，测线测值应达到低-高-低曲线形态；

⑩ 对于构造活动迹象明显，地表存在断层陡坎、露头、水系位错等明显活动迹象的断层，测线应跨过断层面并延伸到能够确定背景值的位置，测线长度宜在150~250 m 范围；

⑪对于地表构造活动迹象不太明显，主断层面不易确定的断层，测线需要加长，宜在 1000~2000 m 范围。

3）测点布设要求如下：

① 测点应避开严重干扰源及严重化学污染的场地；

② 测点应位于近地表地质条件相对均一，无明显岩性分界的场地；

③ 测点处覆盖层不宜太厚，也不宜太薄，应在 0.5 m 以上；

④ 测点应选择原始覆盖土层，或三年以上的回填土层；

⑤ 测点应避开砾石层或卵石层，如河滩、冲沟边缘等；

⑥ 对于构造活动明显,地表存在明显活动迹象的断层,点距宜在 10~15 m;

⑦ 对主断层面不易确定的断层, 点距宜在 50~100 m;

⑧ 在测值异常段应加密布设,加密方式有网格式加密和沿测线加密,点距宜在 5~10 m。

4)观测环境技术要求:

① 不宜在地下水较浅的环境下测量;

② 不宜在低于 0 ℃或高于 40 ℃的环境条件下进行测量;

③ 不宜雨天和特大风沙的天气中进行测量;

④ 不宜在大雨或暴雨后进行测量。

5)观测仪器参数指标要求:

① 便携式测氢仪检测限应小于 2 ppm, 误差小于 5%;

② 便携式测二氧化碳仪检测限应小于 2 ppm, 误差小于 5%;

③ 便携式测氡仪检测限应小于 10 Bq/m^3, 误差小于 5%;

④ 便携式测汞仪检测限应小于 0.005 ng/m^3, 误差小于 5%。

7.1.5.3　观测技术方法

1)土壤气浓度观测流程为首先用钢钎在地表扎一个孔,然后拧入麻花钻(取样器), 并检查取样器与孔接触部位的密封性,再用管连接取样器与测量仪器并进行测量。土壤气浓度观测方法应按照以下要求进行:

① 孔深应大于 0.8 m, 避开地下水或冻土层;

② 多组分测量时要按照一定的测量顺序:每一组分单独轧钎为宜,如受区域地表条件限制而需多组分共钎时, 应按照固定次序进行取气测量;

③ 多期测量的测线位置、测线长度、测点数和点位不宜改变;

④ 测值明显异常的测点, 应重复测量,重复采集点宜位于原采集点 1~2 m 范围内;

⑤ 每个测点氡浓度的测量时间应不少于 20 min。

2)通量宜采用静态暗箱法进行测量。观测过程:剥出新鲜面, 放置通量箱,再用黏土封住通量箱边缘,最后把仪器的气体进口与出口与通量箱的进口与出口相连形成回路,并记下采样时箱内的温度和观测前后大气的温度和压力。

3)数据产出:

① 每个测点的汞、氡、氢和二氧化碳浓度;

② 每个测线的氡和二氧化碳通量;

③ 每个测线的汞、氡、氢和二氧化碳浓度强度;

④ 浓度强度为剖面异常浓度值除以剖面背景值。

7.1.6 区域大地电磁场观测

7.1.6.1 观测指标

区域大地电磁场观测指标见表 11。

表 11 区域大地电磁场观测指标

观测内容	观测项目	观测指标	观测设备	观测频度	测值单位
区域大地电磁场观测	大地电磁重复探测	地电场、地磁场	大地电磁仪	定期观测	Ω·m

7.1.6.2 观测系统组成与设置

1）观测系统由观测装置和测量仪器组成，系统组成见图 21。

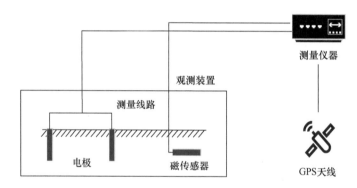

图 21 区域大地电磁场观测系统

2）观测装置由固体不极化电极、磁传感器及测量线路组成。

3）多通道电磁接收机应包含两个电场通道和三个磁场通道，应符合《地震地电观测方法 地电阻率观测 第 3 部分：大地电磁重复测量》（DB/T 33.3—2009）。

4）测点布设应符合《地震地电观测方法 地电阻率观测 第 3 部分：大地电磁重复测量》（DB/T 33.3—2009）。

7.1.6.3 观测技术方法

1）观测过程应按照以下流程开展：

① 开展观测系统电通道接地电阻测试、结果宜小于 2000 Ω；

② 开展观测系统磁通道探头校准；

③ 检查 GNSS 状态；

④ 按照观测需要设置观测系统的装置参数及数据采集参数。

2）观测要求：

① 观测频带应包含 0.25~512 s；

② 频带中每个量级的频点数不应少于六个；

③ 观测频带内视电阻率的平均偏差应不大于 8%；

④ 相邻两次观测视电阻率相对变化的分辨力应小于 10%；

⑤ 重复测量的时间间隔不宜大于三个月。

3）数据处理要求：

① 测量的原始时间序列数据滤波处理后进行谱分析；

② 对谱分析解进行计算，求出观测频带内大地电磁响应参数。

4）数据产出：

① 各个测点坐标轴视电阻率；

② 各个测点主轴视电阻率；

③ 各个测点主轴方位角；

④ 各个测点二维偏离度；

⑤ 各个测点观测频带视电阻率平均相对偏差。

7.2 场地地震动效应

7.2.1 观测指标

场地地震动效应观测指标见表 12。

表 12 场地地震动效应观测指标

观测内容	观测项目	观测指标	观测方式	观测设备	观测频度	单位
斜坡地震动效应观测	强震动	加速度	台阵	强震仪	连续观测	g
盆地地震动效应观测	强震动	加速度	台阵	强震仪	连续观测	g
厚覆盖层场地地震动效应观测	强震动	加速度	台阵	强震仪	连续观测	g

7.2.2 观测系统组成与设置

1）观测系统由布设于不同观测对象、不同位置的加速度计、数据采集仪、网络通信系统、辅助设备和数据处理中心组成，系统组成见图 22。

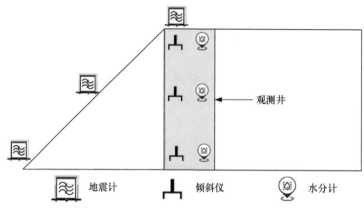

图 22　观测系统组成示意图

2）观测对象选择要求：

① 观测对象宜为复杂地形斜坡、大（小）型盆地以及厚覆盖土层场地。

② 斜坡地形地震动效应观测宜选择条状突出的山嘴、高耸孤立的山丘四周或高陡斜坡。

③ 厚覆盖层场地的土层厚度宜大于 20 m。

④ 盆地地震动效应观测宜选用山间盆地、内流盆地或外流盆地。

3）观测点的设置应根据观测对象、地形地貌和土层结构差异，制定专门的观测设计方案。

4）观测点设置要求：

① 观测点宜设置在自由场地或基岩上。

② 斜坡地形地震动效应台阵应在山下自由地表、山脚、山腰和山顶各设置 1 处测点，高度大于 20 m 的斜坡宜在斜坡面坡高为 $2/5H$，$4/5H$ 处增加 1 处测点（H 为斜坡高度）。

③ 盆地地震动效应台阵测点应根据盆地面积大小和盆地复杂程度设置，对于面积 1 万 km^2 以下的中、小型盆地可单侧设置测点，在盆地中心、盆地内、盆地边缘应不少于 1 处，可根据盆地边缘角度在盆地内部适度增加 1~2 处测点，总观测点位应不少于 5 处；对于面积大于 10 万 km^2 地形复杂及不规则的大型盆地宜采用"十字交叉"结构布设测点，在盆地中心、盆地内、盆地边缘应不少于 1 处，在中心和边缘之间应增加 3 处进行加密观测，各轴向应不少于 6 处观测点。

④ 厚覆盖层场地地震动效应台阵应根据土层厚度布设观测点，自由地表和观测井井底至少布设 1 处；对于均匀土层场地宜每隔 5 m 布设 1 处测点，非均匀场地每层典型地层宜至少布设 1 处测点。

⑤ 观测对象应具备完整的基础资料，包括场址位置信息、岩土勘察资料、钻孔波速资料等。

5）观测场点设备部署要求：

① 每个测点应设置三分量加速度计。

② 斜坡地形地震动效应台阵各测点加速度计应设置一个水平分量的方向和斜坡坡向一致。

③ 盆地地震动效应台阵各测点加速度计两个水平分量的方向应平行于盆地长、短轴方向。

④ 所有观测点加速度计均通过传输线路连接至数据采集器，也可在各观测点同时设置地震计和数据采集器，加速度传感器与采集器应采用屏蔽电缆连接。

⑤ 观测台阵与数据处理中心之间可采用有线或无线网络通信方式连接。

⑥ 观测设备宜具备冗余度，以便于后期替换和维护。

⑦ 供电设备应具备维持观测台阵持续、稳定运行的供电能力。

⑧ 备用电源应具备满足观测设备连续、稳定工作至少三天的能力。

6）观测仪器应符合《地震观测仪器进网技术要求 地震仪》（DB/T 22—2020）。

7）地震加速度计应固定安装在仪器墩上，仪器墩的规格和建造要求应符合《地震台站建设规范 强震动台站》（DB/T 17—2018）。

7.2.3 观测技术方法

1）利用强震动观测台阵对斜坡、盆地以及厚覆盖层场地不同位置的地震动响应进行直接观测。

2）根据观测记录形式，分为连续观测和事件观测。连续观测记录采用在线观测方式，主要包括连续波形数据。事件观测记录采用阈值触发方式，主要包括事件信息表和事件波形数据。

3）连续观测应每1 h形成一个独立的波形数据文件。波形数据文件应存储一份原始记录，存储时间不少于一个月。

4）事件观测应满足以下要求：

① 当场地观测点记录到超过0.01g的触发值时，自动触发形成事件文件。

② 应保存完整事件数据，事件前后预存时间应不小于30 s，并形成强震动观测记录报告单，内容和格式见附录B。

③ 事件观测记录应存储一份原始记录，并提交存档。

5）观测数据处理要求：

① 原始记录波形数据应进行零基线和仪器频率响应校正。

② 校正后加速度记录应进行一次、二次积分，得到速度时程和位移时程。

③ 提取加速度、速度和位移时程峰值，得到峰值记录。

④ 对校正加速度记录进行傅里叶变换，得到傅里叶谱。

⑤ 计算校正加速度记录的功率谱密度，得到自功率谱。

⑥ 计算五个阻尼比（0.01、0.02、0.05、0.1、0.2）的反应谱，包括相对速度反应谱、相对位移反应谱、绝对加速度、反应谱、拟速度反应谱、拟加速度反应谱等。

⑦ 对不同高程位置的斜坡地形加速度数据进行频谱分析，得到斜坡山底、山腰及山顶的场地地震动放大系数及卓越周期。

⑧ 对盆地不同位置的加速度数据进行分析，研究盆地的角度、覆盖层厚度、盆地内外介质阻抗比对面波的发育、盆地的边缘效应和聚焦效应的影响。

⑨ 对厚覆盖层场地不同位置的加速度数据进行分析计算，得到厚覆盖层场地的地震动放大系数和卓越周期。

6）观测成果应包括数据文件、检查记录表、观测记录报告单和观测报告。

7.3 地震岩土灾害

7.3.1 地震滑坡

7.3.1.1 观测指标

地震滑坡观测指标见表 13。

表 13 地震滑坡观测指标

观测内容	观测项目	观测指标	观测设备	观测频度	测值单位
地震滑坡	斜坡地震动响应	强震动	加速度	强震仪	连续观测	g
	斜坡变形	GNSS	伪距	GNSS 接收机	连续观测	mm
		地倾斜	倾角	倾斜仪	连续观测	″
		InSAR	位移	遥感卫星	定期观测	mm
	土体物性	含水量	土体含水量	水分计	连续观测	%

注：InSAR. 合成孔径雷达干涉测量，interferometric synthetic aperture radar。

7.3.1.2 观测系统设置与组成

1）观测系统由滑坡观测设备组、智能供电设备、网络通信系统、数据处理系统构成，系统组成见图 23。

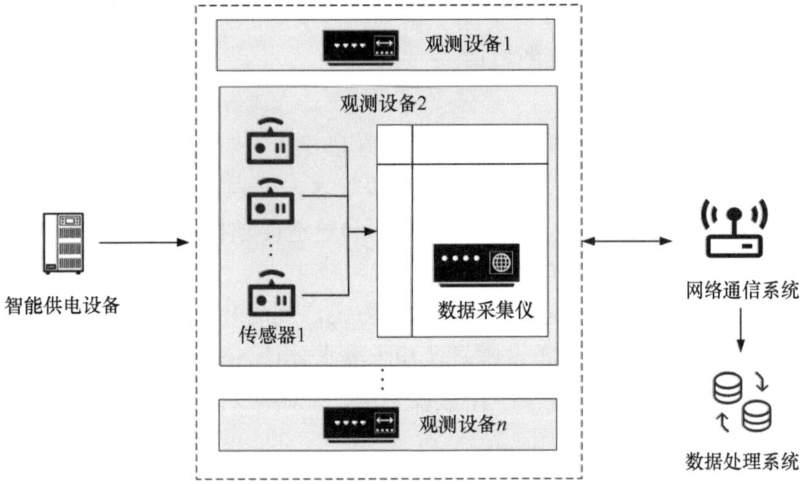

图 23　地震滑坡观测系统组成

2）观测设备应包含加速度计、倾斜仪、水分计、GNSS 接收机、数据采集仪和数据处理系统，仪器设备参数应满足表 14 要求。

表 14　地震滑坡观测仪器设备主要参数

类型	量程	灵敏度	频响范围/Hz	精度/%
加速度计	≥±30 m/s²	≤50 mV/(m·s)	0~100	≤±1
倾斜仪	±30°	≤0.01°	0~80	≤±0.1
水分计	0%~100%	≤0.5%	0~50	≤±1
孔压计	±2 MPa	≤0.01 kPa	0~50	≤±0.5
位移计	0~300 mm	≤0.01 mm	0~50	≤±0.5

3）InSAR 形变观测系统由合成孔径雷达（synthetic aperture radar，SAR）卫星和地面接收站、数据处理系统组成。

4）观测系统技术性能要求：

① 应具备观测斜坡不同深度主要物性参数（含水量）、斜坡地震动响应、滑坡变形的技术能力；

② 数据采集仪应满足多源数据采集需要；

③ 智能供电系统能实现交直流自动切换，在不具备市电接入情况下可用太阳能电池板供电系统供电。

5）观测对象要求：

① 宜选择基本设防地震烈度Ⅶ度及以上的地震易发区斜坡；

② 斜坡的地形地貌、地层结构在一定区域范围内应具备典型性；

③ 静力条件下斜坡稳定性系数宜大于 1.05，地震临界失稳加速度应不大于当

地设防地震动加速度；

④ 宜选择潜在危害性大的斜坡。

6）测点布设要求：

① 设备部署前应制定专门的观测设计方案并通过专家论证。

② 斜坡坡脚、坡中、坡顶地表处应至少部署一处强震动和 GNSS 测点，仪器设备应固定安装在仪器墩上，仪器墩的规格和建造要求按照《地震台站建设规范 强震动台站》（DB/T 17—2018）规定执行。

③ 倾斜与含水量观测应采用竖井观测方式，观测井深度应穿过潜在滑动面，在观测井表层、中部、底部布设倾斜仪和土壤水分计各一套。

④ 观测井内传感器和连接线路敷设完毕，孔内应用场地土填实。

仪器设备的布设部位见图 22。

7.3.1.3 观测技术方法

1）应用地震动观测台阵对斜坡地震动加速度响应进行直接观测；应用 GNSS 观测台阵对斜坡位移进行直接观测；应用竖井倾斜观测台阵对斜坡变形进行直接观测；应用水分计对不同层位土体的含水量进行直接观测；应用 InSAR 观测资料对斜坡稳定状态进行长期观测。

2）斜坡地震稳定性评价方法流程为基于斜坡前期勘察资料和岩土参数资料，通过斜坡土体含水量实时观测数据对斜坡土体强度参数进行估算，参考斜坡变形及微动观测结果，以地震动参数区划图的结果或区域地震危险性评价结果为输入，用极限平衡拟静力方法对斜坡的地震稳定性进行定期评价。

3）滑坡风险评价方法流程为基于斜坡地震稳定性定期评价结果，当斜坡地震稳定性小于 1.15 时，应用数值方法（有限元、离散元等）开展地震滑坡模拟，基于数值模拟结果对地震滑坡风险进行评价，确定滑坡的启动加速度和不同强度地震动作用下的风险水平。

4）地震滑坡预警方法流程为当观测区或邻区发生中强以上地震时，在接收的地震预警信息后，基于前期评价结果对斜坡的地震滑坡风险开展快速预测评估，当滑坡风险在中等以上时，立即启动地震滑坡预警；当地震波到达斜坡场地后，基于斜坡实时变形、地表位移、地震动观测数据，动态评估斜坡稳定性及其滑坡风险，开展实时动态地震滑坡预警。

5）InSAR 观测数据处理有数据预处理、差分干涉计算、形变计算等。各环节数据处理流程如下，

① 数据预处理流程：计算所有影像像对的时间和空间基线，生成时间和空间基线分布图，选择设计工作周期内空间基线尽量短的像对，宜选择时间早的影像作为主影像；已组合好的像对，根据主影像进行配准，并将所有影像裁剪成范围

一致区域；将数字高程模型（digital elevation model，DEM）与选好的主影像进行配准，并将 DEM 范围裁剪成与主影像范围一致；对已配准主辅影像进行前置滤波，并计算生成干涉图。

② 差分干涉计算流程：平地与地形相位去除，依据空间基线参数和地球椭球体参数，计算平地相位；利用配准后 DEM，计算地形相位。从干涉相位中去除平地和地形相位，生成差分干涉相位，逐像元计算生成差分干涉图。宜选用自适应滤波方法，对干涉图差分相位滤波，得到相位缠绕的差分干涉图。依据相干系数计算公式，对经过滤波的主辅影像差分干涉相位像元，选择窗口大小，逐像元计算相干系数，生成相干图。对相位缠绕的差分干涉图进行解缠，宜采用空间域二维相位解缠方法，主要包括枝切法、最小费用流法等。

③ 形变计算流程：依据雷达波长参数，经过相位转形变计算之后，根据需要结合外部辅助数据，将解缠相位换算为视线方向的形变；然后依据视线向与垂直向夹角，将视线向形变转换为垂直向形变；利用 DEM 坐标系到 SAR 影像坐标系的转换查找表，完成观测成果由 SAR 影像坐标系到大地坐标系的反变换，即对观测成果垂直向形变进行地理编码；集合所有地理编码后的点目标，将垂直向形变的时间单位换算成年，生成年度变形速率，逐像元计算生成地质变形速率图。

6）InSAR 数据处理过程和相关参数应符合以下要求：

① SAR 影像配置精度应优于 1/8 个像元。

② 配准影像裁剪后的公共区域不应小于观测区范围，如有缺失应补充数据。

③ DEM 数据应采样成与主影像一致的分辨率。

④ 所有 SAR 图像干涉组合应根据短基线组合原则进行选取。

⑤ SAR 影像序列相干系数图中计算相关系数的窗口应为奇数，窗口大小可分为三个级别，即小窗口设定值不大于五个像元，中窗口设定值在 7~21 个像元，大窗口设定值不小于 21 个像元。

⑥ 为抑制相位噪声，宜选用自适应滤波方法对干涉图相位进行滤波。

7）SAR 数据处理可采用 D-InSAR、PS-InSAR、DS-InSAR 和 SBAS-InSAR 等数据处理方法，处理方法的选择应符合以下要求：

① 数据量少、观测精度要求低时，宜选择 D-InSAR 方法；数据量较大、观测精度要求较高时，宜选择 PS-InSAR、DS-InSAR、SBAS-InSAR 方法。

② SAR 数据的时空基线分布均匀时，宜选择 PS-InSAR 或 DS-InSAR 方法。SAR 数据的时空基线有一个为长基线时，宜选择 SBAS-InSAR 方法。

8）数据处理结果的检验应符合以下规定：

① 同一观测区不同 SAR 数据源、不同 InSAR 处理方法获取的沉降形变值应进行交叉检验。

② 对 InSAR 观测结果异常、沉降量较大、沉降速率较快区域应进行实地检验，可采用高精度的 BDS 或 GNSS 测量、水准测量、三角高程测量和激光雷达测量等方式进行。

③ 沉降分析结果采用高精度传统测量方法进行验证时，抽样检查程序宜符合《测绘成果质量检查与验收》（GB/T 24356—2009）的规定，且还应符合以下规定：

◆ 验证测量精度不应低于四等水准测量，验证点数应大于观测点数的 10%。

◆ 传统测量观测到的形变与 InSAR 观测到的形变之差应不大于 30 mm。

7.3.2 场地地震液化

7.3.2.1 观测指标

场地地震液化观测指标见表 15。

表 15 场地地震液化观测指标

观测内容		观测项目	观测指标	观测设备	观测频度	测值单位
场地地震液化	场地地震动响应	强震动	加速度	强震仪	连续观测	g
		孔压	动孔压	孔压计	连续观测	kPa
	场地形变	位移	侧向位移	位移计	连续观测	mm
		InSAR	位移	遥感卫星	定期观测	mm
	土体物性	含水量	土体含水量	水分计	连续观测	%

7.3.2.2 观测系统组成与设置

1）观测系统组成参见 7.3.1 节。

2）观测设备组包括加速度计、孔压计、水分计和位移计，性能参数应符合表 14 要求。

3）宜采用竖井观测方式，观测井深度应至常水位面以下。

4）观测对象要求：

① 宜选择基本设防地震烈度Ⅶ度及以上、地下水位埋深浅，富水饱和的地震液化灾害风险隐患场地；

② 场地所处地貌单元、地层结构在一定区域范围内应具备典型性；

③ 场地地震液化临界失稳加速度应不大于当地设防地震动加速度。

5）测点布设要求：

① 应沿观测井浅、中、深层布设三层加速度计、水分计各一套；

② 井内水位变动带、常水位面以下应各布设孔压计一套；

③ 场地地表应按照一定距离间隔布设位移计至少三套；

④ 观测井内传感器及连接线路敷设完毕，井孔宜用场地土填实。

仪器设备的布设位置见图24。

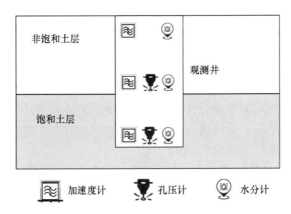

图 24　场地地震液化观测点位置示意图

7.3.2.3　观测技术方法

1）利用地震动观测台阵对场地地震动加速度响应进行直接观测；利用孔压计对土体孔隙水压力变化进行直接观测；利用水分计对不同层位土体的含水量进行直接观测。

2）液化势评估方法流程：基于土层含水量实时观测数据，定期评估场地液化势［见《黄土动力学》（王兰民，2003）］，结合地震危险性评价结果，应用数值模拟方法给出场地地震液化风险评估结果，确定场地液化临界加速度和不同强度地震动作用下的风险水平。

3）场地地震液化预警方法流程：当观测区或邻区发生中强以上地震时，在接收到地震预警信息后，基于前期评价结果对场地地震液化风险开展快速预测评估，当液化风险在中等以上时，立即启动液化灾害预警；当地震波到达场地后，基于实时孔压、地表位移、地震动观测数据，动态评估场地液化灾害风险，并开展实时动态预警。

7.3.3　场地震陷

7.3.3.1　观测指标

场地震陷观测指标见表16。

表 16　场地震陷观测指标

观测内容	观测项目	观测指标	观测设备	观测频度	测值单位
场地震陷	场地地震动响应	地震动	加速度	强震仪	连续观测	g
	场地形变	位移	竖向位移	位移计	连续观测	m
		InSAR	位移	遥感卫星	定期观测	mm
	土体物性	含水量	土体含水量	水分计	连续观测	%

7.3.3.2　观测系统组成与设置

1) 场地震陷观测台阵的观测对象为区域内有一定程度震陷灾害风险的典型场地,并通过专门的观测方案设计,是由布设于场地观测井不同深度的多个观测点组合构成的观测系统,为区域内场地震陷风险预测评估、抗震设防参数验证提供数据支持。观测系统组成同 7.3.1。

2) 观测设备组包括加速度计、水分计和位移计,性能参数应符合表 14 要求。

3) 观测系统应具备观测地震动作用过程中场地不同深度竖向位移、加速度动态变化的能力。

4) 宜采用竖井观测方式,观测井深度应至震陷性土层以下。

5) 观测对象要求:

① 观测对象宜选择基本设防地震烈度Ⅶ度及以上、震陷灾害重大风险隐患场地;

② 观测对象所处地貌单元、地层结构在一定区域内应具备典型性;

③ 场地震陷临界失稳加速度应不大于当地设防地震动加速度。

6) 测点布设要求:

① 应在观测井顶部、中部、底部三层布设加速度计、竖向位移计、水分计各一套;

② 观测井内传感器及连接线路敷设完毕,井孔宜用原场地土填实。

仪器设备的布设部位、方式见图 25。

📐 竖向位移计　　　〰 加速度计　　　◎ 水分计

图 25　场地震陷观测点位置示意图

7.3.3.3 观测技术方法

1）利用地震动观测台阵对场地地震动加速度响应进行直接观测；利用竖向位移计对不同部位竖向位移进行直接观测；利用水分计对不同层位土体的含水量进行直接观测。

2）震陷性评估方法流程：基于土层含水量观测数据，定期评估场地震陷等级[见《黄土动力学》（王兰民，2003）]，结合地震危险性评价结果，应用数值模拟方法给出场地震陷风险评估结果，确定场地震陷临界加速度和不同强度地震动作用下的风险水平。

3）场地震陷预警方法流程：当观测区或邻区发生中强以上地震时，在接收到地震预警信息后，基于前期评价结果对场地震陷风险开展快速预测评估，当震陷风险在中等以上时，立即启动预警；当地震波到达场地后，基于实时变形、地表位移、地震动观测数据，动态评估场地震陷灾害风险，并开展实时动态预警。

7.3.4 数据产出

7.3.4.1 地震滑坡观测数据产出

1）地震滑坡观测产出数据应包含加速度、伪距、倾角、位移、土体含水量元数据。

2）强震动观测应产出斜坡不同部位的地震动加速度时程曲线，提取峰值加速度，分析产生滑坡的临界峰值加速度及斜坡场地的加速度放大效应。

3）GNSS 观测应产出斜坡不同部位的位移时程曲线（包括月变形量、日变形量、小时变形量），结合 InSAR 观测资料生成的斜坡形变图，用于分析斜坡岩土体位移变化趋势，判断斜坡岩土体是否稳定。

4）钻孔倾斜观测应产出倾角时程曲线，用于判断边坡稳定性。

5）地震滑坡观测还应产出土体含水率等物理量与岩土体变形的关系曲线，找出其相互关系并做综合分析。

7.3.4.2 地震液化观测数据产出

1）场地地震液化观测产出数据应包含加速度、动孔压、位移、土体含水量元数据。

2）强震动观测应产出地震动加速度时程曲线，提取不同部位峰值加速度，分析产生液化的临界峰值加速度及场地加速度放大效应。

3）应基于地震前后的 InSAR 观测资料生成干涉图、形变图，以判断场地地震液化范围及程度。

4）动孔压观测应产出不同深度动孔隙水压力时程曲线，应包括（月变化量、日变化量、小时变化量、分钟变化量）用于判断是否发生液化及液化滑移。

5）场地地震液化观测还应产出土体含水率等物理量与动孔隙水压力的关系曲线，找出其相互关系并做综合分析。

7.3.4.3 场地震陷观测数据产出

1）场地震陷观测产出数据应包含加速度、竖向位移、土体含水量元数据。

2）应产出震陷发生不同部位的地震动加速度时程曲线，提取不同部位峰值加速度，计算得到震陷临界峰值加速度及场地加速度放大系数。

3）应基于地震前后的 InSAR 观测资料生成干涉图、形变图，以判断场地震陷范围及程度。

4）位移观测应产出竖向位移时程曲线，计算得到地震作用后不同部位的震陷量值并绘制场地陷量云图。

5）场地震陷观测还应产出土体含水率等物理量与累计震陷变形的关系曲线，找出其相互关系并做综合分析。

7.4 断层活动灾害效应

7.4.1 观测指标

断层活动灾害效应观测指标见表 17。

表 17　断层活动灾害效应观测指标

观测内容	观测项目	观测指标	观测设备	观测频度	测值单位
断层形变	短水准	高程	水准仪	定期观测	m
	GNSS	伪距	GNSS 接收机	定期观测	mm
	InSAR	位移	遥感卫星	定期观测	mm
近断层地震动效应	强震动	加速度	强震仪	连续观测、事件触发观测	g

7.4.2 观测系统组成与设置

7.4.2.1 近断层地震动

1）观测系统由布设于垂直和平行发震断层、均匀分布的地震计、数据采集仪、网络传输设备、辅助设备和数据处理中心组成，系统组成见图26。

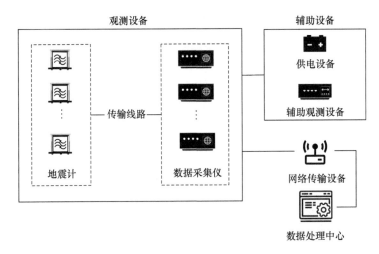

图 26　近断层衰减台阵系统组成图

2）站网布设：

① 观测场地宜选择发震危险性高的主断层（正断层、逆断层以及走滑断层）及其附近区域。

② 应收集观测场地基础资料，包括场址位置信息、岩土勘察资料、钻孔波速资料等。

③ 观测点宜穿过主断层区域，设在断层附近的自由地表或基岩场地上。

④ 近断层观测点应均匀分布在垂直和平行主断层方向，根据主断层长度（H），近断层 50 km 范围内沿垂直断层方向两侧各设置三组，每组应至少部署三个观测点；平行断层方向，断层破裂前方和后方分别不少于三组，每组应至少三个观测点。

⑤ 断层远场观测点应均匀分布在断层附近 200 km 范围内的自由地表或者基岩场地。

3）观测环境应符合《地震台站观测环境技术要求　第 1 部分：测震》（GB/T 19531.1—2004）。

4）台站建设应符合《地震台站建设规范　强震动台站》（DB/T 17—2018）。

5）测点设备部署要求：

① 应设置加速度地震计，观测仪器应符合《数字强震动加速度仪》（DB/T 10—2016）。

② 所有观测点加速度地震计均通过传输线路连接到采集器，加速度传感器与采集器应采用屏蔽电缆连接；可在各观测点同时设置地震计和采集器，不同观测点通过传输线路连接成观测网。

③ 观测设备宜具备冗余度，便于后期替换和维护。

④ 采用有线或无线网络通信方式连接观测台阵与数据处理系统。

⑤ 供电设备具备维持观测台阵持续、稳定运行的供电能力。

⑥ 备用电源具备满足观测设备连续、稳定工作至少三天的能力。

7.4.2.2 断层形变

1）观测系统由 GNSS 台网、InSAR 观测系统和跨断层水准测量系统组成。

2）GNSS 台网由布设于断层带走向垂直方向的一系列 GNSS 观测点和观测仪器系统组成。

3）InSAR 形变观测系统由 SAR 卫星和地面接收站、数据处理系统组成。

4）跨断层水准测量系统由位于测线或测网上的一系列观测点和一台精密水准仪、一台计算器、一台笔记本电脑组成；水准仪精度要符合国家标准《国家一、二等水准测量规范》（GB 12897—91）。

5）站网布设：

① GNSS 观测站应沿断层走向正交方向在断层两盘布设，可布设一道或多道剖面，在断层显著活动段或重点关注区域可适度加密测点；在近断层两侧 0~10 km，宜较密集布站；在远离断层的两侧（>20 km），可较为稀疏布站。

② InSAR 观测范围应覆盖断裂带及其周边 200 km 范围。

③ 跨断层水准测量场地要求跨过活动断层，并在条件允许的情况下布设在活动构造带的端部、拐折、分叉或交汇部位；跨断层场地应具备坚硬、完整基岩出露条件；每条测线长度视断层规模、破碎带宽度、场地地形与交通条件等确定，长度宜在几百米至 2 km 内；跨断层水准观测场地布设类型主要有"L"字形、三角形、"Z"字形场地，应根据断层规模与活动特性、环境气候、地质地貌、道路交通状况等观测条件进行布设。

6）观测环境技术要求：

① GNSS 观测站观测环境技术要求遵照《中国地壳运动观测网络技术规程》（2005 年）；测站位置各方向视线高度角 15°以上应无阻挡物；达不到以上条件的地区，可在一定范围内（水平视角累计不应超过 60°），放宽至 30°。

② 水准测点观测环境的技术要求遵照国家标准《国家一、二等水准测量规范》（GB 12897—91）。

7）台站建设要求：

① GNSS 观测站的场地技术要求、勘选方法和结果表述遵照《中国地壳运动观测网络技术规程》（2005 年）。

② GNSS 站观测设施的技术与施工要求遵照《中国地壳运动观测网络技术规程》（2005 年）。

③ 跨断层水准场地及测线布设、勘选、标石埋设要求及观测仪器的选用技术指标、水准观测技术要求参见《地震水准测量规范》（DB/T 5—2015）。

④ 水准点观测设施的技术与施工要求遵照国家标准《国家一、二等水准测量规范》（GB/T 12897—91）。

7.4.3　观测技术方法

7.4.3.1　近断层地震动

1）利用强震动观测台阵对垂直和平行断层方向的地震动进行近断层地震动效应观测，利用强震动观测台阵对断层远场 50~200 km 范围不同位置的地震动进行远场衰减关系观测。

2）根据观测记录形式，分为连续观测和事件观测。连续观测记录采用在线观测方式，主要包括连续波形数据。事件观测记录采用阈值触发方式，主要包括事件信息表和事件波形数据。

3）数据处理要求：

① 应对原始记录波形数据进行零基线和仪器频率响应校正，得到校正加速度记录。

② 对校正加速度记录进行一次、二次积分计算，得到速度时程和位移时程。

③ 对加速度、速度和位移时程的峰值进行分析，得到峰值记录。

④ 根据《中国地震烈度表》（GB 17742—2020）中规定分别计算 I_A、I_V，以及地震烈度值。

⑤ 通过统计回归（最小二乘法、机器学习算法等）得到近断层及远场的峰值速度、峰值加速度，以及仪器烈度与震中距（断层距）、震级、震源机制、场地条件等考虑复杂因素的拟合衰减关系及其区间范围。

⑥ 对校正加速度记录进行傅里叶变换，得到傅里叶谱。

⑦ 计算校正加速度记录的功率谱密度，得到自功率谱。

⑧ 进行反应谱、动力放大系数计算。

⑨ 分别计算五个阻尼比（0、0.02、0.05、0.1、0.2）的反应谱等。

4）观测成果应包括数据文件、检查记录表、观测记录报告单和观测报告。

7.4.3.2　断层形变

1）断层形变观测是利用大地测量技术和空间遥感技术对活动断层两侧的相对位置及变化进行周期性观测，计算后获得活动断层两盘间的水平、垂直相对位移及其随时间的变化，通过水平形变测量和垂直形变测量获取断层运动变化信息。

2）水准测量要求：

① 水准测量使用精密电子水准仪、铟钢水准标尺观测，记录采用电子手簿，在观测作业前后和中间要对水准仪、水准标尺进行检验，检验结果应符合《地震水准测量规范》（DB/T 5—2015），确保仪器性能保持良好状态；观测选择在规定的作业时间和气候条件下进行，水准测量外业结束后完成手簿的计算、外业成果表的编算和测段、测线往返测高差不符值及每千米高差中数偶然中误差 $M_\triangle$ 的计算；全年水准测量结束后，及时编制水准测量成果及精度统计表，编写外业技术总结。

② 观测仪器性能检验、观测方法及限差要求、数据记录整理与处理上报等参见《地震水准测量规范》（DB/T 5—2015），遵照国家标准《国家一、二等水准测量规范》（GB 12897—91）中一等水准测量的要求，用测段往返测高差不符值计算每千米高差中数的偶然中误差 $M_\triangle$ 不大于±0.50 mm。

3）用 GNSS 固定台和 InSAR 遥感数据来观测断层两侧的水平形变，观测技术方法参见 6.3 节和 7.3.1 节。

4）数据产出。

① 水准观测数据应包括水准仪和水准标尺检验资料、水准观测记录手簿、水准测量成果及精度统计表、往返测高差不符值表、外业技术总结报告、验收报告和其他资料等。

② GNSS 观测数据应包括：

◆ 原始数据应包含接收机类型、观测时间、观测模式、接收机位置坐标、天线类型及高度、观测环境描述等。

◆ 应计算得到站点的三维坐标及其随时间的变化（位移时间序列），应说明数据处理的使用软件、算法、模型参数（轨道、钟差、电离层/对流层校正模型等）；应基于长时间序列数据计算并编制断层形变速率图。

◆ 当有地震事件发生时应及时计算瞬时形变并编制分析报告。

◆ 定期编制观测报告（月度、半年、年度）。

③ InSAR 观测数据应包括：

◆ 应定期生成干涉图、形变图和形变速率图。

◆ 定期编制观测报告（半年、年度）。

④ 综合地震、形变等多种观测数据，进行断层地震危险性预测分析，并编制分析报告。

7.5 火山活动灾害效应

7.5.1 观测指标

火山活动灾害效应观测指标见表18。

表18 火山活动灾害效应观测指标

观测内容	观测项目	观测指标	观测设备	观测频度	测值单位
火山地震活动	测震	速度	宽频带地震仪	连续观测	m/s
火山形变	地倾斜	倾角	倾斜仪	连续观测	″
	InSAR	位移	遥感卫星	定期观测	mm
	GNSS	伪距	GNSS 接收机	连续观测	mm
火山气体	二氧化碳	浓度强度，通量	二氧化碳仪	连续观测	无量纲，$g/(m^2 \cdot min)$
	二氧化硫	浓度强度，通量	二氧化硫仪	连续观测	无量纲，$g/(m^2 \cdot min)$

7.5.2 观测系统组成与设置

7.5.2.1 火山地震

1）观测系统由一系列围绕观测目标区布设的测震台站联网组成，单台观测系统组成参见6.1节。

2）台网布设要求：

① 观测台网应围绕火山区布设，观测距离和方位覆盖应尽可能均匀、全面；

② 台网布设应充分考虑火山区的地震活动特点，保证观测区内绝大多数0.5级以上的地震能被很好地检测到，1级以上的地震能得到良好的定位；

③ 被观测的火山区范围内、重点火山口附近2 km范围内应至少布设1~2个地震观测台；

④ 应保证至少四个位置分布合理的数字地震台站实时地将地震观测信号传输到数据处理中心。

3）观测环境技术要求：

① 测点应选择在背景噪声水平较低的位置，应符合《地震台站观测环境技术要求 第1部分：测震》（GB/T 19531.1—2004）；

② 测点背景噪声水平测试采用速度型短周期或宽频带数字地震仪，测试时间不少于两天；

③ 测点的干扰水平在1~20 Hz内，火山口附近5 km范围内的地动速度噪声应低于1×10^{-5} m/s；5~20 km范围内应低于1×10^{-6} m/s，其他情况下低于1×1^{-7} m/s；

④ 测点台基应尽可能选择在无风化、无破碎夹层、完整、大面积出露的基岩上，岩性要致密坚硬；

⑤ 台址的地势起伏要小，如不得不选在起伏较大的地带时，应尽可能选在低处，尽量避免在风口、滑坡、河滩和易发生洪涝地区；

⑥ 井下观测的测点，井深一般须钻至完整基岩中，井斜＜4°。

4）台站建设应符合《地震台站建设规范　测震台站》（DB/T 16—2016）。

5）观测仪器应符合《地震观测仪器进网技术要求　地震仪》（DB/T 22—2020）。

7.5.2.2　火山气体

1）观测系统由火山气体测点（主要是泉点或喷气孔）、观测设施和观测设备组成。

2）测点宜设置在火山口附近，观测环境技术要求、勘选方法和结果表述参照国家标准《地震台站观测环境技术要求　第 4 部分：地下流体观测》（GB/T 19531.4—2004）。

3）台站建设要求：

① 观测井的技术与施工要求参照《中国地震前兆台网技术规程》（JSGC-2）附录 R；

② 井口装置的技术与施工要求参照《中国地震前兆台网技术规程》（JSGC-2）附录 S；

③ 观测井房及观测室的技术与施工要求参照《中国地震前兆台网技术规程》（JSGC-2）附录 T。

4）观测仪器设备参见 6.5.2 节。

7.5.2.3　火山形变

1）观测系统由 GNSS 观测台阵、InSAR 观测系统和地倾斜观测台阵三类子系统组成，用于观测火山区域的地表变形，以预测岩浆异常活动和火山滑坡灾害，各子系统组成如下：

① GNSS 观测台阵由布设于火山锥体和火山口的一系列 GNSS 观测点组成；

② 地倾斜观测台阵由布设于火山锥体及其临近区域的一系列地倾斜观测点组成，各测点倾斜仪观测系统组成同 6.3.2 节。

2）观测环境技术要求：

① 火山 GNSS 观测点观测场地环境的技术要求、勘选方法和结果表述遵照《中国地壳运动观测网络技术规程》（2005 年）；测站位置各方向视线高度角 15°以上应无阻挡物；达不到以上条件的地区，经国家火山台网中心批准，可在一定

范围内（水平视角累计不应超过60°），放宽至30°。

② 火山倾斜台观测场地环境的技术要求、勘选方法和结果表述遵照国家标准《地震台站观测环境技术要求　第3部分：地壳形变观测》（GB/T 19531.3—2004）。

3）台站建设：

① 火山GNSS台观测设施的技术与施工要求遵照《中国地壳运动观测网络技术规程》（2005年）；

② 火山倾斜台的仪器墩、观测室和辅助设施等观测设施的技术与施工要求遵照地震行业标准《地震台站建设规范　地形变台站　第1部分：洞室地倾斜和地应变台站》（DB/T 8.2—2003）。

7.5.3　观测技术方法

1）通过地震台网连续观测，产出连续波形数据、地震事件波形数据、地震震相数据、火山地震目录数据、火山地震震源机制及震源破裂过程数据、火山区地壳介质信息、地震活动性信息等。地震参数测定方法参见6.1.3节。

2）火山地倾斜、火山GNSS观测技术方法参见6.3节，火山InSAR观测技术方法参见7.3.1节，火山气体观测技术方法参见6.5.3节。

3）数据产出：

① 台站元数据、记录元数据、仪器元数据、波形数据、震相数据、近震体波震级、地壳介质信息、地震活动性信息的规定参照《中国数字测震台网技术规程》（JSGC-01）的8.3.2.6节。

② 地震元数据，包括地震信息ID、地震发生时间、经纬度、震源深度、参考地名、震级、火山地震类型等信息。

③ 地震事件波形数据必须包含完整的火山地震事件及初至前1 min的背景噪声数据。

④ 火山地震目录数据包括发震时刻、震中位置（震中经度、纬度，参考地名）、震源深度、震级等；对于能够测定震源物理参数的地震还应包括零频幅值、拐角频率、地震矩、应力降、震源半径等参数。

⑤ 长周期事件和混合事件的地震目录包括发震时刻、震中位置（震中经度、纬度，参考地名）、震源深度、震级等；对于无法定位的事件，给出振幅最大的观测记录事件的起始时间、持续时间、主频等。

⑥ 火山颤动事件的地震目录包括起始时间、持续时间、主频等，对于能够判断震源位置的事件，可给出参考地点。

⑦ 综合地震、形变、气体等多种观测数据，进行火山喷发危险性预测分析，生成月度、半年、年度分析报告。

7.6 矿山诱发地震灾害效应

7.6.1 观测指标

矿山诱发地震灾害效应观测指标见表19。

表19 矿山诱发地震灾害效应观测指标

观测内容	观测项目	观测指标	观测设备	观测频度	单位
矿山地震	测震	速度	宽频带地震仪	连续观测	m/s
矿山形变	InSAR	位移	遥感卫星	连续观测	mm

7.6.2 观测系统组成与设置

7.6.2.1 矿山地震

1）观测对象要求：

① 开采过程中具有发生大于1.0级矿震风险的矿山；

② 矿区及周边地质构造复杂、附近有较大的断层结构，且具有发生大于1.0级天然地震风险。

2）观测系统由一系列围绕矿山目标区布设的测震台站组网构成，单台系统组成参见6.1.2节。

3）站网布设要求：

① 观测台网应围绕目标区布设，观测距离和方位覆盖应尽可能均匀、全面；

② 应采用矿井井下观测与地面观测相结合的方式，形成立体布局；

③ 观测能力应优于1.0级，煤矿地震观测台网重点观测区应增加台站（点）密度并优化布局，使之观测能力优于0.5级，网内地震定位误差应优于200 m。

4）观测环境技术要求：

① 测点应选择在背景噪声水平较低的位置，尽量远离各种干扰源，具体要求参见《地震台站观测环境技术要求 第1部分：测震》（GB/T 19531.1—2004）；

② 测点背景噪声水平测试采用速度型短周期或宽频带数字地震仪，测试时间不少于2 d；

③ 观测场地的环境地噪声水平应小于3.16×10^{-7} m/s。观测场地的环境地噪声水平测试按《地震台站观测环境技术要求 第1部分：测震》（GB/T 19531.1—2004）附录A中的有关规定。

5）测点布设要求：

① 避开地质断层带、陡坡、风口等；

② 选在坚硬、完整、未风化的基岩上；

③ 地面观测场地不满足②条件要求时可采用深井观测，观测井深根据地质情况确定，井中安放地震计的岩层应避开溶洞、夹层、裂隙和液化层；

④ 观测场地应远离各种震动干扰源。

6）台站建设应符合《地震台站建设规范　测震台站》（DB/T 16—2016）。

7）观测仪器应符合《地震观测仪器进网技术要求　地震仪》（DB/T 22—2020）。

7.6.2.2　矿山形变

1）矿山形变观测宜采用 InSAR 观测系统；

2）InSAR 观测范围应覆盖矿山及其周边 5 km 区域。

7.6.3　观测技术方法

1）通过地震台网连续观测，产出连续波形数据、地震事件波形数据、地震震相数据、矿震目录数据、矿震微震震源机制及震源破裂过程数据、趋势分析与风险评估报告等。地震基本参数测定方法参见 6.1.3 节。

2）数据产出要求：

① 应包含台站元数据、记录元数据、仪器元数据、波形数据、震相数据等；

② 地震元数据，应包括地震信息 ID、地震发生时间、经纬度、震源深度、参考地名、震级、矿震地震类型等信息；

③ 地震事件波形数据必须包含完整的矿震事件及初至前 5 min 的背景噪声数据；

④ 矿震目录数据包括发震时刻、震中位置（震中经度、纬度，参考地名）、震源深度、震级等，对于能够测定震源物理参数的矿震包括地震矩、辐射能量、震源半径、视体积、视应力、应力降等，各个参量从不同角度描述了震源的破裂强度、扰动规模以及破裂面周围煤岩体应力调整的情况；

⑤ InSAR 观测应定期生成干涉图、形变图和形变速率图；

⑥ 提供对地震活动模式的长期分析报告，帮助矿区管理者理解地震活动的变化趋势；

⑦ 基于地震活动和 InSAR 形变观测资料，评估特定区域的地震风险，并编制分析报告，为矿区的安全生产提供依据。

7.7 水库诱发地震灾害效应

7.7.1 观测指标

水库诱发地震灾害效应观测指标见表20。

表20 水库诱发地震灾害效应观测指标

观测内容	观测项目	观测指标	观测设备	观测频度	单位
水库地震	测震	速度	宽频带地震仪	连续观测	m/s
库坝地震反应	地震动	加速度	强震仪	连续观测	g

7.7.2 观测系统组成与设置

7.7.2.1 水库地震

1）观测系统由一系列围绕目标区域布设的测震观测台站联网组成，单台观测系统组成参见6.1.2节。

2）观测对象要求：

① 应选择坝高100 m及以上，水库库容5亿 m^3 及以上的水库，且依据《水库诱发地震危险性评价》（GB 21075—2007）的评价结果，可能诱发5级及以上地震的新建、扩建水库。

② 水库地震观测台网应至少在水库蓄水前一年投入正式运行。

3）站网布设：

① 应根据坝高、水库等级和水库诱发地震危险性评价的结果提出合理的站网布局和组网要求。

② 台站应沿库岸线、断层带、地质构造复杂区以及历史上地震活动频繁的区域，形成环状或网格状分布。

③ 水库地台网至少应具有四个测震台站，测震台站的布设数量和分布满足观测能力和地震定位误差的要求。

④ 水库地震台网的观测能力应达到近震震级 M_L 1.5级，水平定位误差应小于3 km；重点观测区的观测能力应达到近震震级 M_L 0.5级，水平定位误差应小于1 km。

⑤ 外侧台站连线所围区域及其外延20 km应覆盖水库地震观测区。

⑥ 对于水库重点观测区，应适当增加台站密度并保证其处于外侧台站连线所包围的区域之内。

4）观测环境技术要求应符合《地震台站观测环境技术要求 第1部分：测震》（GB/T 19531.1—2004）。

5）台站建设应符合《地震台站建设规范 测震台站》（DB/T 16—2016）。

6）观测仪器性能要求：

① 应符合《地震观测仪器进网技术要求　地震仪》（DB/T 22—2020）。

② 宜采用宽频带数字化观测方式，观测频带涵盖 0.05~40 Hz，部用台站可采用短周期数字化观测，其观测频带涵盖 0.5~40 Hz。

7.7.2.2　库坝地震反应

1）观测对象应为设计地震烈度为Ⅶ度及以上的 1 级大坝、Ⅷ度及以上的 2 级大坝。

2）站网布设，

① 重力坝反应台阵：

◆ 应在溢流坝段和非溢流坝段各选一个最高坝段或地质条件较为复杂的坝段进行布置；

◆ 测点应布置在坝顶、坝坡的变坡部位，坝基和河谷自由场处；

◆ 传感器测量方向应以水平顺河向为主，重要测点宜布成水平顺河向、水平横河向和竖向三分量。

② 拱坝反应台阵：

◆ 应在拱冠梁从坝顶到坝基、拱圈 1/4 处布置测点；

◆ 在坝肩、拱座部位、河谷自由场布置测点；

◆ 传感器测量方向应布成水平径向、水平切向和竖向三分量，次要测点传感器可简化成水平径向。

③ 土石坝反应台阵：

◆ 测点应布置在最高坝断面或地质条件较为复杂的坝断面；

◆ 测点应布置在坝顶、坝坡的边坡部位，坝基和河谷自由场处，有条件时坝基宜布设深孔测点，对于坝线较长者，宜在坝顶增加测点；

◆测点方向应以水平顺河向为主，重要测点宜布成水平顺河向、水平横河向、竖向三分量；

◆对土石坝的溢洪道宜布置测点。

3）观测仪器应符合《数字强震动加速度仪》（DB/T 10—2016）。

7.7.3　观测技术方法

7.7.3.1　水库地震

1）观测要求：

① 应及时完成地震事件的常规处理，包括震相分析、最大震幅及其周期值测量、持续时间测量、地震基本参数测定（发震时刻、震中位置、震源深度及震级），地震基本参数测定方法参见 6.1.3 节。

② 水库影响区内发生近震震级 M_L 3.0 级及以上的地震时应进行速报。

③ 应对水库蓄水前后水库影响区内地震活动总体水平变化情况、地震的序列特征和时、空、强特征进行分析，判定是否诱发了水库地震。

④ 水库蓄水前后水库影响区内地震活动总体水平（强度、频度、震中分布）没有明显变化时，可判定没有诱发水库地震。

⑤ 水库蓄水前后水库影响区内地震活动总体水平明显增强时，可根据地震的时、空、强特征和序列特征进一步分析判定。

⑥ 判定为水库诱发地震后，应加强研究。可根据诱发地震的特点，判断水库诱发地震的类型，并预测最大可能诱发地震的震级。

2）数据产出：

① 应编制水库地震目录（月报、年报），应包括发震时刻、经度、纬度、震源深度、震级，以及各台站主要震相到时、记录清晰的初动符号、最大振幅、周期等震相数据。

② 水库观测区内发生最大近震震级 M_L 3.0 级以上，应编写水库地震事件分析报告。

③ 水库地震事件分析报告包括地震活动性分析、震情趋势分析、地震性质分析等。

④ 应每月编制水库地震观测报告。

7.7.3.2　库坝地震反应

1）观测技术方法参见 6.1.3 节。

2）发生 M_L 3.0 级以上近震时，应根据强震动观测台阵各个测点的记录和大坝设计最大加速度值，并结合观测资料和震情调查结果，对坝体进行安全评估。

3）数据产出：

① 测点加速度峰值不小于 $0.025g$ 时，应对加速度记录波形数据进行一次、二次积分计算处理，生成速度时程和位移时程；对加速度记录计算五个阻尼比值（0.01、0.02、0.05、0.1、0.2）的加速度反应谱；对加速度记录计算傅里叶谱。

② 在对加速度记录进行常规处理分析的基础上，应提出加速度水平向最大峰值、竖向最大峰值、地震动持续时间、地震卓越周期、地震烈度、结构的动力放大系数和结构自振周期等重要数据。

③ 加速度峰值不小于 $0.025g$ 时应编写强震动观测报告。

④ 应每月编制强震动观测报告，应包括强震动峰值加度、速度、位移、反应谱、地震烈度分布或烈度值等。

7.8 建（构）筑物与工程地震反应

7.8.1 观测指标

建（构）筑物与工程地震反应观测指标见表 21。

表 21 建（构）筑物与工程地震反应观测指标

观测内容		观测项目	观测指标	观测设备	观测频度	测值单位
建（构）筑物	民用建筑、公用建筑、高耸构筑物	强震动	加速度	强震仪	连续观测	g
		GNSS	三维坐标	GNSS 接收机	连续观测	", mm
工程	大型桥梁、高速铁路、油气管线、电力设施	强震动	加速度	连续	连续观测	g
文物	重点文物、重要文物建筑	强震动	加速度	连续	连续观测	g
		GNSS	三维坐标	GNSS 接收机	连续观测	", mm

7.8.2 观测系统组成及设置

7.8.2.1 建（构）筑物地震反应

1）观测系统应由布设于自由地表和建（构）筑物不同层位的地震计、数据采集器、网络传输设备、辅助设备和数据处理中心组成，见图 27。

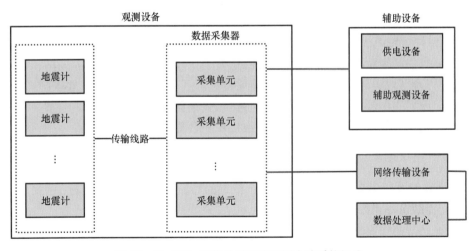

图 27 建（构）筑物地震反应观测台阵系统组成

2）建（构）筑物地震反应观测台阵应通过专门的方案设计，观测工程场地自由表面、建（构）筑结构地震响应加速度，为建（构）筑物地震安全保障、抗震设计参数验证提供数据支持。

3）建（构）筑物地震反应台阵应收集完整的基础资料，包括位置信息、场地土描述、钻孔柱状图、钻孔波速数据与结构设计图纸、结构计算书等。

4）测点布设要求：

① 在建（构）筑物结构体系上及其周边的自由场地地表均应布设观测点；

② 自由地表观测点宜设在工程场址所在的自由场地或基岩上，其到主体结构的距离宜不小于被观测结构高度的两倍；

③ 结构观测点在建筑地下室底面、中间层底面和顶层的顶面应各设置不少于一处，中间层可每间隔四层左右布置一处观测点；

④ 测点宜布置在建（构）筑物的刚度中心。

5）观测仪器应符合《地震观测仪器进网技术要求　地震仪》（DB/T 22—2020）。

6）辅助设备：

① 供电设备具备维持观测台阵持续、稳定运行的供电能力；

② 备用电源具备满足观测设备连续、稳定工作至少 72 h 的能力。

7）数据处理中心：

① 数据处理中心设置于信息机房，主要由数据库服务器、应用服务器、地震监控终端构成；

② 数据库服务器采用两台双机热备，主要用于提供震后数据存储功能。

8）设备安装要求：

① 结构观测点强震动地震计两个水平测量方向分别沿结构的两个主轴方向，X 轴沿结构短轴或横向方向，Y 轴沿结构长轴或纵向方向，Z 轴沿竖直方向；

② 自由场地观测点强震动地震计固定安装在仪器墩上，仪器墩的规格和建造要求应符合《地震台站建设规范　强震动台站》（DB/T 17—2018）要求；

③ 应采用屏蔽电缆连接加速度传感器与采集器；

④ 采用有线或无线网络通信方式连接观测台阵与数据处理中心。

7.8.2.2　高铁地震反应

1）观测系统由布设于高铁沿线不同位置的加速度计和数据采集器、网络通信系统、辅助设备和数据处理中心组成。

2）站网布设要求：

① 在分析地震地质条件基础上，确定观测点位置和密度，观测点间距以在15~30 km 为宜；

② 观测点的布设应避开破碎带，应尽可能远离噪声源；

③ 观测点应选择有稳定电源，通信、交通便利，并有安全保障的地点；

④ 应收集各测点的基础资料，包括场址的位置信息、岩土勘察资料、钻孔波速测量数据；

⑤ 为了提高观测可靠性，每处测点均应设置两套加速度计，距离要大于 40 m。

3）观测仪器、辅助设备和数据处理中心设置同 7.8.2.1 节。

4）设备安装要求：

① 观测点应设置仪器墩，传感器安装于专用仪器墩上；

② 数据采集器安装于机柜内，每台数据采集器至加速度计之间各分别敷设一条信号内屏蔽数字电缆，实现加速度计与数据采集器之间的数据传输。

7.8.2.3 油气管道地震反应

1）观测系统应由观测设备和数据处理中心等组成。

2）系统功能要求：

① 当观测到设定限度的地震动参数时，管道系统或关键设备应能自动关闭；

② 能够短时间内及时地提供地震发生的时间、空间、强度三要素，以及地面震动强度的区域分布。

3）站网布设：

① 应在分析地震地质条件基础上，确定观测点位置和密度，观测点间距宜在 15~30 km；

② 观测点的布设应避开破碎带；

③ 观测点应尽可能远离强噪声源；

④ 观测点应选择有稳定电源，通信、交通便利，并有安全保障的地点；

⑤ 观测点布设应具有可实施性，一般应考虑设置于输油站、压气站、阀室等所在地。

4）观测仪器、辅助设备和数据处理中心同 7.8.2.1 节。

7.8.2.4 大型桥梁地震反应

1）观测系统应由观测设备组和数据处理中心组成。

2）观测对象要求：

① 主跨跨径大于 150 m 的梁桥；

② 主跨跨径大于 300 m 的斜拉桥；

③ 主跨跨径大于 500 m 的悬索桥；

④ 主跨跨径大于 200 m 的拱桥；

⑤ 处于复杂环境或结构特殊的其他桥梁结构。

3）测点布设要求：

① 观测点的选择应反映观测对象的实际状态及变化趋势，且宜布置在观测参数值的最大位置；

② 观测点的位置、数量宜根据结构类型，在结构动力分析的基础上确定；

③ 观测点的数量和布置范围应有冗余量，重要部位应增加测点；

④ 可利用结构的对称性，减少测点布置数量；

⑤ 宜便于观测设备的安装、测读、维护和替代；

⑥ 在符合上述要求的基础上，宜缩短信号的传输距离；

⑦ 观测点应根据设防地震烈度、抗震设防类别和结构重要性、结构类型和地形地质条件进行布置。

4）观测仪器：

① 应根据桥梁结构动力计算分析结果、环境适应性和耐久性等进行传感器选型；

② 基频较低的大跨径桥梁，宜选用低频性能优良的力平衡式或电容式加速度传感器，量程不宜小于$-2g\sim+2g$，横向灵敏度宜小于1%，频响范围为0~100 Hz；

③ 自振频率较高的桥梁或斜拉索、吊索、系杆等构件，可选用电容式加速度传感器和压电式加速度传感器，量程不宜小于$-2g\sim+2g$，横向灵敏度宜小于5%，压电式加速度传感器量程不宜小于$-2g\sim+2g$，横向灵敏度宜小于1%，频响范围为0~100 Hz；

④ 可根据桥梁结构主要参与振动的振型，选择三向、双向和单向加速度传感器。

5）辅助设备、数据处理中心的设置同7.8.2.1节。

7.8.2.5 电力设施地震反应

1）观测系统应由地震传感器阵列、数据采集与传输设备、供电设备和数据处理中心组成。

2）站网布设要求：

① 站网测点的选择需综合考虑地理与地质条件、电力设施特性与重要性以及环境与运维条件，确保系统能有效观测地震活动；

② 应优先部署在已知或潜在地震活动区域内的电力设施附近，确保能够及时捕捉到地震信号；

③ 对于靠近主要断裂带的设施，应加强观测密度，以捕捉可能由断层活动引发的局部强震动；

④ 选择地基稳固、地质构造简单的地点安装传感器，避免因局部土壤液化、滑坡等地质灾害影响观测精度；

⑤ 应选择在关键设施，如大型发电厂、枢纽变电站、高压输电线路等重要节点设置观测仪器；

⑥ 应针对不同类型的电力设施（如地面构筑物、高塔结构、地下电缆隧道等），选择适合的安装位置和传感器类型，以准确反映结构响应；

⑦ 在设施的薄弱部位或已知存在缺陷的地方增设观测点，如老旧设施、改造后的接口部位、曾受地震影响的区域。

3）观测仪器、辅助设备、数据处理中心的设置同 7.8.2.1 节。

7.8.2.6 文物地震反应

1）观测系统由宽频带地震计、加速度地震计、数据采集器、辅助设备组成。

2）站网布设：

① 测震台以同心圆台阵形式分布于重点文物保护单位的四周，在每个测震台架设全数字化三分向宽频带地震计；

② 应在分析当地地震地质条件基础上，确定测震台位置和密度，同心圆内圈半径不应大于 0.5 km，外圈半径不应大于 1 km；

③ 在重点文物保护单位的主要古建筑的关键结构、主要承重墙或者其主梁上、不均匀沉降或墙角处布设强震动结构台阵，每个强震动观测点应架设全数字化三分向加速度地震计；

④ 宜选择结构好、建筑年代近的建筑物建设强震动台；

⑤ 在文物保护单位信息化机房设置地震数据处理中心，具备实时数据汇集、数据交互处理、数据服务等功能；

⑥ 测震台的布设应避开破碎带，应根据现场背景噪声测试结果尽可能远离强噪声源；

⑦ 测震和强震动台应选择有稳定电源，通信、交通便利，并有安全保障的地点。

3）观测设备部署与安装要求：

① 每个测震台应部署一台宽频带地震计和一台加速度地震计；

② 测震台应设置专用仪器墩，专用仪器墩的尺寸不应小于长 1.0 m×宽 0.8 m，宽频带地震计安装于专用仪器墩上；

③ 每个强震动台应部署一台加速度地震计和一台强震数据采集器；

④ 强震动台应设置专用仪器墩，专用仪器墩的尺寸不应小于长 40 cm×宽 40 cm，加速度地震计安装于专用仪器墩上；

⑤ 微震和强震数据采集器均安装于专用仪器机柜内。数据采集器至地震计之间敷设一条信号内屏蔽数字电缆，实现地震计与数据采集器之间的数据传输。

4）观测仪器、辅助设备、数据处理中心设置同 7.8.2.1 节。

7.8.3 观测技术方法

1）根据观测记录形式，分为连续观测和事件观测。连续观测记录采用在线观测方式，主要包括连续波形数据。事件观测记录采用阈值触发方式，主要包括事件信息表和事件波形数据。

2）连续观测应每 1 h 形成一个独立的波形数据文件；波形数据文件应存储一份原始记录，存储时间不少于一个月。

3）事件观测要求：

① 当观测点记录到超过 0.01g 的触发值时，自动触发形成事件文件；

② 保存完整事件数据，事件前后预存时间不应小于 30 s，并形成强震动观测记录报告单，内容和格式见附录 B；

③ 事件观测记录应存储一份原始记录，提交存档。

4）发生地震、爆破、撞击事件后，应进行远程通信检查和现场检查，必要时进行结构检查。

5）数据处理要求：

① 数据处理应实现数据预处理和数据后处理功能，数据预处理宜采用数字滤波、去噪、截取和异常点处理等，数据后处理方式宜根据数据分析要求确定；

② 平稳信号频谱分析宜采用离散傅里叶变换，非平稳信号宜采用时频域分析方法；

③ 频谱分析宜选择合适窗函数进行信号截断，以减少对谱分析精度影响；

④ 时域变换宜利用自相关函数检验数据的相关性和混于随机噪声中的周期信号，宜利用互相关函数确定信号源位置，并检验受通道噪声干扰的周期信号；

⑤ 对原始记录波形数据进行零基线和仪器频率响应校正，得到校正加速度记录；

⑥ 对校正加速度记录进行一次、二次积分计算，得到速度时程和位移时程；

⑦ 对加速度、速度和位移时程的峰值进行分析，得到峰值记录；

⑧ 对校正加速度记录进行傅里叶变换，得到傅里叶谱；

⑨ 计算校正加速度记录的功率谱密度，得到自功率谱；

⑩ 进行反应谱、动力放大系数计算；

⑪ 分别计算五个阻尼比（0、0.02、0.05、0.1、0.2）的反应谱，包括相对速度反应谱、相对位移反应谱、绝对加速度反应谱、拟速度反应谱、拟加速度反应谱等；

⑫ 数据处理软件应实现数据备份、清除和故障恢复等功能。故障恢复功能宜兼具手工操作控制功能，其他功能应自动调用。

6）数据产品应包括数据文件、检查记录表、观测记录报告单和观测报告。

7）数据管理：

① 数据管理应实现快速显示、高效存储生成报告和数据归档等功能；

② 原始观测数据应定期存储、备份存档，后处理数据宜保持不少于三个月在线存储，经统计分析的数据应专项存储，每季度或每年数据分析后宜存储某一段或某几段典型数据；

③ 数据管理软件应对观测数据或图像在指定时间段进行回放；

④ 数据报告报表应提供月报、季报、年报和特殊事件后的专项报告等，报告报表应导出为易于调用的通用文档格式。

8 数据质量控制

8.1 观测系统运维

1）野外站依托单位应当成立负责观测系统运维的专业技术团队或者机构承担野外站观测系统的日常管理和运维任务，保证观测系统连续、正常、稳定运行，产出连续、完整、可靠的高质量观测数据。

2）负责观测系统运维的专业技术人员应定期参加技术培训，熟练掌握不同学科、不同专业、不同观测系统的观测原理、观测系统组成、仪器设备技术指标、检测标定方法、故障诊断和排除方法，有能力完成观测系统的日常维护任务。

培训内容应包括：

① 观测系统的工作原理、组成，安装调试方法和检测标定方法；

② 测量装置的安装调试和检测方法；

③ 观测仪器的操作流程、产出数据格式、数据传输方式；

④ 仪器配套软件的操作使用方法；

⑤ 仪器组网方式，台网数据管理、数据处理软件系统及操作使用方法；

⑥ 观测辅助系统，如供电系统、网络通信系统、监控系统的操作使用方法。

3）观测系统应当分类进行定期维护，具体要求参见地震行业各学科观测技术规程。定期维护应包括：

① 每日运行监控，运行情况记录到观测日志；

② 每月运行监控，运行情况记录观测月报；

③ 每季度运行巡检，巡检情况记录到观测月报；

④ 每半年运行巡检，巡检情况记录到观测月报。

8.2 观测数据质量控制

8.2.1 质量控制指标

1）数据质量控制指标应包括数据连续率、数据完整率和内在质量系数等。

2）数据连续率反映的是原始观测数据的完整性，计算公式如下：

$$数据连续率 = \frac{已有数据样本数 - 无效测值样本数}{应有数据样本数} \times 100\%$$

3）地球物理学科观测的原始数据一般都要经过预处理，数据完整率反映的是预处理数据的完整性，计算公式如下：

$$数据完整率 = \frac{已有数据样本数 - 无效测值样本数}{应有数据样本数 - 可扣除缺记数} \times 100\%$$

4）观测数据内在质量系数反映了观测数据的内在质量，不同学科的评价计算方法不同，具体评价计算方法参见各学科评价方法。

5）数据连续率一般不低于95%，数据完整率一般不低于90%。

8.2.2　数据的一致性检查

进行对比观测的项目，通过数据一致性检查检验两套观测系统的一致性和稳定性，也反映数据的真实程度和观测仪器性能。

8.2.3　数据的有效性检查

数据有效性检查包括连续率、完整率，连续率、完整率越高，数据的完整性越高，有效性越高。

9 数据汇交共享

9.1 数据汇交原则

9.1.1 真实可靠

汇交的数据应当真实可靠，一般由数据管理系统自动汇交。

9.1.2 科学规范

汇交数据应当科学规范，符合《地震数据分类与代码 第 1 部分：基本类别》（DB/T 1—2008）、《地震测项分类与代码》（DB/T 3—2011）、《地震台站代码》（DB/T 4—2003）、《地震波形数据交换格式》（DB/T 2—2003）、《地震前兆数据库结构 台站观测》（DB/T 51—2012）等。

9.1.3 及时完整

汇交数据应当及时完整，地震连续波形数据实时汇交，地震事件波形数据、地震目录数据可每日汇交一次或每月汇交一次，地球物理观测数据每日汇交一次。

数据汇交的内容包括台站信息、测点信息、仪器信息、原始观测数据、预处理数据、产品数据、运行日志信息等。

9.2 数据汇交

9.2.1 汇交数据制备

遵循数据汇交相关标准规范，将采集的数据进行处理，按照规定形成元数据、数据实体等文件。

9.2.2 数据传输

1）数据传输应确保系统各模块之间无缝连接，以成为一个有机协调的整体；应确保观测数据和指令在各模块之间高效可靠地传输。

2）有线数据传输方式选用符合下列规定：

① 当传输距离相对较短且无强电磁干扰时，可采用模拟信号进行传输；

② 当传输距离较远或有较强电磁干扰时，宜采用 RS-485、工业以太网等数字信号或光纤传输技术、无线传输技术及两者相结合的方式；

③ 无线传输方式选用电磁波传输技术，信号发射装置和接收装置应远离强电磁干扰源。

3）数据传输软件开发符合下列规定：

① 应考虑数据传输的一致性、完整性、可靠性和安全性，应满足系统开放性和可扩展性要求；

② 应实现对数据进行压缩包处理和解包复原功能，宜以包为单位进行传输；

③ 宜基于 TCP/IP 协议进行数据交换和传输，应符合 IEEE 802.3 的规定。

9.2.3 数据提交

确保数据质量可靠，格式规范，并编制数据说明文档，提交至数据管理方。

9.2.4 数据审核

数据管理方根据数据管理规范，对汇交数据进行形式审查和质量认定，若数据存在问题，数据提交方应及时修改并重新提交。数据管理方确定数据无误后，对数据分类、编目、标识和加工后进行入库。

9.3 数据管理

1）数据管理应实现快速显示、高效存储生成报告和数据归档等功能。

2）原始观测数据应定期存储、备份存档，后处理数据宜保持不少于三个月在线存储；经统计分析的数据应专项存储，每季度或每年数据分析后宜存储某一段或某几段典型数据。

3）数据管理软件应对观测数据或图像在指定时间段进行回放。

4）数据报告报表应提供月报、季报、年报和特殊事件后的专项报告等，报告报表应导出为易于调用的通用文档格式。

5）数据库应模块化架构，可对观测基础信息、观测系统信息和观测数据进行分层、分类存储和管理，宜包括观测基础信息子数据库、观测系统信息子数据库、实时数据子数据库、统计分析数据子数据库和评估子数据库等。

6）观测基础信息子数据库应对观测对象的地质环境资料、结构设计资料进行存储和管理，数据库的表格宜按照设计竣工图纸目录、岩土勘察报告等分类。

7）观测系统信息子数据库应存储和管理传感器数据采集、传输设备数据处理、管理设备及软件等信息，包括设备安装位置、技术参数、品牌和规格等。

8）实时数据子数据库应存储和管理观测系统观测的所有变量的时程数据。

9）统计分析数据子数据库应存储和管理数理统计、评估及各种数据分析方法得到的分析结果。

10）评估子数据库应存储和管理预警值、评估方法、评估结果以及历史记录等。

11）数据存储和管理可在本地计算机上进行，宜采用云存储和云管理技术。

12）长期观测的数据和文档需在野外站和数据中心（如有）进行备份，制定数据存储备份规范，完善对数据的安全保护。

9.4 数据共享与发布

根据国家对科学数据共享的有关要求，制定数据共享与发布管理规定，分级分类实现科学数据的有效共享。

10 保 障 措 施

10.1 人员保障

1）应当配备不少于五人的专职技术人员负责野外站观测系统的日常管理、运行维护和观测数据的预处理工作。依托单位要保障专职人员的工资福利待遇，提供学习、培训和正常的晋升通道。

2）一般应当成立野外站管理机构和学术委员会，负责野外站的管理、建设、发展和科学研究。

10.2 设备保障

一般应当配置必要的专用维修设备、维修工具，配置必要的备用仪器设备和备用配件，确保仪器设备出现故障后，能及时维修，恢复正常观测。

10.3 技术保障

一般应当常设负责观测系统运维的专业技术团队或者机构，定期举办培训班对技术人员进行培训或选派人员外出参加培训，提高技术人员的运维保障能力。

参 考 文 献

陈颙, 陈运泰, 张国民, 等. 2005. "十一五"期间中国重大地震灾害预测预警和防治对策. 灾害学, (1): 2-15.

陈章立. 2001a. 我国地震科技进步的回顾与展望(一). 中国地震, (3): 3-17.

陈章立. 2001b. 我国地震科技进步的回顾与展望(二). 中国地震, (4): 1-16.

崔鹏, 韦方强, 陈晓清, 等. 2008a. 汶川地震次生山地灾害及其减灾对策. 中国科学院院刊, 23(4): 317-323.

崔鹏, 韦方强, 何思明, 等. 2008b. 5·12汶川地震诱发的山地灾害及减灾措施. 山地学报, 26(3): 280-282.

崔鹏, 庄建琦, 陈兴长, 等. 2010. 汶川地震区震后泥石流活动特征与防治对策. 四川大学学报 (工程科学版), 42(5): 10-19.

地壳运动监测工程研究中心. 2014. 地壳运动监测技术规程. 北京: 中国环境出版社.

董瑞树, 冉洪流, 高铮. 1993. 中国大陆地震震级和地震活动断层长度的关系讨论. 地震地质, (4): 395-400.

高孟潭. 2015. 《中国地震动参数区划图》(GB 18306—2015)宣贯教材. 北京: 中国标准出版社.

郭增建, 马宗晋. 1988. 中国特大地震研究. 北京: 地震出版社.

国家地震局地质研究所. 1993. 祁连山-河西走廊活动断裂系. 北京: 地震出版社.

李山有. 2004. 强震动观测的应用. 东北地震研究, (4): 64-74.

廖振鹏. 1989. 地震小区划-理论与实践. 北京: 地震出版社.

梅世蓉. 1994. 40年来我国地震监测预报工作的主要进展. 地球物理学报, (S1): 196-207.

彭承光, 李运贵. 2004. 场地地震效应工程勘察基础. 北京: 地震出版社.

彭建兵, 王启耀, 庄建琦, 等. 2020. 黄土高原滑坡灾害形成动力学机制. 地质力学学报, 26(5): 714-730.

任纪舜. 1980. 中国大地构造及其演化. 北京: 科学出版社.

史培军, 杨文涛. 2020. 山区孕灾环境下地震和极端天气气候对地质灾害的影响. 气候变化研究进展, 16(4): 405-414.

万洪涛, 陈述彭. 2000. 特大自然灾害的综合观测和预测方法的探索. 地球信息科学, (1): 42-47.

王兰民. 2003. 黄土动力学. 北京: 地震出版社.

王敏, 沈正康. 2020. 中国大陆现今构造变形: 三十年的GPS观测与研究. 中国地震, 36(4): 660-683.

王亚文, 蒋长胜, 刘芳, 等. 2017. 中国地震台网监测能力评估和台站检测能力评分(2008—2015). 地球物理学报, 60(7): 2767-2778.

王亚勇. 2000. 工程抗震展望——寄语2000年. 工程抗震, (1): 3-6.

汶川特大地震四川抗震救灾志编纂委员会. 2017. 汶川特大地震四川抗震救灾志·总述大事记. 成都: 四川人民出版社.

吴玮江, 王念秦. 2006. 甘肃滑坡灾害. 兰州: 兰州大学出版社.

岳焕印, 郭华东, 刘浩, 等. 2001. 对地观测技术在重大自然灾害监测与评估中的应用实例分析. 自然灾害学报, (4): 123-128.

张国民. 1999. 我国的地震灾害和震灾预防. 科学对社会的影响, (2): 44-47.

张新基. 2005. 甘肃省地震监测志. 兰州: 兰州大学出版社.

张振中. 1999. 黄土地震灾害预测. 北京: 地震出版社.

Deng Q L, Zhu Z Y, Cui Z Q, et al. 2000. Mass rock creep and landsliding on the Huangtupo slope in the reservoir area of the Three Gorges Project, Yangtze River, China. Engineering Geology, 58(1): 67-83.

Gerolymos N, Gazetas G. 2007. A model for grain-crushing-induced landslides—application to Nikawa, Kobe 1995. Soil Dynamics and Earthquake Engineering, 27(9): 3-17.

Huang R Q, Li W L. 2014. Post-earthquake landsliding and long-term impacts in the Wenchuan earthquake area, China. Engineering Geology, 182: 111-120.

Hutchinson J N. 1988. Morphological and geotechnical parameters of landslides in relation to geology and hydrogeology. International Symposium on Landslides, 26(2): 3-35.

Keefer D K. 2000. Statistical analysis of an earthquake-induced landslide distribution—the 1989 Loma Prieta, California event. Engineering Geology, 58(1): 67-83.

Sassa K. 1985. The mechanism of debris flows. Proceeding of 11th International Conference on Soil Mechanics and Foundation Engineering, San Francisco, 4(3): 1173-1176.

Seed H B, Hon M. 1987. Design problems in soil liquefaction. Journal of Geotechnical Engineering, 113(8): 827-745.

Wang G H, Zhang D X, Furuya G, et al. 2014. Pore-pressure generation and fluidization in a loess landslide triggered by the 1920 Haiyuan earthquake, China: a case study. Engineering Geology, 174(23): 36-45.

Zhang D X, Wang G H. 2007. Study of the 1920 Haiyuan earthquake-induced landslides in loess (China). Engineering Geology, 94(5): 76-88.

Zhu H. 1989. The Geological characteristics of landslides induced by earthquakes in China. Proceedings of the Japan-China Symposium on Landslides and Debris Flows, 3(4): 161-168.

附　　录

附录 A
强震动加速度仪检测表

台阵名称			测点编号		
仪器型号			仪器编号		
事件数			存储卡余容量		
内部电池电压			外部电池电压		
充电电压			UPS 状态		
通道零位电压					
检查电压					
调整后电压					
标定试验		人工触发		GPS 状态	
记录文件回收					
参数修改					
原设置					
修改值					
监测室环境					
检查后仪器状态					
故障及处理					
重要记事					
检查人员					
日期					

附录 B
强震动观测记录报告单

台阵名称					台阵代号				
仪器型号					仪器编号				
场地条件					监测对象				
地震时间	年 月 日 时 分 秒				震级				
震中经纬度					震中地点				
震中距					震中烈度				
震源深度					记录编号				
仪器编号	通道编号	拾震器号	测点编号	测点位置	测点高程（m）	测点方向	灵敏度（mV/g）	最大加速度（cm/s²）	记录长度
安全评估		安全		警惕			危险		
检查人员				日期					

附录 C
主动源激发日志

主动源激发日志	
运行日期	
电力系统运行情况	
空压机运行情况	
激发系统运行情况	
记录仪器运行情况	

锚绳状态	浮台	
	趸船	

快艇运行情况	
趸船运行情况	
浮台运行情况	
监控系统运行情况	
网络运行情况	
其他情况	

实验日期:					
实验日期		气瓶起始压力（MPa）		状态	
放枪深度（m）		气瓶结束压力（MPa）			
值班人员					

序号	时间（GMT）	气压（psi）	水位（m）	手动、循环时间	时间间隔（s）
01					
02					
03					
04					
05					
06					
07					
08					
09					
10					
11					
12					
13					
14					

续表

主动源激发日志			
15			
16			
17			
18			
19			
20			
21			
开始枪数		结束枪数	有效枪数
实验结束后气压情况（psi）			
Gun1		Gun2	
Gun3		Gun4	
总阀气压值			

注：所有事件都应该注明时间、事件详情、处理方式、处理结果等要素；psi. 磅力每平方英寸，1 psi=6.89476× 10^3 Pa。